Pesquisa Qualitativa em Administração

ADRIANA ROSELI WÜNSCH TAKAHASHI
Organizadora

Pesquisa Qualitativa em Administração

Fundamentos, Métodos e Usos no Brasil

Autores

Adriana Roseli Wünsch Takahashi
Aldin Freitas
Andréa Torres Barros Batinga de Mendonça
Arilda Schmidt Godoy
Aurea Cristina Magalhães Niada
Carlos Osmar Bertero
Cristiano de Oliveira Maciel
Diego Maganhotto Coraiola
Elder Semprebom
Eloy Eros da Silva Nogueira
Janaína Seguin Franzolin
João Marcelo Crubellate
Josué Alexandre Sander

Luciano Minghini
Maira de Cassia Petrini
Mariane Lemos Lourenço
Marlei Pozzebon
Nicole Maccali
Paulo Otávio Mussi Augusto
Pedro Lincoln Carneiro Leão de Mattos
Rafael Borim-de-Souza
Roberto Luiz Custódio Remonato
Sergio Bulgacov
Thiago Cavalcante Nascimento
Yára Lúcia Mazziotti Bulgacov
Zandra Balbinot

SÃO PAULO
EDITORA ATLAS S.A. – 2013

© 2012 by Editora Atlas S.A.

Capa: Zenário A. de Oliveira
Composição: Formato Serviços de Editoração Ltda.

Dados Internacionais de Catalogação na Publicação (CIP)
(Câmara Brasileira do Livro, SP, Brasil)

Pesquisa qualitativa em administração: fundamentos, métodos e usos
no Brasil / Adriana Roseli Wünsch Takahashi, organizadora. São Paulo:
Atlas, 2013.

Bibliografia.
ISBN 978-85-224-7712-8
eISBN 978-85-224-7727-2

1. Administração 2. Administração de empresas 3. Ciências sociais –
Pesquisa – Metodologia 4. Pesquisa qualitativa I. Takahashi, Adriana
Roseli Wünsch.

13-00428
CDD-658

Índice para catálogo sistemático:

1. Pesquisa qualitativa em administração   658

Editora Atlas S.A.
Rua Conselheiro Nébias, 1384
Campos Elísios
01203 904 São Paulo SP
011 3357 9144
atlas.com.br

"Somente uma planta flexível consegue se curvar. Somente uma pessoa sábia e humilde é capaz de ser flexível e aprender com o comportamento do bambu. No geral, uma pessoa flexível vive mais e melhor."

(OTSU, Roberto. *A sabedoria da natureza*: Taoísmo, I Ching, Zen e os ensinamentos essênios. São Paulo: Ágora, 2006).

Sumário

Colaboradores

Adriana Roseli Wünsch Takahashi. Doutora em Administração pela Universidade de São Paulo (FEA/USP). Mestre em Administração pela Universidade Federal do Paraná (PPGADM/UFPR). Especialista em Sociologia Política, Projetos Empresariais e Educação-Magistério. Graduada em Ciências Econômicas. Professora e pesquisadora do Departamento de Administração da UFPR, e do Programa de Pós-Graduação em Administração – Estratégia e Organizações. Interesses de pesquisa: aprendizagem organizacional e competências, renovação estratégica e capacidades dinâmicas, e metodologia de pesquisa. *E-mail*: adrianarwt@terra.com.br

Aldin Freitas. Doutorando e Mestre em Administração pela UFPR – Universidade Federal do Paraná. Graduado em Administração pela FAE – Faculdade Católica de Administração e Economia e Especialista em Administração pelo CDE/FAE – Centro de Desenvolvimento Empresarial. Professor e pesquisador da Escola de Negócios da PUCPR – Pontifícia Universidade Católica do Paraná e pesquisador do Programa de Pós-Graduação em Administração da UFPR. Interesses de pesquisa: Comportamento do Consumidor e Estratégias de Marketing em Pesquisas de Marketing Sensorial. *E-mail*: a.freitas@pucpr.br

Andréa Torres Barros Batinga de Mendonça. Doutoranda em Administração e Mestre em Administração pela Universidade Federal do Paraná (UFPR). Graduada em Administração pela Universidade Federal de Alagoas. Pesquisadora dos grupos de pesquisa do Programa de Pós-graduação em Administração da Universidade Federal do Paraná: "Inovação e Sustentabilidade – InSu" e "Investimentos em Inovação e Tecnologia e o Impacto na Competitividade e Geração de Valor da Firma". Interesses de pesquisa: inovação tecnológica, sistemas de inovação, capacidade tecnológica, inovação e sustentabilidade. *E-mail*: andrea.tbbm@gmail.com

Arilda Schmidt Godoy. Doutora em Educação pela Universidade de São Paulo. Professora e pesquisadora do Centro de Ciências Sociais Aplicadas da Universidade Presbiteriana Mackenzie e orientadora no Programa de Pós-Graduação em Administração. Desenvolve pesquisas no campo da aprendizagem nas organizações e se dedica ao estudo das abordagens de pesquisa qualitativa empregadas na investigação em administração de empresas. *E-mail*: arilda.godoy@mackenzie.br

Aurea Cristina Magalhães Niada. Doutoranda e Mestre em Administração pela Universidade Federal do Paraná (UFPR). Graduada em Administração pela Universidade Estadual do Paraná. Especialista em Gestão Empresarial e Marketing pela União Educacional de Cascavel (Univel). Professora e pesquisadora da Escola de Negócios da Pontifícia Universidade Católica do Paraná. Interesses de pesquisa: Comportamento do consumidor. Estratégia de Marketing. Comportamento não consciente do consumidor. Relacionamento com marcas. *E-mail*: aureaniada@yahoo.com.br; aurea.niada@pucpr.br

Carlos Osmar Bertero. Doutor pela Cornell University, Master in Business Administration pela Michigan State University. Graduado em Filosofia pela Universidade de São Paulo. Professor/pesquisador da Escola de Administração de Empresas de São Paulo da Fundação Getulio Vargas. Atua no Programa de Mestrado e Doutorado da mesma instituição. Seus interesses de pesquisa no momento voltam-se para uma abordagem historiográfica da institucionalização da educação em administração no país. *E-mail*: carlos.bertero@fgv.br

Cristiano de Oliveira Maciel. Doutor em Administração pela Pontifícia Universidade Católica do Paraná. Mestre em Administração pela Universidade Federal do Paraná. Graduado em Administração pelas Faculdades Curitiba. Professor e pesquisador da Escola de Negócios da Pontifícia Universidade Católica do Paraná e do Programa de Pós-Graduação em Administração. Interesses de pesquisa: práticas estratégicas, redes intra e interorganizacionais, métodos qualitativos e quantitativos de pesquisa. *E-mail*: crmaciel.adm@gmail.com

Diego Maganhotto Coraiola. Doutorando e Mestre em Administração pela Universidade Federal do Paraná – UFPR. Editor da *Revista Eletrônica de Ciência da Administração* – RE-CADM (ISSN: 1677-7387). Professor da Faculdade Cenecista de Campo Largo – FACECLA. Interesses de pesquisa: Estudos Organizacionais, Mudança Organizacional, Institucionalismo Organizacional, Estratégia como Prática, História e Memória Organizacional, Retórica e Discurso. *E-mail*: dcoraiola@gmail.com

Elder Semprebom. Doutorando e Mestre em Administração pela Universidade Federal do Paraná. Especialista em Marketing e Bacharel em Administração pela Universidade Estadual de Londrina. Professor da Escola de Negócios da Pontifícia Universidade Católica do Paraná. Interesses de pesquisa na área de marketing e comportamento do consumidor. http://about.me/eldersemprebom

Eloy Eros da Silva Nogueira. Doutor em Administração pela Fundação Getulio Vargas – EAESP/FGV. Mestre em Administração pela Universidade Federal do Paraná (UFPR). Professor e Pesquisador da Escola de Negócios e do Programa de Mestrado e Doutorado da Universidade Positivo (PMDA UP). Interesses de pesquisa: metodologia, cultura, identidade, simbolismo e práticas sociais.

Janaína Seguin Franzolin. Doutoranda e Mestre em Administração pela UFPR – Universidade Federal do Paraná. Graduada em Administração pela FAE – Faculdade Católica de Administração e Economia e Especialista em Marketing pelo CDE/FAE – Centro de Desenvolvimento Empresarial. Professora e pesquisadora do IFPR – Instituto Federal do Paraná e pesquisadora do Programa de Pós-Graduação em Administração da UFPR. Interesses de pesquisa: Estratégia de Marketing, Competências de Marketing, Desempenho em Marketing e Processo Estratégico em Marketing. *E-mail*: janaina.franzolin@ifpr.edu.br

João Marcelo Crubellate. Doutor em Administração pela EAESP – Fundação Getulio Vargas. Mestre em Administração pela Universidade Federal do Paraná e em Filosofia pela Pontifícia Universidade Católica do Paraná. Graduado em Administração pela Universidade Estadual de Maringá-PR. Professor e pesquisador do Programa de Pós-Graduação em Administração da Universidade Estadual de Maringá. Pesquisador do CNPq. Interesses de pesquisa: Teorias das Organizações, Teoria Institucional em Organizações, Ética. *E-mail*: jmcrubellate@terra.com.br

Josué Alexandre Sander. Doutorando em Administração pela Universidade Federal do Paraná. Mestre em Administração pela Universidade Federal do Paraná. Graduado em Administração pela Universidade do Estado de Santa Catarina. Pesquisador do Programa de Pós-Graduação em Administração da Universidade Federal do Paraná. Interesse de pesquisa: organizações, teoria institucional, estratégia. *E-mail*: josuesander@gmail.com

Luciano Minghini. Doutorando e Mestre em Administração pela Universidade Federal do Paraná (UFPR). Graduado em Administração pela Universidade Estadual de Londrina. Professor e pesquisador do Centro de Ciências Sociais Aplicadas da UFPR. Interesses de pesquisa: Negócios Internacionais, Estratégia de Empresas, Práticas Estratégicas, Práticas Gerenciais, Valores Gerenciais. *E-mail*: luciano@minghini.com.br

Maira de Cassia Petrini. Doutora em Administração pela Fundação Getulio Vargas EAESP. Mestre em Administração pela Universidade Federal do Rio Grande do Sul. Professora e pesquisadora da Faculdade de Administração da PUCRS e do Programa de Pós-Graduação em Administração. Interesses de pesquisa: Sustentabilidade, RSC, Negócios com Impacto Social. *E-mail*: maira.petrini@pucrs.br

Mariane Lemos Lourenço. Doutora em Psicologia Social e do Trabalho pela Universidade de São Paulo (USP). Mestre em Psicologia pela Universidade de São Paulo (USP). Graduada em Psicologia pela Universidade Federal do Paraná (UFPR). Professora Adjunta da Universidade Federal do Paraná e pesquisadora do Centro de Ciências Sociais Aplicadas da Universidade Federal do Paraná e do Programa de Pós-Graduação em Administração. Interesses de pesquisa: Análise das Organizações e Estratégia, Comportamento Organizacional, Metodologia de Pesquisa, Trabalho e Subjetividade. *E-mail*: psimari@uol.com.br

Marlei Pozzebon. Doutora (Ph.D.) em Administração pela McGill University. Mestre em Administração pela Universidade Federal do Rio Grande do Sul. Professora e pesquisadora da HEC Montreal e professora visitante da Fundação Getulio Vargas. Interesses de pesquisa: inovação e inclusão social, negócios com impacto social, metodologias qualitativas. *E-mail*: marlei.pozzebon@hec.ca

Nicole Maccali. Doutoranda em Administração pela Universidade Federal do Paraná. Mestre em Administração pela Universidade Federal do Paraná. Especialista em Gestão Empresarial. Graduada em Comunicação Social com habilitação em Relações Públicas pela Universidade Federal do Paraná. Interesses de pesquisa: processo decisório, processo e conteúdo estratégico e metodologias de pesquisa qualitativas. *E-mail*: nicole.maccali@gmail.com

Paulo Otávio Mussi Augusto. Doutor em Administração pela Fundação Getulio Vargas EAESP. Mestre em Administração pela Universidade Federal do Paraná. Professor e pesquisador da Faculdade da Escola de Negócios da PUCPR e do Programa de Pós-Graduação em Administração. Interesses de pesquisa: Estratégia como prática, Estratégia e agência, Teoria Institucional. *E-mail*: paulo.augusto@pucpr.br

Pedro Lincoln Carneiro Leão de Mattos. Ph.D. em Government (London School of Economics, University of London). Mestre em Administração (EBAPE/FGV). Graduado em Filosofia (UCP) e Administração (UFPE). É pós-doutorado em Filosofia da Linguagem (PUC-Rio). Professor Titular da Universidade Federal de Pernambuco (aposentado). Foi pesquisador e bolsista do CNPq. Interesses de pesquisa em epistemologia e metodologia em administração, especialmente em perspectiva crítica às projeções da ciência moderna. *E-mail*: plincoln@hotlink.com.br

Rafael Borim-de-Souza. Doutorando em Administração pela Universidade Federal do Paraná. Mestre em Administração pela Universidade Estadual de Londrina. Graduado em Administração pela Pontifícia Universidade Católica do Paraná. Pesquisador inscrito no grupo de pesquisas: Pessoas, Competências e Sustentabilidade. Tem experiência na área de Administração, com interesses de pesquisa e publicações nos seguintes temas: responsabilidade social empresarial, sustentabilidade organizacional, desenvolvimento sustentável, crise ambiental, competências organizacionais, gestão de competências e gestão comparativa.

Roberto Luiz Custódio Remonato. Doutorando em Administração (Tecnologia, Qualidade e Competitividade), Mestre em Administração e Graduado em Ciências Econômicas pela Universidade Federal do Paraná – UFPR. Especialista em Gestão de Negócios e Marketing pela ESIC Business & Marketing School. Professor da ESIC Business & Marketing School e pesquisador do Centro de Ciências Sociais Aplicadas da UFPR – Universidade Federal do Paraná, com interesse de pesquisa em Inovação e Métricas de Inovação. *E-mail*: remonato@gmail.com

Sergio Bulgacov. Doutor em Administração pela EAESP-FGV. Mestre em Administração pela Universidade de São Paulo. Graduado em Administração pela Universidade Estadual de Londrina. Professor e pesquisador da Escola de Administração de Empresas de São Paulo da Fundação Getulio Vargas. Interesses de pesquisa em Estratégia e Análise Organizacional, Configuração de práticas do futuro. *E-mail*: s.bulgacov@gmail.com e sergio.bulgacov@fgv.br

Thiago Cavalcante Nascimento. Doutorando em Administração pela Universidade Federal do Paraná (PPGADM-UFPR), Mestre em Administração pela Universidade Federal do Rio Grande do Norte (PPGA-UFRN) e Bacharel em Administração pela Universidade Federal de Alagoas (UFAL). Professor e pesquisador do Departamento Acadêmico de Gestão e Economia (DAGEE) da Universidade Tecnológica Federal do Paraná (UTFPR). Tem como principais interesses de pesquisa: Inovação, Competitividade, Empreendedorismo e Políticas Públicas. *E-mail*: thiagoc@utfpr.edu.br

Yára Lúcia Mazziotti Bulgacov. Doutora em Educação pela Universidade Estadual de São Paulo. Mestre em Psicologia pela Universidade Pontifícia de São Paulo. Graduada em Psicologia pela Universidade Estadual de Londrina. Professora e pesquisadora dos Programas de Mestrado e Doutorado em Administração das Universidades Federal do Paraná e Universidade Positivo, Curitiba. Interesses de pesquisa: Práticas, Subjetividade e Organizações. *E-mail*: ybulgacov@gmail.com

Zandra Balbinot. Doutora em Gestão Internacional e da Tecnologia pela École des Hautes Études Commerciales – HEC de Montréal, Canadá. Mestre em Administração na área de Gestão de Ciência e Tecnologia pela Universidade Federal do Rio Grande do Sul. Graduada em Administração de Empresas pela Universidade Federal do Rio Grande do Sul. Professora do Programa de Pós-Graduação em Administração da Universidade Federal do Paraná. Coordena junto ao CNPq o projeto de pesquisa sobre gestão comparativa internacional e práticas gerenciais e estratégicas. Igualmente é líder do grupo de pesquisa Inovação e Sustentabilidade. Atualmente pesquisa sobre a internacionalização de práticas de negócios e as práticas dominantes de gestão nas áreas de sustentabilidade e inovação. Seus interesses de pesquisa encontram-se na estratégia de internacionalização de empresas, capacidade de absorção, alianças estratégicas e formação de redes físicas e virtuais.

Prefácio

NECESSIDADE DA PESQUISA QUALITATIVA

É uma satisfação enorme observar que a pesquisa qualitativa está ganhando terreno no Brasil, particularmente no campo da administração, se levarmos em conta a pressão positivista exercida atualmente na comunidade acadêmica e nas revistas de ponta. Entendo que, apesar de sua expressão ainda incipiente, é uma necessidade metodológica e epistemológica, primeiro para alargar a noção de método ainda preso ao positivismo em excesso, e, segundo, para abrir a pesquisa para o horizonte da complexidade não linear e das dinâmicas intensas. O método positivista – lógico-experimental – abriga um reducionismo exagerado (suponho que todo método seja reducionista, mas pode haver algum "desconfiômetro"), porque reduz a realidade àquilo que o método consegue captar e manipular. O que não cabe no método é declarado como não existente. Embora método seja da ordem das instrumentações (caminho hipotético a ser seguido), acaba tornando-se a razão de ser da pesquisa: a realidade se acomoda ao método, não o contrário. Essa "ditadura do método" encobre posicionamentos conservadores, na medida em que se pretende vender esse método como única e universalmente válido e capaz de desvendar finalmente a realidade. Nega-se seu tom multicultural, tipicamente eurocêntrico, encabeçando pretensões bíblicas de dar conta por completo da realidade, mesmo que nosso olhar, sendo de dentro, da parte, jamais possa ver tudo. Perde-se a noção de que toda teoria é um recorte a partir de certo ponto de vista, por mais que se escude em formalizações universalizantes. Vibra nessa pretensão descabida um antropomorfismo prepotente, como se o ser humano fosse o centro do universo, lhe desse sentido e direção, não simplesmente uma de suas criaturas evolucionárias. Não tendo ele mesmo validade absoluta, não faz sentido pretender que nossas teorias a tenham. O uso de formalizações metodológicas cumpre papel importante em termos de estabelecer procedimentos recorrentes, retestáveis, aumentando a confiança intersubjetiva, mas jamais estabelecendo "a verdade". Grupos alternativos vinculados ao fundo hermenêutico da construção humana de conhecimento (Poerksen e Foerster, por exemplo) dizem que "verdade é a invenção de um mentiroso", porque só um mentiroso teria essa empáfia. Hoje, com o ressurgimento das "novas epistemologias" empurradas pelos ambientes virtuais autorais (web 2.0, por exemplo, sendo um dos exemplos mais à mão a Wikipédia, com seus altos e baixos), retornou com grande ênfase a percepção de que conhecimento bem-feito será sempre refeito, assim como toda fundamentação bem-feita não se conclui: permanece aberta. Essa modéstia inteligente é o chão da pesquisa qualitativa que, desde seus incunábulos no fim da primeira metade do século passado, tinha esta profunda convicção: a realidade é sempre, inevitavelmente, maior, mais complexa, mais dinâmica que nossas teorias, que são, na prática, modelos sumários e apenas aproximativos. Quando se admite a "politicidade" do conhecimento científico, as coisas se tornam mais tranquilas: cessam validades universais como produto de traquinagens ideológicas, e passam a constar validades relativas – valem, sim, mas dentro de contextos relativizados, datados e localizados. Não se nega a importância da formalização – mas só funcionam nos espaços formais; nos espaços existenciais, a contingência comanda as dinâmicas sempre passageiras e em convulsão não linear. Não se pode confundir validade relativa com relativismo: este afirma o vale-tudo ou o vale-nada, enquanto a validade relativa é aquela da qual somos constituídos existencialmente: valemos, sim, mas passageiramente.

O fato mais duro é que, ao final, não sabemos o que é a realidade. Temos dela muitas hipóteses, sendo a mais corrente aquela que a postula como estrutura lógico-experimental, nem tanto porque assim cremos ou seria, mas porque assim a queremos, para caber no método. Se colocássemos, como um dia os gregos já fizeram, a dinâmica como "constante", a visão mudaria de maneira formidável, sem ser o caso jogar fora o cuidado formalizante. Esse continua fundamental, porque o discurso científico apresenta como uma de suas marcas mais apreciáveis o ordenamento discursivo, porque, como sugeria Foucault ironicamente, a ordem é do discurso, não da realidade. Não faz sentido interpor dicotomias entre quantidade e qualidade, nem entre métodos quantitativos e qualitativos. Frente a uma realidade no fundo indevassável, é preciso cercá-la por todos os lados, sabendo de antemão que muito vai vazar. É muito relevante adotar procedimentos metodológicos que podem ser retestados por outros pesquisadores, ainda que, a rigor, nunca exatamente do mesmo modo, talvez mesmo na realidade natural, como indica a física quântica: a observação do objeto interfere no objeto. Embora a pesquisa qualitativa tivesse nascido, em parte pelo menos, como reação das ciências humanas "contra" as naturais, hoje esse gesto acabou sendo de empatia visível, começando pelo posicionamento surpreendente de Prigogine de recuperar a noção perdida de "dialética da natureza". Essa percepção, primeiro, relativiza a posição do pesquisador humano, não mais como determinador do que seria real, mas como aventureiro perdido num espaço tão amplo e complexo, que não existe qualquer possibilidade de devassa. Segundo, sugere que nossa pesquisa é naturalmente um olhar da parte, parcial, não de cima ou de fora. Esse olhar é limitado por várias circunstâncias, a começar pela biologia do olhar (não há como olhar tudo), incluindo-se ainda o raio de abrangência do observador que não observa tudo, nem qualquer coisa, mas aquilo que parece pertinente para observar (não vemos as coisas como são, mas como vemos). Terceiro, recupera a proposta da Escola de Frankfurt (teoria crítica) de que o critério maior de cientificidade não é a verificação final ou a "evidência empírica", mas a "discutibilidade" permanente: continua merecendo a atenção intersubjetiva a teoria que, discutida acerbamente, permanece de pé, por enquanto. Essa visão foi proposta também por Popper, sob o nome de "falsificabilidade", mas não teve repercussão no ambiente positivista, que nunca valorizou tanto quanto hoje o que se chama de "evidência empírica", na condição de mantra acadêmico.

No mínimo, a pesquisa qualitativa descobriu que a realidade, ao lado de expressões extensas e estruturas resistentes, apresenta dinâmicas **intensas**, complexas e não lineares, cuja abordagem só pode ser feita com extrema cautela, idas e vindas, aproximações sucessivas, sem certeza final. Toda dinâmica intensa pode ser "mensurada" de alguma maneira, porque, como toda realidade natural, expressa-se também extensamente. Mas o intenso não pode ser reduzido ao extenso, porque seria truculência do método. Ao final, porém, como todo discurso fundado no método, acaba entendendo o intenso pela via de seu ordenamento discursivo, ou seja, na contraluz extensa. Em parte, isso se deve à própria conformação biológica cerebral: entendemos melhor o que simplificamos, ordenamos, e é por isso que o discurso só é discurso científico se obedecer ao ordenamento formal de propensão linear. Cabe sempre perceber que esse tipo de discurso é naturalmente artificial, porque, sendo uma carapuça na qual enfiamos a realidade, é um discurso entre outros possíveis. Se procedimentos formalizantes, de um lado, contribuem efetivamente para a estruturação de entendimentos intersubjetivos mais confiáveis (podem ser mais bem discutidos e refeitos, se for o caso), de outro lado abrigam subserviências multiculturais embutidas no olhar eurocêntrico antropomorfista. Em outras culturas, por exemplo, realidades não materiais podem mais facilmente ser aceitas (ou pelo menos respeitadas), no mínimo como possibilidade, já que, na história da humanidade, poucas crenças são mais recorrentes do que a de que o mundo material não seria fronteira final. A expressão "lógico--experimental" corresponde, pois, a um dos olhares possíveis, compromissado mais com o domínio da natureza do que com seu entendimento. A realidade é muito mais complexa do que supomos. Assim como nós mesmos não damos conta de nós mesmos – não temos explicação satisfatória do que somos, a não ser em religiões ou movimentos similares –, não podemos pretender dar conta do universo, na posição infantil de que somos o centro de tudo. Pretender explicar a realidade inteira com um método específico é a expressão de infantilismo extremado, denotando que a ciência ainda é uma sacristia.

Pesquisadores qualitativos colocam-se este desafio extraordinário: estudar a realidade a serviço de sua complexidade sempre maior que nossas aproximações metódicas; não perder de vista o contexto hermenêutico da interpretação que será reinterpretada; não ignorar as limitações do ponto de vista do observador; insistir na importância da proximidade intensa com o objeto, com o intuito de ouvi-lo melhor; tomar cuidado com o ordenamento discursivo, porque pode ser bem mais ordenado que explicativo. Pesquisadores qualitativos apostam mais na discutibilidade de seus olhares, com base na autoridade do argumento, não do argumento de autoridade. Porque as coisas são tão falíveis, cabe argumentar com tanto maior cuidado, diligentemente. Ao mesmo tempo, não cabe apenas entender a realidade. É ainda mais importante participar de sua mudança, em especial quando nos dedicamos a desvendar tramas colonialistas, desigualdades renitentes, pobreza política, sonhos e aspirações comunitárias, processos de marginalização de maiorias. Assim, sem a pretensão de explicar tudo, temos, sim, a pretensão de utilidade pública bem mais visível.

Pedro Demo

Introdução

Este livro é um convite a uma reflexão mais ampla sobre a pesquisa qualitativa na área de Administração. Mais ampla porque busca proporcionar elementos que extrapolam a questão da técnica e do método. Enquanto coletânea, não se reduz a um agrupamento de textos, mas sim é a expressão do esforço de um grupo, tanto no sentido de articulação e debates quanto no sentido de concepção e pesquisa. Nascido da ideia de transformar em livro as pesquisas realizadas em torno dos estudos sobre pesquisa qualitativa no Programa de Pós-Graduação em Administração na Universidade Federal do Paraná, este projeto foi tomando corpo e ganhando complexidade. Em busca de melhores resultados, professores de diversas instituições foram convidados a trabalhar tanto em capítulos próprios quanto em parceria com os alunos do Programa. Cada um dos autores trouxe suas perspectivas, seus conhecimentos, críticas e contribuições.

Foi um projeto ambicioso daqueles que nascem tímidos e crescem além do esperado. Positivamente além. Muitas reuniões, discussões, encontros formais e informais, presenciais ou a distância ocorreram até que se concluísse o projeto. Procurou-se manter uma avaliação contínua referente a cada uma das etapas, a fim de monitorar o andamento e a qualidade do trabalho, de forma a não perder a ligação entre os diversos capítulos e temas. Justamente por isso, este livro não é um agrupamento de textos, mas um texto que reflete sua equipe.

O objetivo maior foi o de proporcionar fundamentação para discutir a pesquisa qualitativa e os métodos utilizados, mostrar a aderência dos mesmos nas pesquisas brasileiras e provocar uma reflexão sobre a ética do pesquisador e a pertinência da própria denominação da pesquisa qualitativa. Sem a pretensão de esgotar esse tipo de análise, ou de ser um livro que traz respostas a todas as inquietações dos estudiosos e pesquisadores, ele procura ofertar bases para resolver questões teóricas e empíricas. Pretendeu-se fornecer um conjunto de textos alinhados, integrados, que possam servir a este fim.

O estudo da pesquisa qualitativa, tema deste livro, tem atraído muitos leitores e interessados nesse tipo de pesquisa, por privilegiar formas diferentes de buscar a compreensão de um fenômeno organizacional. A literatura tem sido ampla nesse sentido, principalmente internacional. No entanto, este livro tem um diferencial: se volta também à análise da utilização de métodos convergentes com a abordagem qualitativa nas pesquisas publicadas no Brasil.

Diversas obras têm sido escritas nos últimos anos sobre Pesquisa Qualitativa, mostrando a força da preocupação dos pesquisadores com o rigor e a qualidade da pesquisa. Com isso, contribuições significativas têm sido feitas ao campo das Ciências Sociais e da Administração, em Metodologia e Estudos Organizacionais. Assim, Pesquisa Qualitativa aqui refere-se a um recorte de pesquisa em geral, cujo foco não pretende tomar conotação de defesa ou prioridade, ou ainda de segmentação, mas sim de aprofundamento, caracterização e compreensão sobre o mesmo.

Por isso, o convite ao leitor é de que prossiga além da introdução e do sumário, a fim de compreender melhor seu conteúdo, conceitual e de aplicação, conhecer o retrato da utilização dos métodos no período compreendido entre 2001 e 2010 no Brasil, e verificar as recomendações de autores experientes que têm utilizado cada um desses métodos nos últimos anos. Este livro não tem intenção de ser um manual, embora apresente passos que possam auxiliar no uso dos métodos. Mais do que aspectos práticos, visa fornecer um suporte para o conhecimento e desenvolvimento de pesquisa qualitativa, sendo útil para estudos e pesquisas, disciplinas de metodologia qualitativa e seminários sobre o tema.

O livro está estruturado em três partes. A primeira parte, denominada Pesquisa Qualitativa em Administração, está composta por quatro capítulos que abordam uma temática mais ampla. Inicialmente, Bertero trata da área qualitativa nas Ciências Sociais e Estudos Organizacionais. Yára Bulgacov debate questões de epistemologia, ontologia e metodologia. Godoy apresenta os fundamentos da pesquisa qualitativa e suas implicações metodológicas. Como quarto capítulo dessa Parte I, Pozzebon e Petrini abordam os critérios para condução e avaliação de pesquisas qualitativas de natureza crítico-interpretativa, com o objetivo de fazer avançar o debate sobre os critérios de avaliação de pesquisas qualitativas não positivistas. Esses quatro capítulos estão inter-relacionados e, juntos, já representam uma contribuição significativa ao resgatar questões de fundamentação e de base para a condução de pesquisa qualitativa, pois refletem os conhecimentos e reflexões de autores brasileiros experientes, expressão da academia nacional.

A segunda parte trata das tradições metodológicas qualitativas. O primeiro capítulo da Parte II descreve como a pesquisa apresentada nesta parte do livro foi conduzida. Os outros sete capítulos tratam da Fenomenologia (por Borim-de-Souza, Nascimento e Nogueira), da Etnografia (por Semprebom, Freitas Junior e Augusto), da Etnometodologia (por Maccali, Niada e Takahashi), da Grounded Theory (por Mendonça, Remonato, Maciel e Balbinot), da Pesquisa-ação (por Franzolin, Minghini e Lourenço), da Pesquisa Histórica (por Nascimento, Borim-de-Souza, Bertero e Nogueira) e do Estudo de caso (por Coraiola, Sander, Maccali e Bulgacov). Cada um desses sete capítulos está organizado, por sua vez, em três grandes eixos, sendo: (a) aspectos conceituais e de aplicação; (b) resultados de uma pesquisa bibliométrica sobre o uso do método no Brasil no período de 2001-2010 com base nos principais eventos e periódicos da área de Administração; e (c) um texto com recomendações e sugestões construído com base em entrevistas realizadas com pesquisadores que estão no *ranking* dos que têm utilizado o método neste período. Por fim, um capítulo de análise geral sobre os resultados encontrados é apresentado.

O termo *método* foi aqui utilizado com fins de padronização, porém sabe-se que muitos deles são tratados na literatura com diferentes terminologias, como, por exemplo, no caso da fenomenologia, que certamente transcende a questão do método, demandando um determinado posicionamento do pesquisador, uma forma de fazer pesquisa. Respeitam-se todas as terminologias utilizadas e as respectivas amplitudes para tratar de cada um deles, pois método aqui é uma denominação geral que não pretende reduzi-los a mera técnica ou desconsiderar suas implicações epistemológicas e ontológicas. No entanto, adotou-se este termo como opção didática, a fim de organizar o livro: *Pesquisa Qualitativa em Administração – Fundamentos, Métodos e Usos no Brasil*.

A terceira parte (Posfácio) é composta por dois capítulos cujo objetivo é gerar reflexões e contrapontos. O primeiro trata da ética na pesquisa qualitativa, escrito por Crubellate, experiente e cuidadoso estudioso deste tema. O segundo texto versa sobre a própria essência da abordagem qualitativa e sua pertinência, escrito por Mattos, autor renomado, experiente e positivamente questionador. Academia é constante questionamento, e pesquisa é academia. Como estudiosos e pesquisadores, não podemos nos furtar de constantes reflexões, e também de constantes indagações sobre o que fazemos. São esses caminhos, acredito, que nos levam a aprimorar conhecimento seja por qual tema for. Por isso, o livro também abarca esse espaço que, aqui, chamo de construtivo, como construtivo tem (penso) de ser nosso percurso pessoal e profissional.

Por fim, cabem os agradecimentos. Eu realmente agradeço a todos os autores, alunos do Doutorado em Administração do PPGADM da UFPR, professores colegas de trabalho da UFPR e demais instituições (FGV-SP, PUC-PR, Mackenzie, UP, HEC Canadá, PUC-RS), aos pesquisadores que concederam entrevistas e também aos amigos que compartilharam o processo mesmo sem estarem envolvidos nele. Sem eles este projeto não se teria materializado. Agradeço, de forma geral, a minha família. De forma geral, porque não é preciso mais do que simplesmente estarem aqui. A presença basta e inspira.

Adriana Roseli Wünsch Takahashi

(Organizadora)

PARTE I

Pesquisa Qualitativa em Administração

1

Área Qualitativa em Ciências Sociais e Estudos Organizacionais

Carlos Osmar Bertero

1.1 INTRODUÇÃO

As ciências sociais constituíram o derradeiro avanço do conhecimento científico sobre o que era a *filosofia da natureza*. Essa designação envolvia tudo aquilo que se referisse ao estudo do ser mutável e foi usada por Aristóteles (Aristotle, *Physics*). O estudo do ser enquanto ser, ou seja, da imutabilidade ficava reservado à metafísica. O mundo da física era o do devir (vir a ser). A física aristotélica é o mais longevo paradigma que já existiu em qualquer campo científico. Na verdade, tendo sido escrita em 350 a.C. e sendo adotada pelo pensamento medieval, só foi abandonada com a Revolução Copernicana no século XV. Portanto, podemos contabilizar quase 19 séculos de existência. Quando Galileo Galilei foi levado ao tribunal da Inquisição no século XVII, o que estava em questão é que suas concepções sobre a ordem universal (cosmologia) se chocavam com a visão oriunda da física de Aristóteles.

Portanto, Galileo é considerado o iniciador da ciência moderna, ou do conhecimento de tipo científico. Mas o que aqui nos interessa não é o choque entre a concepção galileica/copernicana do universo, com o embate entre heliocentrismo e a rotação da terra e a concepção vinda de Aristóteles, geocêntrica e com a terra imóvel, mas a essência da revolução científica que se operava. A física aristotélica e consequentemente a *philosophia naturalis* escolástica eram descritivas e qualitativas. O que se pretendia era descrever o universo e tal abordagem era coerente com a concepção grega do conhecimento como um fim em si mesmo. Conhecer era na verdade o que distinguia o ser humano (racional) dos demais animais, tornando-se a fonte da mais elevada realização e satisfação humana. O conhecimento era visto como tão gratificante, que deveria ser buscado em si e por si mesmo.

A física de Galileo, considerada o início do conhecimento propriamente científico (JAPIASSÚ, 1997, 2003), e que tendo começado com ele se estende até nossos dias, buscava não apenas descrever o universo, mais especificamente a realidade do movimento, mas estabelecer um conhecimento consubstanciado em princípios e leis. Com isso, a mais antiga das ciências é considerada a física e mais especificamente a mecânica, objeto das teorizações de Galileo. Ao classificar o movimento, Galileo o tipifica e quantifica. Aqui está a originalidade do novo conhecimento, a saber, a colocação dos diversos tipos de movimentos em fórmulas matemáticas. O conhecimento usando a matemática como linguagem e como forma de explicar a realidade passou a constituir traço fundamental não apenas da mecânica, mas das demais partes da física e acabou por estender-se a todo o campo científico.

O esforço para quantificar e estabelecer o conhecimento em teorias que seriam a articulação de leis não era a única característica da "nova ciência". Havia ainda outro importante traço. Se o conhecimento grego e medieval tinha um fim em si mesmo, a Revolução Científica, trazida pela Idade Moderna, implicava que o conhecimento fosse aplicado. A concepção não é explicitada por Galileo, mas pelo filósofo inglês Francis Bacon (BACON, 1863), que em 1620 afirma que o conhecimento científico busca o conhecimento da natureza a fim de entendê-la e, conhecendo suas leis e princípios, controlá-la. O controle da natureza, em consonância com a Modernidade, instrumentalizava o conhecimento e vinculava a ciência às aplicações gerando a tecnologia. Embora gregos na antiguidade clássica, chineses, indianos e árabes tenham desenvolvido ponderável e substancial conhecimento sobre a natureza, não levaram esse conhecimento à aplicação e à consequente geração de tecnologias. Isso ficou com a cultura ocidental.

O novo modelo de ciência passou a ser crescentemente utilizado, e a *philosophia naturalis* passou ao mundo da escolástica ocidental, que ainda continuava sendo ensinada, especialmente nos países que permaneceram católicos após a ruptura no cristianismo ocidental ocasionada pela Reforma. A Contrarreforma católica reafirma em diversas oportunidades a "correção" e a adequação da escolástica, especialmente na versão de Tomás de Aquino, e isso ajuda na explicação das dificuldades que o relacionamento entre ciência e teologia experimentou e ainda experimenta nos dias atuais. Basta ver a rejeição de alguns cristãos ocidentais da biologia evolucionária e a insistência numa versão "modernizada" da criação, denominada Criacionismo. Não deve causar estranheza o relativo "atraso" científico de países onde a escolástica permaneceu como a filosofia ensinada, incluindo as concepções sobre a natureza, que ainda se pautavam pelo paradigma aristotélico. Para nós, brasileiros, deve ser lembrado que Portugal foi um país onde a escolástica permaneceu como a filosofia ensinada até fins do século XVIII, ficando à margem do desenvolvimento científico europeu que já ocupava outros países, especialmente a Inglaterra. Essa rejeição do pensamento moderno não se restringiu à "nova ciência", mas incluiu todo o desenvolvimento da filosofia moderna. Filósofos do empirismo (Bacon, Locke, Hume, Berkeley) e do racionalismo (Descartes, Leibniz, Malebranche, Spinoza) ficavam à margem da formação acadêmica.

A nova concepção de ciência avançou em outras áreas, até então reservadas à *philosophia naturalis* ou filosofia da natureza e depois da física, a biologia, a botânica, a zoologia e a química foram igualmente se tornando ciências que se moldavam pelo paradigma estabelecido a partir de Galileo. Como o conhecimento científico a partir daí teria que ser direcionado para princípios, leis e teorias, nada poderia prescindir de comprovação e esta deveria ser necessariamente empírica. Aqui, a afirmação clássica do empirismo é esclarecedora: *nihil est in intellecto quod non prius fuerit in sensu* (nada está no intelecto que não tenha antes passado pelos sentidos). O que nossos compêndios de metodologia de pesquisa apresentam como modelo de ciência foi a proposta da chamada "nova ciência".

1.2 SURGEM AS CIÊNCIAS SOCIAIS

As ciências sociais, nossa preocupação neste capítulo, chegaram tardiamente a este mundo da nova ciência e até hoje permanece a questão de saber se elas são passíveis do mesmo tratamento epistemológico e metodológico reservado às ciências que ocuparam gradualmente o espaço da filosofia da natureza. Na verdade, hoje ninguém olharia para a *philosophia naturalis* medieval ou para a física aristotélica com outro olhar que não fosse o histórico. Mas o mesmo não se passa com as ciências sociais.

Não pode deixar de nos auxiliar rever o contexto histórico em que essas ciências surgiram. Como as ciências da natureza, elas são um produto típico do mundo intelectual e cultural da Europa Ocidental. Nasceram nos séculos XVIII e XIX e não deixam de carregar as marcas do contexto europeu à época em que foram geradas. Aquele continente passava por profundas transformações políticas (Revolução Francesa e o ruir do *Ancien Régime*), sociais (urbanização, novas estratificações sociais e nova estrutura de classes, com uma tendência para uma sociedade de massas) e econômicas (avanço do modo de produção capitalista que entrava na sua fase industrial). O resultado é que a ordem antiga ruía, e as ciências sociais nascem com objetivos mesclados: conhecer para também transformar. A proposta de que as ciências sociais deveriam não apenas explicar a sociedade, mas contribuir para que ela fosse adequadamente organizada é uma constante nas posições dos mais diversos filósofos ou cientistas sociais do século XIX. Tanto Auguste Comte, como Marx, como Émile Durkheim terão propostas para uma Nova Ordem. Elas diferem entre si, mas têm em comum um tom profético e visionário.

Se as ciências da natureza ocuparam o espaço da *philosophia naturalis,* onde eram tratadas as questões que as ciências sociais se propunham na ordem filosófica anterior? Certamente não na filosofia da natureza, mas no mundo da ética e da política. Na tradição clássica a ética era o universo onde se buscaria o que hoje designaríamos como uma moral individual, enquanto a política trataria das formas de bem governar a *polis*. Tanto Platão como Aristóteles dedicaram parte importante de suas obras a ambas as questões. A preocupação grega com a *Aretê* ocupa boa parte da obra de Platão e sua correspondência, as *Cartas*, bem como a *República* e *As Leis* estão voltadas à organização e ao governo da *polis* (Platão, *The Internet Classics Archives, 1994*). Em Aristóteles, as duas obras éticas, a Ética a *Nicômaco* e a *Moral a Eudemo* (Aristóteles, *The Internet Classics Archives, 1994*), cobrem o mundo do indivíduo e de suas relações imediatas, enquanto a ordenação da *polis* fica com a *Política*. Essas preocupações nunca abandonaram o pensamento ocidental, mas sempre sob a forma de um tratamento filosófico. Vejamos alguns baluartes ao longo dos séculos, como a *Cidade de Deus*, de Santo Agostinho. O tema é tratado durante a escolástica medieval. A Idade Moderna vê surgir obras como a *Cidade do Sol*, de Tomaso Campanella, e a *Utopia*, de Thomas Morus. E o Iluminismo não deixou a questão de lado com seus pensadores. Talvez os que mereçam maior nota sejam Rousseau e Voltaire. Mas até o final do século XVIII, essas questões não se enquadravam num tratamento científico, dentro do modelo desenvolvido para as ciências da natureza. E aqueles que chamaríamos hoje de fundadores das ciências sociais, como Comte, Marx, Tocqueville, Max Weber, Durkheim e Saint Simon tampouco apresentaram suas obras sob a forma de uma ciência de tipo positivo.

As ciências sociais podem ser vistas como o último avanço para apresentar o conhecimento de seus objetos não mais sob a forma filosófica, mas sob a forma de ciência. A realidade encontrada pelas ciências sociais, quando de seu surgimento, era que as ciências da natureza já contavam com três séculos de existência e um bom cabedal de conhecimento acumulado. Adicione-se o sucesso sob a forma de aplicações à realidade gerando tecnologias de intervenção sobre os objetos de conhecimento de que se ocupavam. Não há dúvida de que as ciências sociais nasciam propensas a um complexo de inferioridade epistemológico e metodológico. E a tentação esteve presente desde o início de aplicar aos objetos das ciências sociais o mesmo formato científico desenvolvido com sucesso durante os três séculos anteriores pelas ciências da natureza. Nesse sentido, a obra de Durkheim *As Regras do Método Sociológico* (DURKHEIM, 2007) aponta no sentido de tornar a sociologia uma ciência rigorosa que adota um modelo positivo. Auguste Comte igualmente, em seu trabalho seminal, exposto no seu *Cours de Philosophie Positive* e no *Système de Politique Positive,* embora reconhecendo a especificidade do objeto da sociologia, lança mão de conceitos derivados da física, da anatomia e da fisiologia. Todavia, não chega a propor o que chamaríamos hoje de um modelo de ciência positiva para a sociologia.

Mas um debate central para entender os rumos epistemológicos e metodológicos das ciências sociais reside no debate germânico que distingue *Naturwissenschaften* (Ciências da Natureza) e *Geisteswissenschaften* (Ciências do Espírito). [Para noções básicas, acesse <http://www.encyclopedia.com/doc/1O88-GstswssnschftnndNtrwssnsc.html>.] A distinção se deu no universo conceitual neokantiano e exerceu grande influência sobre o desenvolvimento das ciências sociais.

Wilhelm Dilthey referia-se às *Geisteswissenschaften* como ciências humanas e que teriam características diversas das ciências da natureza. Seriam marcadas por um caráter mais descritivo, diferentemente das ciências da natureza onde a busca de relações causais ou de relacionamento num universo probabilístico levariam ao estabelecimento de leis, princípios e teorias. Também apresentavam a tendência de generalizar com base em conteúdos parciais. Adicionalmente, emitem julgamentos, ou seja, operam com juízos de valor e acabam recomendando práticas, sendo mais prescritivas e normativas do que as ciências da natureza. As afirmações de Dilthey indicam que ciências da natureza e ciências humanas ou sociais são necessariamente distintas pelos seus objetos de estudo, pela metodologia e pela maneira como se constroem. O modelo de ciência moderna, construído a partir da física, e que se estendeu ao entendimento de outras dimensões da natureza, não pode ser estendido ao universo das ciências do espírito ou humanas e sociais (DILTHEY, SEP, s.d).

Outro filósofo alemão, o neokantiano Wilhelm Windelband, agregou argumentos à separação dos dois grupos de ciência ao afirmar que as *Naturwissenschaften* eram nomotéticas, enquanto as *Geisteswissehschaften* eram ideográficas. Para ele, as ciências da natureza seriam nomotéticas porque se preocupam com estabelecer leis gerais e fazem uso de um coletivismo metodológico, que é um apelo à objetividade e ao realismo epistemológico. Aqui se localizam a física, a química, a biologia, em seus diversos ramos, e a psicologia. Ele inclui aqui também a sociologia, abrindo-se a possibilidade de que venha a se desenvolver como ciência de tipo positivo. Já as ciências do espírito ou humanas são ideográficas porque buscam o singular, o que não é recorrente. Talvez o melhor exemplo seja a história na medida em que se atenha a uma historiografia estrita, sem tentar associar-se a outras ciências sociais, tentando teorizar e conferir sentido ao desenrolar dos eventos, que se manteriam sempre únicos, e singulares não repetíveis. Aqui se entende que o estudo de uma cultura, seja objeto de construção ideográfica, bem como os estudos de casos nas diversas ciências sociais. Para uma área como os Estudos Organizacionais, onde estudos de casos desempenharam e ainda desempenham importante papel, essas observações são relevantes.

Na medida em que se retomam essas considerações feitas no final do século XIX e início do século passado, pode-se já perceber que as ciências sociais tendiam a ser vistas como ciências diversas das ciências da natureza onde um formato quantitativo se impunha na própria construção da ciência e não apenas na metodologia. A distinção dos neokantianos entre ciências da natureza e ciências do espírito reservava às ciências sociais uma metodologia certamente qualitativa, e especialmente o tratamento de dados a partir de análises multivariadas ficava eliminado pela impossibilidade de um conteúdo suficientemente genérico ou coletivo que permitisse a utilização desse tipo de análise. Assim, a qualidade se implantaria como a forma e o método de se fazerem ciências humanas e a quantidade para as ciências da natureza.

1.3 AS CIÊNCIAS SOCIAIS SE TORNAM POSITIVAS

A pergunta seguinte seria saber como as ciências sociais, e especialmente a sociologia, tenderam a se aproximar epistemológica e metodologicamente das ciências da natureza assumindo características de ciências positivas. A esta altura, se faz necessário deixar a Europa e cruzar o Atlântico Norte em direção aos Estados Unidos, que exerceram papel fundamental no desenvolvimento das ciências sociais. Isso porque a Europa, e especialmente a tradição francesa, não adotou metodologias quantitativas, mantendo-se ainda próxima da tradição proveniente do século XIX de que ciências sociais ainda continham muito das filosofias sociais onde se originaram. A sociologia europeia de inspiração marxista nunca lançou mão de métodos quantitativos, nem se propôs tornar positivas as ciências sociais.

A psicologia norte-americana adotou uma linha experimental, prestigiando coleta de dados através de testes, para cujo desenvolvimento teve papel importante. Mesmo tópicos como personalidade e psicologia diferencial adotaram tratamento quantitativo dos dados. A psicologia norte-americana, desde a primeira metade do século passado, fazia uso de estatística. Essa tendência também acabou por impor-se à psicologia social e a vertente clínica foi a única que se afastou dos esforços de se tornar uma ciência positiva, permanecendo no âmbito da clínica, universo onde a singularidade e os casos acabam tendo prioridade sobre as grandes generalizações e acúmulo de informações.

O caso da economia é peculiar entre as ciências sociais porque adotou um modelo estritamente matemático em sua construção desde o seu início. Assim, é possível afirmar que a economia é uma ciência "ideal", no sentido weberiano do termo, ou seja, suas elaborações se fazem a partir de construções ideais e não da realidade empírica que é o objeto daquela ciência. A ciência econômica nasceu para explicar o mercado. Foi isso que assegurou a Adam Smith a paternidade da nova ciência. Mas as diversas situações de mercado, da concorrência perfeita ao monopólio passando pelo oligopólio e pela concorrência monopolística são construções ideais que só são aproximadamente encontradas na realidade dos mercados. Ninguém ignora que concorrência perfeita e mercados perfeitos inexistem e que a atividade econômica e o seu entendimento deverão levar em conta as imperfeições do mercado, que ao fim e ao cabo explicam por que as coisas não se passam na realidade como construídas idealmente. O fato de a economia se construir a partir de um modelo matemático de ciência e não empírico fica também evidente no ator econômico, classicamente batizado de *homo economicus*. O ator econômico, no papel de vendedor, comprador, investidor ou tomador de empréstimos etc., sempre se portará racionalmente. A racionalidade é entendida como a posse de todas as informações necessárias à decisão e a capacidade de efetuar cálculos precisos para chegar à decisão ótima. É reconhecido que o *homo economicus* é um *constructum* ideal e não é dotado de realidade.

A afirmação de que a ciência econômica é fundamentalmente matemática seria mais bem ilustrada pelo recurso à geometria espacial euclidiana. Todos reconhecem que as figuras geométricas são ideais, ou seja, são entes que só existem na razão humana e nunca na realidade. Porém, a realidade se aproxima dessas figuras e elas nos auxiliam a entender a realidade espacial e até mesmo a poder utilizar as figuras ideais para realização de cálculos sobre áreas e volumes. O modelo é análogo à ciência econômica que faz uso de construções ideais, ou seja, mercados perfeitos e o ator econômico são entes de razão, mas que nos auxiliam a entender a atividade econômica real.

O desenvolvimento da sociologia enquanto ciência social não se explica sem se levar em conta o itinerário e o espaço que a disciplina adquiriu na academia dos Estados Unidos. Universidades como Harvard, Chicago e Columbia, para mencionar apenas algumas, tiveram departamentos de sociologia que contribuíram para aclimatar a nova ciência aos Estados Unidos. Certamente, não se tratou de um episódio de autoctonia. A sociologia norte-americana tem raízes europeias, e isso fica claro na influência de sociólogos europeus como Durkheim e Weber.

O fato de os norte-americanos considerarem o seu país um *melting pot* muito fez para tornar a realidade de grande interesse. Quando a sociologia chega aos EUA, no final do século XIX e início do século XX, o país recebe grande quantidade de imigrantes, fazendo com que a mescla de culturas se tornasse uma realidade. Além disso, o país experimentava acelerado crescimento econômico com as consequências sociais de alterações na estrutura, nova formação de classes e especialmente uma sociedade onde a mobilidade social, preferencialmente ascendente, era apresentada como um dado. O país era visto como a *land of opportunity*. Se mudanças análogas estiveram presentes na Europa anteriormente quando do nascimento das ciências sociais, nos Estados Unidos as mesmas coisas ocorriam, mas com maior ressonância. Estava-se a construir o que Martin S. Lipset chamou de *the first new nation* (LIPSET, 1979). Tudo isso era de molde a despertar o interesse de sociólogos e a fazer avançar a nova ciência no país.

Mas como explicar que naquele país a sociologia tenha caminhado para se tornar, em grande medida, uma ciência de tipo positivo, utilizando metodologia quantitativa de preferência à qualitativa? A resposta é complexa e deve ser buscada na cultura norte-americana, incluindo a sua tradição filosófica. A cultura norte-americana é caracterizada por um traço pragmático. Isso significa uma predisposição à ação e uma concepção do conhecimento como não sendo um fim em si, mas algo que deve servir a entender e transformar a realidade. Dessa forma, as ciências sociais devem contribuir para que se aprimore a sociedade que temos, tornando-a mais justa, mais aberta, equalizando e oferecendo oportunidades a todos. Dentro de uma linha utilitarista, a sociedade deve propiciar o máximo bem ao maior número possível de seus membros, preferivelmente à totalidade. Embora tais características possam ser identificadas com a própria modernidade, remetendo a uma origem europeia, nos Estados Unidos esses traços não encontraram nenhuma oposição sob a forma de uma cultura e visão de mundo que a tivesse precedido. Nesse sentido, tratava-se efetivamente de construir um Novo Mundo.

Isso explicaria a tônica das ciências sociais nos Estados Unidos, mas não chega a responder à questão de como elas se tornaram predominantemente positivas e, ao fazê-lo, optaram pelo uso de metodologias quantitativas. O que pode ser aqui arguido é que o sucesso das ciências da natureza e suas metodologias quantitativas em muito contribuíram para levar os cientistas sociais a adotarem modelos análogos. Não se pode também afastar como explicação o avanço da estatística e da matemática aplicada, resultado de demandas do mundo da produção e frequentemente do mundo da guerra, no que a humanidade foi sempre boa fonte. E os Estados Unidos não têm parado de guerrear desde o momento em que se tornaram independentes, sendo a independência já obtida com uma guerra.

Mas de maior importância para que se fosse adotando metodologias quantitativas foi uma razão institucional. O sucesso das ciências da natureza com metodologias quantitativas levou as ciências sociais ao mimetismo. Isso é particularmente claro no caso da evolução do ensino de administração nas escolas das principais universidades norte-americanas. O Relatório da Fundação Ford (GORDON; HOWELL, 1959), editado no final da década de 1950, criticava pesadamente a falta de pesquisa e o ensino baseado apenas na transmissão de *Best Practices*. As escolas reagiram alterando seus corpos docentes e buscando professores titulados e que fossem capazes de levar adiante pesquisa e produzir conhecimentos. E o modelo adotado foi o de produzir conhecimentos calcados com ênfase no rigor metodológico, tomando como referências as ciências que haviam adotado um modelo positivo. Dessa maneira, as pesquisas e o tratamento de variáveis passaram a ser crescentemente tratados em termos de uma ciência positiva. Isso acabou por refletir-se nos cursos de metodologia de pesquisa, onde se ensinam predominantemente métodos e instrumentos que fazem uso da quantificação. Houve certamente consequências para a própria concepção da explicação científica, particularmente no que se refere à causalidade. A relação de causalidade havia sido sepultada por David Hume no século XVIII, mas constituiu pano de fundo de muitas das afirmações que permearam as ciências sociais em sua fase de consolidação. A adoção de um modelo positivo de ciência não se limitou apenas à metodologia, mas acabou por influenciar o próprio contexto em que a explicação científica se dá. O mundo das ciências sociais e o relacionamento entre as variáveis deixaram de ser causais, passando a localizar-se num universo probabilístico.

O mimetismo fez com que a adoção de metodologias quantitativas pelas escolas de administração ocorresse sem grandes problemas. Os professores que passaram a lecionar em escolas de administração norte-americanas a partir da década de 1960 eram com frequência doutores em ciências sociais, economia, ou áreas ligadas à engenharia. Portanto, traziam formação em disciplinas que já haviam adotado a quantificação em suas metodologias e na própria formatação da ciência. Ao serem solicitados a produzir conhecimento, baseado em pesquisas na área de administração, era inevitável que o fizessem usando os conhecimentos adquiridos em seus treinamentos nas diversas ciências em que se titularam.

Dessa maneira, a área financeira passou a ser crescentemente ocupada não por pessoas que tinham um passado na área de contabilidade e controladoria, mas em economia. Produção e operações absorveram muitos oriundos das engenharias, recursos humanos e gestão de pessoas atraíram acadêmicos provenientes de psicologia, educação e comunicações e organizações, sociólogos, cientistas políticos e alguns economistas. Os antropólogos vieram posteriormente. Mas esse contingente de acadêmicos, novos nas décadas de 1960 e 1970, vinha de departamentos e escolas que não eram as de administração e com uma formação científica predominantemente positiva. Aqui se encontram talvez o núcleo e a raiz da discussão atual sobre a dicotomia rigor e relevância.

Mas a adoção de métodos quantitativos de preferência aos qualitativos nas ciências sociais representou o impacto do sucesso das ciências da natureza que adotaram o modelo de ciências positivas e institucionalmente também representaram a legitimação das ciências sociais que aderiram ao modelo fechando a tautologia. A legitimação foi conquistada para as ciências sociais e estas se sentiram, em contrapartida, seguras com a condição de ciências positivas, situando-se numa condição vista como cientificamente mais rigorosa.

O resultado para as metodologias qualitativas e para os tipos de saber e conhecimento que não se tornaram positivos foi se posicionarem numa atitude defensiva. O debate já antigo das ciências da natureza e das ciências do espírito talvez ainda prossiga com outros contornos, mas as questões epistemológicas e metodológicas que encontramos nas diversas ciências sociais até hoje permanecem. O exemplo mais interessante é o da história. Na discussão da história enquanto ciência, abre-se um amplo leque, chegando a ser vista como desprovida de qualquer caráter científico, impossibilitada de adotar um formato positivo porque lhe faltariam condições para que haja uma comprovação via teste de realidade. Simplesmente porque o passado passou e a história se ocupa de algo fugaz e fugidio. Mas independentemente das divergências sobre a sua natureza, a história contemporaneamente tende a ser vista como uma recriação do passado pelo historiador, que usa informações e evidências, mas o relato final acaba sendo necessariamente uma interpretação do passado.

Mas as mudanças pelas quais passaram as ciências sociais, especialmente nos Estados Unidos, não se universalizaram. Ainda subsistem abordagens e concepções das ciências sociais que rejeitam o formato positivo para as ciências sociais e insistem em que são ainda necessariamente ideográficas. Daí a necessidade de que se mantenham metodologias qualitativas e que se tenha claro que o mundo das ciências em geral, e das ciências sociais em particular é um mundo informado por valores dos cientistas, das sociedades em que vivem e do momento histórico em que a ciência se desenvolve. Além da história, a antropologia é outra ciência social que permanece imune às tentativas de lhe conferirem um formato positivo. O maior avanço para superação do relato que sempre se atém a um caso e ao caráter singular, foi o esforço do estruturalismo. Mas aqui ainda estamos longe de ter chegado a uma antropologia positiva e que permanece integralmente qualitativa.

Mas a revisão, aqui brevemente tentada sobre as origens e as mudanças nas ciências sociais, indica que nunca se conseguiu unanimidade em torno do caráter positivo destas ciências. Igualmente oportuno foi retomar o debate neokantiano entre ciências da natureza e ciências do espírito. Fica esclarecido que subsiste necessariamente um espaço epistemológico para que se aceite que as ciências sociais não são passíveis de unificação metodológica, quer sob a forma de uma ciência positiva, quer sob a forma de uma ciência necessariamente ideográfica. Os dois tipos sobrevivem e convivem. A metodologia quantitativa não elimina a frustração de que algo se perde. O que se perde é exatamente a peculiaridade, a singularidade, a intimidade com o objeto de conhecimento. Isso implica o necessário aprofundamento que não pode ser encontrado em coeficientes, indicadores ou medidas de dispersão ou de tendências central. Apesar de todos os avanços, a análise quantitativa, sob a forma multivariada, ainda deixa escapar ou simplesmente não atinge dimensões que podem ser abordadas qualitativamente, pelo uso das diversas técnicas ou instrumentos. Mas especialmente pela experiência vivenciada do pesquisador em contato com seu objeto de conhecimento, que são outros seres humanos individualmente, em grupos, ou em contextos organizacionais.

Decididamente, as ciências sociais não lograram até hoje a produção de um único modelo de ciência com a metodologia correspondente. A dualidade positivismo e não positivismo, sob a forma de abordagens hermenêuticas, continua a existir, e as metodologias qualitativas permanecem indispensáveis para a construção do conhecimento.

1.4 OS ESTUDOS ORGANIZACIONAIS E A DICOTOMIA QUALITATIVA-QUANTITATIVA

Preceder as considerações sobre a área de Estudos Organizacionais com o que se tratou das ciências sociais, suas origens, transformações e peculiaridades quando cotejadas com as ciências da natureza, de tipo positivo, justifica-se. E a razão é que os Estudos Organizacionais são delimitados pelo recorte das diversas ciências sociais (sociologia, economia, antropologia, psicologia, história, ciência política). Assim é possível estender aos Estudos Organizacionais as considerações feitas sobre as ciências sociais e particularmente a sobrevivência de seu caráter ideográfico, assegurando-se que metodologias qualitativas são indispensáveis aos Estudos Organizacionais.

Estudos Organizacionais têm resistido sempre à adoção de uma metodologia predominantemente quantitativa. As razões para tanto podem ser encontradas na origem e na construção da área. Os primeiros trabalhos sobre organizações tiveram a característica de estudos de caso. Textos clássicos que podem ser mencionados incluem *Management and the Worker* (DICKSON; ROETHLISBERGER, 1964), *Patterns of industrial bureaucracy* (GOULDNER, 1954), *TVA at the grassroots* (SELZNICK, 1949), *Union democracy* (LIPSET; TROW; COLEMAN, 1977) e *Asylums* (GOFFMAN, 1961). Esses casos remontam às décadas de 1940 e 1950 e exerceram decisiva influência na delimitação e construção do campo dos Estudos Organizacionais. Todos se caracterizaram por meticuloso trabalho ideográfico, sempre tendo os pesquisadores como participantes das organizações sobre as quais pesquisaram e escreveram. Nalguns casos, como no *Asylums* de Goffman, o pesquisador buscou uma identidade alternativa que lhe assegurasse maior discrição e menor visibilidade para a condução da pesquisa. Mas não se pode deixar de registrar a influência metodológica da antropologia. Afinal, ir ao encontro do objeto de pesquisa, procurando aproximar-se e até mesmo apreender sua língua e adaptar-se a seus costumes é algo que remete aos primórdios da antropologia como ciência social.

O que nesses estudos de caso se buscava era exatamente a singularidade e não a generalização. No caso de *Union democracy,* o que chamou a atenção dos pesquisadores, no Sindicato dos Gráficos americanos, foi exatamente o que o distinguia da maioria dos sindicatos na época. Eram dominados por um grupo restrito, fornecendo comprovação à tese de Robert Michels de que organizações eram necessariamente oligárquicas. Democracia organizacional seria segundo ele um oximoro. Ao atentar para o caráter bipartidário do Sindicato dos gráficos, os autores estão a contestar a tese de Michels amplamente aceita na época.

O ponto de inflexão para a adoção de metodologia quantitativa nos Estudos Organizacionais ocorreu com o Grupo de Aston e com o trabalho de Peter Blau. Ambos viraram as costas para os estudos de caso, por vezes adotando uma atitude de condescendência de que seriam aceitáveis numa fase inicial do campo. Mas para que se chegasse a uma ciência organizacional, não seria necessário abandonar os estudos de caso, mas reconhecer que constituem um estágio preliminar do campo. Poderiam ser até interessantes como forma de coletar informações sobre organizações e esperava-se que uma coletânea de casos pudesse vir a servir como material para um tratamento realmente científico.

O que caracterizou os trabalhos do Grupo de Aston e de Peter Blau é que na consolidação de uma ciência organizacional seria necessário que se utilizasse um grande número de eventos, ou seja, de organizações. E isso sinalizava para o universo da Análise Organizacional Comparada. Os trabalhos de Peter Blau e do Grupo de Aston seguiam uma metodologia de tipo positivo, onde o importante era encontrar variáveis, operacionalizá-las e tratar os dados com uma metodologia quantitativa. Os referidos trabalhos, se comparados com o que se faz atualmente em termos de sofisticação quantitativa empalidecem. Realizavam um tratamento simples dos dados e ficavam no nível de estatística básica, quando muito intermediária. Mas foram trabalhos recebidos com respeito e até entusiasmo. Para os partidários do "rigor", a impressão era de que os Estudos Organizacionais finalmente deixavam o estágio puramente descritivo e inicial de estudos de caso para adentrar na maturidade da ciência.

Tanto o Grupo de Aston como Peter Blau fizeram escola e uma geração de seguidores acabou acompanhando as mesmas pegadas. Mas o brilho da Análise Comparada de Organizações foi curto. Outras tendências teóricas, influenciadas por posições epistemológicas diversas, surgiram que não aceitavam a versão da ciência positiva como necessariamente neutra e igualmente relutavam em aceitar metodologias quantitativas como sendo a única alternativa para a construção da ciência.

É oportuno lembrar que frequentemente se associaram entre nós o chamado "mainstream" com o funcionalismo estrutural, com ciência positiva e com tratamento de dados e linguagem quantitativos. Essa sequência de associações não é necessariamente verdadeira. Embora o funcionalismo estrutural fosse voltado à realidade empírica, e por isso favorecesse a ida ao campo e o levantamento de informações, nem sempre isso resultou numa ciência de tipo positivo. O próprio Talcott Parsons foi grande teórico, mas sua produção científica não registra trabalhos de campo. Sua contribuição à sociologia foi exclusivamente teórica. E mesmo os funcionalistas que se voltaram para a realidade mais empírica não realizaram necessariamente trabalhos com o uso de metodologias quantitativas. Basta que nos voltemos para a extensa produção de W. Lloyd Warner (WARNER, 1962, 1963, 1974, 1975), que estudou vários aspectos da sociedade americana e sempre indo ao campo, mas distanciando-se do tratamento que usasse técnicas estatísticas.

Mas o campo dos Estudos Organizacionais foi fortemente impactado pelo texto de Gibson Burrell e Gareth Morgan (BURRELL; MORGAN, 1979) publicado no final da década de 1970 e ainda hoje frequentemente referido. A seu respeito várias observações podem ser feitas. Primeiramente, Estudos Organizacionais são apresentados como indissoluvelmente ligados à sociologia, com poucas aberturas para a multidisciplinaridade do campo. Em segundo lugar, o texto implica a aceitação de um relativismo epistemológico, tanto em termos de métodos como de perspectivas teóricas. Não há "verdades" nem "falsidades" nos Estudos Organizacionais.

A análise e a colocação da produção científica acumulada até a época da redação do livro, nos seus quatro conhecidos quadrantes (funcionalismo estrutural, interpretacionismo, humanismo radical e estruturalismo radical), fazendo uso do conceito de Paradigma como desenvolvido por Thomas Kuhn, trazem grande riqueza contra dogmatismos e posturas universalistas e implica consequências metodológicas. Os quatro paradigmas comportam a possibilidade de produção científica utilizando metodologias qualitativas, mas pelo menos duas acabam por tornar as metodologias quantitativas inadequadas. O Interpretacionismo e o Humanismo Radical não comportam outra metodologia que não seja a qualitativa. Curiosamente, os quadrantes que podem comportar uma metodologia quantitativa, por tornarem possível uma ciência de tipo positivo são o funcionalismo estrutural e o estruturalismo radical. Isso se deve ao fato de que ambos são ontologicamente realistas e epistemologicamente objetivos. O quadrante do interpretacionismo se aproxima necessariamente de uma abordagem hermenêutica, onde o qualitativo é mandatório e onde o foco do ato cognitivo é o sujeito e não o objeto. O Humanismo Radical, que teoricamente mescla várias teorias, indo desde um socialismo anterior a Marx e que este chamou de socialismo utópico, para diferenciá-lo de seu socialismo que advogava como científico, até abordagens contemporâneas, incluindo pós-modernismos, até o momento não enveredou para o uso de metodologias quantitativas. O Humanismo Radical contém elementos críticos em sua abordagem da realidade organizacional e carrega boa carga prescritiva. É inegável que contém muitos traços de uma religiosidade laica na medida em que condena aspectos da realidade e propõe alternativas.

Outra maneira de categorizar os estudos e teorizações sobre organizações foi apresentada no *Oxford Hanbook of Organization Theory* (TSOUKAS; KNUDSEN, 2009) em quatro capítulos escritos por autores distintos. Naquele texto, a "ciência" das organizações poderia ser vista como sendo positiva (DONALDSON, 2009), interpretativa (YANOW; HATCH, 2009), crítica (WILLMOTT, 2009) ou pós-moderna (CHIA, 2009). O que se pode inferir é que o que foi dito sobre os quatro paradigmas (quadrantes) de Burrell e Morgan poderia ser repetido para as quatro perspectivas para uma ciência das organizações apresentada no *Oxford Handbook of Organization Theory*.

Mas também se pode inferir dos capítulos mencionados no *Oxford Handbook* que há vários tipos de ciência possíveis e que a ciência positiva é apenas uma forma científica. Restam ainda outras três que têm características diversas, tanto metodológicas como epistemológicas. E Teoria Organizacional, enquanto interpretação, crítica e pós-modernidade, demanda necessariamente uma elaboração por caminhos qualitativos.

1.5 CONCLUSÕES

A sobrevivência do debate qualitativo-quantitativo é indicativa de que há uma dificuldade até hoje não superada de se proceder a uma escolha que seja mutuamente excludente entre os dois tipos de metodologias. As ciências sociais até o momento não se consolidaram como ciências de tipo apenas positivo, como aconteceu com as ciências da natureza (física, química, biologia, geociências etc.), e parte substancial do que se desenvolveu em todas elas ainda são qualitativamente desenvolvidas e apresentadas.

A utilização da metodologia qualitativa está alicerçada no pressuposto de que há diversos tipos de saber e de ciência. Da mesma maneira que o conhecimento científico não é a única forma de conhecimento, há várias formas de conhecimento científico. Ninguém duvidaria que o *Canon*, de William Shakespeare, poderia ser visto como um dos mais profundos inventários do que sejam as emoções, pulsões e paixões humanas. Não há dimensão do humano, desde as julgadas as mais ignóbeis até as mais nobres, que não esteja em suas peças. Mas ninguém consideraria seu trabalho como produção científica para a psicologia. Simplesmente, o conhecimento que se acumula sob a forma artística não é dotado de caráter científico, mas isso não faz com que deixe de ser conhecimento. Igualmente, a história do pensamento humano e especificamente a história da ciência permitem se constate que há várias formas de ciência, além da ciência positiva que faz uso necessariamente de metodologias quantitativas. A ciência pode assumir várias formas, como acima mencionado. Os Estudos Organizacionais podem ser positivos, mas também, críticos, pós-modernos e interpretativos. Nenhuma dessas formas de ciência tem necessariamente uma metodologia acoplada, podendo se utilizar a metodologia qualitativa em várias delas, mas nunca se poderá eliminá-la.

A adoção de metodologia quantitativa não significa necessariamente rigor, como a qualitativa não significa necessariamente inexatidão e pura conjectura, como os partidários de metodologias positivas podem sugerir. Já se escreveram muitos textos bem-humorados sobre tópicos como mentir fazendo uso de estatísticas ou como trabalhos elaborados dentro do maior rigor quantitativo se mostraram pouco rigorosos, duvidosos quando não simplesmente equivocados. Veja, por exemplo, a constante aparição na mídia genérica, não necessariamente científica, de resultados de "rigorosas" pesquisas quantitativamente conduzidas sobre os efeitos de certos alimentos sobre a saúde. O uso de açúcares, gorduras, ovos e tipos de carne na alimentação poderá levar às mais diversas consequências, dependendo da bibliografia especializada que se decidir adotar. Até mesmo há pessoas que humoristicamente dizem que em certos casos o melhor é mudar de médico, adotando outro que esteja mais alinhado com a gastronomia do paciente.

Os Estudos Organizacionais (STARBUCK, 2006) fornecem ricos e variados exemplos de como estudos que adotaram uma metodologia quantitativa, e com formato de ciência positiva, conduziram a erros lamentáveis. Fundamentalmente, mostra como vários tipos de erros, desde os de amostragem até os de uso indevido de instrumentos quantitativos, desserviram a produção de conhecimento na área de Estudos Organizacionais, demonstrando que quantidade não pode ser identificada com rigor.

Uma questão clássica em epistemologia é a acumulação de conhecimento. Foi uma das fontes que levaram ao clássico ensaio de Thomas Kuhn (KUHN, 1996) e cuja resposta veio pelo desenvolvimento do conceito, hoje amplamente difundido, de paradigma. A herança iluminista, usando com liberalidade o conceito de progresso, via no desenvolvimento da ciência uma marcha triunfal em direção às luzes com conhecimentos cada vez maiores. À medida que o tempo e a ciência avançavam, se iria construindo uma pirâmide de conhecimentos. Cada descoberta científica apoiar-se-ia nos conhecimentos anteriores, e o resultado seria um conhecimento cada vez mais abrangente. Coerente com a proposta progressista do Iluminismo, epistemologicamente marchávamos em direção do conhecimento absoluto. Nada impediria o avanço da razão que eliminaria os derradeiros traços da ignorância. Bastava que se lhe desse tempo e instrumentos para que a ciência continuasse a se desenvolver.

A ciência no formato interpretativo, crítico ou pós-moderno tem sérios problemas com a acumulação. Na verdade, não chegam a propor claramente que tem objetivos cumulativos. A ciência de tipo positivo, dada a sucessão histórica de paradigmas, mostra não só a relatividade do conhecimento científico, mas o seu caráter igualmente interpretativo. Se o paradigma aristotélico se manteve por quase 19 séculos na área da cosmologia, isso se deveu ao fato de que ele tinha pressupostos não demonstráveis sobre a natureza (*physis*) que nada tinham de positivo ou quantitativo, mas eram adotados a título de pressupostos filosóficos. Se adicionarmos que este paradigma se manteve por razões sociais e políticas como a hegemonia da Igreja Católica durante boa parte da Idade Média Ocidental, teremos ainda um elemento a mais a explicar a relatividade do conhecimento científico. O suceder de paradigmas apresentado no trabalho de T. Kuhn permite se elimine de vez a crença iluminista na acumulação linearmente estabelecida do conhecimento científico.

Retornando à clássica distinção entre metodologias ideográficas e nomotéticas, originadas por W. Windelband, é importante que se reconheça que a realidade contém uma dimensão necessariamente ideográfica. Se a via nomotética nos conduz ao voo generalizador e à busca do que há de comum, refletindo o próprio caminho da inteligência em direção à abstração, a via ideográfica preserva a riqueza da singularidade e do que não pode ser abarcado pelo voo generalizador. Foi possivelmente na psicologia que essa distinção mais se enraizou e até o momento leva a divergências. Mas mesmo na área da psicologia é problemática a adoção de uma abordagem exclusivamente nomotética na psicologia clínica. Aqui a singularidade da clínica, com sua ênfase no caso clínico, torna inadequada a abordagem nomotética.

Nos Estudos Organizacionais, a inspiração antropológica, em grande medida inspiradora de clássicos estudos de caso, tem demonstrado sua riqueza. Não é possível negar que a construção da área de Estudos Organizacionais não só foi, mas continua sendo devedora a trabalhos ideográficos que florescem com grande vigor.

A opção exclusiva pela adoção de metodologias quantitativas e por uma ciência de tipo positivo pode carregar o pressuposto de que a realidade é quantificável, permitindo que as ciências possam mais facilmente aplicar seus conhecimentos e operacionalizar soluções. Afinal, esse tem sido o caminho das biociências, das geociências, da física e da química. Talvez o menor prestígio das ciências sociais resida exatamente no fato de que, não quantificando, tem dificuldades em operacionalizar e consequentemente em gerar tecnologias que permitam intervenções. Mas o pressuposto, pelo fato de ser um pressuposto, nos coloca no terreno das escolhas. E a escolha é clara quando se tem que aceitar que o pressuposto não se demonstra e não é demonstrável, mas é tomado como se verdadeiro fosse.

Finalmente, para concluir filosoficamente este capítulo, seria oportuno lembrar Aristóteles e Emanuel Kant, que se ocuparam detidamente da questão das Categorias. O tema é clássico e foi tratado inicialmente por Aristóteles em seu livro *Categorias*. A influência desse texto aristotélico influenciou pensadores ao longo de séculos chegando a Heidegger em nossos dias. O que são categorias? Segundo o verbete encontrado na *Stanford Encyclopedia of Philosophy*, "um sistema de categorias é uma lista completa de todas as espécies ou gêneros (*genera*)". Prosseguindo, o verbete registra que "tradicionalmente, segundo Aristóteles, as categorias foram concebidas como o mais elevado gênero de entidades (no mais amplo sentido do termo) [...] de tal forma que um sistema de categorias entendido de maneira realista, idealmente forneceria um inventário de tudo aquilo que é".

Em Kant o realismo categórico é abandonado e em seu lugar surge uma abordagem das categorias como sendo *a priori* da sensibilidade, determinando dessa forma a maneira como percebemos e entendemos a realidade. Mas o que pode ser encontrado em comum entre o realismo categórico de Aristóteles e o conceitualismo categórico de Kant é que nos dois pensadores, as categorias surgem como a forma mais abstrata do pensamento no seu esforço conceitualizador, sendo o resultado de um esforço supremo de abstração sobre e a partir da realidade.

Em ambos os casos, tanto na tradição do realismo aristotélico como do criticismo kantiano, as categorias incluem a quantidade e a qualidade como dimensões constitutivas do real ou da pura razão respectivamente. Como dimensões da realidade, elas devem ser vistas como complementares e não como opções mutuamente excludentes. As ciências sociais, e consequentemente os Estudos Organizacionais, não podem prescindir de metodologias quantitativas e qualitativas sob pena de não lograrem atingir plenamente a realidade organizacional.

REFERÊNCIAS

ARISTÓTELES. **The internets classics archives**, 1994. Nos links a seguir podem ser encontrados textos integrais, em tradução inglesa, das obras referidas no texto. Disponível em: <http://classics.mit.edu/Aristotle/nicomachaen.html>; <http://classics.mit.edu/Aristotle/politics.html>.

ARISTÓTELES. **The internets classics archives**, 1994. Nos *links* a seguir podem ser encontrados textos integrais, em tradução inglesa, das obras referidas no texto. Disponível em: <http://classics.mit.edu/Aristotle/nicomachaen.html>; <http://classics.mit.edu/Aristotle/politics.html>.

ARISTOTLE. **Physics**. Tradução de R. P. Hardie e R. K. Gaye. Disponível em: <http://classics.mit.edu/Aristotle/physics.mb.txt>

BACON, F. **Novum Organon.** Tradução de James Spedding, Robert Leslie Ellis e Douglas Danon Heath, Standard Translation, volume VIII, publicada por Taggard and Thompson em 1863 e disponível em: <http://www.constitution.org/bacon/nov_org.htm>.

BURRELL, G.; MORGAN, G. **Sociological paradigms and organisational analysis:** elements of the sociology of corporate life. Londres: Ashgate Publishing, 1979.

CHIA R. Organization Theory as a PostModern Science. In: TSOUKAS, H.; KNUDSEN. C. (Orgs.). **The Oxford Handbook of Organization Theory**. Oxford: Oxford University Press, 2009. Disponível em: <http://www.oxfordhandbooks.com/oso/public/content/oho_business/9780199275250/oxfordhb-9780199275250-chapter-5.html>.

DICKSON. F. J.; ROETHLISBERGER, W. J. **Management and the worker**: an account of a research program conducted by the Western Electric Company, Hawthorne Works, Chicago. Cambridge: Harvard University Press, 1964.

DILTHEY. W. **Stanford Encyclopedia of Philososphy**. Disponível em: <http://plato.stanford.edu/entries/categories/>.

DONALDSON, L. Organization theory as a positive science. In: TSOUKAS, H.; KNUDSEN. C. (Orgs.). **The Oxford Handbook of Organization Theory**. Oxford: Oxford University Press, 2009. Disponível em: <http://www.oxfordhandbooks.com/oso/public/content/oho_business/9780199275250/toc.html>; <http://www.oxfordhandbooks.com/oso/public/content/oho_business/9780199275250/oxfordhb-9780199275250-chapter-2.html>.

DURKHEIM, É. **As regras do método sociológico.** Lisboa: Editorial Presença, 2007.

GOFFMAN, E. **Asylums**. New York: Anchor Books, 1961.

GORDON, R. A.; HOWELL, J. E. **Higher education for business**. New York: Columbia University Press, 1959.

GOULDNER, A. W. **Patterns of industrial bureucracy.** New York: The Free Press, 1954.

JAPIASSÚ, H. **A revolução científica moderna**. São Paulo: Letras & Letras, 1997.

_____. **Galileu** – o mártir da Ciência Moderna. São Paulo: Letras & Letras, 2003.

KUHN, T. S. **The structure of scientific revolutions**. 3. ed. Londres: University of Chicago Press, 1996.

LIPSET, S. M. **The first new nation**. New York: Norton & Company, 1979.

_____; TROW, M.; COLEMAN, J. **Union democracy.** New York: Norton & Company, 1977.

PLATÃO. Algumas obras selecionadas de Platão, dentre elas as que são aqui referidas, podem ser encontradas no link. As traduções estão em inglês e são clássicas. Disponível em: <http://classics.mit.edu/Plato/laws.html>; <http://classics.mit.edu/Plato/republic.html>; <http://classics.mit.edu/Plato/seventh_letter.html>.

SELZNICK, P. **TVA at the grass roots:** a study in the sociology of formal organization. Berkeley: University of California Press, 1949.

STARBUCK, W. H. **The production of scientific knowledge.** New York: Oxford University Press, 2006.

TSOUKAS, H.; KNUDSEN. C. (Orgs.). **The Oxford Handbook of Organization Theory**. Oxford: Oxford University Press, 2009.

WARNER, W. L. **American life**: dream and reality. Chicago: University of Chicago Press, 1962.

_____. **Yankee City.** New Haven: Yale University Press, 1963.

_____; LUNT, P. S. **The status system of a modern community.** Greenwood Publishing Group, 1974.

_____. **The American Federal Executive.** Greenwood Publishing Group, 1975.

WILLMOTT, H. Organization theory as a critical science? Forms of analysis and "New Organizational Forms". In: TSOUKAS, H.; KNUDSEN. C. (Org.). **The Oxford Handbook of Organization Theory.** Oxford: Oxford University Press, 2009. Disponível em: <http://www.oxfordhandbooks.com/oso/public/content/oho_business/9780199275250/oxfordhb-9780199275250-chapter-4.html>.

YANOW, D.; HATCH, M. J. Organization theory as an interpretive science. In: TSOUKAS, H.; KNUDSEN. C. (Orgs.). **The Oxford Handbook of Organization Theory.** Oxford: Oxford University Press, 2009. Disponível em: <http://www.oxfordhandbooks.com/oso/public/content/oho_business/9780199275250/oxfordhb-9780199275250-chapter-3.html>.

2

Debate Epistemológico, Ontológico e Metodológico

Yára Lúcia Mazziotti Bulgacov

2.1 INTRODUCÃO

Revelar os fundamentos da prática da pesquisa organizacional pode ser uma tarefa árdua, talvez interminável, contudo essencial. O fazer pesquisa será compreendido como um processo de decisão do pesquisador frente aos pressupostos e modelos explicativos nem sempre explícitos na prática científica e com suas respectivas implicações éticas. Conceitos e teorias são produtos culturais socialmente construídos e a dimensão ética que tem a ver com a cultura, a moral, a tradição e os costumes em geral (GUARESCHI, 2003; MORGAN, 1983; SPINK, 1991).

A prática científica é parte de um acontecer onde o pesquisador e o sujeito de pesquisa encontram-se situados em práticas concretas onde compartilham significados historicamente construídos. A ênfase do processo investigativo é posta no campo, na ação, na relação do pesquisador com o outro e na experiência e vivência do pesquisador bem como na compreensão dos significados históricos e culturais que dependem de um contexto. Encoraja-se, pesquisador social examinar o que faz no contexto em que o faz, tomando e desenvolvendo consciência dos significados culturais historicamente constituídos e das ferramentas disponíveis (BULGACOV; VIZEU, 2011; AMORIN, 2004).

Concordamos com Kastrup (1999), que defende a politização dos conceitos que utilizamos. Ou seja, em nosso caso temos que pensar sobre os conceitos pressupostos em nossas decisões enquanto pesquisador. Temos que falar sobre o que fazemos; temos que tomar consciência dos implícitos do que fazemos. Temos que debatê-los, considerá-los criticamente.

De que prática científica participamos? O que fazemos? Quais são suas concepções implícitas de ciência e sociedade? O objetivo é refletir sobre o que estamos fazendo. Concordamos com Arendt (2001) quando, ao denunciar a dicotomia entre o pensamento e a ação, incita-nos a pensar e, sobretudo falar sobre aquilo que fazemos, pois "é o discurso que faz do homem um ser político (p. 11)".

O pesquisador elege temas, teorias e métodos para desenvolver sua atividade de pesquisa. Sua opção quer ele tenha uma consciência maior ou menor, refletem concepções de mundo, concepções de ciência e de sociedade e não uma mera ação de aplicação de técnicas de pesquisa disponíveis. Somos, enquanto pesquisadores responsáveis pelo nosso fazer científico e entendemos a responsabilidade como uma noção humanista de ética (MORIN, 2000, p. 117; GUARESCHI, 2003).

Entendemos de fundamental relevância e responsabilidade ética refletir sobre a natureza pressuposta do objeto que pesquisa (sua ontologia) e sobre os modos de apreendê-lo (sua epistemologia) bem como e consequentemente sobre a escolha do método e da respectiva linguagem para mais próximos chegarmos da realidade complexa do objeto que temos a intenção de conhecer.

Acreditamos que a atividade reflexiva aumenta, dá visibilidade de suas mediações teóricas (ferramentas conceituais) podendo multiplicar as chances de escolhas, o exercício da voz do pesquisador e de sua negociação com a comunidade científica bem com o controle e responsabilidade da situação.

Adotamos o conceito de atividade vinculado à consciência, unindo na atividade o pensamento, a linguagem e as ações do sujeito, enquanto elementos primordiais para compreender a atividade da criação e imaginação do indivíduo na prática científica (VIGOTSKI, 1990; CLOT 2006). A reflexão sobre a prática permite revelar com profundidade seu significado historicamente constituído.

É objetivo deste capítulo mais que esgotar sistematicamente as alternativas e opções, alertar o pesquisador sobre a importância do desenvolvimento de maior consciência sobre seu fazer científico, sobre algumas mediações teóricas implícitas em suas ações científicas. Nenhuma ação é neutra. Nenhum método é ingênuo. E em certas circunstâncias a consciência do indivíduo pode estar abstraída da situação objetal de sua atividade, sendo necessário que ele seja consciente do objetivo da mesma (LEONTIEV, 1978).

Sabendo que a linguagem constitui, amplia ou limita o objeto que temos como objetivo compreender, da linguagem nos apropriamos para fazermos algumas distinções. Burrell e Morgan (1979), de quem assumiremos algumas ideias, deram uma grande contribuição histórica em 1979 para os estudos e pesquisas organizacionais quando afirmaram: "Todas as teorias da organização são baseadas numa filosofia da ciência e numa teoria da sociedade" (p. 1).

Revelam os autores que as teorias da organização são linguagens-temas que podem ser investigadas através de outras linguagens-metalinguagens. Nenhuma linguagem é semanticamente completa, ou seja, nenhuma linguagem diz tudo o que há por ser dito, e consequentemente toda teoria é semanticamente incompleta. Ao elucidar a linguagem com auxílio de outras linguagens, ganha-se, ao cabo, uma perspectiva inédita (ABIB, 2007). Assim, as ciências da linguagem contribuem para esclarecer a questão do sentido levando em conta a possibilidade de aprendizagem, reflexibilidade e a historicidade de nosso fazer. "Estamos em um período que a disjunção entre problemas éticos e científicos pode ser mortal se perdemos nossas vidas humanistas de cidadãos e de homem" (MORIN, 2000, p. 129).

É objetivo dar voz a esses fundamentos filosóficos e sociológicos compreendidos como mediações simbólicas e culturais da ciência enquanto prática social historicamente constituída e intrinsecamente associada à dimensão ética de todo fazer humano.

Práticas podem apenas ser reproduzidas pelas nossas ações ou podem, ao criar novas imagens, ajudar a modificar o presente (VIGOTSKY, 1990).

Afirma Vigotski (1990):

> toda e qualquer atividade humana que não se limite a reproduzir fatos ou impressões vividas, mas que crie novas imagens e novas ações, pertence à função criadora ou imaginadora: se a atividade do homem se reduzisse a repetir o passado, o homem seria um ser exclusivamente voltado para o ontem e incapaz de adaptar-se a um amanhã diferente. É precisamente a atividade imaginadora do homem que faz dele um ser projetado para o futuro, um ser que contribui na criação do seu presente, modificando-o. Aí reside a importância da imaginação: através dela o homem torna-se um ser capaz de projetar o futuro, ou seja, redimensionar sua história.

2.2 MEDIAÇÕES FILOSÓFICAS DA CIÊNCIA NA PRÁTICA CIENTÍFICA ORGANIZACIONAL

Como organizar a experiência da pesquisa? A considerar a dimensão da experiência e da consciência do pesquisador, há *duas formas possíveis de organização da experiência do conhecer;* dois modos de pensamentos para a construção da realidade, que implicam diferentes modos de verificação. *O primeiro, o paradigmático ou lógico-científico*, tenta preencher o ideal de um sistema formal matemático de descrição e explicação do fenômeno empírico; emprega categorização e operações pelas quais as categorias são estabelecidas, fazendo uso de procedimentos para assegurar a referência comprovável e testar a veracidade empírica. Sua linguagem é regulada por necessidade de consistência e de não contradição sob controle tanto de elementos observáveis aos quais decorrem suas afirmações básicas, como também por categorias logicamente testadas, em busca de conexões formais possíveis, possíveis causas, expressas em leis abstratas. *O segundo modo de produção de conhecimento,* o modo narrativo, não tem como princípio operativo os critérios do modelo anterior. Sua expressão depende de sua verossimilhança com a vida; adota-se outra forma de causalidade científica, a experiência do significado, construída sobre a preocupação com a condição histórica humana, da consciência onde os envolvidos na ação sabem, pensam ou sentem, ou não sabem, não pensam ou não sentem (BRUNER, 1997; BULGACOV; VIZEU, 2011). Ou seja, a "lógica" humana não é linear, envolve sentimentos e muitas vezes abstração da consciência pontual de sua ação em direção à apropriação do objeto.

A opção do pesquisador em eleger entre *esses dois modos de organizar a* experiência passa, por um lado, por uma construção histórica de aprendizagem do pesquisador intrinsecamente vinculada à maneira de conceituar a organização, seu objeto de estudo.

O que é a organização? Do ponto de vista histórico, as teorias clássicas e as teorias sistêmicas da organização predominantemente conceberam a organização ora iluminados pela metáfora da máquina, ora do organismo, ora como sistema cultural, ora como instituições bem como ecossistemas, contudo e sobremaneira utilizando o ferramental lógico-científico. Ou seja, tomaram a organização como objeto de estudo a partir da metodologia das ciências da "matéria" (BURRELL; MORGAN, 1979; MORGAN, 1996).

Essa tomada de posição do pesquisador é revelada pela investigação metalinguista como fundamentada na filosofia positivista. Defendia Comte (1976) que o "espírito positivo é o mais apto para organizar a harmonia mental do que o espírito teológico metafísico" (p. 43). Denunciava a "tendência obsessiva de se argumentar, em lugar de observar, única base possível de conhecimento verdadeiramente acessível sabiamente adaptado a nossas necessidades reais (p. 48)". O verdadeiro, nessa filosofia, consiste em ver para prever, em estudar o que é a fim de concluir o que será segundo o dogma universal da invariabilidade das leis naturais. Acreditava que somente a filosofia positiva poderia propiciar bases para reorganizar a sociedade por seu espírito positivo, objetivo e seguro em contraposição as atribuições metafísicas da idade média.

Cupani (s/d) enuncia as principais características da ciência de acordo com o positivismo, dentre elas: (1) a ciência é o único tipo de conhecimento válido, pois é o único objetivo; (2) a ciência é um conhecimento objetivo na medida em que suas afirmações são intersubjetivamente controláveis mediante procedimentos predefinidos e por essa impessoalidade impõe-se como válida; (3) a ciência é um conhecimento metódico; (4) a ciência é um conhecimento preciso com suas linguagens da Lógica e da Matemática; (5) a ciência é um conhecimento metódico, uma vez que supõe procedimentos definidos de comprovada eficácia para se atingir o conhecimento almejado; (6) a ciência é precisa por seu esforço de formular clara e inequivocamente os problemas, métodos e resultados, sendo assim um processo rigoroso; (7) a ciência é um conhecimento perfectível, exigindo espírito crítico, autoexame, enunciando conclusões sempre provisórias, sendo igualmente progressivo; (8) ciência é um conhecimento desinteressado não se propondo de modo imediato a fins práticos; (9) a ciência é um conhecimento útil e necessário que, prescindindo pragmático, seus resultados podem ser aplicados para melhorar a vida humana; (10) a ciência combina raciocínio e experiência; (11) a ciência é conhecimento hipotético que busca leis gerais buscando entender o fenômeno descobrindo quais as relações constantes que o vinculam com outros fenômenos, portanto empreendimento explicativo e prospectivo na medida em que tem como princípio a previsão sustentada pelo pressuposto de causalidade natural (p. 14).

Foi essa forma positivista de pensar e organizar que orientou Frederick Taylor em sua obra: "Os Princípios da Administração Científica", onde advogava "as substituições dos métodos empíricos pelos métodos científicos nas menores tarefas de todos os ofícios" (p. 33). No contexto histórico e político da época, os critérios refletiam a racionalidade instrumental e técnica inscrita num movimento racionalizante crescente. Chanlat (2000), lembrando Touraine, aponta o efeito que esse tipo de gestão imprime na sociedade no sentido de modelar a personalidade da cultura. Do ponto de vista da antropologia, o ser humano aparece como ser abstrato, econômico, sem afeto, sem história e sem cultura num mundo humano enquanto conjuntos de processos objetivos onde se procura conhecer e controlar. Assim, a ciência, ao separar fato e valor, elimina o sujeito do conhecimento científico bem como sua competência ética na medida em que se baseia no postulado da objetividade (MORIN, 2000, p. 120).

Guerreiro Ramos (1989), ao estabelecer alguns fundamentos para uma "Nova Ciência da Organização", critica o reducionismo com o qual o homem foi tratado pelas teorias da organização que não conseguia uma compreensão exata da complexidade da análise e desenho dos sistemas sociais. Defendia uma concepção de homem capaz de se tornar consciente de sua condição, um agente que delibera e que responde pelo conteúdo ético de sua ação. Criticava a "síndrome comportamentalista", que dominava as teorias das organizações onde o homem era concebido apenas como fluido e suscetível às perspectivas ambientais, preso à racionalidade funcional e à estimativa utilitária própria do sistema organizacional. Colocava em destaque a diferença entre a racionalidade organizacional da racionalidade humana. A síndrome comportamentalista estaria associada a uma disposição socialmente condicionada, que afeta a vida das pessoas quando estas confundem as regras e normas de operação peculiares a sistemas sociais episódicos com regras e normas de sua conduta como um todo.

Em outras palavras, a linguagem filosófica usada pelas concepções clássicas de organização parte de uma concepção realista, ou seja, o mundo é uma realidade dada, e a organização é um objeto apreensível pela linguagem objetiva que garante uma cobertura lógica e universal. Essa posição, como visto, elimina a subjetividade do pesquisador na relação com seu objeto: toma-se o objeto material-organização com o imperativo de descrevê-lo, objetivamente e alcançar o seu critério de verdade positivista.

Alertamos como esses significados históricos positivistas configuram nossas práticas de pesquisa e, sobretudo, acabam constituindo, dominando nossa subjetividade, que, enraizada no social (ABIB, 2007) e sem a devida reflexão, destitui-nos do senso pessoal de orientação (RAMOS, 1989) e nos conduz a uma reprodução irrefletida na medida em que abstraímos o objeto de nossa ação. Comenta Santos (1999) que a relação sujeito/objeto que preside a ciência moderna interioriza o sujeito a custa da exteriorização do objeto, tornando-os estanques e incomunicáveis.

Cada vez mais, constatamos o fim da hegemonia da linguagem filosófica-científica do positivismo que emprega a lógica e a matemática e a lenta e gradativa substituição para uma filosofia da ciência onde o pesquisador é concebido como um sujeito a partir de sua experiência de significado, em sua concreta história e na história concreta da sociedade. Bruner (1997) comenta que nessa perspectiva as histórias atingem seus significados explicando desvios do comum de uma forma compreensível como uma forma de afastamento do lógico, do padrão cultural canônico.

Uma concepção de ciência que reconhece que entre o pesquisador e a organização existem outras linguagens que mais se aproximam da realidade da dimensão humana e histórica da relação de um sujeito portador de uma subjetividade e de um objeto complexo e histórico: a organização. Posição filosófica do conhecer que reconhece o pesquisador como portador de uma subjetividade e que a complexa realidade da organização não pode ser apreendida independentemente dele, pois a reduz a objeto, matéria. Nessa "virada", constatam-se diferentes e mais complexas condições, quer sociológicas, quer psicológicas da relação pesquisador-organização que exigem mais complexo o nosso pensar.

Essa outra grande tendência filosófica interpretativa abre-se para o processo de conhecer onde se instiga o pesquisador, ao engajar-se em práticas interpretativas, indagando sobre o conhecimento que os indivíduos possuem sobre suas situações, sejam elas de si ou dos outros. Nesse esforço, debruça-se sobre as narrativas que delas derivam, decifrando os símbolos culturais, revelando o sistema de significados do grupo, seus valores, suas crenças e ações, suas visões de mundo, enfim, seu *ethos*, sintetizando uma imagem da realidade daquele grupo e tornando-a acessível para consideração e reflexão. Assim, no campo, o papel do pesquisador é o de aprendiz (SMIRCHICI, 1983). Enfatiza-se a natureza e a modelagem cultural da produção de significados e o lugar que ela ocupa na ação humana. Essa posição aventura-se além das metas convencionais da ciência positivista; o sujeito é compreendido a partir de suas experiências sendo tanto moldado e ao mesmo tempo moldando por seus atos intencionais inseridos em sistemas simbólicos da cultura (BRUNER, 1997).

O que se observa é uma gradativa reivindicação para as ciências sociais, um estatuto epistemológico e metodológico com base na especificidade do ser humano e sua distinção, da especificidade da organização enquanto fenômenos históricos e culturais e na tentativa de obtenção de um conhecimento, descritivo e compreensivo, em vez de um conhecimento objetivo, explicativo e nomotético. Uma corrente antipositivista assentada na tradição filosófica fenomenológica das mais moderadas até as mais extremistas (SANTOS, 1999).

Chanlat (2000), apontando a história da produção de conhecimentos do campo das organizações, aponta os de pesquisadores das ciências administrativas que concentram e reduziram seus interesses e esforços a simples técnicas de controle, de orientação tecnocrática de curto prazo, com foco na eficácia, no desempenho e na produtividade acabaram por construir uma visão contaminada e dominada por categorias econômicas, instrumentais com alto grau de etnocentrismo e ausência de consciência histórica. Assim e com o decorrer do tempo, observa-se nas ciências administrativas uma incorporação de campos de conhecimento das ciências sociais até então considerados marginais, entre eles a linguística, a antropologia, a psicologia social, as ciências políticas etc. na intenção de se aproximar mais da complexidade das organizações, procurando cada um a seu modo tornar compreensível a experiência humana no contexto mais próximo do real da complexidade do fenômeno organizações.

O ser humano diferencia-se pelo seu pensar e agir; ação e reflexão são capazes de transcender a aprendizagem por condicionamento por sua capacidade de apropriar-se da linguagem e desenvolver o pensamento consciente, o que lhe estabelece uma singularidade enquanto espécie e enquanto indivíduo. Assim, os indivíduos através de seus atos constroem a própria realidade social, a partir da realidade existente. Afirma Chanlat (2000, p. 29) que "o universo organizacional é um dos campos em que se pode observar essa subjetividade em ação e a atividade da reflexão que sustenta o mundo vivenciado da humanidade concreta". Graças à faculdade de expressar em palavras a realidade, tanto interior como exterior que se pode aceder ao mundo das significações, enraizados nas interações sociais e precisam ser elaborados. Para fazer isso, o pesquisador precisa estabelecer um relacionamento que conduz a aprendizagem, em um ambiente que não seja ameaçador para as pessoas. A linguagem nessa perspectiva consiste em uma passagem obrigatória para a compreensão humana e para a exploração do complexo universo organizacional.

2.3 MEDIAÇÕES SOCIOLÓGICAS NAS PRÁTICAS DA PESQUISA

Que tipo de sociedade imaginamos? Temos uma concepção do social e defendemos uma maneira de viver em sociedade? Muitas vezes nem pensamos e nem refletimos sobre estas questões. Que tipo de conduta imaginamos ao ver concretizados nossos comportamentos em nossas relações? (GUARESCHI, 2003). Que concepções de sociedade adotamos em nossas práticas científicas organizacionais?

Habermas (1982), ao afirmar que a análise do contexto e das estruturas de nossas investigações que são as que circunscrevem o sentido e a validez de nossos enunciados remete-nos minimamente a uma teoria de sociedade. Em outras palavras, aponta como é importante revelarmos as mediações societárias que permeiam nossas estruturas de investigação.

Qual é, por exemplo, a teoria da sociedade implícita na filosofia positivista de Comte que vimos influenciou historicamente a forma objetivista de se apreender a organização?

Voltemos à afirmação histórica de Burrell e Morgan (1979), ou seja, de que toda a teoria organizacional tem uma teoria implícita de sociedade. As teorias sociológicas constituem outra forma de mediação simbólica de nossas práticas de aprendizagem científica bem como de nossas práticas científicas propriamente ditas. Assumimos teorias sociológicas, quer consciente ou não, na medida em que elas estão implícitas nas teorias organizacionais e por consequência em nossas práticas de fazer ciência, com suas respectivas implicações éticas.

As teorias sociológicas, seguindo essa mesma argumentação, variam em suas explicações. A sociologia da sobrevivência desenvolvida por sociólogos funcionalistas para análise da sociedade segue o modelo da regulação, enfatiza *unidade e coesão* voltada à necessidade de regulação dos assuntos humanos. A questão básica que orienta essa formulação é a tentativa de explicar por que os membros da sociedade se mantêm juntos mais do que se separam. Por outro lado, como comenta Abib (2007), é preciso alertar, que mesmo uma sociologia subjetiva, a sociologia interpretativa não se alinha automaticamente, como seria de esperar, com uma sociologia da transformação qualitativa da sociedade. Ou seja, pode-se interpretar um sistema social, agir de acordo com essa compreensão e ainda agir no sentido de preservar a ordem social. Interpretação e compreensão não são estados imunes a alienação (p. 115).

Por outro lado, a sociologia da transformação qualitativa da sociedade pode ter um novo olhar, uma crítica à cultura historicamente constituída e constituinte do homem. Os teóricos críticos focalizam a crítica da sociedade contemporânea sobre formas e fontes de alienação, as quais veem como inibidoras das possibilidades de realização humana. Cada um dos expoentes dessa escola desenvolve uma perspectiva própria, a partir de diferentes caminhos.

Essa sociologia da mudança radical busca encontrar uma explicação para a mudança radical, o conflito estrutural profundo, os modos de dominação e a contradição estrutural, elementos que caracterizam a sociedade moderna. Uma sociologia voltada para a emancipação do homem que enfoca sua privação material e psíquica. Visionária e utópica, olha na perspectiva da potencialidade mais do que da atualidade; foca mais o que é possível do que o que é, lida com alternativas mais do que com a aceitação do *status quo*.

Nossa prática de pesquisa organizacional reflete que modelo de sociedade? Temos consciência enquanto pesquisadores, do que nossas ações estão promovendo? Estamos conscientes de que nossas práticas por um lado reproduzem e por outro podem transformar? Estamos cônscios das possibilidades de transformação? Estamos cônscios dos níveis de transformação que podemos empreender? São questões que cada pesquisador tem que se perguntar, responder dentro do possível, e agir sustentando essa possibilidade.

2.4 IMPLICAÇÕES ÉTICAS NAS PRÁTICAS CIENTÍFICAS

Uma dimensão ainda pouco tratada no campo organizacional é a questão ética quando já implicada na dimensão ontológica, epistemológica. A questão da ética não se reduz a procedimentos operacionais incluídos no projeto formal da pesquisa organizacional. Cada paradigma com que trabalhamos e dentro do qual nos movimentamos na compreensão do universo e do ser humano possui sua dimensão ética, quer velada ou explícita em seu projeto de conhecer. Há uma ética implícita já na ontologia, onde se define o que é o real, considerando que em toda realidade humana há uma ética.

Traremos algumas reflexões a partir de uma proposta de pensar a ética desenvolvida por Guareschi et al. (2003) na obra intitulada *Ética e paradigma*, no sentido de estimular o questionamento ético na prática do pesquisador das organizações. Não é nossa intenção esgotar o tema, apenas introduzi-lo nessa perspectiva da relação ético-ontológica e epistemológica.

Concordamos com o autor ao conceituar a ética nas relações sociais tendo a ver com a cultura, moral, tradição e costumes em geral de nossas ações. Ética como uma instância crítica de todo o criado e construído. Não se apela ao transcendente e, reconhecendo a finitude, abre as possibilidades de alternativas de crescimento, transformação e aperfeiçoamento de nossas relações e plena realização, dada nossa incompletude.

Como defendido até o momento, uma prática científica passa por decisões e aprendizagem do pesquisador em que na medida em que este reflete sobre os seus fundamentos, seus implícitos, espera-se um desenvolvimento cada vez mais profundo da consciência de seu objeto de conhecimento. Por exemplo, ao optar por um conceito de organização, está-se assumindo (com convicção?) o que é real? Ou seja, o pesquisador está conseguindo dar sentido à concepção que automaticamente está assumindo de homem e organização?

Agora já temos elementos históricos para compreendermos as contradições do instituído quando dotamos em nossa prática de pesquisa a imagem da organização enquanto máquina, por exemplo, concretizada na Teoria da Administração Científica de Taylor. O homem é concebido como uma peça da máquina que com seu movimento contribui para a eficiência e eficácia do sistema. Os homens são divididos entre os que pensam (poucos) e os que executam (muitos), procedimento que reflete e reforça uma ordem social. Que tipo de ética sustenta tal concepção? Sustenta-se como já comentado por Guerreiro Ramos a dominância da racionalidade instrumental, econômica sobre a racionalidade humana.

Dando continuidade a nossa reflexão e agora do ponto de vista da produção do conhecimento, quando o pesquisador opta pelo critério da objetividade do conhecimento decorrente dos enunciados lógicos e formais e a matemática, que tipo de ética sustenta esta relação? Em um paradigma orientado por uma lógica absoluta, lógica de identidade, os indivíduos são compreendidos separados um do outro, separados da sociedade. Uma ética do indivíduo, dando lugar à exclusão do outro, não diálogo, individualismo, não alteridade.

Na ciência objetivista, a socialização, a aculturação e a motivação se estabelecem como se fossem naturais e inerentes a tal sociedade. A sociedade seria um sistema de regras de uma determinada espécie. Ou um ordenado de regras contratuais e competitividade, quando a condição humana é presumida como apenas social, a fluidez da individualidade é inevitável.

Em um paradigma objetivo, quando o valor é o sistema, por exemplo, temos dificuldades em lidar com o diferente. O comportamento é massificado, e pessoas são transformadas em ordem-organização acima de tudo, sendo limitadas em seu crescimento (GUARESCHI, 2003).

Nesse paradigma, como comentado por Guerreiro Ramos, a observância das regras torna-se um traço normal na vida cotidiana, nas sociedades centradas no mercado, onde a observância das regras substitui a preocupação pelos padrões éticos substantivos. Uma ciência, em geral, é essencialmente definida por método e por praxes operacionais. O comportamento é uma manifestação do maneirismo, seu significado exaure em sua aparência perante aos outros. Sua recompensa está no próprio reconhecimento como adequado, correto e justo. Seu sujeito não é uma individualidade consistente, mas uma criatura fluida, pronta para desempenhar papéis convenientes. Apenas as normas inerentes ao método de uma ciência natural de características matemáticas são adequadas para a validação e a verificação do conhecimento.

Notamos historicamente que o simples entrar na "caixa preta" trazer a interpretação do sujeito na relação sujeito-objeto de conhecimento não garante uma ética, na medida em que ainda traz a separação indivíduo-outro-sociedade e, portanto, implicando uma ética individualista. Se tomada na perspectiva do sistema, igualmente separa o sistema da sociedade.

Assumimos como Guaresch a ética como instância crítica e propositiva. Crítica na medida em que se busca ética nas ações e relações compreendendo-as histórica e concretamente em seus possíveis limites de nossa finitude e incompletude. A dimensão ética não pode ser considerada acabada estando sempre por se fazer nas relações e em suas contradições na medida em que se atualiza. Ética é uma postura crítica diante de todo criado e todo instituído e, portanto, aberta a possibilidades de crescimento, transformações e aperfeiçoamento do ponto de vista da plena realização e desenvolvimento do ser humano, construído com base no diálogo e contrapondo-se a dominação (HABERMAS, 1989a).

Para finalizar, deixamos um reflexão para quem tem como objeto de estudo a organização, reafirmando Guaresch que todo instituído tem suas contradições e seus limites históricos. Assim, resta-nos a tarefa mais difícil: colocar a cultura científica em estado de mobilização permanente, substituir o saber fechado e estático por um conhecimento aberto e dinâmico (BACHELARD, 1996).

2.5 CONSIDERAÇÕES FINAIS

Ao entendermos a prática da pesquisa como uma prática social humana concreta histórica e cultural, assumimos que a linguagem não é neutra e que constitui nossa consciência enquanto pesquisadores. Acreditando que pela ação e reflexão podemos escolher continuamente uma forma mais próxima possível de aproximação como nosso objeto de estudo – as organizações. No primeiro tópico, procuramos trazer elementos das duas grandes mediações filosóficas da prática científica que historicamente foram constituídas; a relação sujeito-objeto constituída pela filosofia positivista e a relação – sujeito-objeto constituída pelo interpretativismo historicamente contextualizado. São opções do pesquisador frente ao fenômeno organização. Concordamos com Santos (1999) quando afirma que a simples distinção entre ciências naturais e sociais não é suficiente para sua superação. Para romper essa dicotomia ciência natural – ciência social, é preciso na ação conhecer o sentido e o conteúdo dessa superação. Ou seja, é um caminho a ser empreendido por cada pesquisador em suas ações e reflexões no processo da pesquisa.

Seguindo a mesma linha de argumentação, no segundo tópico desenvolvido neste capítulo, tendo presente que a organização não pode ser tomada como um sistema fechado, foram expostas duas concepções mestras de sociedade que mediatizam as concepções que adotamos de organização. Delineamos em linhas gerais como as mediações de sociologias da regulação influenciam as concepções funcionalistas de organização. Destacamos ao mesmo tempo que não basta a adoção de concepções interpretativistas que emergiram historicamente no campo de estudo das organizações para se assumir uma concepção de transformação social. Concordamos com Habermas (1989a; 1989b), quando afirma que é a análise do contexto e das estruturas de nossas investigações que são as que circunscrevem o sentido e a validez de nossos enunciados. E assim perguntamos: nós pesquisadores da organização estamos respondendo a que cultura filosófica-científica e a que teoria de sociedade? Estamos cientes de que a validez de nossos critérios passa pelas culturas científicas historicamente colocadas?

Ao assumirmos nossa experiência e subjetividade enquanto pesquisadores, defendemos nosso enraizamento no social e como esse social constitui nosso desenvolvimento do pensamento, e de nossa consciência como um todo. Entendemos essas linguagens históricas da ciência como mediações fundamentais para delas tomarmos consciência, analisarmos seus impactos sociais dados pelo constituído e acabado e assumirmos a ética como instância crítica, inacabada e propositiva de nossas relações e organizações.

Tomamos perspectiva histórica de nossos conceitos de organização, homem e sociedade tentando pensá-los (repensá-los) em seu caráter de construção, de movimento, de contradição inserida na interação social. A partir dessa perspectiva, reafirmamos que dar voz ao pesquisador e ao sujeito da pesquisa em sua respectiva comunidade em seu momento histórico é uma questão ética.

Acreditando no pressuposto de que a atividade reflexiva contribui para o desenvolvimento e iluminação da consciência humana, bem ajudando a revelar a necessidade epistemológica de outro paradigma que rompa com os limites da simplificação e incorpore o acaso, a probabilidade e a incerteza como parâmetros necessários à compreensão da realidade (MORIN, 2000).

Em especial, defendemos que toda prática de pesquisa científica seja condição de aprendizagem e desenvolvimento da consciência humana. Seja condição de desenvolvimento da consciência do pesquisador das consequências éticas de suas opções e com atenção no devir e nas relações assimétricas.

A prática reflexiva da educação científica é, a nosso ver, uma prática que ajuda a desconstruir o instituído, capaz de questionar o presente em prol do desenvolvimento atual das pessoas da consciência e das relações com vistas à humanidade.

Uma teoria só realiza seu papel cognitivo, só ganha vida com pleno emprego da atividade mental do sujeito. É essa intervenção do sujeito que dá ao termo *método* seu papel indispensável (MORIN, 2000, p. 335).

REFERÊNCIAS

ABIB, J. A. D. Análise metalinguística de teorias da organização. In: MATIAS, M. C. M; ABIB, J. A. D. (Org.). **Sociedade em transformação**: estudo das relações entre trabalho, saúde e subjetividade. Londrina: EDUEL, 2007. p. 101-121.

AMORIM, M. **O pesquisador e seu outro**: Bakhtin nas ciências humanas. São Paulo: Musa, 2004.

ARENDT, H. **A condição humana**. Rio de Janeiro: Forense Universitária, 2001.

BACHELARD, G. **A formação do espírito científico**: contribuição para uma psicanálise do conhecimento. Rio de Janeiro: Contraponto, 1996.

BRUNER, J. **Atos de significação**. Porto Alegre: Artes Médicas, 1997.

BULGACOV, Y. L. M.; VIZEU, F. A positividade da emoção na pesquisa. **Cadernos EBAPE.BR**, v. 9, Edição Especial, art. 3, p. 488-504, 2011.

BURRELL, G.; MORGAN, G. M. B. **Sociological paradigms and organizational analysis.** London: Heinemann, 1979.

COMTE, A. **Curso de filosofia positiva**. São Paulo: Abril Cultural, 1976. (Coleção Os pensadores).

CHANLAT, J. F. **Ciências Sociais e management:** reconciliando o econômico com o social. São Paulo: Atlas, 2000.

CLOT, Y. **A função psicológica do trabalho**. Petrópolis: Vozes, 2006.

CUPANI, A. **A crítica do positivismo e o futuro da Filosofia**. Florianópolis: Ed. Universidade Federal de Santa Catarina (no prelo).

GUARESCHI, P. Ética e paradigmas. In: PLONER, K. S.; MICHELS, L. R. F.; SCHLINDWEIN, L. M.; GUARESCHI, P. A. (Org.). **Ética e paradigmas na psicologia social**. Porto Alegre: ABRAPOSUL, 2003. p. 17-33.

HABERMAS, J. **Conhecimento e interesse.** Rio de Janeiro: Zahar, 1982.

_____. **Consciência moral e agir comunicativo.** Rio de Janeiro: Tempo Universitário, 1989a.

_____. **Conocimiento e interés.** Madrid: Taurus Ediciones, 1989b.

KASTRUP, V. **A invenção de si e do mundo**: uma introdução do tempo e do coletivo no estudo da cognição. Campinas: Papirus, 1999.

LEONTIEV, A. N. **Atividade, consciência y personalidad**. Buenos Aires: Ciências Del Hombre, 1978.

MORGAN, G. **Beyond method**: strategies for social research. London: Sage, 1983.

_____. **Imagens da organização**. São Paulo: Atlas, 1996.

MORIN, E. **Ciência com consciência**. Rio de Janeiro: Bertrand Brasil, 2000.

RAMOS, G. A. **A nova ciência das organizações**: uma reconceitualização da riqueza das nações. Rio de Janeiro: Fundação Getulio Vargas, 1989.

SANTOS, S. S. **Um discurso sobre as ciências**. Porto: Souza Santos e Edições Afrontamento, 1999.

SMIRCHICI, L. Studying organizations as cultures. In: MORGAN, G. **Beyond method**: strategies for social research. London: Sage, 1983. p. 160-172.

SPINK, P. O resgate da parte. **Revista de Administração**, v. 26, nº 2, p. 22-31, 1991.

TAYLOR, F. W. **Princípios da administração científica**. São Paulo: Atlas, 1990.

VYGOTSKY, L. S. **La imaginacion y el arte en la infância**: ensaio psicológico. Madrid: Ediciones AKAL, 1990.

Fundamentos da Pesquisa Qualitativa

Arilda Schmidt Godoy

3.1 INTRODUÇÃO

O rótulo *pesquisa qualitativa* agrupa uma complexa e interconectada família de termos, conceitos, pressupostos e tradições que tem sua origem nos 50 anos iniciais do século passado, marcadamente a partir da maneira de fazer sociologia da Escola de Chicago e dos trabalhos de campo desenvolvidos no âmbito da antropologia.

Na tentativa de mapear o desenvolvimento histórico que caracteriza essa maneira de examinar os fenômenos humanos e sociais, Denzin e Lincoln (1994, 2000, 2005) propõem sete momentos, apresentados a seguir, que descrevem a evolução dessa abordagem.

- Momento tradicional (de 1900 a 1950): ainda orientados pelo paradigma positivista, os estudos etnográficos clássicos, realizados pelos antropólogos nesse período, buscavam oferecer interpretações válidas, confiáveis e objetivas, encarando os sujeitos estudados como nativos e estranhos.

- Fase modernista ou era dourada (de 1950 a 1970): ligada ao desenvolvimento dos argumentos pós-positivistas e de uma variedade de abordagens qualitativas, incluindo, por exemplo, o interacionismo simbólico, a hermenêutica, a fenomenologia, a semiótica, os estudos culturais, a etnometodologia e os métodos biográficos e históricos.

- Um momento de estilos "obscuros" (de 1970 a 1986): marcado pela diversidade de perspectivas teóricas e metodológicas que vão do interacionismo simbólico à teoria crítica, atribuindo-se ao pesquisador o papel de um *bricoleur* que deve aprender a "olhar" a realidade empírica a partir de conteúdos advindos de muitas e diferentes disciplinas.

- Momento da crise da representação (1986-1990): que traz o anseio dos pesquisadores pela produção de textos reflexivos e dialógicos que representem a si mesmos e seus sujeitos e que sejam capazes de criar uma audiência ativa, com espaços de troca entre escritor e leitor.

- Momento pós-moderno (1990-1995): caracterizado por formas novas e experimentais de se realizar os estudos etnográficos, incluindo-se a adoção dos formatos narrativos na sua apresentação, além de uma problematização dos critérios tradicionais de avaliação da pesquisa qualitativa e que dizem respeito à validade, confiabilidade e generalização.

- Investigação pós-experimental (1995-2000): marcado pela busca de critérios avaliativos calcados nos aspectos éticos, morais e críticos, enraizados nas compreensões locais.

- Momento que envolve, especialmente, a primeira década dos anos 2000: que preconiza que a produção em ciências humanas e sociais devem propiciar espaços para conversas críticas que envolvam questões relacionadas a raça, gênero, classe social, globalização, democracia e liberdade, entre outras de cunho ético e moral.

É importante esclarecer que Denzin e Lincoln (1994, 2000, 2005) não consideram tais etapas como excludentes, nem como parte de um movimento evolutivo, entendendo que cada uma delas expressa determinadas ênfases reveladoras dos trabalhos de investigação produzidos num determinado período, mas que podem também ser encontradas em períodos posteriores e nos dias atuais, num ir e vir entre os arcabouços teóricos e metodológicos característicos desses momentos históricos.

Embora cada um deles seja marcado por algumas expressivas ideias que os caracterizam e mostrem a grande variedade de opções de que podem lançar mão os pesquisadores, é possível dizer que eles são guiados por um conjunto de pressupostos que perpassam todas as fases. A diversidade de metodologias denominadas qualitativas dificulta as tentativas de se trazer uma conceituação única para essa abordagem. No entanto, é importante ter-se uma caracterização genérica que possa orientar o presente capítulo.

A pesquisa qualitativa é, por excelência, multimétodo, constituindo-se numa abordagem que procura compreender os fenômenos humanos e sociais de forma naturalística e interpretativa. Isso significa que os pesquisadores qualitativos estudam as coisas em seus ambientes naturais, tentando entender ou interpretar os fenômenos em termos dos significados que as pessoas lhes atribuem. Envolve a coleta de uma variedade de materiais empíricos obtidos a partir de observações, entrevistas, relatos de experiências pessoais, histórias de vida, artefatos, produções culturais, textos históricos e visuais, os quais descrevem momentos significativos (rotineiros e problemáticos) da vida dos indivíduos. Emprega uma ampla variedade de métodos e estratégias de pesquisa objetivando obter uma compreensão, em profundidade, dos temas estudados (DENZIN; LINCOLN, 1994, DENZIN; LINCOLN, 2000).

De acordo com Denzin e Lincoln (2005, p. 7),

A pesquisa qualitativa é muitas coisas ao mesmo tempo. É multiparadigmática em sua essência e seus pesquisadores valorizam a abordagem multimétodo. São comprometidos com uma perspectiva naturalística e uma compreensão interpretativa da experiência humana. Ao mesmo tempo o campo é inerentemente político e permeado por múltiplas questões políticas e éticas.

Pesquisadores que abraçam as metodologias qualitativas dão ênfase à ideia de que a realidade é socialmente construída, admitem que existe um íntimo relacionamento entre pesquisador e seu objeto de estudo, assumem o caráter situacional presente em qualquer investigação. Procuram respostas a questões que envolvem os processos a partir dos quais experiências sociais são criadas e vivenciadas, atribuindo-se a elas determinados significados.

Diante desse quadro de múltiplas cores e texturas, corre-se, no entanto, o perigo de não se conseguir apreender e interpretar a sua mensagem essencial. Nesse sentido, considera-se que a apreciação das várias metodologias qualitativas apresentadas neste livro se beneficiará da apresentação e análise dos pilares fundamentais que dão sustentação ao edifício da pesquisa qualitativa, retornando-se então às ideias das tradições originais, reaprendendo com elas e estando atentos aos seus ensinamentos.

Este capítulo apresenta e analisa os pressupostos teóricos e implicações metodológicas advindas do interacionismo simbólico que orientou e inspirou os trabalhos desenvolvidos pela Escola de Chicago e cujas ideias-chave continuam sendo a referência principal para grande parte dos pesquisadores qualitativos até os dias de hoje. O capítulo organiza-se em três itens: no primeiro, faz-se uma rápida inserção ao movimento denominado Escola de Chicago; no segundo, é elaborada uma síntese das principais proposições teóricas que regem a perspectiva interacionista e sobre as quais estão assentados os fundamentos da pesquisa qualitativa; e no terceiro, discutem-se as implicações dessas ideias no que se refere aos aspectos metodológicos da investigação científica de caráter qualitativo.

3.2 A ESCOLA DE CHICAGO

De acordo com Coulon (1995), uma das principais abordagens para a exploração do mundo social e da conduta humana da última metade do século passado é denominada "interacionismo simbólico" e surge a partir das ideias desenvolvidas no âmbito de um movimento que ocorreu no interior da sociologia americana conhecido por "Escola de Chicago".

Embora a Escola de Chicago não represente uma corrente de pensamento homogênea, apresenta um conjunto de características que lhe confere uma certa unidade, tornando-a distinta de outras escolas de sociologia existentes. Compõe-se de um conjunto de trabalhos de pesquisa sociológica elaborados entre 1915 e 1940 por professores e estudantes da Universidade de Chicago.

A Escola de Chicago produziu muitos estudos de caráter empírico sobre os problemas enfrentados pela cidade de Chicago na época, o que possibilita identificá-la como um movimento de sociologia urbana por excelência. Tais estudos foram desenvolvidos utilizando-se métodos de investigação considerados pouco convencionais naquele momento histórico, como, por exemplo, a observação da realidade social, a realização de entrevistas, a captação de histórias de vida e a exploração de diversas fontes documentais. Os principais representantes desse movimento nos seus anos iniciais foram Robert Park, Ernest Burgess, William Thomas e Florian Znaniecki.

Duas correntes de pensamento – uma de caráter filosófico e outra de caráter socio-lógico – influenciaram os pesquisadores de Chicago. No que se refere à filosofia, eles apoiaram-se no pragmatismo de John Dewey (1936). Na sociologia, tomaram como re-ferência o interacionismo simbólico, uma abordagem para o estudo da conduta humana e da vida em grupo formulada a partir, fundamentalmente, das ideias de George Herbert Mead (1934) e Herbert Blumer (1969).

Embora George Herbert Mead seja considerado o inspirador do interacionismo sim-bólico, a expressão foi cunhada por Herbert Blumer, que a utilizou pela primeira vez num artigo publicado em 1937. Posteriormente, em 1969, é publicada a obra de Blumer in-titulada *Symbolic interactionism: perspective and method*, na qual ele reúne seus artigos anteriores sobre o tema e apresenta um ensaio que enfatiza os princípios teóricos e me-todológicos desta proposta.

Ainda hoje, as ideias do interacionismo simbólico parecem promissoras quando se deseja estudar alguns dos mistérios da interação social que ocorre em ambientes sociais di-versos, como, por exemplo, as escolas, as empresas, os hospitais e manicômios e as prisões.

Dentre os autores que têm desenvolvido importantes trabalhos a partir dessa orien-tação, prolongando e revigorando a tradição estabelecida pela Escola de Chicago, encon-tramos Howard S. Becker (1963, 1994, 1996), Erving Goffman (1996), Harold Garfinkel (1967), Gary Alan Fine (1993, 1996) e, recentemente, os estudos culturais e críticos de Norman K. Denzin (1997, 2001). No Brasil, destaca-se a produção do antropólogo Gilber-to Velho (1981, 2002, 2003) e, no caso da administração de empresas, são esclarecedores os artigos de Mendonça (2002), Vergara e Caldas (2005) e Sauerbronn e Ayrosa (2010).

3.3 PRESSUPOSTOS QUE DÃO SUSTENTAÇÃO AO INTERACIONISMO SIMBÓLICO

Segundo Blumer (1969), três premissas fundamentais estão na base do que se con-vencionou chamar de interacionismo simbólico.

A primeira estabelece que os seres humanos agem em direção às coisas a partir dos significados que tais coisas têm para eles. A palavra "coisas" aqui está sendo usada para designar tudo aquilo que o ser humano pode observar no mundo. Inclui: objetos físicos (como árvores, rios, casas, mesas), seres humanos (como a mãe, o irmão, o padre, o dire-tor da escola ou da empresa), determinadas categorias de seres humanos (como amigos, inimigos, ladrões, operários, chefes), instituições (como escolas, empresas, prisões, hospi-tais), ideais (como a liberdade, a justiça, a honestidade, a democracia), ações conduzidas por outros (como o ato de ordenar, de pedir, de ensinar, de negociar), assim como todas as situações de interação dos indivíduos em suas vidas diárias.

A segunda premissa estabelece que os significados que os seres humanos atribuem às coisas provêm das interações sociais que eles mantêm com seus semelhantes. Tais significados, portanto, originam-se nos processos interativos que ocorrem entre as pessoas, são produtos sociais criados e definidos pelas pessoas enquanto elas interagem.

A terceira premissa institui que esses significados são controlados e modificados por um processo interpretativo utilizado pela pessoa ao tratar com as coisas com as quais ela mantém contato no mundo empírico. Propõe que o uso dos significados pelas pessoas, em suas ações cotidianas, sempre envolve um processo interpretativo, sendo possível dizer que a ação humana é construída pelo próprio sujeito, a partir dos mecanismos de interação social aos quais ele é submetido.

A interação social, portanto, deve ser entendida como um processo de construção de significados. Ela não se constitui num mecanismo neutro que opera apenas a partir de forças estimuladoras externas (como propõem algumas correntes da psicologia e sociologia), mas envolve um processo formativo com uma dinâmica interna própria.

Assim, a vida social é composta de muitas transações em torno dos diferentes significados que os indivíduos atribuem aos eventos sociais. A definição das situações sociais constitui a base sobre a qual percebemos e interagimos com os outros e damos sentido e orientação à nossa conduta. De um modo geral, é possível pensar que uma interação tranquila e sem dificuldades ocorre quando os sujeitos nela envolvidos interpretam a situação da mesma maneira, enquanto diferentes concepções levam ao questionamento ou mesmo ruptura da ordem estabelecida.

Blumer (1969) parte da ideia de que a sociedade consiste de um conjunto de indivíduos engajados em uma variedade de ações desempenhadas, individual e/ou coletivamente, a partir de situações impostas a eles. Nesse sentido, a interação entre os membros de um grupo constitui um processo fundamental na formação do comportamento humano e dos significados que formam a base para tal comportamento.

O autor chama atenção para o fato de que os seres humanos, ao interagirem, têm que levar em conta as ações dos outros. A construção de uma rede de significados comuns só é possível em função da habilidade que o homem tem de assumir o papel do outro, colocar-se na posição do outro, examinar e interpretar algo a partir da perspectiva do outro.

É importante também pontuar que, de acordo com Blumer (1969), é possível identificar na sociedade duas formas básicas de interação social: a simbólica e a não simbólica.

A interação não simbólica ocorre quando alguém responde diretamente à ação de outro sem interpretá-la, como no caso das respostas reflexas presentes em determinados movimentos corporais, tons de voz e expressões, ou seja, sinais naturais que ocorrem instintiva e espontaneamente.

Já a interação simbólica envolve uma interpretação da ação, uma busca de compreensão do significado da ação do outro. As interações que ocorrem na sociedade humana são predominantemente do tipo "simbólicas", uma vez que os indivíduos, ao agirem – individualmente, coletivamente ou como agentes de algum tipo de organização –, têm que levar em consideração tanto as suas próprias ações, assim como as ações dos outros. Evidencia-se aqui um duplo processo através do qual fornecemos indicadores aos outros sobre como agir e interpretamos as indicações a nós dirigidas pelas outras pessoas. Tanto as atividades comuns compartilhadas por grupos de pessoas, quanto aquelas que resultam numa conduta mais individualizada, são produzidas nesse processo contínuo por meio do qual a vida em grupo se organiza.

Rose (1962) destaca que nesse tipo de comunicação o comunicador pode influenciar o comportamento do ouvinte, mas não pode controlá-lo. Embora o emissor envie sons e gestos visíveis, é o receptor que atribui significados a tais gestos e sons. Para que o processo de comunicação simbólica chegue a bom termo, é necessário que emissor e receptor aprendam e compartilhem o significado dos gestos e das palavras. A comunicação simbólica sempre envolve ser capaz de "tomar a posição do outro" sendo que, neste caso, o "outro" pode se constituir num único indivíduo, mas também representar um grupo, uma classe social ou mesmo uma determinada sociedade.

Sumariando, é possível dizer que através da vida em grupo as pessoas vão produzindo, mantendo e transformando os objetos de seu mundo, atribuindo a eles significados. O termo "objetos" aqui possui um sentido amplo designando tanto os objetos físicos (como livros, cadeiras e carros) quanto os objetos sociais (professores, alunos, gerentes, um presidente, um diretor) e os abstratos (como os princípios éticos, as doutrinas filosóficas e as ideias de justiça e compaixão).

É importante reafirmar que, do ponto de vista do interacionismo simbólico, os significados atribuídos aos objetos mudam em função do indivíduo ou grupo que os observa. Assim, por exemplo, uma estrela no céu constitui-se num objeto que possui diferentes significados, seja ela objeto de estudo de um astrônomo ou fonte de inspiração para um poeta. O significado social dos objetos deve-se, portanto, ao fato de lhes darmos sentido no transcorrer de nossas interações. Enquanto alguns desses significados possuem estabilidade no tempo, outros devem ser renegociados a cada nova interação.

De acordo com Rose (1962), o homem vive num ambiente que é, ao mesmo tempo, físico e simbólico, sendo suas ações estimuladas em função dos referenciais fornecidos por esses dois mundos. O termo "símbolo" é definido pelo autor como um estímulo cujo significado e valor foi apreendido pela pessoa. A resposta de um indivíduo a um determinado símbolo é dada mais em função do seu significado e valor do que da estimulação física que ele provoca nos órgãos do sentido.

Praticamente todos os símbolos são apreendidos pelo homem por meio da interação e da comunicação com outras pessoas. Por conseguinte, muitos símbolos têm seus significados e valores compartilhados por um grupo de pessoas, o que lhes confere uma certa validação consensual, embora se reconheça que o consenso completo nunca é possível. Para o interacionismo simbólico, os seres humanos são capazes de agir porque eles estabelecem determinados níveis de concordância acerca dos significados e valores atribuídos aos objetos relevantes do seu meio ambiente.

Reafirmando tais ideias, entende-se que o processo de comunicação simbólica torna possível ao homem aprender, com seus semelhantes, uma imensa quantidade de significados e valores, e, consequentemente, formas de ação. É possível assumir que muitos comportamentos dos adultos foram aprendidos por intermédio dos mecanismos de comunicação simbólica. Essa forma de comunicação vai permitir que o homem adquira uma cultura – um elaborado conjunto de significados e valores – que é compartilhada pelos membros de uma sociedade e que guia muitas de suas ações.

Uma sociedade, portanto, é mais que uma coleção de indivíduos, é um conjunto de indivíduos com uma cultura que é aprendida por meio da comunicação simbólica. A aprendizagem de uma cultura ou subcultura também torna os homens capazes de estimar o comportamento uns dos outros, da sociedade como um todo e de si próprios, uma vez que predições são baseadas em expectativas em torno de significados e valores comuns.

A socialização, nesse caso, não pode ser entendida simplesmente como um processo de internalização de um conjunto de normas e valores, pois ela é mais do que isso, na medida em que envolve o desenvolvimento da capacidade de colocar-se, efetivamente, no papel do outro. Através da socialização, o indivíduo aprende uma série de significados e valores, o que lhe permite agir, comunicando tais símbolos com outros e consigo mesmo.

A ideia de que o ser humano possui um *self* que o torna capaz de pensar e agir em relação aos outros, assim como de transformar-se em objeto de sua própria reflexão e ação foi proposta por George Herbert Mead em 1934. Segundo ele, o *self* – mantido aqui em inglês devido às dificuldades de uma tradução literal – significa aquela parte "de si mesmo" que torna os seres humanos capazes de se perceberem enquanto objetos da própria ação e reflexão. Por possuir um *self*, o ser humano é capaz de perceber a si mesmo, desenvolver concepções sobre si mesmo, comunicar-se e agir em relação a si próprio, ou seja, ele é capaz de interagir consigo mesmo.

Nesse processo estão envolvidos dois aspectos do *self*: o "eu" e o "mim". A inter-relação entre estes dois aspectos do *self* nos é explicada por Woods (1996). Segundo esse autor, o "eu" constitui aquela parte do *self* que é mais espontânea, mais natural, e que impulsiona a ação. Pode ser entendido como a resposta do organismo às atitudes dos outros. O "mim" compõe-se do conjunto de atitudes dos outros assumidas pelo indivíduo.

O "eu" leva à ação presente, no entanto, tão logo tal ação se completa e passamos a refletir sobre ela, ela torna-se parte do "mim". Ao nos tornarmos conscientes do que estamos fazendo e realizando, fortalecemos o "mim".

O "eu" pode ser visto como a fonte da iniciativa, da inovação e da mudança, enquanto o "mim" é o agente do *self* encarregado da autorregulação e do controle social. Os atos criativos e inovadores do "eu" adicionam interesses e motivações à vida das pessoas constituindo o principal ingrediente dos processos de adaptação e mudança social. Nem sempre, no entanto, tais atos são vistos como úteis e benéficos. O "mim", nesse caso, aparece para avaliar as inovações propostas pelo "eu", a partir da perspectiva da sociedade, encorajando aquelas socialmente úteis e desencorajando aquelas consideradas indesejáveis. Como parte do grupo social mais amplo, o "mim" defende os valores do grupo e utiliza-os para analisar e refletir sobre as iniciativas do "eu". A escolha do indivíduo por um determinado curso de ação sempre envolve uma análise das iniciativas do "eu" a partir dos referenciais do "mim".

As pessoas, em sua vida cotidiana, podem fazer um uso mais intenso do "eu" ou do "mim". Em alguns casos, os padrões convencionais do "mim" podem exercer uma influência muito reduzida. Nesse sentido, artistas, revolucionários, reformadores e radicais podem desenvolver atitudes e orientar cursos de ação que não são aqueles esperados pela sociedade e cultura a que pertencem. De outra forma, algumas pessoas podem praticamente suprimir o "eu" passando a serem guiadas, quase que inteiramente, pelas regras impostas pelo "mim", o que as torna excessivamente ajustadas ao padrão estabelecido pela sociedade.

Em geral, uma mistura de ambos (eu-mim) é considerada a forma mais eficaz tanto para o desenvolvimento do *self* das pessoas quanto para a organização da sociedade. Embora as pessoas necessitem, para sobreviver, uma certa quantidade de rotina, elas também precisam de liberdade para "pensar seus próprios pensamentos" e serem originais.

Fine (2005, p. 97-98) explica que o "*self* é gerado por meio da retórica e das histórias contadas sobre si mesmo [...] e sobre os outros [...] e pela manipulação de outros símbolos". Para esse autor os interacionistas, por mais diferentes que sejam seus embasamentos teóricos e suas escolhas metodológicas, "concordam que o *self* não é um objeto que possua um significado inerente, mas um construto cujo sentido é dado pelas escolhas do ator, mediadas pelas relações, situações e culturas em que está imerso".

O antropólogo Gilberto Velho (2002) entende que a interação é considerada o processo social básico, cujos atores são vistos não somente enquanto agentes de reprodução, mas também como reinventores da vida social. Ao se destacar, por exemplo, o fato de indivíduos da mesma cultura falarem a mesma língua se está chamando atenção para o que há de comum e aproxima tais atores, ou seja, o seu pertencimento a uma cultura comum, com seus valores, crenças, interesses, gostos. Mas além dessa cultura comum, o interacionismo simbólico destaca a coexistência das diferenças de origem, *background*, trajetória e experiência social. Adquirem assim importância, em qualquer análise sociológica e antropológica, os processos internos de diferenciação expressos por meio das classes, grupos sociais, minorias étnicas e regionais, ou qualquer outra possível distinção. Uma vez que tais grupos expressam valores e interesses diferentes e até antagônicos, o conflito e o confronto – de maior ou menor intensidade – aparecem como uma possibilidade sempre presente no processo de negociação da realidade. Segundo Velho (2002, p. 52), as pesquisas urbanas realizadas no contexto brasileiro sobre temas diversos como família, religião, sexualidade, entre outros, "apontam para a existência de representações e vivências muito diferenciadas dentro da nossa sociedade".

De acordo com este autor (VELHO, 2005, p. 11),

> O ponto fundamental do interacionismo é que o estudo da ação social lida com as interações entre os indivíduos, vistos não como nômadas isoladas, mas como sujeitos ativos, atuando dentro de redes e grupos sociais, num processo contínuo de mudança e reinvenção social. Assim opõe-se a modelos teóricos mais estáticos, nos quais os indivíduos desempenham papéis predefinidos dentro de uma estrutura social abrangente, e a mudança social aparece como disruptiva.

Velho (2003, p. 21-22) coloca o indivíduo como "ponto de interseção de vários mundos" que, por meio das interações e redes de relações, acaba recorrendo a mecanismos de "negociação da realidade em múltiplos planos". A ideia de negociação inclui a noção da diferença como parte constitutiva da sociedade. Assim, tanto o conflito quanto a troca, a aliança e a interação fazem parte da vida social, manifestando-se nas experiências, na produção e no reconhecimento da existência de interesses e valores diferentes. Vista por esse ângulo, a cultura "não exclui as diferenças, mas, pelo contrário, vive delas".

Segundo Velho (2002), é importante reconhecer que a própria concepção de indivíduo é vista na sociedade ocidental moderna-contemporânea como construída histórica e socialmente, portanto delimitada a sociedades específicas. Assim, a rede de significados que cerca a existência dos indivíduos já estava presente na sociedade e cultura que os precede e engloba. Mesmo reconhecendo a relevância e a importância da sociedade que, de alguma forma, produz os indivíduos, é fundamental também "compreender melhor como a gramática social e cultural se expressa ao nível biográfico" (p. 55). Ao nível das biografias individuais, os atores sociais podem apresentar comportamentos e atitudes que se revelam, em alguns contextos, modernas, enquanto em outros estão relacionadas a uma visão de mundo mais tradicional.

3.4 IMPLICAÇÕES METODOLÓGICAS

Para expor as orientações metodológicas que deverão estar presentes na mente daqueles que se propõem a realizar pesquisas utilizando pressupostos do interacionismo simbólico na condução de seus estudos qualitativos, serão usados como referências fundamentais Blumer (1969) e Denzin (1977, 2001), que serão complementados por outros autores quando se fizer necessário.

    a. Uma vez que na perspectiva do interacionismo simbólico, os símbolos, significados e definições são construídos pelas pessoas, o pesquisador deve examinar a conduta humana do ponto de vista daqueles que ele está estudando.

    Tentar identificar e compreender o significado dos objetos envolvidos no mundo de um indivíduo ou coletividade (como, por exemplo, os usuários de drogas, as gangues juvenis, ou mesmo os indivíduos que compartilham a mesma cultura organizacional) não é tarefa fácil para um pesquisador que não esteja familiarizado com tal mundo. Tal empreendimento requer que o pesquisador seja capaz de "tomar a posição do outro". Esse objetivo, no entanto, dificilmente será alcançado através das formas mais convencionais de coleta de dados como os questionários e as escalas, ou buscando definir, por antecipação, as variáveis que influenciam o fenômeno que está sendo estudado. "Tomar a posição do outro" requer o exame de um conjunto relevante de observações apresentadas na forma de relatos descritivos de como tais atores veem os objetos, atuam sobre eles em diferentes situações e referem-se a eles em suas conversações.

    A tarefa do pesquisador é, então, a de captar os significados que permeiam a cultura a partir da ótica daqueles que dela participam, embora este seja um empreendimento extremamente complexo, conforme relatam Blumer (1969) e Becker (1996), pois as pessoas estudadas nem sempre conseguem expressar significados estáveis e consistentes às coisas e eventos vivenciados, fornecendo aos pesquisadores explicações vagas e confusas acerca de suas ações ou intenções.

Colocar-se no papel do outro permite que o investigador escape do que Denzin (1977) denominou "falácia do objetivismo", isto é, utilizar sua própria perspectiva, ao invés daquela que representa o grupo sob investigação.

Assim o pesquisador deve, num primeiro momento, apreender as concepções cotidianas da realidade segundo a perspectiva de seus sujeitos (o que normalmente é feito por meio de observações, entrevistas e conversações) para, depois, interpretá-las elaborando um esquema teórico próprio ou utilizando alguma teoria já estabelecida.

b. O pesquisador deve, simultaneamente, unir os símbolos e concepções manifestos pelos sujeitos individualmente com os círculos de influência e relacionamento que forneceram a eles tais significações.

Conforme explicitado anteriormente, segundo o interacionismo simbólico, é através da vida em grupo que as pessoas constroem suas maneiras de agir, levando em consideração as formas de ação dos indivíduos com os quais elas interagem. A interação social deve então ser entendida como um processo formativo por meio do qual as pessoas vão organizando suas formas de ação a partir das ações dos outros (indivíduos e/ou coletividades), num movimento constante de nomeação e interpretação dos fatos.

Considerando esse aspecto, o pesquisador, ao estudar qualquer aspecto da vida social, deve identificar e examinar as diferentes formas de interação ali presentes. É importante não esquecer que a compreensão dessas diferentes formas de interação envolve também a compreensão do contexto no qual elas ocorrem. Cabe ao investigador demonstrar, em seu estudo, como as concepções dos sujeitos, considerados individualmente, estão relacionadas às concepções grupais que as fortalecem.

Quando o investigador falha nessa tarefa, os estudos podem apresentar uma visão marcadamente microssocial, deixando de lado ou abordando apenas indiretamente o impacto das estruturas sociais mais amplas nas ações dos indivíduos. É importante lembrar que tanto Fine (1993), quanto Denzin (2001) reafirmam a importância do comportamento coletivo alertando que, considerando que a interação se estabelece dentro das instituições, a macro e a mesoestrutura devem ser levadas em consideração. Como proposto por Denzin (2001) o interacionismo é, ao mesmo tempo, uma perspectiva teórica que está atenta tanto a experiência individual quanto à estrutura social, procurando explorar a inter-relação entre a vida privada e as instituições e políticas públicas.

c. Embora o pesquisador esteja engajado na observação de aspectos situados da realidade social, deve buscar entender tais aspectos a partir da maneira como eles se formaram e se organizaram.

O estudo de qualquer evento ou grupo social requer uma compreensão dos processos envolvidos na maneira "como" tal evento ou grupo se formou, se organizou e se mantém em ação. A compreensão de como qualquer grupo social – seja ele uma família, uma gangue ou uma complexa organização industrial

– se originou, se constituiu e se mantém é fundamental à interpretação dos fenômenos que ocorrem no seu interior.

Não se pode esquecer que as maneiras como as pessoas e as próprias instituições organizam e mantêm suas relações são influenciadas pelo seu passado, que não deve ser ignorado.

d. Na tentativa de explicitar a dinâmica social envolvida em qualquer situação ou fenômeno social em estudo, os métodos de pesquisa devem ser capazes de captar tanto as formas de comportamento estáticas e estáveis, quanto aquelas que estão em processo de mudança.

Segundo a perspectiva interacionista, o pesquisador precisa estar atento ao sentido do fluxo social. A pesquisa deve ser capaz de revelar quais formas de comportamento são estáveis, quais são variáveis e quais são emergentes. É preciso abarcar o fenômeno como um todo, assim como retratar cada parte e suas interconexões.

e. O próprio engajamento do pesquisador no esforço da investigação representa um processo de interação simbólica na medida em que reflete a tentativa de suspender suas experiências idiossincráticas para compreender significados que são consensuais e compartilhados pelos sujeitos.

Além disso, uma atitude interacionista deve levar o pesquisador a uma avaliação contínua dos dados e/ou resultados, comparando-os com a estrutura conceitual tomada como referência ou em formação, promovendo, assim, um fluxo constante dos dados para a teoria e vice-versa.

A metodologia da pesquisa deve contribuir para a elaboração e organização de tipologias e modelos teóricos gerados indutivamente, ou seja, propostas teóricas que estejam explicitamente fundamentadas em referentes empíricos.

Para Denzin e Lincoln (1994), nessa perspectiva o papel do pesquisador é de um sujeito socialmente situado a partir de sua biografia pessoal e que se expressa a partir de uma determinada classe social, de sua raça, de seu gênero e outras características definidoras de um particular grupo social.

O pesquisador também deve confrontar-se com a ética e a política da pesquisa pois entende-se que qualquer investigação não é livre de valores e deve ser vista como um ato moral. Nesse caso, para Denzin e Lincoln (2000), o pesquisador qualitativo não pode ser visto como um observador objetivo e politicamente neutro, uma vez que ele tem uma posição histórica e situa-se localmente. Para esses autores,

> Uma maneira correta de conceituar a investigação qualitativa é como um projeto cívico e participativo, colaborativo, que faz com que o pesquisador e os pesquisados envolvam-se em um diálogo moral contínuo (DENZIN; LINCOLN, 2006, p. 391).

Para Denzin e Lincoln (2006), assim como para Greenwod e Levin (2006), estudos qualitativos devem vincular a investigação à praxis social, valorizando-

-se aqui as várias modalidades de pesquisa participativa ou colaborativa e de avaliação de projetos e programas sociais.

f. A pesquisa qualitativa é descritiva. Os dados coletados aparecem sob a forma de transcrições de entrevistas, anotações de campo, fotografias, videoteipes, desenhos e vários tipos de documentos. Assim, a palavra escrita ocupa lugar de destaque nessa abordagem.

Visando a compreensão ampla do fenômeno que está sendo estudado, todos os dados da realidade que emergem no processo investigativo são importantes, devendo ser examinados. O ambiente e as pessoas nele inseridas devem ser olhados holisticamente, não sendo reduzidos a meras variáveis, mas observados como um todo. O interesse dos pesquisadores é verificar como determinado fenômeno se manifesta nas atividades, procedimentos e interações diárias. Não é possível interpretar o comportamento humano sem a compreensão do quadro referencial dentro do qual os indivíduos desenvolvem seus sentimentos, pensamentos e ações.

Procedimentos descritivos estão presentes tanto na forma de obtenção dos dados quanto no relatório de disseminação de resultados. O que se pretende obter como resultado final de um estudo qualitativo é o que Geertz (1989, p. 20) denominou de uma descrição densa ao definir a natureza dos estudos etnográficos. Segundo esse autor,

> O que o etnógrafo enfrenta, de fato [...] é uma multiplicidade de estruturas conceptuais complexas, muitas delas sobrepostas ou amarradas umas às outras, que são simultaneamente estranhas, irregulares e inexplícitas, e que ele tem que, de alguma forma, primeiro apreender e depois apresentar. E isso é verdade em todos os níveis de atividade de seu trabalho de campo [...] Fazer a etnografia é como tentar ler (no sentido de "construir uma leitura de") um manuscrito estranho, desbotado, cheio de elipses, incoerências, emendas suspeitas e comentários tendenciosos, escrito não com os sinais convencionais do som, mas com exemplos transitórios de comportamento modelado.

A descrição densa, portanto, "é interpretativa; o que [o pesquisador] interpreta é o fluxo do discurso oficial e a interpretação envolvida consiste em tentar salvar o 'dito' num tal discurso da sua possibilidade de extinguir-se e fixá-lo em formas pesquisáveis" (GEERTZ, 1989, p. 31).

3.5 CONSIDERAÇÕES FINAIS

O campo da pesquisa qualitativa é marcado por uma série de tensões, contradições e hesitações. Trata-se de um campo em constante movimento, cujos arcabouços epistemológicos e orientações metodológicas têm sido continuamente examinados e questionados à medida que se defrontam com um mundo histórico inconstante, com novas posturas intelectuais e condições institucionais e acadêmicas.

Os momentos históricos apresentados anteriormente partem da trajetória norte-americana e revelam maior alinhamento com as tradições pragmáticas, naturalistas e interpretativas. Este, no entanto, não se revela um aspecto limitador, na medida em que, acredita-se, tais ideias constituem o *core* da pesquisa qualitativa. Assim, é possível, a partir desses referentes, analisar como nós, pesquisadores brasileiros, temos nos apropriado dessas ideias na condução das diferentes modalidades de pesquisa qualitativa desenvolvidas no Brasil, na área de administração de empresas.

Acredita-se que os demais capítulos que compõem este livro auxiliem nessa reflexão e que, num esforço dialógico, o próprio leitor possa trocar ideias e estabelecer conversações entre os fundamentos aqui apresentados e os demais aspectos trazidos especialmente pelos capítulos que constam da Parte II do livro.

REFERÊNCIAS

BECKER, H. S. **Outsiders**: studies in the sociology of deviance. Chicago: Free Press, 1963.

_____. **Métodos de pesquisa em ciências sociais**. 2. ed. São Paulo: Hucitec, 1994.

_____. The epistemology of qualitative research. In: JESSOR, R.; COLBY, A.; SHWEDER, R. A. (Eds.) **Ethnography and human development**: context and meaning in social inquiry. Chicago: University of Chicago Press, 1996. p. 53-71.

BLUMER, H. **Symbolic Interactionism**: perspective and method. Englewood Cliffs, New Jersey: Prentice Hall, 1969.

COULON, A. **A Escola de Chicago**. Campinas: Papirus, 1995.

DENZIN, N. K. **The research act**: a theoretical introduction to sociological methods. New York: McGraw-Hill, 1977.

_____. **Interpretive ethnography**: ethnographic practices for the 21st century. Thousand Oaks, CA: Sage, 1997.

_____. **Interpretive interactionism**. 2. ed. Thousand Oaks, CA: Sage, 2001.

DENZIN, N. K.; LINCOLN, Y. S. Introduction: entering the field of qualitative research. In: DENZIN, N. K.; LINCOLN, Y. S. (Ed.) **Handbook of qualitative research**. Thousand Oaks, CA: Sage, 1994. p. 1-28.

_____. Introduction: the discipline and practice of qualitative research. In: DENZIN, N. K.; LINCOLN, Y. S. (Eds.) **Handbook of qualitative research**. 2. ed. Thousand Oaks, CA: Sage, 2000. p. 1-29.

_____ Introduction: the discipline and practice of qualitative research. In: DENZIN, N. K.; LINCOLN, Y. S. (Ed.) **The SAGE Handbook of qualitative research**. 3. ed. Thousand Oaks, CA: Sage, 2005. p. 1-32.

_____. **O planejamento da pesquisa qualitativa**: teorias e abordagens. Porto Alegre: Artmed, 2006.

DEWEY, J. **Democracia e educação**. Breve Tratado de Philosophia da Educação. 3. ed. São Paulo: Companhia Editora Nacional, 1936.

FINE, G. A. The sad demise, mysterious disappearance, and glorious triumph of symbolic interactionism. **Annual Review of Sociology**, v. 19, p. 61-78, 1993.

_____. **Kitchens**: the culture of restaurant work. Berkeley, CA: University of California, 1996.

_____. O triste espólio, o misterioso desaparecimento e o glorioso triunfo do interacionismo simbólico. **RAE – Revista de Administração de Empresas**, v. 43, n° 4, p. 87-105, 2005.

GARFINKEL, H. **Studies in ethnomethodology**. Englewood Cliffs, NJ: Prentice Hall, 1967.

GEERTZ, C. **A interpretação das culturas**. Rio de Janeiro: LTC Livros Técnicos e Científicos, 1989.

GOFFMAN, E. **A representação do eu na vida cotidiana**. 7. ed. Petrópolis: Vozes, 1996.

GREENWOOD, D. J.; LEVIN, M. Reconstruindo as relações entre as universidades e a sociedade por meio da pesquisa-ação. In: DENZIN, N. K.; LINCOLN, Y. S. **O planejamento da pesquisa qualitativa**: teorias e abordagens. Porto Alegre: Artmed, 2006. p. 91-113.

LINCOLN, Y. S.; DENZIN, N. K. O sétimo momento: deixando o passado para trás. In: DENZIN, N. K.; LINCOLN, Y. S. **O planejamento da pesquisa qualitativa**: teorias e abordagens. Porto Alegre: Artmed, 2006. p. 389-406.

MEAD, G. H. **Mind, self and society**. Chicago: University of Chicago Press. 1934.

MENDONÇA, J. R. C. Interacionismo simbólico: uma sugestão metodológica para a pesquisa em administração. **REAd – Revista Eletrônica de Administração**, v. 26, p. 1-15, 2002.

ROSE, A. M. A systematic summary of symbolic interaction theory. In: ROSE, A. M. (Ed.) **Human behavior and social processes**: an interactionist approach. London: Routledge and Kegan Paul, 1962. p. 3-19.

SAUERBRONN, J. F. R.; AYROSA, E. A. T. Sobre convergência e prática metodológica do interacionismo interpretativo na pesquisa acadêmica de marketing. **RAC – Revista de Administração Contemporânea**, v. 14, nº 5, p. 854-870, 2010.

VELHO, G. **Individualismo e cultura**: notas para uma antropologia da sociedade contemporânea. Rio de Janeiro: Jorge Zahar, 1981.

_____. **Subjetividade e sociedade**: uma experiência de geração. 3. ed. Rio de Janeiro: Jorge Zahar, 2002.

_____. **Projeto e metamorfose**: antropologia das sociedades complexas. 3. ed. Rio de Janeiro: Jorge Zahar, 2003.

_____. Apresentação à edição brasileira. O observador participante. In: WHITE, W. F. **Sociedade da esquina**. Street corner society: a estrutura social de uma área urbana pobre e degradada. Rio de Janeiro: Jorge Zahar, 2005. p. 9-13.

VERGARA, S. C.; CALDAS, M. P. Paradigma interpretacionista: a busca da superação do objetivismo funcionalista nos anos de 1980 e 1990. **RAE – Revista de Administração de Empresas**, v. 43, nº 4, p. 66-72, 2005.

WOODS, P. **Researching the art of teaching**: ethnography for educational use. London: Routledge, 1996.

4

Critérios para Condução e Avaliação de Pesquisas Qualitativas de Natureza Crítico-Interpretativa

Marlei Pozzebon e *Maira de Cassia Petrini*

4.1 INTRODUÇÃO

O uso de métodos qualitativos nas pesquisas em administração está crescendo rapidamente. Em paralelo a esse crescimento, assiste-se também a uma constante busca por estratégias de pesquisa de natureza não positivista, a exemplo das abordagens interpretativistas, construtivistas ou pós-modernistas. Nesse sentido, é importante reforçar que, por trás do termo "qualitativo", uma série de pressupostos filosóficos e métodos de pesquisa diferentes coexistem. Na área de administração, os princípios epistemológicos e metodológicos amplamente aceitos e disseminados tendem a ser consistentes com as convenções do positivismo. Ou seja, apesar da existência de uma variedade de abordagens, até a década de 1990 a maioria das orientações existentes para avaliação de pesquisas qualitativas foi inspirada por pressupostos subjacentes a uma visão positivista ou funcionalista (BENBASAT; GOLDSTEIN; MEAD, 1987; LEE, 1989; YIN, 1994). Nesse contexto, torna-se inevitável a discussão sobre o perigo de julgar pesquisas não positivistas usando critérios positivistas, e vice-versa. O objetivo deste capítulo é fazer avançar o debate sobre os critérios de avaliação de pesquisas qualitativas não positivistas.

Optamos por adotar um olhar investigativo dos métodos qualitativos sob a perspectiva crítico-interpretativa e tomamos como exemplo o campo de Sistemas de Informação (SI). O principal motivo que levou a escolha do campo de SI como referência reside na predominância do "paradigma lógico-matemático" da área. Em seu clássico *Understanding computing and cognition*, Winograd e Flores (1986) alertavam que a utilização de novas orientações, que rompesse com a tradição racionalista da área, contribuiria significativamente para o desenvolvimento de "ideias relevantes" para a disciplina de SI. A origem da área de SI, nascida nas escolas de engenharia e ciências da computação, aliada ao fato de ter sido profundamente influenciada pela engenharia da computação e análise de sistemas (LOEBEL; STREHLAU, 2009), pode ser um dos motivos da escassez de análises críticas que incluam reflexões sociais e questões políticas. Essa escassez tem gerado uma lacuna nas pesquisas acadêmicas na área de SI, onde a predominância da abordagem positivista restringe o estudo qualitativo dos fenômenos de SI bem com suas implicações (ORLIKOWSKI; BAROUDI, 1991).

Em suma, este capítulo tem dois objetivos. Em primeiro lugar, reiterar o valor de uma perspectiva crítico-interpretativa à investigação dos fenômenos sociais que envolvem disciplinas tradicionalmente dominadas pelas perspectivas positivistas e funcionalistas, tais como o campo de SI. Segundo, compilar e propor critérios de avaliação de pesquisa qualitativa, dando mais um passo na elaboração de um conjunto de princípios para orientar e avaliar pesquisas não positivistas de natureza crítico-interpretativa. É importante reforçar que, por "critérios", não se pretende apresentar um conjunto rígido de normas preestabelecidas, mas simplesmente um conjunto de orientações que sejam caracterizadas muito mais pela abertura do que pela estabilidade e fechamento (GARRAT; HODKINSON, 1998).

4.2 POR QUE A PERSPECTIVA CRÍTICO-INTERPRETATIVA?

Myers (1997) recorda que, da mesma forma que pessoas diferentes têm diferentes crenças e valores, há diferentes maneiras de entender o que é pesquisa. Toda a pesquisa se baseia em alguns pressupostos que definem uma pesquisa "válida" e quais métodos de pesquisa são mais apropriados (MYERS, 1997). Essas crenças e valores em pesquisa podem ser vistos como paradigmas de investigação (DENZIN; LINCOLN, 1994), tradições teóricas (PATTON, 1990), tradicões de pesquisa (PRASAD; PRASAD, 2002) ou, simplesmente, orientações (TESCH, 1990).

Orlikowski e Baroudi (1991) classificam a pesquisa qualitativa no campo de SI de acordo com três abordagens: positivista, interpretativa e crítica. Positivistas geralmente assumem que a realidade é objetivamente dada e pode ser descrita por propriedades mensuráveis que são independentes do observador (pesquisador) e seus instrumentos. Estudos positivistas geralmente buscam testar teorias, em um esforço no sentido de aumentar a previsibilidade na compreensão dos fenômenos pesquisados. Pesquisadores interpretativistas (ou construtivistas) supõem que a realidade só pode ser apreciada através de construções sociais, tais como símbolos e significados compartilhados. Estudos interpretativos geralmente tentam compreender os fenômenos através dos significados que os atores sociais atribuem a eles. Pesquisa interpretativa não predefine variáveis dependentes e independentes, mas concentra-se na complexidade do ser humano e dos fenômenos sociais na busca do entendimento dentro de um determinado contexto. Pesquisadores críticos supõem que a realidade social é historicamente construída e suas estruturas de interação e de dominação são produzidas e reproduzidas pelas pessoas. A principal tarefa da investigação crítica é a crítica social, em que as condições restritivas e alienantes do *status quo* são trazidos à luz. A pesquisa crítica centra-se nas oposições, conflitos e contradições da sociedade contemporânea, e procura ser emancipatória, buscando eliminar as causas da alienação e da dominação.

Mais que debater e discutir a abordagem epistemológica, classificações em função de pressupostos filosóficos distintos são úteis para auxiliar os pesquisadores a posicionar--se de forma clara na defesa do valor de seus trabalhos. Nomenclaturas diferentes, como pós-positivismo e pós-modernismo, surgiram mostrando que a luta pela proteção da identidade e legitimidade entre grupos de pesquisa muda de rótulo, mas não de natureza. Ao mesmo tempo, novas discussões teóricas dentro de disciplinas como estratégia sinalizam uma maior abertura por abordagens pluralistas (DENIS; LANGLEY; ROULEAU, 2007) ou, como no campo de SI, reforçam a vantagem de combinar-se diferentes perspectivas (ROBEY, 1996).

Essa abertura ao pluralismo tem se mostrado particularmente favorável quando a combinação tange as escolas interpretativa e crítica. Klein (1999, p. 22) defende o "desenvolvimento integral de todas as possíveis relações entre interpretativismo e teoria crítica como uma das avenidas mais frutíferas para investigações futuras". Da mesma forma, Doolin (1998) aponta para uma perspectiva crítico-interpretativa, argumentando que pesquisadores interpretativos precisam conscientemente adotar uma postura crítica e reflexiva em relação ao papel que as TIC (Tecnologias de Informação e Comunicação) desempenham na reprodução das relações sociais nas organizações. Walsham (1993) adota uma posição similar em seu livro sobre interpretativismo nas pesquisas em SI. A pesquisa que ele descreve tem elementos de ambas as tradições – interpretativa e crítica – e, portanto, não se encaixa perfeitamente em nenhuma dessas categorias. De fato, ele argumenta que as teorias processuais, como a teoria da estruturação, por exemplo, são "uma tentativa de dissolver as fronteiras entre essas tradições, ao enfatizar não só a importância do significado subjetivo para o ator individual, mas também das estruturas sociais que condicionam tais significados e são constituídas por eles" (WALSHAM, 1993, p. 246).

No entanto, a complexidade dessa possível combinação está no fato de que, vistas separadamente, interpretativismo e teoria crítica estão longe de ser escolas de pensamento homogêneas. Klein e Myers (2001) reconhecem, no mínimo, duas linhas de pensamento filosófico diferentes nos fundamentos da corrente interpretativa: (a) a primeira escola de pensamento centra-se em intenções humanas no uso da linguagem e vários métodos para a compreensão do significado da língua (por exemplo, análise de discurso), (b) a segunda escola de pensamento centra-se na consciência subjetiva, ou seja, no ser humano e suas expressões de significados (intimamente ligada a fenomenologia e a hermenêutica). Ou seja, mesmo dentro do interpretativismo, nem todos os estudos deveriam ser avaliados de acordo com os mesmos critérios.

Em relação a teoria crítica, seus fundamentos são frequentemente associados com a Escola de Frankfurt. Inicialmente, a teoria crítica foi caracterizada como teoria social radical, uma forma sofisticada de criticismo cultural combinando ideias freudianas e marxistas e um estilo utópico de especulação filosófica profundamente enraizado no idealismo judeu e alemão (CECEZ-KECMANOVIC, 2001). Klein e Myers (2001) identificam duas escolas na teoria crítica: a Escola de Frankfurt de Horkheimer, Adorno, Marcuse e Fromm, e a teoria crítica contemporânea de Habermas. Embora essas duas abordagens sejam diferentes, tais diferenças são vistas por alguns autores como "sutis" (STEFFY; GRIMES, 1986).

Mesmo defendendo uma união das abordagens crítica e interpretativista, Klein (1999) mostra-se cético a tal união, alegando que as tentativas atuais para integrar as duas se baseiam em uma compreensão pouco clara de suas conexões intrínsecas. Ele argumenta que as escolas críticas são muito mais orientadas à teoria (*theory-oriented*) do que o interpretativismo, devido ao forte legado da teoria social crítica de Habermas. Entretanto, ele reconhece uma ligação entre a investigação teórica crítica e a investigação interpretativa através da hermenêutica: a pesquisa crítica enfatiza a orientação comunicativa, o que implica interesse no entendimento humano, que, por sua vez, implica a hermenêutica, que é o coração do interpretativismo.

Não concordamos com todas as afirmações de Klein (1999), especialmente aquela que diz que sem uma reconstrução explícita do fundamento conceitual, a união do interpretativismo e da pesquisa crítica é meramente "uma questão de conveniência, se não de desespero" (p. 22). Argumentamos, na mesma linha que Doolin (1998), que adotar uma visão crítica não necessariamente significa basear-se profundamente na teoria crítica de Habermas ou da Escola de Frankfurt. Ser crítico pode implicar, simplesmente, em questionar certas premissas inerentes ao *status quo*, ser criticamente reflexivo, utilizando outros quadros teóricos que não os mais ortodoxos. O termo *teoria crítica* pode ser usado em um "sentido genérico para qualquer teoria preocupada com a crítica da ideologia e os efeitos de dominação, e não especificamente para a teoria crítica da Escola de Frankfurt" (FAIRCLOUGH, 1995, p. 20). Enfim, podemos utilizar o termo *crítico* sem vinculá-lo a Habermas ou à Escola de Frankfurt. Em segundo lugar, acreditamos que ser crítico-interpretativo não requer necessariamente justificativas teóricas "apropriadas", porque ambas as abordagens podem ser vistas como intrinsecamente relacionadas.

Abordagens interpretativas ou construtivistas objetivam produzir investigações detalhadas da maneira pela qual uma determinada realidade social tem sido construída. Abordagens críticas concentram-se mais explicitamente na dinâmica do poder e ideologia que cercam as práticas sociais. Longe de ser incompatível, o limite entre uma abordagem interpretativa e uma abordagem crítica pode ser visto como uma questão de grau: muitos estudos construtivistas (interpretativistas) são sensíveis às relações de poder, enquanto os estudos críticos incluem uma preocupação em relação aos processos de construção social que sustentam os fenômenos de interesse (PHILLIPS; HARDY, 2002), os quais estão intimamente ligados ao poder. Enfim, uma pesquisa pode ser crítico-interpretativa sem qualquer inconsistência inerente nem "desespero". Aliás, muitas vezes é difícil evitar ser crítico ao conduzir uma pesquisa interpretativa (WALSHAM, 1993). Em SI, ser criticamente interpretativo significa que o pesquisador, além de compreender o contexto e o processo de uso das TIC (tecnologias de informação e comunicação) considerando diferentes interpretações decorrentes das interações sociais, poderá também analisar essas interações ligando as interpretações decorrentes com considerações mais amplas de poder e controle social (DOOLIN, 1998).

A conexão entre interpretação e interpretação crítica é bem ilustrada por Alvesson e Skoldberg (2000), que identificam quatro níveis de reflexão durante o trabalho empírico. O primeiro nível, denominado interação com o material empírico, tem foco na realização das entrevistas, nas observações de situações e outras notas a partir de diversos materiais empíricos. O nível de interpretação, que segue a interação com material empírico, é um passo para uma interpretação crítica, que é o terceiro nível de reflexão identificado pelos autores. O segundo nível, de interpretação, tem foco nos significados subjacentes, enquanto o nível de interpretação crítica preocupa-se em inserir discussões de ideologia, poder e reprodução social. Por fim, o pensamento crítico decorre de reflexão interpretativa, ou seja, o quarto nível reside na reflexão sobre a produção de textos e o uso da linguagem, no qual a principal preocupação reside na elaboração de um texto próprio, buscando a reivindicação de autoridade e a seletividade das vozes representadas no texto.

Em outras palavras, a pesquisa empírica começa a partir do nível de construção de dados, onde os pesquisadores fazem observações, conversam com as pessoas e criam suas próprias imagens dos fenômenos investigados. Interpretações preliminares são desenvolvidas em um grau que, muitas vezes, é relativamente fluido e fragmentado para os próprios pesquisadores. Esse material é então submetido a uma análise de forma mais sistemática, orientada por ideias que podem ser relacionadas com estruturas teóricas ou com outros quadros de referência. Idealmente, os pesquisadores deveriam permitir que o material empírico pudesse, por si só, inspirar, desenvolver e reformular ideias teóricas. Na verdade, porém, são as visões teóricas que frequentemente norteiam a produção de diferentes significados para o material empírico. "O repertório do pesquisador limita as possibilidades de elaborar certas interpretações" (ALVESSON; SKOLDBERG, 2000, p. 250). Raciocínio semelhante pode ser aplicado para entender a reflexividade.

1. *Nível*: Interação com o material empírico; *Foco*: Entrevistas, observações de situações e outras notas a partir de diversos materiais empíricos.
2. *Nível*: Interpretação; *Foco*: Significados subjacentes.
3. *Nível*: Interpretação crítica; *Foco*: Ideologia, poder, reprodução social.
4. *Nível*: Reflexão sobre a produção de textos e o uso da linguagem; *Foco*: Texto próprio, reivindicação de autoridade, seletividade das vozes representadas no texto.

4.3 OS MÉTODOS EM PESQUISA INTERPRETATIVA E CRÍTICA DIFEREM?

Assim como existem várias perspectivas filosóficas que podem embasar a pesquisa qualitativa, também existem vários métodos de pesquisa qualitativa. A importância dessa diversidade é que cada método de pesquisa representa uma estratégia de investigação que possui pressupostos filosóficos subjacentes e que estabelece de forma coerente uma ponte entre o desenho de pesquisa e a interação com o material empírico (MYERS, 1997). O método fornece um quadro para a interação com material empírico; o método conecta quadros teóricos com a produção e uso do material empírico; o método é uma atividade reflexiva onde questões teóricas, políticas e éticas são centrais (ALVESSON; DEETZ, 2000). É claro que a escolha do método de pesquisa influencia diretamente a forma pela qual o pesquisador coleta dados. Diferentes métodos de investigação também implicam diferentes habilidades, pressupostos e práticas de pesquisa. O "problema" da escolha dos métodos de pesquisa não é tanto um problema de quantos métodos serão utilizados ou se estes são de natureza quantitativa ou qualitativa, mas sim de como guardar coerência em todo o processo de interação entre eles (SCHULTZE, 2000).

Dada a preocupação com a compreensão dos significados produzidos pelos atores envolvidos no fenômeno social de interesse, os pesquisadores interpretativos têm, muitas vezes, optado por métodos justamente orientados à geração de significados (*meaning--oriented*), os quais diferem da preferência dos pesquisadores positivistas por métodos orientados à medição (*measurement-oriented*). À partir de uma perspectiva interpretativista, a coleta de dados tem sido realizada através de entrevistas (SPRADLEY, 1979), técnicas etnográficas (VAN MAANEN, 1988), observação participante (MYERS, 1999) e estudos de caso (WALSHAM, 1993). Walsham (1993), particularmente, defende uma visão de que o método mais apropriado para a realização de pesquisas empíricas em SI na tradição interpretativa é o estudo de caso em profundidade.

No que se refere às investigações empíricas de natureza crítica, o debate metodológico é bastante nebuloso. Myers (1999) apresenta a pesquisa-ação como uma das abordagens metodológicas preferidas pelos pesquisadores críticos. Klein (1999) argumenta que parece não haver nenhuma, ou pouca, literatura específica sobre métodos de pesquisa na investigação crítica, e que é justamente esta falta de um conjunto reconhecido de métodos críticos que fornece a principal motivação para que os pesquisadores críticos busquem abordagens metodológicas utilizadas pelos pesquisadores interpretativos para realizar a coleta de dados. Pesquisadores críticos muitas vezes utilizam métodos da pesquisa interpretativa como análise histórica e análise textual, mas os utilizam em um contexto onde as ideias teóricas são usadas para incentivar a ação política (GEPHART, 1999). Enfim, o que poderia diferenciar mais claramente a pesquisa crítica da interpretativista não são as diferenças metodológicas – ambos buscam métodos orientados à geração de significados – mas o compromisso recorrente, ou a falta dele, com a crítica da dominação, da ideologia e do *status quo*.

A experiência de uma das autoras deste artigo, ao conduzir sua pesquisa de doutorado a partir de uma perspectiva crítico-interpretativa, levou à identificação da análise crítica de discurso (*critical discourse analysis*) como um exemplo de metodologia e de perspectiva para o estudo de fenômenos sociais que combina naturalmente elementos interpretativos e críticos. A análise crítica de discurso envolve formas de pensar sobre o discurso (elementos conceituais) e formas de tratar o discurso como dados (elementos metodológicos) bastante distintas da maioria das abordagens qualitativas (HARDY, 2001). A análise crítica de discurso tem uma longa história em sociolinguística (TITSCHER et al., 2000) e está começando a atrair o interesse em Estudos Organizacionais (GRANT; KEENOY; OSWICK, 2001; PHILLIPS; HARDY, 2002), podendo ser vista como emergente no campo de SI (ALVAREZ, 2001, 2002; HERACLEOUS; BARRET, 2001). Enfim, na pesquisa de doutorado supracitada, a análise crítica de discurso refletiu, por um lado, a epistemologia construtivista subjacente ao projeto de pesquisa: a fim de explorar a produção discursiva de aspectos da realidade social, a análise do discurso é fundamentalmente interpretativa (PHILLIPS; HARDY, 2002). Por outro lado, porque suas técnicas revelam múltiplos significados e representações e destacam múltiplas vozes e perspectivas, a análise crítica de discurso tornou-se muito útil para conectar os discursos dos diferentes atores com considerações mais amplas das relações de poder no seu contexto social.

4.4 CRITÉRIOS PARA AVALIAR A PESQUISA QUALITATIVA

Em seu artigo sobre como avaliar "boas" pesquisas qualitativas no campo da saúde, Devers (1999) enfatiza dois aspectos. Primeiro, pesquisa qualitativa e quantitativa são frequentemente associadas a diferentes paradigmas: a pesquisa quantitativa é caracterizada como positivista, dedutiva, orientada a hipóteses, baseada em variáveis, objetiva e orientada para resultados, enquanto a pesquisa qualitativa é caracterizada como fenomenológica, baseada na construção da teoria e em casos, holística, subjetiva e orientada para o processo. Em segundo lugar, apesar dessas diferenças ontológicas e epistemológicas, muitos praticantes da pesquisa qualitativa adotaram os critérios enraizados no paradigma positivista, buscando enfatizar a validade de seus métodos e evidenciar as diversas estratégias que foram desenvolvidas para minimizar o viés da subjetividade. Embora nem todos os autores concordem com tal distinção drástica entre as abordagens de pesquisa, a maioria concordaria que o uso histórico de critérios positivistas para a avaliação de pesquisa qualitativa reflete a predominância da lógica da pesquisa quantitativa em determinadas disciplinas das ciências sociais.

Durante a década de 1980, uma série de pesquisadores qualitativos defendeu um novo conjunto de critérios mais adequado para as singularidades do paradigma qualitativo. A emergência da posição filosófica conhecida como "pós-positivismo" levou ao desenvolvimento de critérios positivistas "ligeiramente" modificados e "mais em alinhamento com a visão de mundo da pesquisa qualitativa" (DEVERS, 1999, p. 1163). Lincoln e Guba (1985) propõem quatro critérios que podem ser considerados como equivalentes aos critérios positivistas relativos à validade interna, à validade externa, à confiabilidade e à objetividade. O atendimento a estes quatro novos critérios – credibilidade, transferibilidade, dependabilidade e confirmabilidade – deveria garantir a confiabilidade dos resultados de pesquisas usando métodos qualitativos. Considerando tais autores, os critérios tradicionalmente utilizados para avaliar pesquisas a partir de perspectivas positivistas e pós-positivistas podem ser resumidos em dois grupos:

a. Critérios Positivistas

- **Validade interna:** o grau no qual os resultados explicam corretamente o fenômeno em questão.

- **Validade externa**: o grau no qual os resultados podem ser generalizados para outros contextos similares a esse em que o estudo ocorreu.

- **Confiabilidade:** A medida na qual os resultados podem ser replicados ou reproduzidos por outro investigador.

- **Objetividade:** A medida na qual os resultados são livres de viés.

b. Critérios Pós-positivistas

- **Credibilidade:** A "verdade" dos resultados, vista através dos olhos daqueles que estão sendo observados ou entrevistados e dentro do contexto em que a pesquisa é realizada.

- **Transferibilidade:** A medida na qual os resultados podem ser transferidos para outro ambiente (contextos similares).

- **Dependabilidade:** A medida na qual a pesquisa poderia produzir resultados semelhantes ou consistentes se realizada como foi descrita.

- **Confirmabilidade:** Pesquisadores precisam fornecer evidências que corroborem os resultados.

Vale ressaltar que vários pesquisadores interpretativistas argumentam que os critérios pós-positivistas são essencialmente "neo" positivistas em sua natureza, uma espécie de "nova roupagem", em função do paralelo com os critérios tradicionais. Por exemplo, o critério pós-positivista tranferibilidade parece corresponder ao critério positivista da generalização.

A publicação do trabalho de Klein e Myers (1999) representou uma resposta à chamada para "discutir explicitamente critérios para julgar pesquisas qualitativas, interpretativas e casos em sistemas de informação" (KLEIN; MYERS, 1999, p. 68). Eles propõem um conjunto de sete princípios derivados principalmente da antropologia, fenomenologia e hermenêutica, reconhecendo que também existem outras formas de interpretativismo:

- O princípio do círculo hermenêutico
- O princípio da contextualização
- O princípio da interação entre pesquisadores e sujeitos
- O princípio da abstração e generalização
- O princípio de raciocínio dialógico
- O princípio de múltiplas interpretações
- O princípio da suspeita

Klein e Myers (1999) também discutem a adequação de um conjunto de princípios, argumentando que "alguns autores apontam que, ao propor um conjunto de princípios para a condução e avaliação de estudos interpretativos, estamos indo longe demais, por estarmos violando a natureza emergente da pesquisa interpretativa, enquanto outros podem pensar exatamente o oposto" (p. 68). A opinião dos autores é que é melhor ter alguns princípios do que nenhum. Garrat e Hodkinson (1998) complementam argumentando que, embora nenhum conjunto de critérios preespecificados possa garantir julgamentos universalmente válidos sobre algum tipo de pesquisa, escrever sobre as maneiras pelas quais nossa pesquisa pode ser julgada ajuda a "aperfeiçoar e desenvolver o pensamento sobre o que estamos fazendo como pesquisa e sobre o julgamento das implicações destas pesquisas" (p. 535). Além disso, qualquer noção de critérios deveria ser aplicada ao contexto e colocada em discussão continuamente!

Dessa forma, os princípios propostos por Klein e Myers (1999) não devem ser mecanicamente aplicados, mas estão abertos a um constante debate. Vários pesquisadores, tais como Davidson (2002), Gallivan (2001), Hanseth, Ciborra e Braa (2001), Henfridson e Holmstrom (2002) e Trauth e Jessup (2000), basearam-se em alguns dos princípios de Klein e Myers para validar suas pesquisas qualitativas. Uma vez que o conjunto de princípios propostos aplica-se principalmente à hermenêutica e nem todos os estudos interpretativos seguem uma base filosófica hermenêutica, Klein e Myers (1999) recomendam que outros autores, representando outras formas de interpretativismo, sugiram princípios alternativos ou adicionais. Por exemplo, Gopal e Prasad (2000) propõem um conjunto de critérios particularmente adaptados para avaliar o trabalho de integração simbólica, argumentando que essas pesquisas se diferenciam de outros gêneros como a hermenêutica e a etnografia.

Na tradição positivista supõe-se que a aderência aos padrões estabelecidos de rigor metodológico, os quais promovem a universalidade, a precisão e a independência do pesquisador, cria condições para a identificação de fatos que são objetivos e capazes de falar por si mesmos. Na tradição interpretativa os pesquisadores interpretam ativamente os dados, buscando revelar significados à luz das suas próprias experiências e das experiências dos atores envolvidos. Entretanto, em ambas as tradições, as práticas de "escrita" (o relato da pesquisa) devem demonstrar consistência com os resultados e com as expectativas dos leitores sobre o método utilizado. Os resultados que produzimos como pesquisadores qualitativos são assumidamente retóricos, uma vez que envolvem a participação ativa do pesquisador, tanto quanto acontece na pesquisa quantitativa (GOLDEN-BIDDLE; LOCKE, 1993; GEPHART, 1999). A principal diferença é que essa relação ativa e retórica entre os pesquisadores e o público é *intencionalmente assumida* por pesquisadores interpretativos: a compreensão dos resultados vem do significado das experiências contextualmente fundamentadas do ponto de vista dos atores. "Como etnógrafos, nos posicionamos como pesquisadores humanos que buscam compreender aos outros e a nós mesmos [...] para nos tornarmos leitores mais efetivos da vida dos outros e de nós mesmos" (GOLDEN-BIDDLE; LOCKE, 1993, p. 599).

Escrever textos acadêmicos baseados em pesquisas empíricas implica em convencer e persuadir o público em relação à construção da autoridade autoral (GOLDEN-BIDDLE; LOCKE, 1993). Van Maanen (1979) concorda plenamente com o esforço retórico que caracteriza a comunicação entre pesquisadores e seu público: "em grande parte, a nossa tarefa é retórica, uma vez que tentamos convencer aos outros que nós descobrimos algo digno de nota, revelando um sentido diferente". Vindo ao encontro disto, Silverman (1997, p. 25) questiona: "os pesquisadores demonstram com sucesso por que devemos acreditar neles?" Em outras palavras, convencer é um verbo fundamental para pesquisadores interpretativos.

Golden-Biddle e Locke (1993) tentam responder a esta pergunta central dos pesquisadores qualitativos: "como é que o trabalho etnográfico pode convencer?". Posicionando a questão do convencimento como um aspecto central em textos etnográficos, os autores propõem três critérios de avaliação:

- **Autenticidade:** O pesquisador esteve lá?
- **Plausibilidade:** A história faz sentido?
- **Criticidade:** O texto estimula os leitores a reexaminar os pressupostos que fundamentam o trabalho?

Uma série de outros pesquisadores interpretativos tem usado os três critérios de Golden-Biddle e Locke (1993) como base para avaliar a sua pesquisa. Exemplos disso são Davidson (2002), Schultze (2000), Trauth e Jessup (2000) e Walsham e Sahay (1999).

Esses critérios interpretativos propostos por Golden-Biddle e Locke (1993) focam em pesquisas etnográficas. Alguns critérios adicionais para pesquisa confessional foram recentemente propostos por Schultze (2000), os quais buscam fornecer um relato confessional, autorreflexivo e autorrevelador da experiência do pesquisador:

- **Autorrevelação escrita:** O texto revela detalhes pessoais sobre o etnógrafo?
- **Entrelaçamento de conteúdo "real" e confessional:** O material autobiográfico é entrelaçado com material etnográfico "real"?

Esses dois critérios de Schultze equivalem ao critério reflexividade de Alvesson e Skoldberg (2000):

- **Reflexividade:** O autor revela seu papel pessoal e sua seleção de vozes está representada no texto.

4.5 CRITÉRIOS DE AVALIAÇÃO EM PESQUISAS CRÍTICO-INTERPRETATIVAS

Até o momento, revisitamos e compilamos autores, como Golden-Biddle e Locke (1993) e Schultze (2000), cujos critérios propostos são baseados em etnografia. Ao ampliar essa busca, integramos Walsham (1993) que apresenta o estudo de caso em profundidade como o método por excelência para realizar pesquisas interpretativas, sendo um método apropriado "do ponto de vista da natureza do conhecimento embutido em uma filosofia amplamente interpretativa, a qual enfatiza a necessidade de uma compreensão detalhada dos significados humanos dentro de um contexto" (WALSHAM, 1993, p. 247). O autor argumenta que a abordagem da pesquisa de campo para os estudos de caso em grande parte deriva da tradição da pesquisa etnográfica, levando-nos a diferenciar o estudo de caso em profundidade e a etnografia em função do grau e intensidade da imersão do pesquisador no campo. Tais diferenças serão abordadas mais detalhadamente a seguir. De qualquer forma, a proximidade entre o estudo de caso em profundidade e a pesquisa etnográfica abre-nos a possibilidade de adaptar os critérios propostos por Golden-Biddle e Locke (1993) para avaliar o estudo de caso em profundidade e outras formas de pesquisa qualitativa "intensiva". Dada a falta de outros estudos em administração sugerindo critérios para a avaliação das pesquisas interpretativas que não possuem orientação hermenêutica, propõe-se rever e ampliar os critérios de Golden-Biddle e Locke como base para avaliar a qualidade de pesquisas de natureza crítico-interpretativa.

De acordo com Golden-Biddle e Locke (1993), os dois primeiros critérios, **autenticidade e plausibilidade**, são considerados essenciais e parecem apropriados para todo trabalho de campo de natureza "intensiva". Adicionamos a eles o critério **criticidade**, o qual objetiva caracterizar o surgimento de um trabalho crítico além de interpretativo.

Nosso último critério proposto, a **reflexividade**, contempla os critérios propostos por Schultze (2000), caracterizando a pesquisa confessional e outras variações de pesquisa pós-estrutural e pós-moderna. Questões reflexivas evidenciam uma espécie de consciência da ambiguidade da linguagem e da sua limitada capacidade em transmitir conhecimento de uma realidade puramente empírica, além da consciência da natureza retórica de como lidamos com essas questões (ALVESSON; SKOLDBERG, 2000). O nível de interpretação (interpretação, interpretação crítica e interpretação reflexiva) que cada trabalho de investigação empírica alcança depende, essencialmente, dos pressupostos e propósitos de cada pesquisador.

Por fim, estabelecemos uma conexão entre a discussão de Alvesson e Skoldberg (2000) sobre os níveis de interpretação e os critérios de Golden-Biddle e Locke (1993) e Schultze (2000). Autenticidade e plausibilidade referem-se aos dois primeiros níveis (interação com material empírico e interpretação). Criticidade refere-se à emergência da interpretação crítica. Finalmente, os dois critérios adicionais propostos por Schultze (2000) ilustram a reflexividade que caracteriza a reflexão do autor quanto ao seu papel na pesquisa, revelando o seu papel pessoal e buscando que a sua seleção de vozes esteja representada no texto.

Em resumo, os quatro níveis de interpretação de Alvesson e Skoldberg (2000) correspondem as princípios propostos por Golden-Biddle e Locke (1993) e Schultze, os quais, detalhados, geram seis critérios (Quadro 1).

Quadro 1 – *Seis critérios para condução e avaliação de pesquisas qualitativas de natureza crítico-interpretativa*

Quatro Níveis de Interpretações de Alvesson e Skoldberg (2000)	Princípios de Golden-Biddle e Locke (1993) e Schultze (2000)	Detalhamento dos seis critérios
Interação com material empírico e Interpretação	Autenticidade	**Critério 1:** O autor esteve lá (no campo) ou ocorreram interações suficientes com os participantes para compensar a falta de imersão direta?
		Critério 2: O autor foi genuíno em sua experiência de campo?
	Plausibilidade	**Critério 3:** A história faz sentido?
		Critério 4: O estudo (os resultados) oferece algo diferenciado?
Interpretação Crítica	Criticidade	**Critério 5:** O texto motiva os leitores a reexaminar os pressupostos subjacentes à sua própria obra?
Reflexão sobre a produção de texto e o uso da linguagem	Reflexividade	**Critério 6:** O autor revela seu papel pessoal e seus vieses e premissas?

Autenticidade significa ser genuíno na experiência de campo, como resultado de ter "estado lá". Atender a esse critério assegura que o pesquisador esteve lá e a experiência de escrever os resultados foi genuína (GOLDEN-BIDDLE; LOCKE, 1993, p. 599). Esse é um dos momentos apropriados para discutir mais detalhadamente a diferença que existe entre um trabalho etnográfico e um estudo de caso em profundidade. Como Myers (1999) reconhece, uma das técnicas que caracteriza a pesquisa etnográfica é a observação participante. "O pesquisador precisa estar lá e viver na organização por um período de tempo razoável. Desta forma, uma quantidade suficiente de material/dados deve ter sido coletada durante o período do trabalho de campo. Deve haver alguma evidência desse envolvimento em qualquer artigo produzido" (MYERS, 1999, p. 12). Por sua vez, os pesquisadores fazendo estudos de caso dependem fortemente de entrevistas em profundidade e análise de documentos. A observação participante pode ou não ocorrer, e, quando ocorre, muitas vezes a sua intensidade varia de baixa a média, mas raramente é alta.

Como resultado, os pesquisadores conduzindo estudos de caso em profundidade "estiveram lá" *até certo grau*, podendo ganhar uma certa familiaridade com a organização, mas o "estar lá" não promove o mesmo nível de imersão que caracteriza um estudo etnográfico tradicional. Muitos dos fatos que o pesquisador apresentará em sua pesquisa não foram observados diretamente, mas "capturados" durante as entrevistas e as conversas com o grupo social em estudo. A proximidade com as ações e eventos de estudos interpretativos tende a ser maior quando o pesquisador atua como observador participante ou pesquisador-ator (como na pesquisa-ação), e menor quando exerce funções de observador não participante ou meramente entrevistador.

Nandhakumar e Jones (1997) oferecem uma discussão provocativa das limitações de qualquer pesquisador enquanto alguém que "interpreta" o que observa ou escuta. Primeiro, os pesquisadores não podem basear-se apenas em descrições verbais de um ator para assumir que uma boa interpretação foi elaborada. Segundo, os entrevistados podem fornecer um relato distorcido de seu comportamento ou podem interpretar o seu próprio comportamento em termos de percepções dominantes. Em terceiro lugar, o segredo está presente em todas as ações sociais: entrevistados podem "enganar" deliberadamente os pesquisadores ou podem omitir determinados temas e atividades, porque eles sentem que tais questões são muito sensíveis, ou seja, discuti-las pode ser indiscreto ou gerar desconforto. Atores, muitas vezes, sabem mais do que relatam, relembra GIDDENS (1984). A quarta questão, os próprios atores podem não ser capazes de compreender amplamente os seus atos, porque eles fazem parte de rotinas sociais das quais estão apenas tacitamente conscientes. Finalmente, há sempre algum grau de influência decorrente da presença do pesquisador e da interação com o campo (WALSHAM, 1995).

Mas como podem ser superadas as limitações apresentadas por Nandhakumar e Jones (1997)? Os próprios autores apresentam algumas alternativas. A primeira é utilizar diferentes fontes de dados e compará-las com a observação contextual. Fazendo perguntas semelhantes aos participantes que ocupam diferentes papéis (por exemplo, funcionários em diferentes níveis organizacionais) e complementando os dados coletados com a análise de documentos, pode-se enriquecer o conhecimento gerado em estudos de caso em retrospectiva, por exemplo, como forma de compensar a ausência de uma presença efetiva no campo quando os fenômenos investigados realmente ocorreram. Acreditamos que esta alternativa (uma forma de triangulação) é extremamente útil no trabalho de campo. Outra alternativa refere-se à natureza das entrevistas. O grau de envolvimento entre o pesquisador e o tema varia dependendo do grau de estruturação da entrevista. Quanto menor o grau de estruturação da entrevista, mais chance o pesquisador pode ter para explorar respostas dos entrevistados e avaliar a "confiança" dos mesmos (NANDHAKUMAR; JONES, 1997). Embora os pesquisadores possam usar um roteiro semiestruturado para as entrevistas, pode ser de grande utilidade ser bastante flexível e criativo durante as interações com os entrevistados, perguntando e ampliando questões que o pesquisador considere adequadas. A proposta central na utilização de um roteiro semiestruturado é que o mesmo sirva de guia e não se torne um limitador na compreensão da realidade investigada.

Ciente das diferenças do grau de "estar lá", como foi observado antes, propomos manter o critério autenticidade para avaliar estudos de caso em profundidade, mas com nuances que respeitem a natureza desse tipo de interação com o campo. Por exemplo, em vez de provar que estávamos lá, precisamos provar que tivemos bastante interação com os participantes e acesso suficiente a documentos como forma de compensar a falta de imersão direta durante o desenvolvimento dos fenômenos sob investigação. Consequentemente, pesquisadores realizando estudos de caso que "particularizam a vida cotidiana" estão tentando fornecer detalhes suficientes, não de alguma profunda imersão no campo, mas da sua interação com os atores, estes sim, profundamente imersos no campo. Eles não estão dizendo ao leitor que eles estão relatando fatos, mas sim relatando suas "interpretações das interpretações de outras pessoas".

A seguir resumimos as formas de expressar autenticidade na pesquisa intensiva (etnografia e/ou estudo de campo em profundidade) e oferecemos exemplos de como os pesquisadores têm lidado com este critério.

Critério 1: O autor esteve lá (no campo) ou ocorreram interações suficientes com os participantes para compensar a falta de imersão direta?

Como?

(1a) Particularizar a vida cotidiana a partir da imersão direta dos pesquisadores ou a partir da interação com os participantes e documentos de arquivo.

> **Exemplos extraídos da literatura:** Fornecer detalhes suficientes de como a vida cotidiana é vivida pelos atores do campo, demonstrando familiaridade com o vernáculo do campo, descrevendo o que os membros pensam sobre suas vidas etc. (SCHULTZE, 2000, p. 30); Walsham e Sahay (1999) utilizam muitas citações dos próprios participantes e descrevem o que significa "perder-se no calor do dia indiano" (p. 59-60); Schultze (2000) fornece descrições ricas, com muitas citações, de sua presença na vida quotidiana (p. 32-33); Trauth e Jessup (2000) fornecem detalhes ricos sobre a organização, os participantes e suas percepções e também fazem uso de trechos das transcrições para ilustrar interpretações emergentes (p. 68).

(1b) Delinear a relação no campo.

> **Exemplos extraídos da literatura:** Descrever o quão perto os pesquisadores estavam, com quem eles conversaram e quem observaram, a natureza da sua relação e sua influência sobre os outros (SCHULTZE, 2000, p. 30); Walsham e Sahay (1999), além de descrever a duração da sua estadia e do contexto de seu trabalho de campo, acrescentam mais material sobre o seu papel e atitudes (p. 60); Schultze (2000) fornece descrições ricas de seu relacionamento no campo (p.

32-33); Trauth e Jessup (2000) revelam suas conexões com o contexto e como suas experiências passadas ajudaram-nos a envolverem-se no trabalho de campo interpretativo (p. 68-69).

Critério 2: O autor foi genuíno em sua experiência de campo?

Como?

(2a) Representar a busca disciplinada e análise de dados.

> **Exemplos extraídos da literatura:** Descrevendo como o pesquisador coletou e analisou os dados, apresentando "dados brutos" tais como notas de campo, documentos e entrevistas transcritas, conduzindo uma validação dos respondentes *post-hoc* (SCHULTZE, 2000, p. 30); Walsham e Sahay (1999) identificam os tipos de dados coletados e detalham os processos de coleta de dados. Eles também dão cinco exemplos dos temas produzidos pelo movimento de interação entre a coleta de dados e análise; Schultze (2000) fornece uma descrição detalhada de seu método (p. 32-33); Trauth e Jessup (2000) compartilham o processo de desenvolvimento de suas interpretações abertamente com os leitores, ao invés de simplesmente apresentar um produto acabado para eles (p. 69).

Plausibilidade é definida como a capacidade do texto em conectar-se à visão de mundo do leitor (WALSHAM; SAHAY, 1999) e endereça as estratégias retóricas utilizadas para compor um texto que posiciona o trabalho como relevante para as preocupações do público-alvo (SCHULTZE, 2000). Considerando que a autenticidade está preocupada com a condução do trabalho de campo, plausibilidade aborda a fase de "escrever" o desenvolvimento e os resultados da pesquisa (SCHULTZE, 2000). A fim de estabelecer a plausibilidade, os pesquisadores devem se preocupar com dois componentes interligados. Primeiro, o relato do pesquisador precisa "fazer sentido", o que significa estabelecer conexões entre os antecedentes da disciplina, a sua experiência pessoal e as dos seus leitores. Por exemplo, o pesquisador vai estruturar o texto de uma maneira que seja consistente com o gênero do artigo acadêmico, ou seja, com títulos específicos e uso de citações (SCHULTZE, 2000). Segundo, eles precisam oferecer uma contribuição distinta da pesquisa para uma área disciplinar (GOLDEN-BIDDLE; LOCKE, 1993). A etnografia, quando plausível, identifica lacunas na literatura ou esboça uma nova perspectiva teórica para justificar a investigação e diferenciar a sua contribuição (SCHULTZE, 2000).

Este último aspecto – o convencimento de que há uma contribuição para o campo – é um dos aspectos mais importantes a ser considerado. O valor de qualquer pesquisa empírica depende da extensão na qual o autor nos diz algo novo e relevante. No entanto, a partir de uma perspectiva crítica, poderíamos perguntar: novo e relevante para quem? O que é novo para uma pessoa pode não ser novo para outra. Mais polemicamente, o que é relevante depende fortemente de todos os nossos pressupostos, propósitos e expectativas (BENBASAT; ZMUD, 1999; LEE, 1999; LYYTINEN, 1999). Myers (1999) nos lembra o quão essencial é para os pesquisadores convencer os revisores e editores que atuam nos conselhos editoriais dos nossos jornais que a contribuição da sua pesquisa é nova e relevante.

Plausibilidade retoma também o dilema da generalização. De acordo com Klein (1999), o objetivo final das pesquisas é produzir alguma forma de conhecimento que tenha relevância fora do contexto original do ambiente de pesquisa. Quando o pesquisador assume uma postura positivista, o *status* de tal conhecimento passa pela "geração de leis". Quando interpretativo, o pesquisador parece ser mais conservador e fala sobre "tendências". Walsham (1995), a partir de uma postura interpretativa, explica tal diferença pela natureza da teorização nas ciências sociais: as estruturas sociais não existem independentemente das ações e concepções dos agentes humanos, portanto, os mecanismos geradores de tais estruturas devem ser vistos como tendências que não são totalmente preditivas para situações futuras. A validade de fazer inferências a partir de um ou mais casos individuais não depende da representatividade de tais casos no sentido estatístico, mas sim da plausibilidade e da convicção do raciocínio lógico utilizado para descrever os resultados do caso, a formulação das inferências e as conclusões daqueles resultados (WALSHAM; WAEMA, 1994).

Abaixo resumimos as formas de construção da plausibilidade e oferecemos exemplos de como os pesquisadores têm construído este elemento no campo de SI.

Critério 3: A história faz sentido?

Como?

(3a) Normalizar metodologias não ortodoxas.

> **Exemplos extraídos da literatura:** Aderindo aos gêneros dos artigos acadêmicos, utilizando seções convencionais como método, resultados, discussão e referências; Walsham e Sahay (1999), Schulzte (2000) organizam o artigo de uma maneira que seja consistente com a explicação científica (com seções de introdução, métodos de pesquisa, descrição de definições, resultados, discussão e conclusão). Além disso, eles usam tabelas e figuras.

(3b) Incluir o leitor.

> **Exemplos extraídos da literatura:** Uso de "nós" para incluir os autores e o leitor (WALSHAM; SAHAY, 1999); Walsham and Sahay (1999) utilizam o "nós" em várias situações.

(3c) Legitimar o "atípico".

> **Exemplos extraídos da literatura:** Fazer referência a categorias e experiências familiares, mostrando o escopo de aplicação dos resultados (WALSHAM; SAHAY, 1999), alinhando os resultados com experiências cotidianas (SCHULTZE, 2000); Walsham e Sahay (1999) mostram que as suas ideias de teoria ator-rede poderiam ser aplicadas a outras tecnologias (não só GIS) e outros contextos (e não apenas no caso indiano) (p. 61); Schultze (2000) compara as práticas de seus participantes com as dela própria, estabelecendo um forte alinhamento com as experiências diárias dos leitores (p. 33).

(3d) Suavizar o contestável.

> **Exemplos extraídos da literatura:** Justificar afirmações contestáveis (WALSHAM; SAHAY, 1999); Walsham and Sahay (1999) descrevem um retrato rico e adicionam citações dos participantes a fim de fundamentar afirmações contestáveis (p. 61).

Critério 4: O estudo (os resultados) oferece algo diferenciado?

Como?

(4a) Resultados diferenciados – uma contribuição singular

> **Exemplos extraídos da literatura:** Mostrando a "ausência" da área ou tema na literatura existente, destacando a diferença entre o trabalho presente e passado (WALSHAM; SAHAY, 1999), proporcionando o desenvolvimento de uma nova abordagem teórica (SCHULTZE, 2000); Walsham and Sahay (1999) identificam áreas sub-representadas nas quais seu trabalho contribui e como seu trabalho vai além das preocupações tradicionais (p. 61); Schultze (2000) destaca falhas na literatura anterior e suas contribuições com relação a ideias substantivas (p. 33) e argumenta a necessidade de pesquisa orientada para a prática na sua área de conhecimento.

(4b) Construir antecipação dramática.

> **Exemplos extraídos da literatura:** Criar expectativa; Walsham and Sahay (1999) adicionam um "pouco de tempero a sua escrita", como descrito na p. 61.

Criticidade se refere à capacidade do texto para seduzir leitores a reconsiderar ideias assumidas e crenças (GOLDEN-BIDDLE; LOCKE, 1993) e implica na capacidade de propor uma compreensão de nós mesmos e dos outros de uma maneira nova, incluindo novas formas de pensar (SCHULTZE, 2000). Nas etnografias examinadas por Golden-Biddle e Locke (1993), eles descobriram que a criticidade foi alcançada ao desafiar os leitores a fazer uma pausa e pensar sobre uma situação específica, provocando-os a responder a perguntas e guiando-os através de novas formas de pensar (SCHULTZE, 2000). A dimensão criticidade leva os pesquisadores a desafiar o pensamento convencional e reformular a maneira pela qual os fenômenos organizacionais são percebidos e estudados. Apesar de a criticidade ter sido proposta por Golden-Biddle e Locke (1993) como um critério de alguma forma "opcional", nós o propomos como essencial para a pesquisa crítico-interpretativa.

"Uma boa pesquisa, a partir de uma perspectiva crítica, é aquela que permite uma compreensão qualitativamente nova de fragmentos relevantes da realidade social, reformulando novas alternativas para a ação social" (ALVESSON; SKOLDBERG, 2000). Estudos críticos interpretativos devem necessariamente ativar tal critério, a fim de serem capazes de delinear e questionar visões predominantes, buscando contradizer a sabedoria convencional e os múltiplos pontos de vista, que estão frequentemente em conflito. Mais atenção deve ser dada não só para as narrativas múltiplas, as quais dão voz e permitem a construção de mundos diferentes, mas também para o papel do pesquisador, de seu entendimento, *insights*, experiências e interpretações (relacionados com a reflexividade). As narrativas múltiplas não nos darão uma representação única, podendo nos oferecer maneiras mais interessantes para pensar a organização (GARCIA; QUEK, 1997).

A seguir apresentamos algumas estratégias para aumentar a criticidade e oferecemos exemplos de como alguns pesquisadores estão promovendo isso. Pozzebon (2003) em seu trabalho de campo, convida o leitor a reexaminar criticamente os pressupostos clássicos, amplamente discutidos e aceitos sobre os projetos de ERP, e a participação do usuário nos mesmos. Por exemplo: a terceirização, como uma tendência clara no campo de sistemas de informação, questionando a adoção de melhores práticas e princípios globais, e a "ampla" adequação de pacotes de ERP em qualquer organização. A autora também revisita fatores críticos de sucesso tradicionais, como "as melhores pessoas em tempo integral", "apoio da alta gestão" e "liderança forte", propondo outros como "empoderamento do usuário final" e "práticas participativas".

Critério 5: O texto motiva os leitores a reexaminar os pressupostos subjacentes à sua própria obra?

Como?

(5a) Abrir espaços para reflexão

> **Exemplos extraídos da literatura:** Incluindo "ganchos" no texto onde os leitores podem parar e refletir sobre uma situação específica (WALSHAM; SAHAY, 1999; SCHULTZE, 2000). Walsham e Sahay (1999) e Schultze (2000); Walsham and Sahay (1999) e Schultze (2000) não usam explicitamente "sinais de parada". Ambos fornecem apenas ilustração implícita dessa estratégia.

(5b) Estimular o reconhecimento e o exame das diferenças

> **Exemplos extraídos da literatura:** Provocando ativamente o leitor a responder a perguntas (WALSHAM; SAHAY, 1999), desafiando outros acadêmicos a pensar sobre seus pressupostos e suas práticas de trabalho através da justaposição cultural (SCHULTZE, 2000); Walsham e Sahay (1999) convidam os leitores a examinar criticamente suas próprias visões e abordagens (p. 62); Schultze (2000) usa essa estratégia na seção de discussão, onde ela desafia os leitores a responder a perguntas sobre seus próprios pressupostos, subjetividade e objetividade (p. 33).

(5c) Imaginar novas possibilidades

> **Exemplos extraídos da literatura:** Usando metáforas, estimulando a criticidade do leitor (WAL-SHAM; SAHAY, 1999).

Reflexividade implica inserir reflexões na produção do texto e no uso da linguagem (ALVESSON; SKOLD-BERG, 2000). Conforme descrito por Hardy, Phillips e Clegg (2001), o trabalho sobre reflexividade é bem desenvolvido em áreas como a sociologia, mas atraiu menos atenção nas áreas de organizações e gestão. Em seu livro dedicado à "metodologia reflexiva", Alvesson e Skoldberg (2000) exploram como pesquisas qualitativas consideradas muito boas apresentam-se sem reflexão, muitas vezes prestando muito mais atenção às tarefas, tais como coleta e análise de dados, do que aos diferentes elementos da reflexividade, tanto durante o processo de pesquisa quanto na redação dos resultados. Reflexividade foi definida por Clegg e Hardy (1996) como "novas maneiras de rever e refletir sobre as formas existentes de ver" (CLEGG; HARDY, 1996, p. 4) e por Morrow (1994) como envolvendo "a reflexão metateórica que é uma forma de investigar do seu próprio jeito" (MORROW, 1994, p. 228). Pesquisa reflexiva muitas vezes inclui os pesquisadores no assunto que eles estão tentando entender. Hardy et al. (2001) complementam essa noção: "não podemos limitar a nossa atenção na relação entre os investigadores e o sujeito da pesquisa, mas também deve-se examinar a relação entre os investigadores e a rede de pesquisa da qual fazem parte" (HARDY *et al.*, 2001, p. 533).

Schultze (2000) definiu a dimensão reflexiva a partir de dois elementos: a autorrevelação escrita e o entrelaçamento do material etnográfico com o conteúdo confessional. Um texto autorrevelador exige um autor personalizado, o uso de pronomes pessoais para destacar de forma consistente o ponto de vista representado, e a construção do pesquisador como um indivíduo de bom-senso mas também "falível", com quem o público possa identificar-se (SCHULTZE, 2000). Em relação ao segundo elemento, a escrita confessional entrelaça o conteúdo etnográfico real com o material confessional, o que significa que qualquer declaração sobre a "cultura estrangeira" é também uma declaração sobre a cultura do etnógrafo e do leitor.

Para Holland (1999), reflexividade envolve uma reflexão sobre a maneira como uma pesquisa é realizada e a compreensão de como o processo de conduzir uma investigação está fortemente relacionado ao desenho de seus resultados. Isso traz à discussão a responsabilidade dos pesquisadores em "declarar os seus vieses". Hardy, Phillips e Clegg (2001) apontam que, do ponto de vista interpretativo, isso não quer dizer "remover" esses vieses, mas apenas torná-los visíveis, de modo que os leitores possam considerá-los. Em outras palavras, qualquer pesquisa é vista como uma representação entre muitas possíveis representações, e os pesquisadores apresentam suas representações para interpretação pelo leitor. Enfim, enquanto a criticidade nos remete a questionar o estabelecido, a reflexividade nos impele a elaborar observações, a partir da nossa inserção pessoal e com as nossas lentes de pesquisador, altamente entrelaçadas com o conteúdo etnográfico real. A seguir, compilamos algumas formas de experienciar reflexividade e oferecemos exemplos de como os investigadores têm vivido isso.

Critério 6: O autor revela seu papel pessoal e seus vieses e premissas?

Como?

(6a) Escrever autorrevelando-se

> **Exemplos extraídos da literatura:** Descrição do papel pessoal do pesquisador (ALVESSON; SKOLDBERG, 2000), usando pronomes pessoais, revelando detalhes pessoais sobre o pesquisador, expondo detalhes como erros cometidos (SCHULTZE, 2000); Schultze (2000) usa "EU" em abundância nas descrições de suas práticas, bem como nos trechos das notas de campo. Ela se apresenta, dando informações sobre idade, sexo, raça etc. e também fornece exemplos

de erros que ela fez com relação à contaminação dos dados (p. 34); Trauth e Jessup (2000), apesar de não falar de reflexividade, revelam informações pessoais sobre si mesmos, como sexo, ocupação etc. (p. 68).

(6b) Entrelaçar conteúdo "real" e confessional

Exemplos extraídos da literatura: Usando material autobiográfico entrelaçado com material etnográfico "real", mas limitando tal material a informações que tenham relevância para o conteúdo da pesquisa (SCHULTZE, 2000); Schultze (2000) evita a ênfase exagerada em material autorreflexivo e autobiográfico descrevendo as práticas dos participantes depois de descrever suas próprias práticas (p. 34).

(6c) Qualificar vieses pessoais

Exemplos extraídos da literatura: Descrição da seleção das vozes do pesquisador e dos atores representados no texto (ALVESSON; SKOLDBERG, 2000).

4.6 CONSIDERAÇÕES FINAIS

Ao escolher formas emergentes (e não tradicionais) de dar sentido a fenômenos sociais, assumimos alguns riscos importantes e lidamos com muitas dificuldades. Estudos críticos e interpretativos estão aumentando em número e estão começando a ser publicados regularmente em congressos, revistas e livros, mas eles não têm, ainda, a mesma ampla aceitação dos estudos positivistas. Como Walsham (1993) ressalta, qualquer opção teórica é sempre "uma maneira de ver e uma maneira de não ver" (WALSHAM, 1993, p. 6). O mesmo se aplica às escolhas metodológicas: cada escolha é uma forma de interagir com o material empírico e tal forma é orientada pelas experiências, pela visão de mundo e pelos vieses de cada pesquisador. Como pesquisadores, nós sempre lidamos com algum grau de incerteza sobre as nossas escolhas e interpretações, as quais não são criadas, compartilhadas ou aplicadas em um vácuo social, mas envoltas em processos de comunicação, de relações interpessoais, de construção da identidade e do convencimento dos outros (e de nós mesmos) de que nossas proposições são sólidas (ALVESSON; SKOLDBERG, 2000).

Neste capítulo apresentamos o argumento de que a pesquisa crítico-interpretativa é uma perspectiva emergente e valiosa para as pesquisas na área de administração em geral e no campo de SI em particular. Mas como podemos – se é que devemos – determinar qual o conjunto de critérios a adotar na condução e avaliação de um trabalho crítico-interpretativo? O fato de que uma perspectiva crítico-interpretativa seja essencialmente construtivista e emergente não significa que julgamentos qualitativos não possam ser selecionados e feitos. Escrever sobre as maneiras de conceber e avaliar qualquer tipo de investigação intensiva ajuda-nos a refinar e desenvolver o nosso pensamento sobre a condução e avaliação de tais pesquisas. Mais do que um conjunto preestabelecido de critérios a serem seguidos, nossa intenção ao propô-los é que também sirvam como um dispositivo para compartilhar ideias e promover o debate sobre este assunto. Mais importante, discutir um conjunto de critérios para a condução e avaliação de pesquisas intensivas representa um componente-chave na construção de uma tradição de pesquisa do qual fazemos parte. "Estabelecer abordagens para realizar e julgar pesquisas são os nossos pressupostos coletivos, não para serem aceitas servilmente ou deliberadamente rejeitadas, mas para que possam ser colocadas continuamente em situação de risco" (GARRATT; HODKINSON, 1998, p. 535).

Neste capítulo buscamos compilar diferentes conjuntos de critérios que têm surgido sobre a perspectiva interpretativa (KLEIN; MYERS, 1999; GOPAL; PRASAD, 2000; GOLDEN-BIDDLE; LOCKE, 1993). O que torna isso um desafio é a dificuldade de tratar igualmente categorias distintas como base filosófica hermenêutica (KLEIN; MYERS, 1999), como trabalho de integração simbólica (GOPAL; PRASAD, 2000) e como escrita etnográfica (GOLDEN-BIDDLE; LOCKE, 1993). Por exemplo, enquanto hermenêutica significa uma ampla tradição teórica, a etnografia representa uma estratégia de pesquisa. Ambos estão longe de ser mutuamente exclusivas. Embora estivéssemos cientes dessas distinções categóricas, optamos por respeitar a forma como os pesquisadores identificaram a natureza de seus próprios estudos. Pesquisas futuras podem refinar a discussão acima, tornando mais claras as distinções sobre o que são critérios vis-à-vis premissas ontológicas ou epistemológicas, ou seja, paradigmas, perspectivas ou tradições amplas (interpretativismo, por exemplo); critérios vis-à-vis tradições teóricas (por exemplo, integracionismo simbólico ou hermenêutica), e critérios vis-à-vis estratégias de pesquisa (por exemplo, estudo de caso ou etnografia).

Analisando a natureza dos critérios na pesquisa qualitativa a partir de uma perspectiva hermenêutica (GARRATT; HODKINSON, 1998) desenvolvem um argumento provocativo: "critérios só podem ser localizados na interação entre os resultados da investigação e o leitor crítico dessas conclusões" (p. 515). Eles assumem que a maior parte do que é escrito sobre as maneiras pelas quais a investigação deve ser julgado preocupa-se quase exclusivamente com as formas em que a pesquisa foi feita, e não leva em conta as formas nas quais o ponto de vista do leitor vai influenciar no seu julgamento daquela pesquisa. Como resultado, todos os critérios para julgar a qualidade da pesquisa contêm em si uma visão que define o que a pesquisa é, e qualquer tentativa de pré-selecionar os critérios pelos quais um trabalho de investigação deve ser julgada também é "predeterminar o que a natureza desse pedaço de pesquisa deveria ser" (p. 525). Os autores não estão dizendo que os julgamentos qualitativos em pesquisa não podem ser feitos, mas, sim, insistindo que a ideia da escolha deliberada de qualquer lista de critérios universais anteriormente à leitura de um relatório de pesquisa é contrária ao processo de compreensão da experiência. Tal ponto de vista reforça nossa proposta neste capítulo de não predefinir critérios únicos para a avaliação de pesquisas qualitativas, mas de fornecer ao pesquisador, aos editores de revista e ao leitor um certo conjunto de orientações que os auxiliem na condução de pesquisas qualitativas e na apropriação dos resultados gerados pelas mesmas.

Todos esses pensamentos sobre a pesquisa, a qualidade da pesquisa, os critérios para pesquisa e a construção de uma tradição em pesquisas qualitativas sob uma perspectiva crítico-interpretativa, ainda que parcialmente subjetivos – o que é coerente com uma perspectiva não positivista – são traçados com base na evolução do conhecimento dentro da rede de pesquisa do qual fazemos parte.

REFERÊNCIAS

ALVAREZ, R. It was a great system: face-work and the discursive construction of technology during information systems development. **Information Technology & People,** v. 14, nº 4, p. 385-405, 2001.

ALVAREZ, R. Confessions of an information worker: a critical analysis of information requirements discourse. **Information and Organization,** 12, p. 85-107, 2002.

ALVESSON, M.; DEETZ, S. **Doing critical management research.** London: Sage, 2000.

_____; SKOLDBERG, K. **Reflexive methodology:** new vistas for qualitative research. London: Sage, 2000.

BENBASAT, I., GOLDSTEIN, D; MEAD, M. The case research strategy in studies of information systems, **MIS Quarterly,** v. 11, nº 3, p. 369-387, 1987.

BENBASAT, I.; ZMUD, R. W. Empirical research in information systems: the practice of relevance. **MIS Quarterly,** v. 23, nº 1, p. 3-16, 1999.

CECEZ-KECMANOVIC, D. Doing critical IS research: the question of methodology. In: TRAUTH, E.M. (Ed.) **Qualitative research in IS:** issues and trends. Philadelphia: Idea Group Publishing, 2001. p. 141-163.

CLEGG, S.; HARDY, C. Some dare call into power. In: CLEGG, S.; HARDY, C.; NORD, W. (Ed.). **Handbook of organization studies.** London: Sage, 1996. p. 622-641.

DAVIDSON, E. J. Technology frames and framing: a socio-cognitive investigation of requirements determination. **MIS Quarterly,** v. 26, nº 4, p. 329-358, 2002.

DENIS, J.; LANGLEY, A.; ROULEAU, L. Strategizing in pluralistic contexts: rethinking theoretical frames. **Human Relations,** v. 60, nº 1, p. 179-215, 2007.

DENZIN, N. K.; LINCOLN, Y. S. **Handbook of qualitative research.** California: Sage, 1994.

DEVERS, K. J. How will we know "Good" qualitative research when we see it? Beginning the dialogue in health services research. **Health Services Research,** v. 34, nº 5, p. 1153-1188, 1999.

DOOLIN, B. Information technology as disciplinary technology: being critical in interpretive research on information systems. **Journal of Information Technology,** 13, p. 301-311, 1998.

FAIRCLOUGH, N. **Critical discourse analysis** – the critical study of language. London: Longman, 1995.

GALLIVAN, M. J. Organizational adoption and assimilation of complex technological innovations: development and application of a new framework. **The Data Base for Advances in Information Systems,** v. 32, nº 3, p. 51-84, 2001.

GARCIA, L.; QUEK, F. Qualitative research in information systems: time to be subjective? In: **IFIP WG8.2 Working Conference on Information Systems & Qualitative Research.** London: Chapman & Hall, 1997.

GARRATT, D.; HODKINSON, P. "Can there be criteria for selecting research criteria?" a hermeneutical analysis of an inescapable dilemma. **Qualitative Inquiry,** v. 4, nº 4, p. 515-539, 1998.

GEPHART. R. Paradigms and research methods. **Research Methods Forum,** 4, p. 1-11, 1999.

GIDDENS, A. **The constitution of society.** Berkeley: University of California Press, 1984.

GOLDEN-BIDDLE, K.; LOCKE, K. Appealing work: an investigation of how Ethnographic texts convince. **Organization Science,** 4, p. 595-616, 1993.

GOPAL, A.; PRASAD, P. Understanding GDSS in symbolic context: shifting the focus from technology to interaction. **MIS Quarterly,** v. 24, nº 3, p. 509-546, 2000.

GRANT, D.; KEENOY, T.; OSWICK, C. Organizational discourse – key contributions and challenges. **International Studies of Management and Organization,** v. 31, nº 3, p. 5-24, 2001.

HANSETH, O.; CIBORRA, C. U.; BRAA, K. The control devolution: ERP and the side effects of globalization. **The Data Base for Advances in Information Systems**, v. 32, nº 4, p. 34-46, 2001.

HARDY. C. Researching organizational discourse. **International Studies in Management and Organization**, v. 31, nº 3, p. 25-47, 2001.

HARDY, C.; PHILLIPS, N.; CLEGG, S. Reflexivity in organization and management theory: a study of the production of the research 'subject'. **Human Relations**, v. 54, nº 5, p. 531-560, 2001.

HENFRIDSON, O.; HOLMSTROM, H. Developing e-commerce in internetworked organizations: a case of customer involvement throughout the computer gaming value chain. **The D**ata Base for Advances in Information Systems, v. 33, nº 4, p. 38-50, 2002.

HERACLEOUS, L.; BARRETT, M. Organizational change as discourse: communicative actions and deep structures in the context of information technology implementation. **Academy of Management Journal**, v. 44, nº 4, p. 755-778, 2001.

HOLLAND, R. "Refexivity". **Human Relations,** v. 52, nº 4, p. 463-485, 1999.

KLEIN, H.K. Knowledge and research in IS research: from beginnings to the future. In: NGWENYAMA, O.; INTRONA, L. D.; MYERS, M. D.; DEGROSS, J. I. (Ed.). **New information technologies in organizational processes**: field studies and theoretical reflections on the future of work. Massachusetts: Kluwer Academic Publishers, 1999. p. 13-25.

_____; MYERS, M. D. A set of principles for conducting and evaluating interpretive field studies in information systems. **MIS Quarterly**, v. 23, nº 1, p. 67-93, 1999.

_____; MYERS, M. D. A classification scheme for interpretive research in information systems. In: TRAUTH, E. M. (Ed.) **Qualitative research in IS**: issues and trends. Philadelphia: Idea Group Publishing, 2001. p. 218-239.

LANGLEY, A. Strategies for theorizing from process data. **Academy of Management Review**, v. 24, nº 4, p. 691-710, 1999.

LEE, A. A scientific methodology for MIS case studies. **MIS Quarterly**, v. 13, nº 1, p. 33-50, 1989.

_____. Rigor and relevance in MIS research: beyond the approach of positivism alone. **MIS Quarterly**, v. 23, nº 1, p. 29-33, 1999.

LINCOLN, Y. S.; GUBA, E. G. **Naturalistic inquiry.** New York: Sage, 1985.

LOEBEL, E.; STREHLAU, V. Sistemas de informação e conhecimento emancipatório. **Perspectivas em Ciências da Informação,** v. 14, nº 1, p. 227-246, 2009.

LYYTINEN, K. Empirical research in information systems: on the relevance of practice in thinking. **MIS Quarterly**, v. 23, nº 1, p. 25-27, 1999.

MORROW, R. **Critical Theory and Methodology**. Thousand Oaks: Sage, 1994.

MYERS, M. D. Qualitative research in information systems. **MIS Quarterly,** v. 21, nº 2, p. 241-242, 1997.

MYERS, M. D. Investigating information systems with ethnographic research. **Communications of AIS**, v. 2, nº 23, p. 2-19, 1999.

NANDHAKUMAR, J.; JONES, M. Too close for comfort? Distance and engagement in interpretive information systems research. **Information Systems Journal**, 7, p. 109-31, 1997.

ORLIKOWSKI, W.; BAROUDI J. J. Studying information technology in organizations: research approaches and assumptions. **Information Systems Research**, v. 2, nº 1, p. 1-28, 1991.

PATTON, M. Q. **Qualitative evaluation and research methods.** California: Sage, 1990.

PHILLIPS, N.; HARDY, C. **Discourse analysis**: investigating processes of social construction. London: Sage, 2002.

POZZEBON, M. **The implementation of configurable technologies**: negotiations between global principles and local contexts. 2003; Tese (Doutorado – Ph.D. Dissertation) – McGill University.

PRASAD, A.; PRASAD, P. The coming of age of interpretative organizational research. **Organizational Research Methods,** v. 5, nº 1, p. 4-11, 2002.

ROBEY, D. Research commentary: diversity in information systems research: threat, promise, and responsibility. **Information Systems Research**, v. 7, nº 4, p. 400-408, 1996.

SCHULTZE, U. A confessional account of an Ethnography about knowledge work. **MIS Quarterly**, v. 24, nº 1, p. 3-41, 2000.

SILVERMAN, D. The logic of qualitative research. In: MILLER, G.; DINGWALL, R. (Ed.). **Context and method in qualitative research**. London: Sage, 1997.

SPRADLEY, J. P. **The ethnographic interview**. New York: Holt Reinhart & Winston, 1979.

STEFFY, B. D.; GRIMES, A. J. A critical theory of organization. **Academy of Management Review,** v. 11, nº 2, p. 322-336, 1986.

TESCH, R. **Qualitative research**: analysis, types and software tools. London: Falmer, 1990.

TITSCHER, S.; MEYER, M.; WODAK, R.; VETTER, E. **Methods of text and discourse analysis**. London: Sage, 2000.

TRAUTH, E. M.; JESSUP, L. M. Understanding computer-mediated discussions: positivist and interpretive analyses of group support system use. **MIS Quaterly**, v. 24, nº 1, p. 43-79, 2000.

VAN MAANEN, J. The fact of fiction in organizational ethnography. **Administrative Science Quarterly**, 24, p. 539-550, 1979.

VAN MAANEN, J. **Tales of the field.** Chicago: University of Chicago Press, 1988.

WALSHAM, G. **Interpreting information systems in organizations.** Cambridge: John Wiley, 1993.

_____. Interpretive case studies in IS research: nature and method. **European Journal of Information Systems,** 4, p. 74-81, 1995.

_____; SAHAY, S. GIS for district-level administration in India: problems and opportunities. **MIS Quarterly**, v. 23, nº 1, p. 39-65, 1999.

_____; WAEMA, T. Information systems strategy and implementation: a case study of a building society. **ACM Transactions on Information Systems**, v. 12, nº 2, p. 150-173, 1994.

WINOGRAD, T.; FLORES, F. **Understanding computers and cognition:** a new foundation for computer system design. Chichester, UK: John Wiley, 1986.

YIN, R. K. **Case study research, design and methods**. Thousand Oaks: Sage, 1994.

Métodos de Pesquisa Qualitativa em Administração

5 Delineamento Metodológico

Elder Semprebom e *Adriana Roseli Wünsch Takahashi*

A presente seção objetiva apresentar o delineamento metodológico utilizado na elaboração dos capítulos referentes à Parte II deste livro. A escolha de um caminho foi relevante para que houvesse uma padronização das etapas a serem cumpridas nos capítulos referentes às diferentes estratégias de pesquisa apresentadas.

A elaboração de cada capítulo envolveu três etapas: (1) revisão de literatura, (2) análise bibliométrica e (3) entrevista com especialistas. A primeira etapa refere-se à constituição do referencial teórico dos capítulos, sendo viabilizado por meio de pesquisa bibliográfica, incluindo leitura de obras clássicas e artigos de relevância para cada método. A segunda e terceira fases estão detalhadas a seguir.

5.1 DEFINIÇÃO DO MÉTODO BIBLIOMÉTRICO

A partir de uma visão da prática científica, pode-se considerar a ciência como um sistema de produção de informação, em particular na forma de publicações. Considera-se publicação qualquer informação registrada em formato permanente e disponível para uso comum (SPINAK, 1998).

A mensuração de publicações é um desafio atual, pois não existe consenso sobre como medir e avaliar a produção intelectual e acadêmica tal como se manifesta no sistema editorial, nem na interpretação de seus impactos e influências (SPINAK, 1998). Algumas estratégias metodológicas com a capacidade de explorar características de informações publicadas têm sido desenvolvidas, sendo as mais conhecidas: cienciometria, informetria e bibliometria (VANTI, 2002; SPINAK, 1998).

A cienciometria é a medição das estruturas e das propriedades da informação científica. O método ganhou visibilidade na década de 1980, a partir dos trabalhos do *Institute for Scientific Information* (ISI), com foco na área de ciência da informação e venda de bases de dados para instituições do mundo todo (VANTI, 2002).

Já a informetria é o estudo dos aspectos quantitativos da informação em qualquer formato, e não apenas registros catalográficos ou bibliográficos, tendo seu alcance além das publicações científicas (FRANCISCO, 2011).

Utilizando-se de métodos matemáticos e estatísticos, a bibliometria quantifica a produção, a disseminação e o uso da informação registrada, e pode abranger análise de citações, análise de cocitações, agrupamentos bibliográficos e *co-word analysis* (CALDAS; TINOCO; CHU, 2003).

São vastas as possibilidades que o método bibliométrico pode oferecer, dentre elas: (1) identificar as tendências e o crescimento do conhecimento em distintas disciplinas; (2) estimar a cobertura de periódicos; (3) identificar autores em diversos campos; (4) identificar as principais revistas de cada área; (5) sugerir políticas de escolhas de veículos de publicação; (6) estudar a dispersão e obsolescência da literatura científica; (7) projetar normas de padronização, indexação e classificação de periódicos; (8) predizer a produtividade de editoras, autores, grupos de pesquisa, instituições, países etc. (9) medir o grau e padrões de colaboração entre autores; (10) analisar os processos de citação e cocitação; (11) avaliar os aspectos estatísticos da linguagem, das palavras e das frases; e (12) indicar o surgimento de novos temas (VANTI, 2002; SPINAK, 1998; FRANCISCO, 2011).

5.2 APLICAÇÃO DO MÉTODO BIBLIOMÉTRICO

Para a elaboração dos capítulos desta obra, no que se refere a análise bibliométrica, o primeiro passo foi delimitar os periódicos e eventos que poderiam contribuir para a coleta de dados, dentro de um recorte temporal entre janeiro de 2001 e dezembro de 2010. Assim, escolheram-se revistas nacionais em administração classificadas pelo índice WebQualis da Coordenação de Aperfeiçoamento de Pessoal de Nível Superior – CAPES 2011 – entre A1 e B2, e que tivessem a área anunciada em seu escopo editorial (com claro direcionamento para a área de administração/gestão). As revistas deste segmento que apresentaram outro foco no escopo foram excluídas. A coleta de dados foi realizada no segundo semestre de 2011.

O sistema Qualis para classificação de periódicos foi instituído em 1998 com o propósito de aperfeiçoamento da produção de artigos científicos em programas *stricto sensu* de pós-graduação (MACHADO-DA-SILVA et al., 2008). Operacionalmente, trata-se de um conjunto de procedimentos utilizados pela CAPES para classificação da qualidade referente a produção científica dos programas de pós-graduação. A cada três anos são divulgadas listas com *rankings* de acordo com a pontuação atingida por cada periódico. Os veículos são enquadrados em estratos indicativos da qualidade – A1, o mais elevado; A2; B1; B2; B3; B4; B5; C. Um mesmo periódico pode ser classificado em duas ou mais áreas científicas, podendo assim receber pontuações distintas.

De acordo com o comunicado nº 002/2012 da CAPES (4 de maio de 2012), referente a área de Administração, Ciências Contábeis e Turismo, o WebQualis em 2010 contabilizou 1.541 veículos de publicação. Houve um expressivo aumento desde 2007, ano em que havia 878 periódicos analisados. Esse crescimento decorre do aumento das publicações dos pesquisadores brasileiros em periódicos internacionais com fator de impacto e do ajuste do sistema de classificação do WebQualis.

Esse comunicado ainda estabelece os critérios para estratificação dos periódicos:

- B5 – ter ISSN e periodicidade definida;
- B4 – atender às demandas para se enquadar no estrato anterior, ter revisão por pares, edições atualizadas até 2011 e normas de submissão;
- B3 – atender às demandas para se enquadar no estrato anterior e ainda cumprir os 7 critérios seguintes: (1) missão/foco; (2) informa o nome e afiliação do editor; (3) informa o nome e a afiliação dos membros do comitê editorial; (4) divulga anualmente a nominata dos revisores; (5) mínimo de dois números por ano; (6) informa dados completos dos artigos; e (7) endereço de pelo menos um dos editores.
- B2 – atender às demandas para se enquadar no estrato anterior, ter mais de três anos, ter pelo menos um indexador, informações sobre os trâmites de aprovação, apresentar legenda bibliográfica da revista em cada artigo, ter conselho diversificado, editor-chefe não é autor, informação sobre o processo de avaliação;
- B1 – atender aos estratos anteriores, Scopus e $0 < H\,Scopus \leq 4$ ou $0 \leq JCR \leq 0,2$, o que for mais favorável ao periódico ou ainda estar na Scielo ou Redalyc, ter mais de 5 anos ou ser periódico de uma das seguintes editoras: Sage, Elsevier, Emerald, Springer, Interscience, Pergamo, Wiley e Routledge;
- A2 – $4 < H\,Scopus \leq 20$ ou $0,2 < JCR \leq 1,0$, o que for mais favorável ao periódico;
- A1 – $H\,Scopus > 20$ ou $JCR > 1,0$, o que for mais favorável ao periódico;
- C – Periódicos que não atendem aos critérios para ser B5 ou não tiveram artigos da área neles publicados em 2010.

De acordo com todos esses critérios citados, o comunicado apresenta a seguinte distribuição da quantidade de periódicos por classificação:

Tabela 1 – *Quantidade de periódicos por classificação*

Classificação	Quantidade
A1	8,71%
A2	9,28%
B1	11,45%
B2	6,53%
B3	17,53%
B4	15,69%
B5	30,81%
TOTAL	100,00%

Fonte: Comunicado nº 002/2012 da CAPES (2012).

Inicialmente, foram selecionados 21 periódicos classificados entre A1 e B2 de acordo com o índice WebQualis da CAPES (2011), sendo que dois deles foram desconsiderados por dificuldade de acesso ao *site* durante o período de coleta de dados, totalizando ao final 19 periódicos consultados: REAd – *Revista Eletrônica de Administração; Gestão & Produção; Produção*; RAP – *Revista de Administração Pública*; RAC – *Revista de Administração Contemporânea*; RACe – *Revista de Administração Contemporânea Eletrônica; Organizações Rurais & Agroindustriais; Cadernos EBAPE.BR*; O&S – *Organizações & Sociedade*; RAM – *Revista de Administração Mackenzie*; RAUSP – *Revista de Administração da Universidade de São Paulo; Revista de Gestão da Tecnologia e Sistemas de Informação*; RAE – *Revista de Administração de Empresas*; RAEe – *Revista de Administração de Empresas Eletrônica; Revista Contabilidade & Finanças*; BASE – *Revista de Administração e Contabilidade da Unisinos*; BAR – *Brazilian Administration Review; Revista Portuguesa e Brasileira de Gestão; Ensaios FEE*.

Além dos periódicos, consideraram-se também as publicações nos anais dos eventos promovidos pela Associação Nacional de Pós-graduação e Pesquisa em Administração (ANPAD) no período da coleta de dados: Encontro da ANPAD (EnANPAD); Encontro de Estudos Organizacionais (EnEO); Encontro de Administração Pública e Governança (EnA-PG); Encontro de Gestão de Pessoas e Relações de Trabalho (EnGPR); Encontro de Administração da Informação (EnADI); Encontro de Estudos em Estratégia (3Es); Encontro de Marketing (EMA); Encontro de Ensino e Pesquisa em Administração e Contabilidade (EnEPQ) e Simpósio de Gestão da Inovação Tecnológica. A escolha dos eventos da ANPAD justifica-se pelo fato de esses encontros reunirem pesquisadores de diversos programas de pós-graduação nas mais diversas áreas de administração, pela amplitude dos eventos e pela representatividade e legitimidade dos mesmos.

O levantamento e seleção das publicações se deu a partir da pesquisa nos títulos, resumos e palavras-chave dos artigos contidos nos veículos citados. Utilizaram-se, primeiramente, o nome do método em específico (ex.: etnografia) e, em seguida, palavras correlatas (ex.: etnográfico, etnográfica, *etnography* e *etnographic*). Para algumas categorias, como técnicas de coleta de dados e técnicas de análise de dados, a sessão de metodologia dos artigos também foi analisada. Em alguns casos, não foi possível identificar o método de pesquisa e as técnicas de coleta e análise de dados utilizados. Por isso, duas categorias foram criadas para abranger artigos nessa situação: a categoria de "outras" referente ao uso de técnicas diferentes das consideradas, e a categoria "não informado" quando não foi possível identificar tais informações.

Já em posse dos artigos selecionados, que totalizaram 2.895 publicações (2083 em eventos e 812 em periódicos), as categorias que seriam analisadas foram definidas, utilizando-se da estatística descritiva (frequência absoluta e relativa), objetivando a quantificação e classificação da produção. As categorias de análise foram:

- origem dos artigos analisados em eventos e periódicos;
- distribuição dos artigos por tipo de evento em administração;
- distribuição dos artigos por tipo de periódico em administração;
- distribuição anual dos artigos publicados em eventos e periódicos;
- principais autores por evento e periódico;
- distribuição dos artigos por instituição de afiliação dos autores;
- distribuição dos artigos por abordagem de estudo (teórica, teórico-empírica e empírica);
- abordagem de estudo por veículo de publicação – eventos e periódicos;
- distribuição dos artigos por área temática (divisão): Administração da Informação (ADI), Administração Pública (APB), Estudos Organizacionais (EOR), Ensino e Pesquisa em Administração e Contabilidade (EPQ), Estratégia em Organizações (ESO), Finanças (FIN), Gestão de Ciência, Tecnologia e Inovação (GCT), Gestão de Operações e Logística (GOL), Gestão de Pessoas e Relações de Trabalho (GPR), Marketing (MKT) e Contabilidade (CON), considerando evento e periódico;
- classificação dos artigos por técnica de coleta de dados (entrevista, questionário, observação, pesquisa documental e outras técnicas);
- classificação dos artigos por técnica de análise de dados (análise de conteúdo, análise de discurso, análise de narrativa, análise quantitativa e outras técnicas);
- classificação de artigos por técnica de coleta de dados e área de pesquisa;
- classificação de artigos por técnica de análise de dados e área de pesquisa.

Alguns periódicos foram indexados no decorrer do período estudado, mas foram considerados integralmente na análise. Sobre a instituição de origem dos autores, em situações em que um autor indicou pertencer a mais de uma instituição, foram consideradas todas as instituições citadas. Vale ressaltar que artigos idênticos quanto ao título e resumo publicados em congresso e periódico pelos mesmos autores foram mantidos com a finalidade de analisar a inserção do método na publicação acadêmica. Ressalta-se também que os artigos foram classificados de acordo com as áreas temáticas (divisão acadêmica) segundo a classificação do EnANPAD em 2011, e que artigos de edições anteriores de áreas que foram extintas ou criadas foram encaixados na categorização adotada. Por fim, cabe esclarecer que as instituições de origem (filiação) dos autores foram consideradas com base nos dados informados nos artigos analisados no período, muito embora estas instituições possam ter mudado posteriormente.

5.3 ENTREVISTAS COM ESPECIALISTAS

A terceira etapa corresponde à fase de entrevistas com autores que utilizaram os métodos. Esta etapa foi significativamente importante, pois puderam-se obter informações singulares sobre a percepção pessoal de cada autor no que se refere ao modo particular de aplicar o método em questão, bem como observações e indicações pertinentes àqueles que pretendem também utilizar as metodologias.

O critério para escolha dos pesquisadores foi o *ranking* de publicações em eventos e periódicos, sendo selecionados aqueles com maior número de artigos publicados. Procurou-se contatar todos os autores selecionados pelos *rankings*, alcançando um retorno que variou entre dois e três autores por método. Porém, em alguns casos não foi possível obter resposta dos pesquisadores que mais publicaram com cada método por diversos motivos, seja por dificuldade de comunicação, por indisponibilidade de agenda, ou mesmo pelo entrevistado não se sentir confortável em falar sobre suas pesquisas. No total, foram entrevistados 18 autores, sendo dois em cada um dos capítulos sobre fenomenologia, etnografia e Grounded Theory, e três autores em cada um dos capítulos sobre etnometodologia, pesquisa-ação, pesquisa histórica e estudo de caso.

As entrevistas com roteiro semiestruturado foram realizadas por diversos meios, dentre eles o uso da Plataforma Qualtrics de preenchimento na Internet, o uso de telefone, por *e-mail*, *skype* e presencialmente. A análise de conteúdo foi a técnica escolhida para análise das respostas. Os temas abordados no roteiro objetivaram identificar:

- perfil do entrevistado (nome, cargo, atividade atual, tempo de docência e pesquisa, IES onde trabalha, entre outros);
- escolha do método:
  - motivações para escolha do método;
  - relação das publicações com grupos de pesquisa sobre o método;
  - tempo de utilização do método;
  - experiência dos autores parceiros na utilização do método;
  - comportamentos desejados do pesquisador no uso do método;
  - recomendações do método de acordo com contextos de pesquisa;
  - autores e obras indispensáveis para leitura sobre o método;
  - contribuições do método para as pesquisas pessoais;
- operacionalização do método:

– dificuldades na operacionalização do método;

– recomendações para superação das dificuldades

– facilidades na aplicação do método;

– critérios de validade e confiabilidade;

- observações gerais:

    – recomendações gerais para autores que desejam utilizar o método;

    – perspectivas sobre a utilização do método no contexto brasileiro de pesquisa.

5.4 CONSIDERAÇÕES FINAIS

De acordo com a metodologia estabelecida para a construção dos capítulos da Parte II deste livro, buscou-se entender a essência de cada método e suas aplicações na área de Administração no Brasil. Assim, a pesquisa bibliométrica e as entrevistas com autores dão o tom diferencial desta obra, pois os leitores podem ter uma visão específica sobre cada método e sua importância no contexto brasileiro, bem como geral na pesquisa qualitativa.

A escolha da pesquisa bibliométrica como ferramenta para criação do panorama de publicações no Brasil segue a tendência crescente do uso desta metodologia na área de Administração. Trata-se de um método regido por princípios objetivos e aplicável em contextos variados, de acordo com o interesse do pesquisador. O maior desafio é estabelecer critérios claros, válidos e confiáveis para a seleção e análise dos materiais publicados.

Vale ressaltar que as entrevistas com os autores que utilizam os métodos foram fundamentais para captar opiniões, as quais não podem ser encontradas em conceitos e definições em uma revisão literária.

Nos próximos capítulos, dados específicos de cada método são apresentados nos respectivos textos.

REFERÊNCIAS

CALDAS, M. P.; TINOCO, T.; CHU, R. A. Análise bibliométrica dos artigos de RH publicados no Enanpad na década de 1990: um mapeamento a partir das citações dos heróis, endogenias e jactâncias que fizeram a história recente da produção científica na área. In: Encontro Anual da Associação Nacional dos Programas de Pós-Graduação em Administração – EnANPAD, XXVII **Anais...** Atibaia/SP: 1 CDROM, 2003.

FRANCISCO, E. R. RAE-eletrônica: exploração do acervo à luz da bibliometria, geoanálise e redes sociais. **Revista de Administração de Empresas Eletrônica**, v. 51, n.3, p. 280-306, 2011.

MACHADO-DA-SILVA, C. L.; GUARIDO FILHO, E. R.; ROSSONI, L.; GRAEFF, J. F. Periódicos brasileiros de administração: análise bibliométrica de impacto no triênio 2005-2007. **Revista de Administração Contemporânea Eletrônica**, v. 2, nº 3, p. 351-373, 2008.

SPINAK, E. Indicadores cienciométricos. **Ciência da Informação**, v. 27, nº 2, p. 141-148, 1998.

VANTI, N. Da bibliometria à webometria: uma exploração conceitual dos mecanismos utilizados para medir o registro da informação e a difusão do conhecimento. **Ciência da Informação**, v. 31, nº 2, p. 152-162, 2002.

Fenomenologia

Rafael Borim-de-Souza, Thiago Cavalcante Nascimento e
Eloy Eros da Silva Nogueira

6.1 INTRODUÇÃO

Neste capítulo, houve o interesse de apresentar ao leitor, de maneira sucinta, as abordagens, os fundamentos e o histórico da pesquisa qualitativa em duas fases principais, a objetivista e a subjetivista. Para cada uma dessas fases foram discorridos sobre os momentos históricos específicos da pesquisa qualitativa. Após esta breve introdução, indicou-se em qual fase e em qual momento histórico a fenomenologia ganhou mais expressividade. Em sequência, foram abordadas discussões vinculadas à filosofia fenomenológica, por meio das contribuições de Husserl, Heidegger, Merleau-Ponty e Schütz. Posteriormente, a fenomenologia foi discutida como um possível procedimento qualitativo avançado de pesquisa pela lógica metodológica defendida por Spiegelberg. O capítulo se encerra com o levantamento bibliométrico e com as entrevistas explicadas previamente na seção metodológica deste livro.

6.2 ABORDAGENS, FUNDAMENTOS E HISTÓRICO DA PESQUISA QUALITATIVA: EM BUSCA DA FENOMENOLOGIA

Se comparada com a pesquisa quantitativa, a pesquisa qualitativa, em suas análises, busca saber em detalhes mais aprofundados qual o fenômeno estudado, onde este fenômeno surgiu, quais são a história e o contexto que amparam este fenômeno, quais são os propósitos científicos deste fenômeno e os métodos mais coerentes de se pesquisar este fenômeno (ALVES-MAZZOTTI; GEWANDSZNAJDER, 1999).

O processo de busca empreendido pela pesquisa qualitativa parece ser mais complexo e, também, mais completo do que os passos trilhados pela pesquisa quantitativa. Não que a pesquisa quantitativa não seja relevante, ao contrário é necessário reconhecer que a pesquisa qualitativa surgiu, inicialmente, por parâmetros que faziam referência às premissas de generalização e validação quantitativas (MARSH; FURLONG, 2002).

Em seu primeiro momento de apresentação ao contexto científico, a pesquisa qualitativa era realizada por pesquisadores que tentavam defender uma razão do conhecimento que era legitimada pela busca de resultados que pudessem ser generalizados (MATTOS, 2009).

Popper (1985) argumenta que a razão, neste período de desenvolvimento da pesquisa qualitativa, era investigada por um contexto de descoberta que fosse claramente delineado pelo e para o pesquisador. A partir desse contexto construía-se a experiência da pesquisa, a qual deveria ter a capacidade de ser replicada por uma previsibilidade dos procedimentos metodológicos utilizados, bem por isso privilegiava-se a utilização de uma linguagem puramente formal, uma vez que ela representava o instrumento de expressão do conhecimento científico desenvolvido para o meio.

O conhecimento científico desenvolvido representava o final do processo de pesquisa realizado, ou seja, o conhecimento constituía o resultado do que se buscava e emergia somente ao fim. Por ser adquirido por vias qualitativas, esse conhecimento, por mais imparcial que se aparentasse, ainda sim estava sujeito à experiência do pesquisador e à vivência do mesmo. No entanto, tais fatores não comprometiam o *status* científico do conhecimento estudado (POPPER, 1985).

De acordo com Denzin e Lincoln (2006), Merriam (2011) e Morgan e Smircich (1980), esta fase (objetivista) da pesquisa qualitativa é composta por três períodos principais: o período tradicional, o modernista e o momento dos gêneros obscuros, todos explicados em sequência.

- O *período tradicional* iniciou-se no século XX e se estendeu até a Segunda Guerra Mundial. Nele predominaram relatos mais objetivos sobre os fenômenos estudados, os quais estiveram vinculados ao positivismo. O que se buscava eram interpretações válidas e confiáveis, ou seja, não sujeitas a questionamentos. O pesquisador qualitativo desse período era caracterizado como um etnógrafo solitário, o qual desenvolvia seus estudos por uma etnografia clássica, orientada pelo objetivismo, pelo imperialismo, pelo monumentalismo e pela intemporalidade. A *realidade* era aceita *como uma estrutura completa* composta por uma rede de relacionamentos previamente determinados entre as partes que constituem a sociedade, ou qualquer outro grupo de convivência. A realidade, por conseguinte, neste período, era assumida como algo externo e real, logo o mundo natural e o mundo social se faziam concretos e reais. Os *homens* representavam *produtos de forças externas* dos ambientes nos quais estão inseridos. Em síntese, os *aspectos gerais* desse período foram dominados pelo positivismo, marcados pela realização de pesquisas experimentais que se interessavam pela generalização e formulação de leis científicas por meio de controles rígidos de pesquisa, idênticos aos aplicados nas pesquisas quantitativas.

- O período *modernista* iniciou-se no pós-guerra e foi até a década de 1970. Nesse momento, eram valorizados o realismo social, o naturalismo e as etnografias que expunham os detalhes da vida real. Emancipou-se um interesse pela formalização dos métodos qualitativos pela ótica do pós-positivismo enquanto paradigma dominante. A *realidade* era aceita como *um processo concreto* em que a situação fluía para a criação de oportunidades para os que possuíam apropriada habilidade para moldar e explorar as relações sociais de acordo com seus interesses particulares. O mundo representava o que o homem poderia fazer com este mundo. Logo os *homens* eram admitidos como *seres adaptativos*, uma vez que o processo de troca era predominantemente competitivo. Persistia-se a necessidade de se interpretar o meio e explorá-lo para que as necessidades individuais e a própria sobrevivência do indivíduo fosse garantida. Em *termos gerais* o positivismo foi substituído pelo pós-positivismo, o qual deu vazão para a realização de pesquisas quase experimentais que, no entanto, ainda se preocupavam demasiadamente com o controle das variáveis e a possibilidade de generalização, bem por isso a preocupação ainda se fazia presente no mesmo nível do que poderia ser observado em uma pesquisa quantitativa.

- O momento dos *gêneros obscuros* teve sua duração entre o início da década de 1970 e o final da década de 1980. Nesse período, percebeu-se um esgotamento dos paradigmas existentes para explicar os fenômenos sociais por uma abordagem qualitativa. Assim, a humanidade passou a ser estudada para que novos modelos, novas teorias e novos métodos pudessem ser elaborados. O pesquisador passou a se fazer presente no texto, o qual era essencialmente interpretativo e orientado por padrões pós-positivistas, construcionistas e naturalistas. A *realidade* passou a ser concebida como *um campo contextual de informações*, pois havia uma causalidade probabilística inerente aos padrões de relacionamento. Percebeu-se que as pequenas mudanças sociais, antes não valorizadas, promoviam alterações consideráveis em todo o sistema, que, por exigências diversas buscavam ajustes e reajustes para a construção de um novo padrão de compreensão da realidade. Os *homens* assumiram o papel de *processadores de informações*, porque estavam envolvidos em um processo contínuo de interação e troca que transformava o meio como um todo. Os aspectos *gerais* desse período informam que o interpretativismo e o construcionismo começaram a se fazer presente pela realização de pesquisas mais naturalísticas interessadas em descrever a realidade com uma maior densidade. No entanto, o viés quantitativo de validação ainda se fazia presente, bem por isso os gêneros obscuros estão inseridos na fase objetivista da pesquisa qualitativa.

Esses três períodos compreendem a abordagem mais objetivista da pesquisa qualitativa. Como é possível perceber no período dos gêneros obscuros, um momento de ruptura começa a ocorrer, uma vez que, embora os aspectos de validação quantitativos ainda tentem se fazer presentes e dominantes, características mais peculiares de uma epistemologia interpretativista começam a denunciar que a pesquisa qualitativa, enquanto proposta de investigação da sociedade, difere consideravelmente da pesquisa quantitativa.

Assim como Popper (1985) identificou em suas arguições, cada tema possui seus contextos específicos, os quais, pelas palavras do autor, podem ser segmentados em um contexto de descoberta e um contexto de justificação. O primeiro exige a precisão e o detalhamento do que circunda o fenômeno pesquisado, enquanto o segundo busca uma legitimação social para a necessidade de se continuar pesquisando esse mesmo fenômeno (POPPER, 1985). É sobre esse segundo contexto que a pesquisa qualitativa começa a desenvolver sua segunda fase histórica, caracteristicamente subjetivista.

A transição entre o contexto da descoberta e o contexto da justificação ocorre pela evolução linguística estudada por Kant (1966), ou, ainda, denominada de harmonização kantiana, que expressa uma relativização da lógica que explica o fenômeno pesquisado. De acordo com as proposições de Popper (1985), é possível compreender que é pelo contexto da justificação que a pesquisa qualitativa investiga a virtude interna de seus métodos de estudo. Há a noção de que o fenômeno pesquisado é ou está socializado a um determinado grupo de indivíduos, os quais por uma linguagem pragmática adotam uma posição crítica ou uma posição de critério em relação ao que se investiga.

A postura crítica indica que o fenômeno é admitido em uma realidade pura e inquestionável, no entanto ela não é objetiva em si, uma vez que é passível de críticas. A perspectiva criteriosa já aceita o fenômeno como algo possível de ser construído e desconstruído por meio de argumentos definitivos. Esses argumentos agregam mais subjetividade ao ato de pesquisar, pois aceitam que a sociabilização do fenômeno se manifeste por meio dos investigados, a fim de que pelo olhar deles (dos outros) o fenômeno possa ser compreendido em sua verdadeira essência (POPPER, 1985).

A harmonização kantiana demonstra, de acordo com Kuhn (1962) e Lakatos (1978), que pelo poder da linguística cada um pode apresentar sua proposição de pesquisa para a sociedade, bem por isso são utilizadas estratégias discursivas que buscam convencer ao maior número de interessados sobre a relevância do que está sendo proposto (o contexto da justificação). Dentre tais estratégias, destaca-se a atitude do pesquisador de inserir o contexto histórico e as dimensões institucionais sobre as quais ele, e apenas ele, observa o fenômeno em investigação. Tal situação agrega um baixo teor de generalidade aos achados científicos e faz com que a subjetividade seja característica inerente aos procedimentos de pesquisa qualitativa.

A subjetividade alcança alguns pontos fundamentais da pesquisa qualitativa, dentre eles a própria escolha da teoria a ser utilizada para a condução de um estudo específico. A possibilidade de se caminhar entre diversos métodos faz com que Feyerabend (1985) se declare contra a padronização do método. De acordo com o autor, é possível ponderar que a subjetividade da pesquisa qualitativa permite que a prática da metodologia seja descontinuada, de modo que a noção de demarcação científica perde seu sentido.

Feyerabend (1985) indica que ao invés de se buscar uma demarcação científica, o pesquisador deve privilegiar a soma de seus saberes para a realização da pesquisa. De maneira mais simples, Laudan (1996) argumenta que se não há sentido para a demarcação científica, logo o *status* científico torna-se irrelevante, uma vez que ele é, também, subjetivo em si. Nesse sentido, deve-se priorizar a busca por credenciais de evidências conceituais e empíricas que estejam em sintonia com o significado pragmático da linguagem (LAUDAN, 1996; POPPER, 1985).

Por tal perspectiva, a construção de uma teoria também é subjetiva, pois, de acordo com Laudan (1996), a teoria nada mais é do que um corpo de conhecimento que se pretende científico, uma vez que ela é dependente dos métodos empregados para pesquisar seus fenômenos de interesse. Como ele próprio ressalta, o método em si não permite a constituição de um paradigma, porque ele é subjetivo e possível de ser alterado, logo, a prática social é que proporciona a elaboração do método (LAUDAN, 1996). Por meio da prática social é que se vislumbra a relativização da evolução linguística de Kant (1966), uma vez que a abordagem objetivista pouco conversa com a abordagem subjetivista.

O que ocorre é que cada um de seus pesquisadores, embora ambos se digam qualitativos, fica retido em seus espaços acadêmicos oferecendo seus respectivos critérios lógicos e evidências teórico-empíricas que comprovam, dentro de sua lente de observação da realidade, que cada um possui uma capacidade específica de persuadir determinados grupos de indivíduos e, por consequência, perpetuar sua lógica de pesquisa qualitativa.

Por meio das contribuições de Denzin e Lincoln (2006), Merriam (2011) e Morgan e Smircich (1980), é possível conferir três períodos principais a esta segunda fase (subjetivista) da pesquisa qualitativa: a crise da representação, a tripla crise e o momento atual, todos explicados em sequência.

- A *crise da representação* ocorreu em meados da década de 1980. Suas principais indagações estavam relacionadas com as questões de gênero, classe e raça. As epistemologias que dominavam eram essencialmente críticas, tais como as feministas e as não brancas. As teorias tinham um cunho interpretativista mais denso. A redação do pesquisador passou a constituir um dos métodos de investigação. A *realidade* passou a ser analisada *como um discurso simbólico*. Por essa lógica, o mundo social era um padrão de relacionamentos simbólicos e de significados que se perpetuavam dentre as interações humanas. Os *homens* eram definitivamente *os atores sociais*. Eles viviam em um mundo de significância simbólica, interpretando e delimitando relacionamentos específicos com este mundo. Em *termos gerais*, o construcionismo vinculado à teoria crítica e à hermenêutica permitiam a realização de estudos etnográficos e de Grounded Theory, os quais intentavam entender e transformar a realidade. A validação desses estudos se dava na medida em que eles contribuíam para uma realidade social situada.

- A *tripla crise* ocorreu a partir da década de 1980. Tudo o que se entendia por representação, legitimação e práxis passou a ser questionado. Observam-se reviravoltas críticas, interpretativistas, linguísticas, feministas e retóricas. Não cabe mais ao pesquisador captar diretamente a realidade vivida, uma vez que são desenvolvidos novos critérios de interpretação e avaliação. A *realidade* é aceita como *uma construção social*. Ressalta-se a importância da linguagem, das ações sociais e do cotidiano, que em conjunto constituem os modos simbólicos de expressão de existência no mundo. A realidade social está vinculada a natureza e ao uso repetitivo dessas ações simbólicas. Nesse contexto, *os homens criam as suas realidades* por abordagens fundamentais, ou seja, por tentativas de transformar o mundo em inteligível para si mesmo para seus pares. De *maneira geral*, o que predomina nesse período é uma perspectiva crítica da realidade representada por pesquisas qualitativas realizadas em acordo com a etnometodologia, a etnografia crítica, principalmente por abordagens neomarxistas. O interesse básico dessas pesquisas está em conquistar uma emancipação da realidade e, por tal ato, conceder poder à sociedade. Os estudos se tornam válidos quando legitimam seu poder de transformar a realidade estudada.

- O *momento atual* se confunde com a existência da tripla crise. Nesse momento, o que mais se deseja é compreender as crises, bem por isso valoriza-se o desenvolvimento de teorias locais, de pequena escala, uma vez que tratam de problemas específicos e situações particulares. Os autores procuram vincular seus escritos às necessidades de uma sociedade democrática livre. A *realidade é uma projeção da imaginação humana*, também denominada de solipsismo. Existe a possibilidade de haver nada no mundo interpretativo externo. A realidade se traduz no que o homem julga e interpreta, a respeito de um entendimento pleno dos significados a seres expressados. O *homem* então assume a natureza de *um ser transcendental*, pois molda seu mundo no domínio interpretativo de suas experiências imediatas. Em *termos gerais* apela-se para o pós-moderno, para o pós-estrutural por meio de estudos fenomenológicos e hermenêuticos que visam desconstruir, problematizar, questionar e interromper a realidade. A validação destas pesquisas está no reconhecimento de que a voz do pesquisador é subjetiva.

De acordo com as discussões desenvolvidas e com as abordagens, os fundamentos e o histórico apresentados até aqui, é possível perceber que a fenomenologia vista sob a ótica metodológica tem suas orientações em sintonia e em crescente valorização pelo momento atual da pesquisa qualitativa. A Figura 1 é apresentada com o intuito de representar resumidamente as discussões que conduziram a identificação de abordagens, fundamentos e

Figura 1 – *Abordagens, fundamentos e histórico da pesquisa qualitativa*

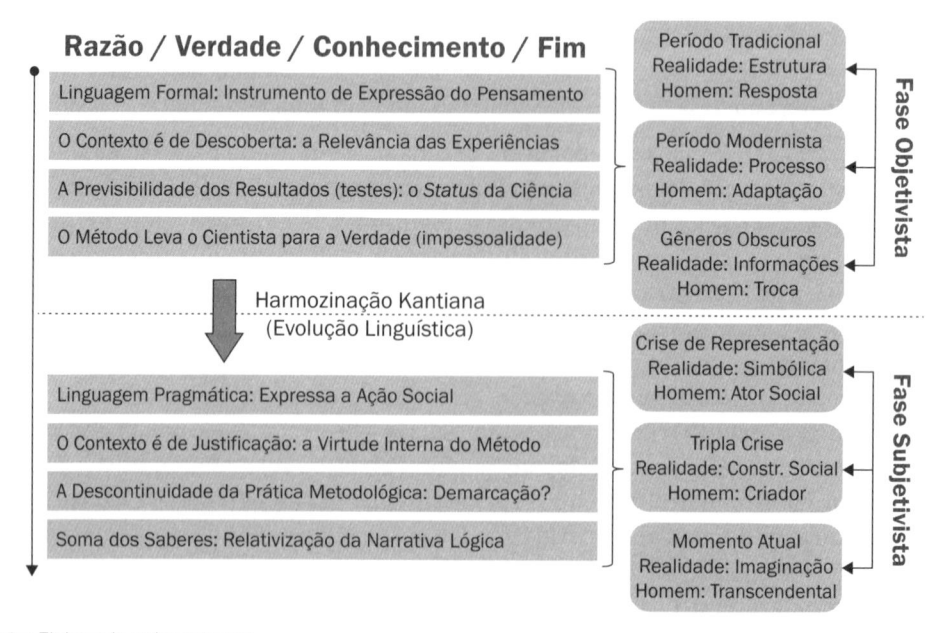

Fonte: Elaborada pelos autores.

histórico da pesquisa qualitativa e desenhar o contexto em que podemos localizar a fenomenologia e os esforços metodológicos dela derivados. É interessante ressaltar, no entanto, que embora a fenomenologia ganhe mais espaço de aplicabilidade, de acordo com as contribuições de Denzin e Lincoln (2006), Merriam (2011) e Morgan e Smircich (1980), nessa fase subjetivista, ela a antecede em muitos anos, como pretendemos relatar a seguir.

Em 1762, Oetinger empregou o termo para fazer menção ao sistema divino das relações. Em 1764, Lambert usou a fenomenologia para distinguir a aparência da verdade. Em 1770, Kant a qualificou como propedêutica, ou seja, como algo que antecederia a metafísica. Em 1786, o mesmo Kant já tentava buscar fundamentações metafísicas para a fenomenologia. Em 1804, Fichte utilizou a fenomenologia para se referenciar às aparências. Em 1807, Hegel qualificou a fenomenologia como uma dialética responsável por criar um sistema filosófico. E, em 1900, Husserl surge ao defender que a fenomenologia representaria uma nova escola filosófica (BOAVA; Macêdo, 2010).

Não obstante essa diversidade de contribuições vinculadas à compreensão da fenomenologia, Embree et al. (1997) elencam quatro tendências e períodos pertencentes ao movimento fenomenológico: a fenomenologia constitutiva, a fenomenologia existencial, a fenomenologia realista e a fenomenologia hermenêutica.

A fenomenologia constitutiva tem como relevante as contribuições das ciências naturais, bem por isso aplica a redução fenomenológica e a redução eidética com o intuito de suspender a aceitação do estado pré-dado da vida consciente como algo que existe no mundo. Os representantes mais conhecidos da fenomenologia constitutiva são Alfred Schütz e Edmund Husserl. A fenomenologia existencial, defendida pela obra de Heidegger, engloba discussões sobre ações, conflitos, desejos, finitudes, opressões, morte, teoria política, problemática da etnicidade, gênero, idade, percepção, corpo vivido e literatura. A fenomenologia realista busca as essências universais dos assuntos que investiga e tem como um de seus principais representantes Karl Schuhmann. E, finalmente, a fenomenologia hermenêutica, também derivada das contribuições Heideggerianas, considera que toda existência humana é interpretativa, logo somente é possível compreender o fenômeno na maneira em que ele se expressa no contexto estudado (BOAVA; Macêdo, 2010; EMBREE et al., 1997).

Embree et al. (1997) advertem que essa segmentação de tendências e períodos do movimento fenomenológico se dá por uma abordagem didática, uma vez que eles mesmos reconhecem que qualquer tentativa de resumir a riqueza dos pontos que se enquadram nessas posições deve ser admitida como inadequada. Encontrado o lugar de referência para a fenomenologia dentro da pesquisa qualitativa, passa-se para a caracterização específica da fenomenologia defendida e construída por alguns autores: Edmund Husserl, Martin Heidegger, Maurice Merleau-Ponty e Alfred Schütz.

A seleção desses autores se deu pela seguinte justificativa. Martin Heidegger teve parte de seus estudos orientada pelas contribuições de Edmund Husserl e Maurice Merleau-Ponty buscou nas contribuições Husserlianas e Heideggerianas fundamentos para alicerçar as premissas de uma fenomenologia da percepção. Alfred Schütz foi selecionado em decorrência da extrema relevância de sua sociologia fenomenológica. É necessário deixar claro que não se pretende esgotar as proposições levantadas por cada um desses filósofos, mas sim apresentar suscintamente as principais características de suas respectivas fenomenologias.

6.2.1 A fenomenologia transcendental de Edmund Husserl

O desenvolvimento filosófico de Husserl (1960, 1964, 1966, 1970, 1976, 1980, 1982, 1989), fundador da filosofia fenomenológica do século XX, pode ser estudado em três períodos principais: o primeiro remete à fenomenologia transcendental (ou fenomenologia epistemológica), o segundo trata de uma fenomenologia transcendental mais intensa e o terceiro engloba contribuições relacionadas à fenomenologia genética. Ao longo deste capítulo, serão realizadas discussões que se vinculam mais ao segundo período da fenomenologia de Husserl (1964, 1976, 1980, 1982). Tal recorte se faz necessário, uma vez que a obra do referido autor é demasiadamente extensa e propõe uma série de discussões, as quais não seria possível esgotar em um único capítulo de livro.

Husserl (1976) tornou-se adepto aos estudos da filosofia após conquistar formação em matemática, o que pode ser nitidamente contemplado no título de sua primeira publicação: *"The philosophy of arithmetic"*. Nesse material, ele apresenta uma tentativa de mensurar filosoficamente a aparentemente não equivocada objetividade da matemática, em uma possível busca de alicerces para a fenomenologia, que seriam extraídos de contribuições advindas do psicologismo e do logicismo.

O psicologismo defende que as leis do conhecimento podem ser concebidas pela compreensão de fatos básicos observados ao longo da vida psíquica (MILL, 1882). Já o logicismo aceita que a objetividade dos fenômenos, por mais lógicos que estes sejam, depende da estrutura de pensamentos pela qual a formulação da consciência em relação àquele fenômeno foi possível (WUNDT, 1908). Essa investigação por um respaldo teórico maior ocorreu pela necessidade de se identificar uma postura epistemológica dominante para o início dos estudos sobre a fenomenologia transcendental. Por considerações extraídas das obras de Husserl (1966, 1976), é possível dizer que o autor admitia-se como alguém mais próximo ao logicismo.

Husserl (1964, 1970, 1980, 1982, 1989), no entanto, percebeu que as proposições circundantes à fenomenologia exigiam uma identidade epistemológica que não se encaixava em nenhum dos extremos representados pelos *a priori analytic* e *a priori synthetic*. Ambas as modalidades representam epistemologias filosóficas amparadas pelo positivismo lógico, para o qual as proposições de um estudo devem ser passíveis de verificação e possíveis de serem qualificadas como verdadeiras ou falsas. Houve, por parte de Husserl (1964, 1970, 1980, 1982, 1989), a percepção de que a fenomenologia proposta por ele pedia uma postura epistemológica mais transcendental.

A transcendentalidade da fenomenologia de Husserl (1964, 1966) era evidenciada à medida em que o autor demonstrava-se relutante a conceder definições formais e lógicas para termos como: igualdade, similaridade, todo, parte, pluralidade e unidade. Para ele, a validade de tais construtos dependia, sim, de atividades sintéticas mais concretas, mas também da capacidade de observá-los por momentos de abstração em relação à expressão dos mesmos para com o indivíduo que os contempla.

A lógica, de acordo com Husserl (1976), pressupõe a utilização da linguagem. O que faz da linguagem algo diferencial nas argumentações de Husserl (1976), é que ela constitui o mecanismo pelo qual os significados são simultaneamente comunicados e expressados para o meio. Isso implica que o significado é, em certo sentido, dependente da linguagem, logo apenas pode ser atingido em sua pureza fenomenológica por uma série de exclusões (reduções). Husserl (1976) comenta que cada sinal existe em relação ao sinal de algo, mas nem todo sinal possui um significado implícito. Por sinal com significado Husserl (1976) traduz a ideia de indicação, uma vez que um objeto indica a existência de outro objeto, de maneira que se prevalece a crença de que a existência deste último objeto permite que se conquiste a compreensão da existência do primeiro objeto observado. Um sinal com significado constitui, em essência, uma expressão linguística, por meio da qual se apresentam aspectos físicos de um objeto a fim de que ele possa ser compreendido em plenitude quanto ao significado que busca ser concedido a ele. Husserl (1976) define os aspectos físicos em relação às ações fisionômicas exigidas ao indivíduo para que ele discurse ou escreva, aos contextos nos quais tais atitudes são desempenhadas e às maneiras de expressão utilizadas para externalizar tais atitudes.

Qualquer declaração, seja ela escrita ou falada, pode funcionar como uma expressão, bem como qualquer parte individualizada da declaração. No entanto, uma declaração se torna uma expressão somente quando é vista pela ótica daquilo que procura ser expressado, ou seja, quando algo que é manifestado externamente traduz para o meio algum sentimento interno escondido. O significado, de acordo com Husserl (1976), é construído não somente pela objetividade da declaração em si, mas pela constatação de como a consciência se manifesta em relação àquele significado.

O entendimento do significado, porém, não é conquistado apenas pelos fatores sensoriais, uma vez que eles compõem parte do processo de compreensão, ou seja, remetem a um processo mais elevado, o da significação, o qual busca decifrar o que os sons, os atos e os demais gestos intentam expressar pela declaração daquilo que se explica. Husserl (1964, 1976) insiste que expressões ocasionais possuem um apelo mais objetivo do que subjetivo, o que é comprovado pela escolha da ocasião de realização de determinada declaração.

A lógica pura, para Husserl (1964, 1976), se manifesta apenas por meio de unidades ideais, denominadas pelo autor de "significações", as quais são concebidas por uma abstração das variações reais vivenciadas por uma pessoa em relação ao contexto de manifestação do fenômeno em estudo. Devido à relevância concedida para a linguagem, Husserl (1966, 1970, 1976), ainda no intuito de defender uma lógica investigativa para a fenomenologia, desenvolveu a função de nomeação (*function of nomination*).

Quando algo possui um nome, seu estado de existência está intrinsecamente relacionado a este nome, bem por isso o autor assevera que nomear difere de julgar e que postular difere de não postular (HUSSERL, 1964). Por tais considerações, Husserl (1964, 1966, 1970, 1976) trata o estado das relações (manifestado por expressões complexas) como simples modificações de atos de nomeação. Ele vai além ao argumentar que inerente à função de nomeação consta uma referência objetiva que antecede a introdução de questionamentos sobre a veracidade e o teor intuitivo do preenchimento permitido pelo nome selecionado. É essa referência objetiva que sustenta a noção de ato objetivante.

O conceito de ato objetivante é utilizado por Husserl (1976) para esclarecer e ampliar a noção um tanto obscura de intencionalidade. O autor afirma que o ato objetivante é o portador primário do fenômeno a ser estudado. É por meio do ato objetivante que o irreal da consciência é ligado a uma distinta realidade de vida consciente por parte do indivíduo. Os atos objetivantes são compreendidos também como atos de nomeação, pois, segundo Husserl (1964), a unidade de análise da vida intencional está alicerçada à linguagem, não que aquela esteja inteiramente relacionada a esta, mas no sentido de que é possível nunca se ter acesso às experiências intencionais caso elas não sejam objetivadas por formas singulares de expressão.

Husserl (1964, 1976, 1980, 1982, 1989) ressalta que a significação, ou seja, os atos conscientes de concessão de significados, em conjunto com suas expressões linguísticas, não podem ser considerados como independentes daquilo que adquire significado. É interessante ressaltar que para a significação conquistar sua razão de ser, categorias da realidade precisam ser suspendidas (*epoché*) por duas razões: primeiramente, em favor do que é atual (em favor do ato de perceber algo – *noesis*) e posteriormente em prol do que é ideal (um fenômeno de consciência – *noema*). Ainda com relação à concessão de significados, Husserl (1976), ao valorizar mais a significação intencional do que a atividade consciente de significação, utiliza-se do conceito de abstração ideacional.

A abstração ideacional remete ao que posteriormente foi rotulado como intuição eidética, um tipo de intuição conhecida por meio das fundamentações dos pensamentos lógicos, os quais assumem a forma de uma intuição categórica. Se comparada com a significação, admitida como concreta e específica, a abstração ideacional abre espaço para a possibilidade de se apreender o abstrato e os fenômenos não específicos. Por uma complementação entre a significação e a abstração ideacional alcança-se um objeto ideal definido por uma correlação de atividades conscientes orientadas a conceder significados (HUSSERL, 1964, 1970, 1976).

Husserl (1964, 1966) entende a consciência como uma designação padrão para todos os tipos de ações psíquicas e experiências intencionais. Por tal definição o autor adverte que o "eu" não pode ser objetivado, mas que a relação consciente do "eu" com os objetos que o circundam pode e deve ser objetivada, isto porque não há análise fenomenológica que consiga tratar somente do conteúdo da consciência, mas sim do conteúdo da consciência em relação a algo que se manifesta. É possível perceber que Husserl (1960, 1964, 1966, 1970, 1976, 1980, 1982, 1989) se preocupa demasiadamente com a significação, no entanto ele parece depositar algumas ansiedades sobre a "verdade" dos fenômenos.

Ele adverte que a verdade não se relaciona apenas com a coerência ou ausência de significado das expressões linguísticas, mas principalmente na relação estabelecida entre a linguagem e a realidade e na presença do objeto sobre o qual são manifestadas declarações. A intencionalidade da consciência defendida pelo autor já demonstrava que as análises sobre a verdade iriam para essa direção, o que acabou ficando mais nítido quando as investigações sobre a intencionalidade começaram a ser desenhadas pela observação dos atos objetivantes. A preocupação com a verdade se manifesta na fenomenologia epistemológica (transcendental) de uma maneira um tanto interessante: ela não precisa de pressuposições metafísicas para tecer elucidações e explicações, ela necessita de experiências vividas, por meio das quais seja possível adquirir algum tipo de conhecimento (HUSSERL, 1960, 1964, 1966, 1970, 1976, 1980, 1982, 1989).

6.2.2 A fenomenologia existencial de Martin Heidegger

Quando se fala em Heidegger (1962), involuntariamente faz-se menção ao seu livro *Being and time*. Heidegger (1962) desenvolveu seus postulados sob a tutela de Husserl (1960, 1964, 1966, 1970, 1976, 1980, 1982, 1989) na Universidade de Friburgo. As contribuições vinculadas a *Being and time* são admitidas pelo próprio Heidegger (1962) como aquelas que compuseram sua primeira filosofia. Posteriormente, suas discussões tomaram outra direção, de maneira que o próprio autor assumiu que seus trabalhos iniciais estavam em linha com a tradição metafísica, a qual, de acordo com seus últimos estudos, deveria ser superada (HEIDEGGER, 1979, 1982). Ao longo deste capítulo, serão desenvolvidas discussões que farão referência ao Heidegger (1962) da época de *Being and time*.

De uma maneira um tanto interessante, Heidegger (1962) defendia que todos os seres humanos conhecem o significado de "ser". No entanto, de acordo com ele, os seres humanos não sabem como aplicar o conteúdo extraído do questionamento que indaga: qual é o significado do ser? O autor defende que para se chegar a tal significado questões corretas necessitam ser empregadas, uma vez que por meio delas adquire-se o modo de acesso mais coerente ao *Dasein*.[1] Caso o contexto de questionamento permita, será possível descobrir que *Dasein* é ele mesmo em uma maneira própria de expressão do "ser", o que é observado por um modo peculiar de "ser" deste ser, bem por isso ele deve ser investigado a fim de se tentar identificar alguma abordagem peculiar de expressão do "ser" que contribua para uma compreensão mais generalizada do "ser".

Se *Dasein* é o "ser" cujo modo de "ser" deve ser primeiramente investigado, se uma resposta mais robusta sobre o significado do "ser" será alcançada, se a análise de *Dasein* possui uma prioridade sobre qualquer outra análise, então é necessário entender em que consiste a maneira de "ser" de *Dasein*. Heidegger (1962) resumiu essa necessidade em uma resposta simples: existência. O autor defende que o *Dasein* vive (é) em uma realidade que oferece o seu "ser" para que ele possa ser o que é. Tal característica faz com que *Dasein* seja algo/alguém que ninguém mais é. As coisas, nesse sentido, existem, mas não podem por si mesmas se relacionarem ou agirem em relação a algo tal como se elas existissem por si mesmas.

---

[1] Para os que não tiveram contato com a fenomenologia, ou, mais especificamente, com a fenomenologia Heideggeriana, a seguinte pergunta precisa ser respondida: o que é *Dasein*? De acordo com Haugeland (1982), o texto de Heidegger (1962) denuncia que *Dasein* é simultaneamente ninguém, o mundo, a linguagem e as ciências. *Dasein* pode ser compreendido como qualquer um ou qualquer coisa que seja instituído por si mesmo. Trata-se de um fenômeno que não somente está no mundo, mas, principalmente, de um fenômeno que é no mundo, ou seja, é o que o próprio Heidegger (1962) denomina de um "ser aí". Haugeland (1982) considera que o *Dasein* representa, pelas palavras heideggerianas, um padrão intrincado de normas, disposições legais, costumes, hábitos, relações sociais, instituições públicas e assim por diante. Haugeland (1982) assevera que o padrão intrincado traduzido por *Dasein* é gerado e perpetuado pelo conformismo.

Heidegger (1962) declara que a existência é manifestada pela maneira de ser de *Dasein*, ou seja, pelos modos de comportamento que ele pode ou não pode expressar. Para o autor, *Dasein* sempre compreende a si mesmo, por uma perspectiva tão tênue que cabe a ele ser ele mesmo (autêntico) ou não ser ele mesmo (inautêntico). O autoentendimento que emergirá, em cada uma das instâncias de vivência de *Dasein*, dependerá do curso de vida do "ser" cuja existência está sendo investigada. Heidegger (1962) chama a atenção para o fato de que tais investigações existenciais não são verdadeiras investigações existenciais (*existential investigations*), mas sim *existentiel investigations*.

As *existential investigations* se preocupam com o que vai além das estruturas gerais subjacentes à existência, tais como as formas sobre as quais ela se manifestaria se observadas algumas circunstâncias específicas. Já as *existentiel investigations* estão interessadas em compreender quais autoentendimentos emergirão no "ser" em decorrência dos diversos acontecimentos de sua vida. Heidegger (1962) defende que para compreender os diferentes tempos do "ser" é necessário compreender outra distinção tão importante como a estabelecida entre *existential investigations* e *existentiel investigations*, no caso entre os níveis de análises ônticos e ontológicos.

Para elaborar o conceito de nível ôntico de análise, Heidegger (1962) utilizou-se primeiramente da ontologia regional de Husserl (1964, 1966, 1970, 1976), que tem por significado a investigação fenomenológica de fenômenos já demarcados pela ciência e já disseminados pelo senso comum. Assim as ciências físicas, químicas e biológicas, com seus fenômenos de estudo, fazem menção a três regiões do "ser" sujeitas a uma investigação fenomenológica orientada por uma ontologia regional.

Heidegger (1962) considera a ontologia regional como inadequadamente fundamental, haja vista que ela falha em se preocupar com o eu do "ser" daqueles que convivem com diversos modos de expressão do "ser", ao levar em consideração que caracterizações regionais aplicam-se similarmente aos diversos eus que ali estão. O autor defende que o fato conhecido sobre a existência de inúmeras regiões apenas reforça a superficialidade das investigações fenomenológicas que não apelam para o critério do "ser" singular. Exposta a fragilidade da ontologia regional, Heidegger (1962) apresenta outro conceito de Husserl (1964, 1966, 1970, 1976) para que uma distinção mais clara seja feita entre os níveis ôntico e ontológico de análise, a redução.

Enquanto para Husserl (1964, 1966, 1970, 1976) a redução parte de um mundo natural e alcança uma esfera de compreensão transcendental, por meio da qual a objetividade da estrutura constitutiva da transcendentalidade possa ser esclarecida, Heidegger (1962) esboça uma alternativa que migra de um nível ôntico e se aprofunda em um plano ontológico, a fim de que a constituição das estruturas ontológicas do "ser" possam ser decifradas. Nesse ponto, a fundamentalidade de Husserl (1964, 1966, 1970, 1976) se choca com a profundidade de Heidegger (1962).

As análises fenomenológicas de Husserl (1964, 1966, 1970, 1976) buscam o significado de algo por um retorno a uma consciência transcendental, dentro da qual a constituição do significado é estudada com uma objetividade inerente ao indivíduo e ao fenômeno estudado. Heidegger (1962), por sua vez, busca todos os resquícios que um significado gera em um "ser", ao analisar e revisitar acontecimentos diários e unidades estruturais deste "ser" que inicialmente deram vazão para a existência desses acontecimentos.

Ao denunciar-se como um filósofo preocupado com a profundidade do "ser", Heidegger (1962) apresenta suas três prioridades para realizar uma análise existencial de *Dasein*. A primeira prioridade é ôntica, uma vez que *Dasein* é um daqueles seres que realmente existe e, talvez por isso, tenha condição de questionar o significado da existência em si. A segunda prioridade é **ontológica**, porque o fato de *Dasein* "ser" somente pode ser compreendido em função do entendimento de que ele possui somente o seu ser para ser o que é, ou seja, a sua existência. A terceira prioridade é ôntico-**ontológica**, pois é somente pela compreensão de seu próprio "ser" que *Dasein* pode vir a entender outros "seres" cujo modo de ser é diferente de seu específico modo de ser.

Após diferenciar o nível ôntico do nível ontológico de análise, Heidegger (1962) acrescenta mais uma distinção em seus estudos, aquela estabelecida entre pré-ontologia e ontologia. Uma compreensão pré-ontológica é inadequada e relaciona-se com julgamentos, que mais ocultam do que revelam os significados do que se pesquisa. A estrutura ôntica de *Dasein* é composta por suas próprias motivações e crenças, os quais, em conjunto, concedem uma concepção pré-ontológica do "ser". Embora tenha a pré-ontologia como equivocada, Heidegger (1962) a tem como um possível ponto de partida para se realizar uma investigação mais profunda do "ser". De acordo com essa taxionomia Heideggeriana, é possível compreender a ontologia como a explicação do ser naquilo em que ele já se apresenta para o meio e a pré-ontologia como aquilo que está implícito na existência do "ser" investigado.

A ontologia precisa tornar explícito aquilo que se faz implícito. Heidegger (1962) atesta que o ser humano está tão íntimo de seu "ser" que sua autocompreensão (implícita) não possui a chance de se desenvolver por uma abordagem mais explícita. O autor continua ao considerar que se prevalece uma tendência do ser humano de observar-se a si mesmo como uma entidade, cujo modo de expressão de sua existência não se dá por uma exemplificação com outro "ser", mas com objetos e quase-objetos. Mediante tal constatação Heidegger (1962) afirma que o primeiro passo em uma investigação ontológica aprofundada sobre o "ser" está em desconstruir esta construção equivocada para que assim uma reconstrução mais autêntica da compreensão sobre que vem a ser o "ser" possa ser possibilitada. É por tal razão que ele defende que a ontologia nada mais é do que tornar explícito uma compreensão pré-ontológica do "ser" e do "eu" que conduz este "ser".

6.2.3 A fenomenologia da percepção de Maurice Merleau-Ponty

A obra de Maurice Merleau-Ponty, apesar de ser composta por alguns livros, é amplamente conhecida pelas contribuições disponibilizadas em *"The phenomenology of perception"* (1962). Nesse livro, Merleau-Ponty (1962) vai além dos limites da fenomenologia e acaba propondo uma teoria da percepção e, secundariamente, uma teoria do organismo humano. Ele defende que essas concepções (a percepção e o organismo humano) são indissociáveis, uma vez que a percepção representa uma função primária do organismo humano e este se apresenta como a fundamentação adequada para a teoria da percepção.

Logo no início do livro, Merleau-Ponty (1962) questiona: o que é fenomenologia? Ele mesmo faz questão de responder. A fenomenologia é tanto uma filosofia das essências

(HUSSERL, 1960, 1964, 1966, 1970, 1976, 1980, 1982, 1989) quanto uma filosofia das existências (HEIDEGGER, 1962), é tanto uma filosofia que se inicia pela redução (HUSSERL, 1960, 1964, 1966, 1970, 1976, 1980, 1982, 1989) quanto uma filosofia para a qual o mundo sempre esteve lá (HEIDEGGER, 1962), é tanto uma ciência rigorosa (HUSSERL, 1960, 1964, 1966, 1970, 1976, 1980, 1982, 1989) quanto uma descrição das estruturas imediatas observadas no mundo (HEIDEGGER, 1962). Merleau-Ponty (1962) assume que a fenomenologia é em si contraditória, característica esta que não é resolvida por contribuições extraídas da fenomenologia transcendental de Husserl (1960, 1964, 1966, 1970, 1976, 1980, 1982, 1989) e nem da fenomenologia ontológica de Heidegger (1962). Ele justifica tal fato ao explicar que ambas as proposições fenomenológicas recorrem aos pensamentos iniciais de Husserl (1960, 1964, 1966, 1970, 1976, 1980, 1982, 1989), por meio dos quais defende-se que para se analisar um fenômeno deve-se partir de um espaço analítico transcendental que permita a investigação do mundo da vida.

É essa contemplação das proposições Husserlianas e Heideggerianas que permite a Merleau-Ponty (1962) a construção de uma concepção própria de fenomenologia, a qual está alicerçada em quatro temas principais: descrição, redução, essência e intencionalidade. A fenomenologia, para Merleau-Ponty (1962), é uma ciência *descritiva* e, bem por isso, precisa ser distinguida de qualquer ciência que tenha dentre seus propósitos explicar algo. Ou seja, a fenomenologia deste autor não tem como certa a realidade de existência no mundo, uma presunção inerente a qualquer corpo científico investigativo. Ele defende a fenomenologia como uma ciência que busca o mundo que antecede a geração do conhecimento, uma ciência cujas esquematizações científicas são manifestadas por diversos sinais de linguagem. A fenomenologia de Merleau-Ponty (1962) apela para atividades reflexivas, as quais precisam refletir aquilo que não deve ser refletido, de maneira que o mundo não está mais no homem que o observa, mas sim o homem passa constituir um mundo observável.

Em relação à *redução*, Merleau-Ponty (1962) declara que é por meio dela que o "eu" se torna ciente de sua relação com o mundo e com os outros sujeitos inseridos neste mesmo mundo. A reflexão, no entanto, não se trata de uma atividade que pode ser extraída do mundo por meio de uma unidade consciente tal como a base que fundamenta o mundo. Trata-se, porém, de uma atividade que tenta retornar no tempo para assistir às formas de transcendência que emanam da realidade. Merleau-Ponty (1962) exemplifica que tal como as faíscas sobressaem em um grande incêndio, os grandes desequilíbrios são decompostos em pequenos acontecimentos, por meio dos quais faz-se possível observar como os diferentes medos conquistam a contemplação do homem. É por tal caracterização que o autor em discussão vai além ao considerar a redução não como um procedimento de uma fenomenologia transcendental, mas sim como algo inerente à fenomenologia existencial.

No que se refere às *essências*, Merleau-Ponty (1962) admite que a fenomenologia Husserliana não teve como intento separar as essências da existência. O autor defende que é a expressão da experiência por meio da linguagem que faz possível uma separação inicial das experiências em relação aos contextos sobre os quais elas foram geradas. Ele atenta que em sua fenomenologia da percepção uma distinção mais interessante do que essência e experiência deve ser observada, aquela em que as essências conceituais são isoladas e separadas por categorizações linguísticas, que por sua vez tornam-se significados ideais.

A reflexão transcendental, portanto, permite que as essências se libertem de um patamar conceitual mais denso e busquem por uma realocação linguística pela contemplação de experiências (pré-linguísticas e pré-objetivas) que difiram daquela que as originou.

Ainda com o intuito de elaborar uma concepção fenomenológica que também participasse da necessidade de retornar às origens das coisas (ou seja, das coisas em si mesmas), Merleau-Ponty (1962) recorre à distinção de Husserl (1960, 1964, 1966, 1970, 1976, 1980, 1982, 1989) entre *act intentionality* e *operative intetionality*. Para Merleau-Ponty (1962), a *act intentionality* constitui uma intencionalidade embutida nos julgamentos e em análises de experiências que foram concebidos em um mundo de objetos, palco de nascimento de algumas investigações temáticas. A *operative intentionality* trata da intencionalidade que acontece por meio de um mundo que é convidado a participar da existência do indivíduo. É essa *intencionalidade* pré-predicativa que não somente captura o significado original das experiências, como também permite que o mundo se torne o *locus* de manifestação dos sentimentos, desejos, pensamentos, avaliações, projeções e conhecimentos. É por essa intencionalidade que Merleau-Ponty (1962) defende que o desconhecido é trazido à luz, na qual é possível alcançar as diversas raízes de pensamento e conhecimento.

Analisadas tais contribuições da fenomenologia da percepção de Merleau-Ponty (1962), é possível considerar que ele converge com Heidegger (1962) quanto ao *status* existencial e ontológico da fenomenologia. Ao mesmo tempo, Merleau-Ponty (1962) não abandona conceitos e procedimentos como reflexão, subjetividade, consciência e significado, tão típicos da fenomenologia Husserliana. Tais constatações apenas reafirmam o caráter paradoxal da fenomenologia de Merleau-Ponty (1962), a qual é plenamente redigida em uma linguagem ambígua e metafórica, de maneira que o papel do autor de considerar "tanto a fenomenologia Husserliana quanto a fenomenologia Heideggeriana" acaba recaindo em uma realidade que "nem uma e nem outra" concepção fenomenológica consegue fundamentar substancialmente este corpo próprio da fenomenologia da percepção.

6.2.4 A fenomenologia social ou a sociologia fenomenológica de Alfred Schütz

A sociologia fenomenológica é o estudo das estruturas da vida social conhecidas através da descrição analítica dos atos de consciência intencional. Seu maior expoente e fundador foi Alfred Schütz. Desde o início de sua caminhada filosófica, ele dialogou com o pensamento weberiano e husserliano. Com este último pôde manter contato pessoal e epistolar por anos. Ele refletiu profundamente a respeito da sociologia compreensiva do primeiro e na fenomenologia do segundo, para propor uma maneira original de se estudar a vida social.

A estratégia de estudo weberiana desenvolveu um método que se mostrou valioso recurso. Seu método de tipos ideais voltados para a análise social estava baseado no real, mas operava no plano conceitual, sem o propósito de emitir juízos de valor ou supor a existência de fato do representado pelo tipo ideal. O tipo ideal, como modelo teórico, permitia análises comparativas e a identificação do que é singular, contingencial, permanente.

Compreende-se a vida social através do estudo das ações sociais. E compreende-se a ação social pelo sentido a ela atribuído pelas pessoas no plano social. O foco não reside na ação social em si, mas no sentido que possui nas relações entre atores sociais. Por exemplo, a ordem normativa de determinada sociedade não estaria "fora" das pessoas, mas se concretizaria no interior dessas pessoas e em suas interações sociais. E essa concretização estaria sendo obtida tendo em vista o seu sentido, consoante a compreensão dessas pessoas dentro das condições efetivas das interações sociais.

As ações poderiam ser analisadas, também, conforme uma tipologia ideal:

- Ação do tipo racional orientada por metas – há uma avaliação dos meios em razão da utilidade, fins e consequências resultantes.

- Ação do tipo racional orientada por valores – há uma avaliação pelas preferências e valorações.

- Ação do tipo afetiva – nessa categoria estariam os instintos e impulsos as ações baseadas em emoções.

- Ação do tipo tradicional – hábitos, rotinas e costumes.

Diferentemente do ponto de vista corrente, o trabalho de Schütz (1979, 2003) tem tanto uma dimensão ontológica-epistemológica quanto uma forte dimensão metodológica. De forma análoga à abordagem da fenomenologia transcendental, ele não se restringe aos posicionamentos predefinidos – por exemplo: pelos racionalistas, idealistas, empiristas, objetivistas etc. – que estabelecem, por causa de seus pressupostos, possibilidades e limites para o estudo e a compreensão do mundo social. A redução como recurso metodológico e como recurso epistemológico colocam em suspensão as questões sobre a existência ou não do objetivo material e sobre a existência de uma metafísica, para se concentrar na consciência do fenômeno social, na consciência do outro e dos outros.

Para compreender o que é a sociologia e o seu objeto, discordou da orientação proposta por Durkheim ([1895] 2002) através da sua indagação "O que é um fato social?", e procurou mudar a perspectiva analítica ao reformular a orientação com outra indagação: "Qual a realidade social com que lidam os sociólogos?." Não compreendia a vida social como constituída por fatos equiparados a coisas do mundo da natureza, mas como uma construção social em experiências intersubjetivas dos seres humanos. O coletivo e o individual em interações significativas, imersos no cultural, composto de elementos considerados como tendo diferentes níveis de ductibilidade, assentimento, pertencimento e mutabilidade.

A ordem social, apesar de seu caráter totalizante, não subtrairia de cada indivíduo e dos indivíduos sua potencialidade deliberativa, interpretativa e volitiva. E eles conseguiriam manter, ainda, o sentimento de compreensão mútua e coerência, acolhendo que não houvesse uniformidade e homogeneidade no mundo social. Tinha como pressuposto que o homem vive no mundo do senso comum, relacionando-se com outros.

Seriam princípios para a investigação científica da vida social, dentro dessa perspectiva:

- Compreender o social através do cotidiano.

- Aquilo que é verdade para o indivíduo está em suas ações e é a essência de suas experiências.

- A percepção subjetiva está assentada no mundo da realidade social.

- A relação com o outro é troca e consciência do "si" e do "outro" e dos "outros".

- Na constituição do sujeito, além da consciência de si há uma instância da consciência da intersubjetividade que o vincula ao outro existente.

- A relação entre (ou sociedade das) as pessoas compõe o compartilhamento da vida social, e essa experiência consciente reside no intersubjetivo, passível de análise fenomenológica pela redução e descrição de seus elementos permanentes.

- O outro – o mundo social, cultural, natural, histórico – não são só fatos constituídos para o sujeito, mas são realidades constituídas pelo sujeito.

A "orientação para o tu" de uma pessoa é correspondida por outra, se ambas intencionalmente se voltam uma para outra, resulta daí um "relacionamento Nós". O envolvimento "face a face" com os outros é a principal forma de encontros sociais. Em um "relacionamento Nós" é possível que cada um compreenda os significados que o(s) outro(s) atribui(em) aos fatos, aceitando a sua singularidade e a do outro, derivadas de suas situações biográficas particulares. Pode ocorrer a vivência da *simultaneidade da vida*, na qual um ser pode experienciar o fluxo de pensamento do outro.

Nesse aspecto, a metodologia da sociologia fenomenológica pode descrever os processos de estabelecimento e interpretação de significados tal como advindos da vivência intersubjetiva, do encontro face a face, voltando-se, assim, para o entendimento das ações sociais e de sua contextualização. E, a partir daí, alcançar o conhecimento da organização e estruturação da vida social e do sujeito e da intencionalidade da sua consciência em um mundo intersubjetivo no cenário das relações sociais.

O homem vive nesse mundo e tem para com ele uma constante *atitude natural*. O homem, da mesma forma que vê como pressuposto o mundo da natureza no qual nasceu, vê como pressupostos:

- a existência material de semelhantes;

- sua vida consciente;

- a possibilidade de intercomunicação; e

- a qualidade histórica da organização social e da cultura.

Para Schütz (1979, p. 72), o

mundo da vida cotidiana significa o mundo intersubjetivo que existia muito antes do nosso nascimento, vivenciado e interpretado por outros, nossos predecessores, como um mundo organizado. Ele agora se dá à nossa experiência e interpretação. Toda interpretação desse mundo se baseia num estoque de experiências anteriores dele, as nossas próprias experiências e aquelas que nos são transmitidas por nossos pais e professores, as quais, na forma de *"conhecimento à mão"*, funcionando como um código de referência.

Esse mundo possui estruturas, sistemas de relevância e sistemas de identificação por tipos ou categorias. As estruturas do mundo da vida cotidiana estão compostas de alternativas, de escolhas, que podem ser indiferentes do ponto de vista moral ou ter motivações morais divergentes entre si. As tipificações são esquemas descritivos impessoais de reconhecimento universal do mundo da vida. O tipo ideal tem como base a vivência dos sujeitos.

Cada pessoa ordenaria seletivamente aspectos de sua vida social atribuindo-lhe um nível de relevância consoante seus interesses e envolvimentos. Configurariam diferentes domínios de relevância, que, em seu conjunto formariam o seu sistema de relevância, com suas prioridades e preferências. As relevâncias podem ser impostas. Podem ser compartilhadas ou comuns às pessoas.

As funções desses sistemas de relevância e tipificações seriam:

- reconhecer identidades, homogeneidades, pertencimentos;
- inferir conteúdos correspondentes ao tipos (ex.: modos mais adequados de reagir ou solucionar problemas específicos);
- contribuir para o estoque de conhecimento social;
- transpor as ações singulares (de pessoas únicas em ações únicas) em tipos sociais (ex.: papéis, motivação, fins);
- oferecer um conjunto de conhecimento (códigos) de orientação e de interpretação;
- servir de base para a criação de mais conhecimento social e oferecer critérios de aceitabilidade desse conhecimento social.

O mundo da vida cotidiana, comum a todos, se torna único e particular quando observado a partir de uma dada situação biográfica, ou seja da história pessoal resultante da sedimentação de todas as suas experiências. A situação biográfica de vida implica um conhecimento assim adquirido e desenvolvido, e ele é empregado para se interpretar o mundo. Esse acervo de conhecimento são tipificações acumuladas e constitui um padrão para assimilação e reconhecimento de informações que permite ao homem representar o mundo. A situação biográfica é essencialmente subjetiva, mas permite a objetivação do mundo da vida.

Assim, em qualquer parte do mundo, o homem, ao analisar objetos, animais, plantas, automóveis, saberá reconhecê-los e decodificá-los de imediato, independentemente do estabelecimento de diálogo com outra pessoa. Ele interpreta de forma espontânea sua rotina de afazeres diários, legitimando todos os valores intrínsecos à vida social, tais como regras de controle, relações de poder, classes, religião, trabalho e demais tipos de contratos para convivência social.

O homem define sua espacialidade e temporalidade de acordo com suas próprias posições no espaço e tempo. Com base nessa questão da temporalidade e espacialidade, Schütz (1979) aponta a existência de quatro tipos de 'outro' e 'outros' (*alter egos)* na sociedade:

- *predecessores*: pessoas que existiram em uma realidade passada. Somente tomamos consciência de sua existência por leituras ou relatos;

- *contemporâneos*: pessoas que estão vivas na mesma realidade temporal, ou seja, no presente;

- *consócios*: pessoas que convivem diretamente na mesma realidade temporal e espacial;

- *sucessores*: pessoas que viverão após a morte dos contemporâneos e permanecerão anônimas para os mesmos para sempre.

Schütz (1979, 2003) também procura estudar *a dimensão racional da ação social*: a ação social é condicionada à racionalidade da mesma, e fundamentalmente, segundo a classificação weberiana, a ação social é orientada para objetivos. Ele aproveita um conceito formulado no pensamento husserliano de *"possibilidades problemáticas". Este conceito relaciona-se com o ato da reflexão desenvolvida pelo homem antes de agir.* Tal reflexão leva o homem a suspender sua atitude natural de aceitação perante o mundo, passando a perceber que é livre para decidir o curso de sua vida.

Dessa maneira, em sua visão, o indivíduo:

- projeta a sua ação no futuro;
- avalia a possibilidade de essa ação alcançar o fim desejado;
- se confronta com a dúvida entre as possibilidades existentes para a concretização de sua ação;
- toma consciência também de que as opções podem se contradizer, ou seja, não só oferecer soluções diferentes, mas opostas entre si, e que ele tem que optar e escolher.

O ato de escolher implica uma ação voluntária; e ela traduz liberdade e o seu caráter subjetivo. A ação voluntária é o critério da conduta significativa, o "significado" dessa conduta é escolha; é liberdade para *se comportar* de uma maneira ou de outra. E *existe uma livre escolha entre os possíveis fins os fins dos atos, que são conhecidos* no momento da decisão.

No mundo da vida, utiliza-se do passado para a construção de modelos que orientem o alcance dos fins desejados. Há dois tipos de motivos presentes nessa ação: o "motivo para" (ou motivos a fim de) e o "motivo por que" de sua execução.

- *"motivos para"*: projeto de vida do sujeito, uma projeção do futuro. É elaborado com base "no acervo de conhecimento ao nosso alcance", fundamentado, em especial, em experiências passadas semelhantes ao projeto atual. Frequentemente, a ele é atribuída a qualidade de recursividade, uma crença de que é possível "fazer isso novamente" ou tentar mais uma vez.

- *"motivos por que"*: são as causas dos projetos humanos, livres e subjetivamente definidos. Encontram-se no passado as manifestações dos "motivos por que" da ação social.

Segundo Schütz (1979, p. 125),

> Motivo pode ter um significado subjetivo e um significado objetivo. Subjetivamente, refere-se à experiência do ator que vive o processo de atividade em curso. Para ele, o motivo quer dizer o que ele realmente tem em vista como atribuidor de significado à sua ação em curso, e isso é sempre o "motivo a fim de", a intenção de realizar um estado de coisas projetado, atingir um objetivo preconcebido. Na medida em que o ator vive em sua ação em curso, ele não tem em vista os seus "motivos por que". Somente quando a ação é realizada, quando, na terminologia que propusemos, ela se torna um ato, é que ele pode voltar-se para a sua ação passada, como um observador de si próprio, e investigar em que circunstâncias foi determinado que fizesse o que fez. O mesmo acontece quando o ator capta em retrospectiva as fases iniciais de sua ação ainda em curso. Essa retrospectiva pode até ser meramente antecipada *modo futuri exacti*. Tendo antecipado, no projeto da minha fantasia, o que vou ter feito quando estiver desenvolvendo o meu projeto, posso me perguntar por que fui determinado que eu tomasse essa e não outra decisão qualquer. Em todos esses casos, o "motivo por que" genuíno se refere a experiências do tempo perfeito, no passado ou no futuro. Devido à sua estrutura temporal, ele apenas se revela ao olhar retrospectivo.

Podemos considerar a ação como equivalente a um projeto, que tem os "motivos para" atribuídos ou aceitos pelo sujeito. E após a finalização do "projeto", é possível, através da atitude reflexiva desse mesmo sujeito, discorrer sobre os "motivos por que" da ação. *A ação social desenvolvida no mundo da vida envolve motivação, racionalidade, planejamento, projeção, liberdade de escolha e deliberação.*

Um referencial analítico presente nessa perspectiva residiria no significado. O significado de uma experiência seria elaborado interpretativa e retrospectivamente. É "o significado de nossas experiências e não a estrutura ontológica dos objetos que constitui a realidade" (SCHUTZ, 1970, p. 248). O conjunto total dos significados estaria passível de ordenação gerando a percepção de múltiplas realidades nessa totalidade. Schütz (1979) adota entendimento diverso de Willian James ([1890] 1950), e fala em Províncias de Significado para se referir a essas ordens de realidade. O vocábulo *província* não se refere a uma noção de espaço físico. Ele vai analisar a sociologia nessa ótica, de uma província de significado.

A investigação sociológica num enfoque interpretativo deve se conduzir por um caminho que fique claro seu rigor e desdobramento. Três postulados estipulados por Schütz para que os pesquisadores possam chegar a um construto ideal, a saber:

- *Postulado da Coerência Lógica*: o sistema de construções ideais elaborado pelos pesquisadores deve ser estabelecido com o mais alto grau de clareza e nitidez, estando totalmente compatível com os princípios da lógica formal;

- *Postulado da Interpretação Subjetiva*: para explicar as ações humanas, o homem da ciência deve perguntar-se que modelo de mente individual é possível construir e quais conteúdos típicos se devem atribuir a ele para explicar feitos observados como resultado da atividade da mente em uma relação compreensiva;

- *Postulado da Adequação*: cada término de um modelo científico de ação humana deve ser construído de tal modo que um ato humano, efetuado no mundo da vida por um ator individual, indicado pela construção típica, seja compreensível tanto pelo ator como para seus semelhantes em termos de interpretação de sentido comum na vida cotidiana.

6.2.5 A fenomenologia como um possível método para a condução de pesquisas qualitativas

Mediante a riqueza das perspectivas filosóficas envoltas à fenomenologia, talvez seja um tanto utópico esperar que por meio de um único método, ou ainda, de um conjunto de métodos, seja possível aprender como aplicar tal abordagem em um procedimento qualitativo de pesquisa. O que se espera de uma proposição metodológica vinculada à fenomenologia é, de acordo com Schmicking (2010), conquistar respostas para duas perguntas principais: (1) como a abordagem fenomenológica pode ser empregada em campo? e (2) quais são as ferramentas de pesquisa necessárias para se desenvolver uma pesquisa fenomenológica?

Para se adquirir a noção de fenomenologia enquanto um dos possíveis métodos para a condução de pesquisas qualitativas, faz-se necessário entender que a expressão *fenomenologia* não faz menção unicamente às diversas correntes filosóficas e abordagens científicas que buscam, incessantemente, compreender as fundamentações da filosofia fenomenológica. A fenomenologia também contempla uma série de fenômenos, os quais, em conjunto, denunciam uma série de patologias contemporâneas que interessam aos pesquisadores qualitativos, uma vez que pelo método fenomenológico busca-se também a possibilidade de se alcançar a essência desses mesmos fenômenos por meio de vozes sociais renegadas.

Com o intuito de se manter uma coerência com o que já foi discutido ao longo deste capítulo, será exposta uma exemplificação de estruturação de método fenomenológico (SPIEGELBERG, 1975, 1994) que tenha como base o movimento filosófico desenvolvido a partir do início do século XX, e que teve dentre seus principais representantes os filósofos Edmund Husserl, Martin Heidegger, Maurice Merleau-Ponty e Alfred Schütz. Em prol de melhor compreender a transição proposta neste momento do texto, ou seja, a de deixar (não no sentido de abandonar) a filosofia fenomenológica e priorizar o método fenomenológico, apresenta-se a definição de fenomenologia elaborada por Spiegelberg (1975).

O autor admite que a fenomenologia do século XX é principalmente aquela que se restringe ao movimento filosófico cujo objetivo primário está em investigar diretamente e descrever o fenômeno pesquisado como algo conscientemente experimentado, por meio de um contato inicial desprovido de teorias e de explicações causais, de maneira que o fenômeno possa ser observado na liberdade de preconcepções e pré-julgamentos (SPIEGELBERG, 1975).

Uma das grandes críticas relacionadas às tentativas de se fundamentar um caminho metodológico para aplicação da fenomenologia enquanto um possível procedimento qualitativo de pesquisa está no fato de que a maioria desses esforços parte dos pressupostos da fenomenologia transcendental Husserliana. Schmicking (2010) esclarece que o teor desses exercícios críticos é equivocado, uma vez que aqueles que buscam desenvolver um caminho metodológico para a fenomenologia nem sempre adotam a perspectiva fenomenológica de Husserl (1960, 1964, 1966, 1970, 1976, 1980, 1982, 1989) como a que melhor representa os estudos filosóficos a respeito desse tema.

As suas contribuições acabam sendo admitidas como ponto de partida para alguns metodólogos simplesmente por uma justificativa histórica. Apesar dos estudiosos apresentarem divergências no que tange à fenomenologia filosófica e à fenomenologia enquanto método, é consensual que Husserl (1960, 1964, 1966, 1970, 1976, 1980, 1982, 1989) inaugurou um novo momento para a fenomenologia, o que fica nítido na contemplação das obras de diversos fenomenólogos, os quais acabam se dividindo entre os seus seguidores e os seus críticos.

Não que seja possível categorizar as proposições fenomenológicas existentes como Husserlianas e não Husserlianas, uma vez que tal tentativa seria propor a reificação de um tema impossível de ser dicotomizado. O que se pretende por tal exposição é argumentar que, como bem ressaltou Ihde (1977), embora Husserl (1960, 1964, 1966, 1970, 1976, 1980, 1982, 1989) já não possa mais deter a palavra final sobre a fenomenologia, cabe a ele o privilégio de ter, perpetuamente, a primeira palavra sobre esse assunto. O seu trabalho permitiu a fundamentação de uma fenomenologia que acaba sendo imprescindível para qualquer outro estudo que venha a tratar do mesmo tema.

A partir desse contexto de compreensão sobre a representatividade desse filósofo para a elaboração de um método fenomenológico, Moran e Mooney (2002) comentam que, por essa perspectiva, a fenomenologia é mais aceita como uma maneira de observação do que como um conjunto de doutrinas. A efetividade desta maneira de observar é garantida pelo poder de descrição daquele que narra a emergência do fenômeno. É possível dizer, portanto, que a descrição fenomenológica constitui algo inseparável da fenomenologia em si.

A caracterização da fenomenologia como uma maneira de observação do fenômeno se dá desde os postulados originais desse filósofo, uma vez que ele defendia que a fenomenologia apenas poderia ser realizada por técnicas especiais de introspecção, as quais somente se faziam possíveis pelos atos de olhar e observar. Nesse sentido, por meio de análises fenomenológicas é possível descobrir novos fenômenos, novas experiências e novas estruturas, os quais jamais estiveram sujeitos a qualquer ordem científica de análise. Mas como?

Dentre as inúmeras publicações que tratam sobre fenomenologia, não é difícil encontrar alguns estudos que procuram fundamentar um método fenomenológico mais acessível para os pesquisadores que intentam iniciar-se nesta abordagem de pesquisa qualitativa. Há um destaque para os trabalhos de Ihde (1977) e de Embree (2007), no entanto talvez caiba ao último autor a responsabilidade de ter desenvolvido uma proposição metodológica que orientasse os pesquisadores a elaborarem um estudo fenomenológico. Ainda que esclarecedora, a obra de Embree (2007) fica aquém das contribuições ofertadas por Spiegelberg (1994), uma vez que este constituiu uma abordagem que é escrita do ponto de vista do pesquisador fenomenológico, o qual se torna superior à perspectiva histórico-exegética tão predominante em outras proposições metodológicas.

Spiegelberg (1975, 1994) trata o método fenomenológico como uma série de passos a serem seguidos. O autor considera que as diversas variedades de fenômenos possíveis de serem pesquisadas pela fenomenologia participam de um núcleo de relações comum, por meio do qual as diferentes versões fenomenológicas se encontram nas fundamentações filosóficas e metodológicas que deram origem a esta gama de concepções a respeito da fenomenologia. Os passos defendidos por Spiegelberg (1975, 1994) não somente englobam alguns dos mais interessantes métodos utilizados para a fenomenologia, como também explicam as diferenças e as relações existentes entre os vários tipos de fenomenologia. Os passos do método fenomenológico de Spiegelberg (1994) são:

- 1º Passo: Investigação de fenômenos específicos;
  - 1ª Fase: intuição
  - 2ª Fase: análise
  - 3ª Fase: descrição
- 2º Passo: Investigação das essências gerais;
- 3º Passo: Apreensão das relações essenciais estabelecidas entre as essências;
- 4º Passo: Observação dos modos de aparição;
- 5º Passo: Observação da constituição do fenômeno na consciência;
- 6º Passo: Suspensão da crença sobre a existência do fenômeno; e
- 7º Passo: Interpretação do significado do fenômeno.

O *primeiro passo* da lista elaborada por Spiegelberg (1994) é tratado por muitos autores como descrição. Ele é constituído por três fases principais. A primeira é denominada intuição. Por meio da apreensão intuitiva do fenômeno, subentende-se que aquilo que está sendo pesquisado deve ser experienciado em um nível máximo de distanciamento de preconcepções e pressuposições (SPIEGELBERG, 1975). Ao despir-se de seus valores e de suas crenças em relação ao fenômeno, o fenomenólogo concede uma igualdade de relevância para a observação de todos os detalhes que circundam esse mesmo fenômeno.

A segunda fase inerente ao primeiro passo é a análise, que consiste em distinguir os componentes do fenômeno e as relações estabelecidas entre tais componentes e entre tais componentes e o fenômeno pesquisado. A terceira fase trata da descrição em si, por meio da qual se intenta descrever a estrutura que emerge a partir da análise realizada previamente, bem por isso cabe à descrição a responsabilidade de finalizar a investigação do fenômeno particularmente estudado pela pesquisa em desenvolvimento (SPIEGELBERG, 1994).

Sobre esse primeiro passo, Spiegelberg (1994) salienta que a fenomenologia se inicia pelo silêncio e é por essa razão que a descrição fenomenológica serve como um ponto para referenciar características singulares a respeito do fenômeno que se estuda. O autor vai além ao considerar que uma descrição fenomenológica permite ao leitor experienciar por ele mesmo as estruturas reportadas em uma análise fenomenológica.

Apesar de muitas descrições partirem da observação de um fenômeno em particular, os fenomenólogos têm por necessidade conquistar percepções mais generalizadas sobre as estruturas dos objetos e sobre as estruturas das experiências. Essa transposição de casos particulares para afirmações universais a respeito da essencialidade das estruturas pesquisadas exige a utilização de uma ferramenta peculiar que possibilite a determinação das essências dos fenômenos, ou como declara o próprio Spiegelberg (1994), das estruturas invariantes dos fenômenos.

A identificação das estruturas invariantes dos fenômenos pede, de acordo com Spiegelberg (1994), nova apreensão intuitiva, análise e descrição. O autor é incisivo em esclarecer que este *segundo passo*, ou seja, o de investigar as essências gerais dos fenômenos difere, e muito, do terceiro passo, o de apreender as relações essenciais estabelecidas entre as essências dos fenômenos investigados. O *terceiro passo*, para Spiegelberg (1994), lida mais com a determinação das relações internas de uma essência e com as relações estabelecidas entre as diferentes essências dos fenômenos investigados.

O objetivo primário da fenomenologia, conforme palavras de Spiegelberg (1975), está na investigação direta e descrição do fenômeno tal como ele foi conscientemente experienciado. Trata-se de um desafio, uma vez que as maneiras particulares de vivenciar novas experiências estão plenamente inseridas a um modo de vida rotineiro, dificilmente possível de ser diferenciado voluntariamente por aquele que estabeleceu um primeiro contato com o fenômeno investigado. Os modos de aparição dos fenômenos, portanto, são partes constituintes do mundo habitualmente vivido pelo ser humano, ou seja, eles retratam apenas como cada indivíduo se porta em relação a uma dada situação e não como ele conscientemente analisa esta mesma situação (SPIEGELBERG, 1975, 1994).

Os modos de aparição são investigados pela fenomenologia no *quarto passo* metodológico apresentado por Spiegelberg (1994), o de observar os diferentes modos de aparição do fenômeno investigado. Estruturas, regras e constrangimentos que emergem quando o indivíduo passa por uma nova experiência em termos de percepção, imaginação e compreensão conceitual são então reveladas. A fenomenologia extrai as regras e os constrangimentos a partir da descrição esmiuçada dos modos de aparição. Ao estudar tais modos de aparição e suas respectivas dependências, a fenomenologia mostra-se preocupada com o que Spiegelberg (1994) denomina de constâncias perceptivas.

As constâncias perceptivas fazem menção a uma propriedade de percepção que se mantém constante em relação a um objeto, ainda que este seja submetido a uma diversidade de estímulos que tentem alterar tal percepção. A constância perceptiva tem haver também como a constituição do fenômeno é compreendida por aquele que o observa. A constituição é tema de interesse para o *quinto passo* de investigação proposto por Spiegelberg (1994), o de observar a constituição do fenômeno na consciência. Esse passo busca identificar como as estruturas invariantes de diferentes modos de aparição estão inter-relacionadas e como o significado dos fenômenos emerge por um relacionamento (não linguístico e não conceitual) estabelecido entre o homem, o mundo e os outros homens.

A constituição não é apenas uma atividade mental, uma vez que os corpos dos indivíduos estão conscientemente envolvidos com o mundo no qual os fenômenos se expressam. A fenomenologia estuda as maneiras pelas quais diversas operações cognitivas se combinam para constituir um objeto que tenha significado para o ser humano que o observa.

Spiegelberg (1994) reitera que nada escapa à constituição, nem mesmo a consciência dos indivíduos. Tal concepção acaba por confluir no *sexto passo* metodológico ofertado pelo autor, o de suspender a crença sobre a existência do fenômeno, que, de maneira muito interessante, segundo Spiegelberg (1994), está inteiramente relacionado com o primeiro passo, o de tentar descobrir o fenômeno em liberdade de qualquer preconcepção e pressuposição.

Quando o ser humano suspende suas crenças (científicas ou sociais) a respeito da existência dos objetos e dos eventos sociais, ele fica mais propenso a negligenciar o máximo de preconcepções e pressuposições que vêm a sua mente. Essa suspensão de crenças traduz o que também é conhecido por redução fenomenológica. A função da redução está em possibilitar um passo atrás em relação à situação de encontro com o fenômeno. É interessante ressaltar que a suspensão não implica condenar a noção de existência dos objetos e do mundo. Ao contrário, por meio da redução fenomenológica é possível conceber objetos e eventos sociais pelos significados que eles têm para aqueles que os observaram (SPIEGELBERG, 1994).

Tal preocupação se faz presente no *sétimo passo* indicado por Spiegelberg (1994), o de interpretar o significado do fenômeno. Nesse momento, observa-se uma preocupação mais veemente sobre o indivíduo, o objeto e os eventos sociais estarem no mundo, preocupações estas estudadas em profundidade pela fenomenologia hermenêutica, também denominada de fenomenologia existencial por Spiegelberg (1994). O objetivo da fenomenologia existencial está em desvelar e interpretar os significados ocultos de um fenômeno, os quais não são imediatamente manifestados às capacidades intuitivas, analíticas e descritivas do pesquisador.

Após essa breve apresentação da fenomenologia como um possível método para a condução de pesquisas qualitativas, passa-se para a identificação de algumas características relevantes de produções científicas na administração que têm-se utilizado desse método nos últimos anos.

6.3 ANÁLISE BIBLIOMÉTRICA – O USO DA FENOMENOLOGIA EM ADMINISTRAÇÃO NO BRASIL

Com base no exposto, foi realizado um sistemático levantamento bibliométrico para identificar como se encontra a inserção da fenomenologia como método de investigação científica em administração. Tendo isso em vista, os artigos selecionados foram analisados individualmente e as características de interesse neste estudo foram organizadas em uma ferramenta computacional para análise descritiva das informações obtidas. A primeira variável analisada trata da origem do artigo, conforme pode ser visualizado no Gráfico 1, a seguir:

Gráfico 1 – *Origem dos artigos selecionados*

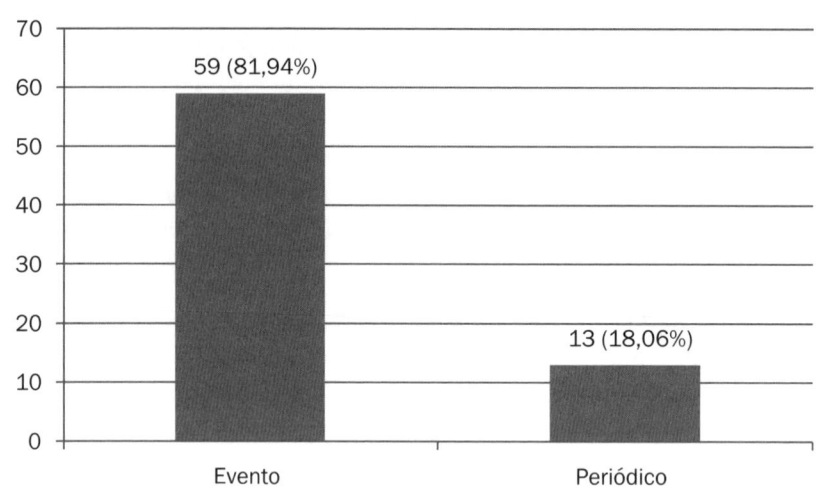

Fonte: Dados da pesquisa.

Como é possível observar, a maior parte dos artigos sobre fenomenologia em administração advém de anais de eventos (81,96%). Compreendendo os eventos como uma forma inicial de apresentação e discussão de artigos para posterior publicação em periódicos, é possível observar que a produção em periódicos não segue o mesmo ritmo que os eventos em termos de volume de trabalhos divulgados para a comunidade científica.

Quando é realizada uma análise de distribuição entre todos os eventos nos quais foram identificados trabalhos sobre o tema, foi possível observar que o evento com maior destaque foi o Encontro da Associação Nacional de Pós-Graduação e Pesquisa em Administração (EnANPAD), com 44 artigos nos anais do evento entre 2001 e 2010.

Tabela 1 – *Distribuição dos artigos por eventos em administração*

Evento	n	%
EnANPAD – Encontro da ANPAD	44	74,58
EMA – Encontro de Marketing	6	10,17
EnEO – Encontro de Estudos Organizacionais	6	10,17
3Es – Encontro de Estudos em Estratégia	1	1,69
EnAPG – Encontro de Administração Pública e Governança	1	1,69
Simpósio de Gestão da Inovação Tecnológica	1	1,69
Total	**59**	**100,00**

Fonte: Dados da pesquisa.

O elevado número de artigos sobre o tema publicado nos anais do EnANPAD evidencia que esse evento se destaca como o principal divulgador de trabalhos sobre o tema, sendo uma fonte de relevância para interessados em leituras sobre o tema. Cabe destacar que não foi identificado nenhum trabalho sobre fenomenologia no Encontro de Ensino e Pesquisa em Administração e Contabilidade – EnEPQ nas duas edições contempladas neste levantamento (2007 e 2009).

Quando é realizada uma análise sobre a distribuição dos artigos entre os periódicos de administração selecionados para o desenvolvimento deste trabalho, é possível verificar que a Revista de Administração de Empresas – RAE em sua versão impressa se destaca no decênio com três artigos publicados, conforme apresenta a tabela a seguir.

Tabela 2 – *Distribuição dos artigos por periódico em administração*

Periódico	n	%
RAE – *Revista de Administração de Empresas*	3	23,08
BAR – *Brazilian Administration Review*	2	15,39
O&S – *Organizações & Sociedade*	2	15,39
RAE-e – *Revista de Administração de Empresas Eletrônica*	1	7,69
Cadernos EBAPE.BR	1	7,69
RAP – *Revista de Administração Pública*	1	7,69
RAUSP – *Revista de Administração da USP*	1	7,69
REAd – *Revista Eletrônica de Administração*	1	7,69
Revista Contabilidade & Finanças	1	7,69
Total	13	100,00

Fonte: Dados da pesquisa.

A análise de trabalhos publicados em periódicos revela que apesar de a RAE apresentar um número maior de artigos sobre o tema, não existe uma revista com significativo destaque em relação às demais em termos de volume de publicações sobre fenomenologia, o que indica que a inserção deste tema pode se dar em diferentes periódicos, tendo em vista a tendência de crescimento de produções nesta temática, conforme evidencia o Gráfico 2.

Gráfico 2 – *Trajetória do número de publicações em eventos e periódicos em administração*

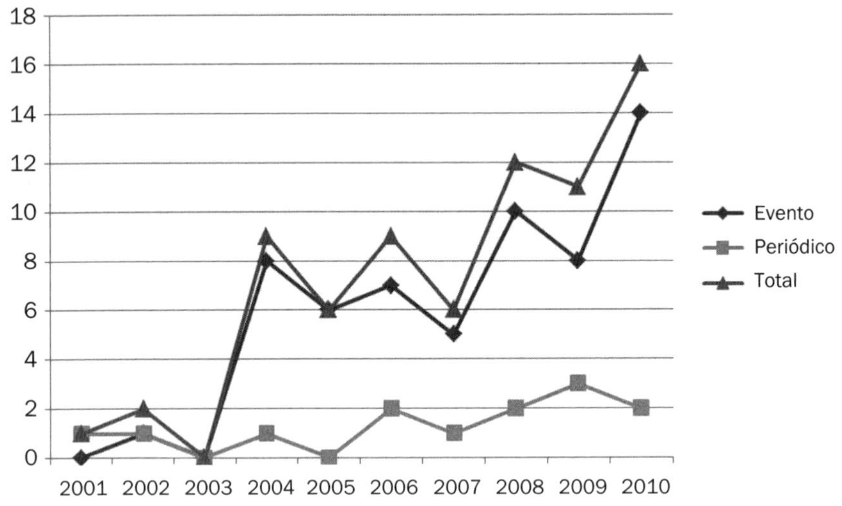

Fonte: Dados da pesquisa.

De acordo com os dados apresentados no Gráfico 2, é possível verificar uma tendência de crescimento em número de trabalhos publicados em anais de eventos e em periódicos na área de administração. A série apresenta que no ano de 2003 não houve incidência do tema nos anais analisados e nos periódicos selecionados. Ainda é possível verificar que a tendência de crescimento é de destaque em anais de eventos, principalmente entre 2008 e 2010, sem que esta tendência tenha sido acompanhada por produções em periódicos. De certa forma, a tendência de crescimento evidenciada nos anais dos eventos tem destaque com o EnANPAD, conforme apresenta a Tabela 3.

Tabela 3 – *Distribuição anual dos artigos por anais de eventos em administração*

Evento	2001	2002	2003	2004	2005	2006	2007	2008	2009	2010	Total
EnANPAD	0	1	0	5	6	5	5	6	7	9	44
EnEO	0	0	0	1	0	0	0	1	0	4	6
EMA	0	0	0	1	0	2	0	3	0	0	6
3Es	0	0	0	0	0	0	0	0	1	0	1
EnAPG	0	0	0	1	0	0	0	0	0	0	1
Simpósio	0	0	0	0	0	0	0	0	0	1	1
Total	**0**	**1**	**0**	**8**	**6**	**7**	**5**	**10**	**8**	**14**	**59**

Fonte: Dados da pesquisa.

Os dados apresentados na Tabela 3 demonstram que enquanto os congressos com alguma produção sobre o tema se mostram estáveis até 2010, quando o EnEO publica quatro trabalhos em seus anais, o EnANPAD já apresentava cinco trabalhos publicados em 2004, atingindo nove trabalhos em 2010. Nesse sentido, este é o evento no qual o tema tem tido maior inserção ao longo dos anos em análise.

Por meio de análise sobre a distribuição anual dos artigos nos periódicos em administração, nos quais foi constatado algum artigo sobre o tema, não é possível evidenciar tendências como as que foram destacadas na análise dos anais de eventos, tendo em vista a ainda incipiente produção em periódicos sobre fenomenologia no período.

Tabela 4 – *Distribuição anual dos artigos por periódico em administração*

Periódico	2001	2002	2003	2004	2005	2006	2007	2008	2009	2010	Total
RAE	0	1	0	0	0	0	0	1	0	1	3
O&S	0	0	0	0	0	1	0	0	0	1	2
BAR	0	0	0	0	0	0	1	0	1	0	2
Cadernos EBAPE.BR	0	0	0	0	0	0	0	0	1	0	1
RAE-e	0	0	0	0	0	0	0	1	0	0	1
RAP	0	0	0	0	0	0	0	0	1	0	1
RAUSP	1	0	0	0	0	0	0	0	0	0	1
REAd	0	0	0	0	0	1	0	0	0	0	1
Revista Cont. & Fin.	0	0	0	1	0	0	0	0	0	0	1
Total	**1**	**1**	**0**	**1**	**0**	**2**	**1**	**2**	**3**	**2**	**13**

Fonte: Dados da pesquisa.

A Tabela 4 revela que nenhum periódico científico publicou mais de um artigo sobre o tema em um mesmo ano e que apenas nos anos de 2006, 2008, 2009 e 2010 mais de um artigo foi publicado em produção permanente. Cabe destacar que o primeiro artigo no decênio em análise foi publicado na *Revista de Administração da USP* – RAUSP e que este foi o único artigo publicado neste periódico sobre o tema no período.

Em decorrência desse cenário, é condizente que determinados autores se destaquem como pessoas de referência no cenário nacional. Tendo isso em vista, realizou-se um levantamento sobre autores e coautores dos artigos selecionados e foi possível verificar que os 72 artigos selecionados são de responsabilidade de 110 autores, o que nos permite dizer que a média de autores por artigo é inferior a dois. Para fins de visualização, optou-se por apresentar na Tabela 5, a seguir, apenas os autores com dois ou mais artigos publicados sobre o tema, independentemente da origem da publicação.

Tabela 5 – *Principais autores*

Autor	Evento	Periódico	Total
MACÊDO, Fernanda Maria Felício	5	2	7
BOAVA, Diego Luiz Teixeira	5	1	6
SANTOS, Leonardo Lemos da Silveira	3	1	4
PAIVA JÚNIOR, Fernando Gomes de	3	0	3
FONSÊCA, Francisco Ricardo Bezerra	3	0	3
IRIGARAY, Helio Arthur Reis	3	0	3
PINTO, Marcelo de Rezende	2	1	3
BAUER, Márcio André Leal	2	1	3
MELLO, Sérgio Carvalho Benício de	3	0	3
VERGARA, Sylvia Constant	2	1	3
MESQUITA, Zilá	2	1	3
MASCARENHAS, André Ofenhejm	1	1	2
SOUZA NETO, Arcanjo Ferreira de	2	0	2
PEDRON, Cristiane Drebes	0	2	2
DURANTE, Daniela Giareta	2	0	2
GRZYBOVSKI, Denize	1	1	2
MARAVALHAS, Eleonora	2	0	2
TEIXEIRA, Enise Barth	2	0	2
CAVAZOTTE, Flávia de Souza Costa Neves	2	0	2
VASCONCELOS, Isabella Francisca Freitas Gouveia de	1	1	2
ZACCARELLI, Laura Menegoin	1	1	2
MAISONNAVE, Paulo Roberto	2	0	2
ROCHA-PINTO, Sandra Regina da	2	0	2

Fonte: Dados da pesquisa.

Dentre os 110 autores vinculados aos artigos indexados neste estudo, apenas 23 apresentaram produção igual ou superior a dois trabalhos no período. Dentre esses autores, é possível destacar a autora Fernanda Faria Felício Macêdo como principal expoente sobre o tema na academia nacional. Essa autora é seguida por Diego Luiz Teixeira Boava com seis trabalhos publicados.

A Tabela 5 ainda possibilita a visualização do número de artigos publicados por estes autores em periódicos e anais de eventos e, por meio desta análise é possível identificar que apenas as autoras Fernanda Faria Felício Macêdo e Cristiane Drebes Pedron possuem dois artigos publicados em periódicos no período. Quando analisados os artigos em eventos, novamente se destaca a autora Fernanda Faria Felício Macêdo e o autor Diego Luiz Teixeira Boava com cinco artigos cada.

Outra informação analisada neste capítulo se direcionou à identificação das instituições de origem dos artigos. Para isso, foi necessário identificar a instituição do autor no ano de publicação do trabalho, tendo em vista possíveis mudanças de instituições. Dessa forma, foi possível verificar que os 110 autores se distribuem entre 45 instituições de ensino superior, das quais as 16 de maior destaque são apresentadas na Tabela 6, a seguir.

Tabela 6 – *Distribuição dos artigos por instituição de afiliação*

Instituição	Evento	Periódico	Total
UFMG – Universidade Federal de Minas Gerais	10	6	16
UFPE – Universidade Federal de Pernambuco	14	0	14
PUC-Rio – Pontifícia Universidade Católica do Rio de Janeiro	11	1	12
UFLA – Universidade Federal de Lavras	9	2	11
FGV-SP – Fundação Getulio Vargas de São Paulo	7	3	10
UFRGS – Universidade Federal do Rio Grande do Sul	8	2	10
UNIJUÍ – Universidade Regional do Noroeste do Estado do Rio Grande do Sul	7	0	7
Universidade Presbiteriana Mackenzie	4	2	6
UEL/UEM – Universidade Estadual de Londrina e Universidade Estadual de Maringá	6	0	6
PUC-MG – Pontifícia Universidade Católica de Minas Gerais	3	2	5
UFES – Universidade Federal do Espírito Santo	5	0	5
UECE – Universidade Estadual do Ceará	4	0	4
FEA-USP – Faculdade de Economia, Administração e Contabilidade da Universidade de São Paulo	2	1	3
FGV-RJ – Fundação Getulio Vargas do Rio de Janeiro	3	0	3
UFSM – Universidade Federal de Santa Maria	3	0	3
UPF – Universidade de Passo Fundo	2	1	3

Fonte: Dados da pesquisa.

A instituição de maior representatividade no tema é a Universidade Federal de Minas Gerais (UFMG), com 16 dentre os 110 autores com produção no período. Em segundo lugar, merece destaque a Universidade Federal de Pernambuco (UFPE) com 14 autores. Apesar de aparecer em segundo lugar no número total de autores identificados, a UFPE não apresentou nenhum autor com produção em periódico no período, enquanto a UFMG apresentou seis autores em artigos nesta modalidade.

Com o intuito de verificar a abordagem utilizada nos artigos, foi criada uma variável que buscava identificar se o artigo era teórico, teórico-empírico ou empírico. Trabalhos essencialmente empíricos faziam menção a casos de ensino e nenhum foi identificado utilizando bases fenomenológicas. Dessa forma, a Tabela 7, a seguir, não faz menção a esta categoria.

Tendo em vista apenas as categorias teórico e teórico-empírica, foi possível identificar maior concentração em trabalhos na segunda categoria com aproximadamente 68% dos artigos, evidenciando a preocupação dos pesquisadores em transpor a fenomenologia do campo da filosofia para o empírico, tendo em vista uma melhor compreensão da essência dos fenômenos administrativos e gerenciais.

Tabela 7 – *Distribuição dos artigos por abordagem de pesquisa*

Ano	Teórica		Teórico-Empírica		Total	
	n	%	n	%	n	%
2001	1	1,39	0	0,00	1	1,39
2002	2	2,78	0	0,00	2	2,78
2003	0	0,00	0	0,00	0	0,00
2004	2	2,78	7	9,72	9	12,50
2005	1	1,39	5	6,94	6	8,33
2006	2	2,78	7	9,72	9	12,50
2007	2	2,78	4	5,56	6	8,33
2008	3	4,17	9	12,50	12	16,67
2009	6	8,33	5	6,94	11	15,28
2010	4	5,56	12	16,67	16	22,22
Total	**23**	**31,94**	**49**	**68,06**	**72**	**100,00**

Fonte: Dados da pesquisa.

A Tabela 7 ainda possibilita uma melhor compreensão sobre a produção dos trabalhos com as abordagens ao longo do tempo e, neste sentido, é possível verificar que ambas apresentam tendência de crescimento. Nesse sentido, o ápice de trabalhos essencialmente teóricos foi em 2009 e o de trabalhos teórico-empíricos foi em 2010. O Gráfico 3 apresenta de forma comparativa as duas abordagens em questão em relação ao veículo de publicação dos artigos.

Gráfico 3 – *Abordagem e veículo de publicação*

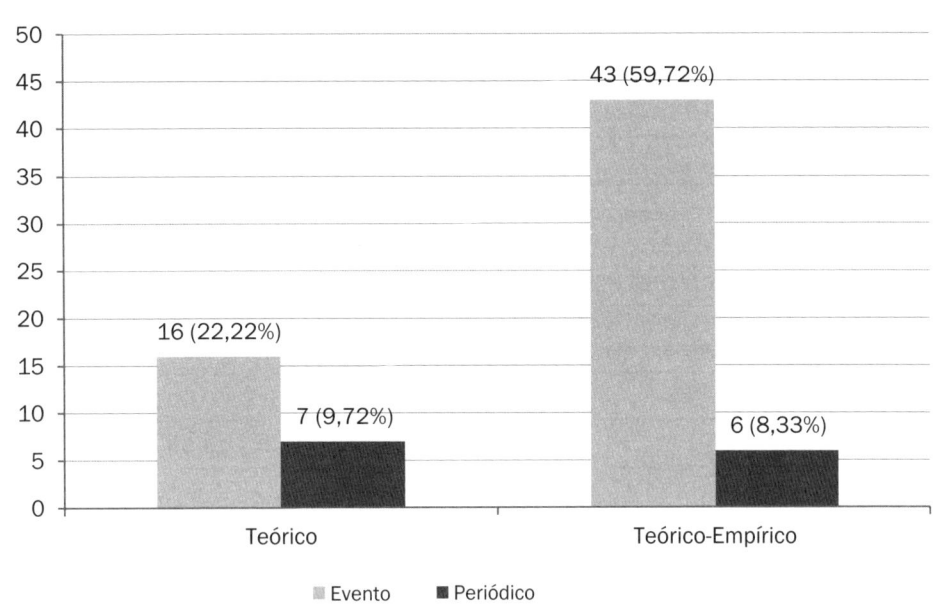

Fonte: Dados da pesquisa.

De acordo com o Gráfico 3, os trabalhos publicados em periódicos apresentam uma distribuição similar, com sete trabalhos seguindo uma orientação totalmente teórica e seis uma abordagem teórico-empírica. Esse cenário não se repete quando é observada a distribuição dos artigos publicados em anais de eventos, havendo uma elevada concentração em trabalhos teórico-empíricos.

Tendo em vista a identificação da área nas quais os artigos foram publicados ao longo do período em questão, criou-se uma variável para tabulação que buscava classificar os trabalhos nas macroáreas dos eventos da ANPAD. A Tabela 8 apresenta a distribuição dos artigos selecionados nestas áreas segmentados em trabalhos advindos de anais de eventos e de periódicos.

Tabela 8 – *Distribuição dos artigos por área*

Área	Evento		Periódico		Total	
	n	%	n	%	n	%
Estudos Organizacionais	18	25,00	6	8,33	24	33,33
Marketing	12	16,67	3	4,17	15	20,83
Ensino e Pesquisa em Administração e Cont.	9	12,50	2	2,78	11	15,28
Estratégia em Organizações	7	9,72	0	0,00	7	9,72
Administração Pública	3	4,17	1	1,39	4	5,56
Gestão de Pessoas e Relações de Trabalho	4	5,56	0	0,00	4	5,56
Finanças	2	2,78	1	1,39	3	4,17
Gestão da Ciência, Tecnologia e Inovação	3	4,17	0	0,00	3	4,17
Administração da Informação	1	1,39	0	0,00	1	1,39
Total	**59**	**81,94**	**13**	**18,06**	**72**	**100,00**

Fonte: Dados da pesquisa.

Como é possível observar na Tabela 8, a área de Estudos Organizacionais apresenta maior representatividade tanto em eventos quanto em periódicos, evidenciando que a fenomenologia tem obtido uma maior inserção nesta área do que nas demais. A área de Marketing aparece em segundo lugar em ambos os quesitos que moderam a distribuição dos trabalhos ao longo das áreas.

Analisando a coluna referente aos trabalhos publicados em periódicos, é possível identificar que as áreas de Estratégia em Organizações, Gestão de Pessoas e Relações de Trabalho, Gestão de Ciência, Tecnologia e Inovação e Administração da Informação não apresentaram nenhum trabalho em produção permanente.

Mantendo as áreas temáticas como perspectiva central, o Gráfico 4 apresenta a distribuição dos artigos por área, permitindo uma melhor diferenciação do volume de produção de cada área independentemente da origem da publicação do material.

O Gráfico 4 demonstra que um terço de todos os artigos que versam sobre fenomenologia está enquadrado na área de Estudos Organizacionais, seguidos por Marketing (20,83%) e Ensino e Pesquisa (15,28%). Ainda é possível observar que a área de Administração da Informação apresenta a menor inserção do tema, com apenas 1,39%.

A análise das áreas temáticas ainda evidenciou que as áreas de Estudos Organizacionais e Marketing também se destacam em relação à utilização da abordagem teórico-empírica, além de demonstrar que as áreas de Gestão de Pessoas e Relações de Trabalho, Gestão de Ciência, Tecnologia e Inovação, Administração da Informação, Administração Pública e Finanças só possuem artigos nesta abordagem de pesquisa, conforme apresenta o Gráfico 5.

Gráfico 4 – *Distribuição de artigos por área*

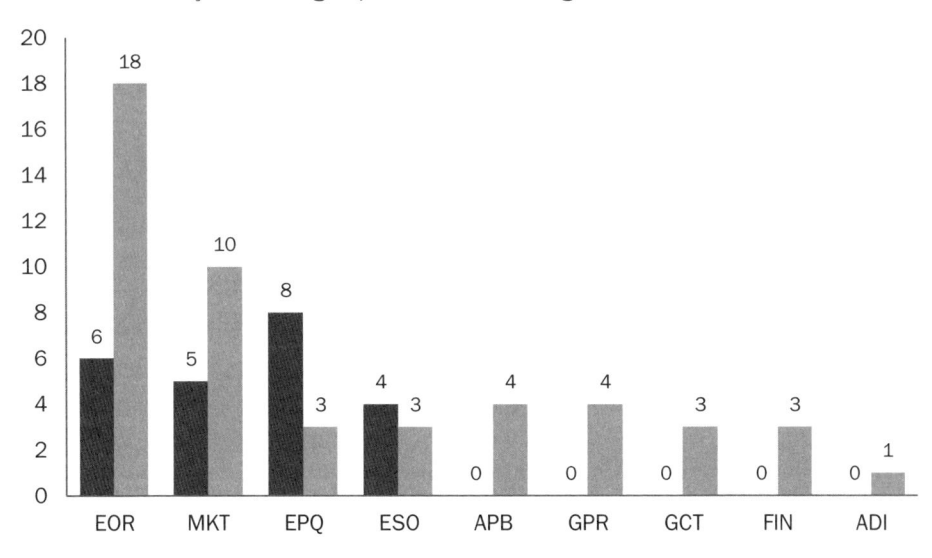

Fonte: Dados da pesquisa.

Por meio do Gráfico 5, também é possível identificar que dentre todas as áreas analisadas, apenas a área de Ensino e Pesquisa apresentou número maior de artigos seguindo uma abordagem teórica do que teórico-empírica, o que pode ser o resultado de proposições metodológicas e epistemológicas para o uso da fenomenologia em estudos em administração.

Gráfico 5 – *Distribuição de artigos por área e abordagem*

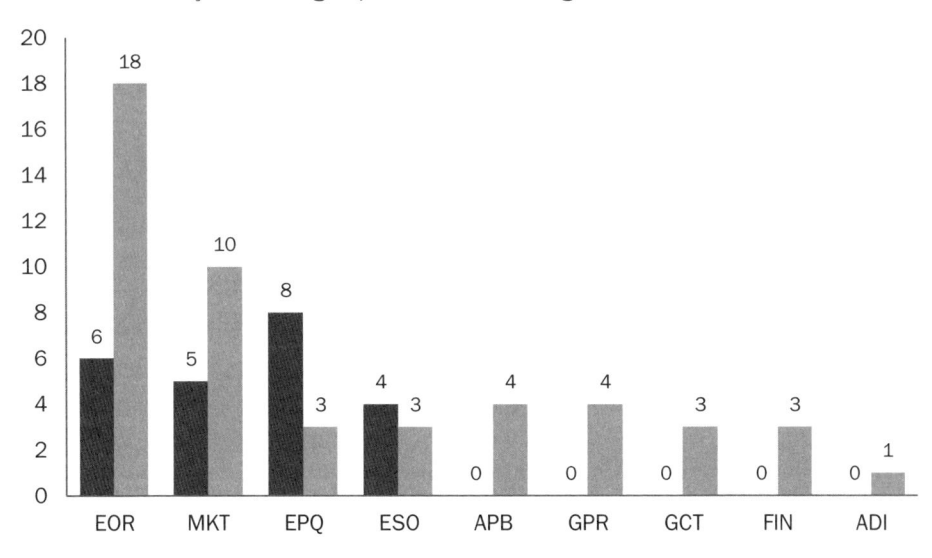

Fonte: Dados da pesquisa.

Com o intuito de compreender quais as principais técnicas de coleta de dados utiliza-das pelos autores, buscou-se classificar as técnicas em entrevista, questionário, pesquisa documental, outros e não informado (não foi verificado nenhum artigo nesta categoria). Por meio da análise dos artigos foi possível observar que em muitas situações os autores trabalharam com mais de uma técnica de coleta e que a técnica de maior destaque foi a entrevista com 42 artigos utilizando-a, conforme apresenta a Tabela 9 a seguir.

Tabela 9 – *Classificação dos artigos por técnica de coleta de dados*

Ano	Entrevista		Questionário		Observação		Pesquisa Documental		Outras	
	n	%	n	%	n	%	n	%	n	%
2001	0	0,00	0	0,00	0	0,00	0	0,00	0	0,00
2002	0	0,00	0	0,00	0	0,00	0	0,00	0	0,00
2003	0	0,00	0	0,00	0	0,00	0	0,00	0	0,00
2004	6	14,29	2	50,00	4	33,33	3	33,33	0	0,00
2005	5	11,90	0	0,00	0	0,00	0	0,00	0	0,00
2006	7	16,67	0	0,00	0	0,00	0	0,00	0	0,00
2007	4	9,52	1	25,00	1	8,33	0	0,00	1	12,50
2008	9	21,43	1	25,00	5	41,67	1	11,11	2	25,00
2009	4	9,52	0	0,00	0	0,00	2	22,22	1	12,50
2010	7	16,67	0	0,00	2	16,67	3	33,33	4	50,00
Total	42	100,00	4	100,00	12	100,00	9	100,00	8	100,00

Fonte: Dados da pesquisa.

De acordo com os dados da Tabela 9, a segunda técnica de coleta de maior repre-sentatividade foi a observação, mas com uma distância relevante em relação ao número de trabalhos que utilizaram a técnica de entrevista. No entanto, em alguns artigos estas técnicas foram utilizadas de forma conjunta, tendo em vista uma melhor compreensão do fenômeno em estudo.

A última variável observada buscou identificar as principais técnicas de análise de dados utilizadas nos artigos indexados e, conforme dados apresentados na Tabela 10, a categoria "outros" obteve maior destaque, evidenciando que os artigos utilizaram técni-cas de análise que não se enquadram como análise de conteúdo, discurso ou narrativa.

Tabela 10 – *Classificação dos artigos por técnica de análise de dados*

Ano	Análise de Conteúdo		Análise de Discurso		Análise Narrativa		Análise Quantitativa		Outras		Não Informado	
	n	%	n	%	n	%	n	%	n	%	n	%
2001	0	0,00	0	0,00	0	0,00	0	0,00	0	0,00	0	0,00
2002	0	0,00	0	0,00	0	0,00	0	0,00	0	0,00	0	0,00
2003	0	0,00	0	0,00	0	0,00	0	0,00	0	0,00	0	0,00
2004	1	10,00	0	0,00	0	0,00	1	50,00	3	15,79	3	27,27
2005	0	0,00	0	0,00	1	33,33	0	0,00	1	5,26	2	18,18
2006	3	30,00	0	0,00	1	33,33	0	0,00	4	21,05	0	0,00
2007	1	10,00	1	20,00	0	0,00	0	0,00	0	0,00	2	18,18
2008	4	40,00	1	20,00	1	33,33	0	0,00	3	15,79	1	9,09
2009	0	0,00	1	20,00	0	0,00	0	0,00	3	15,79	1	9,09
2010	1	10,00	2	40,00	0	0,00	1	50,00	5	26,32	2	18,18
Total	10	100,00	5	100,00	3	100,00	2	100,00	19	100,00	11	100,00

Fonte: Dados da pesquisa.

Tendo em vista o conteúdo apresentado na Tabela 10, é possível identificar que as análises de conteúdo, discurso e narrativa não têm sido observadas como a melhor forma de se analisarem dados em uma perspectiva fenomenológica, o que pode indicar a necessidade de desenvolvimento de uma técnica específica para este método de pesquisa. Após a classificação dos artigos por técnica de análise de dados, foi realizado cruzamento entre a variável relacionada a área de origem do artigo com a variável relacionada a identificação da técnica de coleta de dados utilizada, conforme pode ser verificado a seguir.

Tabela 11 – *Classificação dos artigos por técnica de coleta de dados e área*

Área	Entrevista		Questionário		Observação		Pesquisa Documental		Outras		Não Informado	
	n	%	n	%	n	%	n	%	n	%	n	%
EOR	14	33,33	2	50,00	8	66,67	5	55,56	4	50,00	0	0,00
MKT	10	23,81	0	0,00	1	8,33	1	11,11	1	12,50	0	0,00
EPQ	2	4,76	0	0,00	0	0,00	1	11,11	1	12,50	0	0,00
ESO	3	7,14	0	0,00	0	0,00	0	0,00	0	0,00	0	0,00
APB	4	9,52	0	0,00	1	8,33	2	22,22	0	0,00	0	0,00
GPR	4	9,52	0	0,00	1	8,33	0	0,00	0	0,00	0	0,00
GCT	3	7,14	0	0,00	0	0,00	0	0,00	0	0,00	0	0,00
FIN	1	2,38	2	50,00	1	8,33	0	0,00	2	25,00	0	0,00
ADI	1	2,38	0	0,00	0	0,00	0	0,00	0	0,00	0	0,00
Total	**42**	**100,00**	**4**	**100,00**	**12**	**100,00**	**9**	**100,00**	**8**	**100,00**	**0**	**0,00**

Fonte: Dados da pesquisa.

Os dados apresentados na Tabela 11 evidenciam que a área de Estudos Organizacionais é a de maior representatividade em todos os procedimentos de coleta de dados, bem como em outras técnicas utilizadas pelos pesquisadores. Quando observadas apenas as colunas referentes às entrevistas, verifica-se que a área de Marketing é a que mais se aproxima em termos de número de trabalhos utilizando esta técnica, uma vez que todas as demais apresentaram dados incipientes, decorrentes do pequeno número de trabalhos publicados no período em análise.

A última questão observada ao longo desta seção do capítulo versa sobre a classificação dos artigos por técnica de análise de dados e área temática, tendo em vista uma visão em maior profundidade sobre as técnicas utilizadas predominantemente em cada uma das áreas de origem das publicações.

Como é possível verificar na Tabela 12, a técnica de análise de conteúdo conseguiu maior número de usuários na área de Marketing, que sozinha representa 50% de todos os trabalhos que utilizaram esse procedimento. Destaca-se, novamente, para elevado peso da categoria "outros", que obteve a maior representatividade, reforçando a ideia anteriormente discutida de que as técnicas de análise de conteúdo, discurso e narrativa podem não estar sendo vistas como adequadas por significativa parcela de pesquisadores no que diz respeito à aplicação do método fenomenológico.

Tabela 12 – *Classificação dos artigos por técnica de análise de dados e área*

Área	Análise de Conteúdo		Análise de Discurso		Análise de Narrativa		Análise Quantitativa		Outras		Não Informado	
	n	%	n	%	n	%	n	%	n	%	n	%
EOR	2	20,00	2	40,00	0	0,00	1	50,00	9	47,37	4	36,36
MKT	5	50,00	1	20,00	2	66,67	0	0,00	4	21,05	0	0,00
EPQ	0	0,00	0	0,00	1	33,33	0	0,00	2	10,53	0	0,00
ESO	0	0,00	1	20,00	0	0,00	0	0,00	1	5,26	1	9,09
APB	0	0,00	0	0,00	0	0,00	0	0,00	1	5,26	2	18,18
GPR	1	10,00	1	20,00	0	0,00	0	0,00	1	5,26	1	9,09
GCT	1	10,00	0	0,00	0	0,00	0	0,00	1	5,26	1	9,09
FIN	1	10,00	0	0,00	0	0,00	1	50,00	0	0,00	1	9,09
ADI	0	0,00	0	0,00	0	0,00	0	0,00	0	0,00	1	9,09
Total	**10**	**100,00**	**5**	**100,00**	**3**	**100,00**	**2**	**100,00**	**19**	**100,00**	**11**	**100,00**

Fonte: Dados da pesquisa.

Tendo em vista o exposto, a seguir inicia-se seção voltada para evidenciar, por meio de entrevistas, como dois dos principais pesquisadores sobre Fenomenologia no Brasil têm visto a aplicação desta técnica no país, ressaltando pontos importantes para reflexão no que concerne à utilização do mesmo.

6.4 O USO DA FENOMENOLOGIA NA PERSPECTIVA DE PESQUISADORES BRASILEIROS

Esta seção encerra o capítulo destinado a discutir a fenomenologia enquanto abordagem filosófica e, também, enquanto procedimento qualitativo de pesquisa. Esta parte do texto busca explorar as razões, as diferentes práticas, as dificuldades e as facilidades de aplicação do método fenomenológico em pesquisas relacionadas à administração no contexto brasileiro. Para tanto, foram consideradas as contribuições de dois professores renomados pela aplicação do método fenomenológico em seus estudos, sendo eles:

- Diego Luiz Teixeira Boava, professor adjunto da Universidade Federal de Ouro Preto, graduado em Turismo pela Universidade Federal de Ouro Preto, mestre em Administração pela Universidade Estadual de Londrina e doutor em Administração pela Universidade Federal de Ouro Preto Lavras.

- Fernanda Maria Felício Macêdo, professora adjunta da Universidade Federal de Ouro Preto, graduada em Turismo pela Universidade Federal de Ouro Preto, mestre em Administração pela Universidade Estadual de Londrina e doutora em Administração pela Universidade Federal de Ouro Preto Lavras.

Os dois professores realizam pesquisas conduzidas pelo método fenomenológico desde a graduação, ou seja, ambos mantêm contato com esse procedimento qualitativo por mais de sete anos. Suas publicações a respeito desse método e com a aplicação do mesmo sempre contaram com a participação de pesquisadores experientes no assunto. Atualmente, as publicações científicas que têm os professores Boava e Macêdo como autores são frutos de pesquisas realizadas a partir do Laboratório de Estudos e Pesquisas em Empreendedorismo da Universidade Federal de Ouro Preto (LEPE/UFOP).

Os professores supramencionados apresentam motivações complementares para expressar o motivo de utilizarem este método ao longo deste período. O professor Boava admite que a busca pela essência dos fenômenos, pela irredutibilidade dos sentidos dos fenômenos, pelo acesso às regiões inaparentes, pelo acesso a constituição ontológica dos fenômenos e pela primazia do conhecimento filosófico em relação ao conhecimento científico constituem motivações pessoais que o instigam a adotar a fenomenologia como uma prática metodológica.

A professora Macêdo, por sua vez, esclarece suas motivações pelas seguintes justificativas. De acordo com a pesquisadora, a fenomenologia, mais especificamente a fenomenologia social, permite ao pesquisador investigar o homem e sua respectiva experiência de vida. Ela comenta que o principal desafio de um pesquisador de Estudos Organizacionais é compreender o homem e as relações sociais empreendidas por ele para realização de atividades de gestão e produção em um *lócus* organizacional específico. A professora Macêdo sintetiza suas motivações ao explicar que a fenomenologia social estuda as causas dos fenômenos organizacionais, o homem e sua consciência doadora de sentido ao mundo, o que faz desta abordagem uma contribuição que contempla o fenômeno por perspectivas que ultrapassam os resultados econômicos das organizações.

Esses pesquisadores, conjuntamente, consideram que um pesquisador deve adotar as seguintes prioridades para realizar pesquisas com o método fenomenológico:

- dominar as contribuições da filosofia fenomenológica;
- ler as obras de Husserl, Heidegger, Sartre, Schütz, Merleau-Ponty, Spiegelberg, Embree, dentre outros autores;
- compreender o processo de busca pela essência do fenômeno;
- conhecer profundamente as reduções eidética e fenomenológica, as quais, de acordo com os professores, permitem que as coisas sejam alcançadas em si mesmas, situação esta que permite a identificação da essência do objeto de estudo.

As prioridades elencadas pelos professores Boava e Macêdo sinalizam simultaneamente as preocupações, as dificuldades e as recomendações necessárias de serem consideradas antes da aplicação do método fenomenológico. Segundo os professores, esse conjunto de tópicos permite que os pesquisadores interessados em empregar tal método em seus estudos estejam aptos a identificar os contextos de pesquisas que solicitem a fenomenologia como o procedimento metodológico mais coerente para analisar o fenômeno em investigação.

Para a professora Macêdo, o método fenomenológico de investigação é adequado para contextos de pesquisa em que o objeto de estudo é o homem em sua subjetividade e intersubjetividade. No caso da fenomenologia social, Macêdo argumenta que os principais temas de interesse no universo organizacional estão relacionados ao *alter ego*, mundo de vida, processo de significação, tipificação, conduta e ação social, teoria da motivação social e a construção de esquemas típicos ideais. Macêdo não recomenda o uso do método fenomenológico para propostas de investigações que busquem estabelecer relações de causa e efeito sobre os objetos pesquisados, ou seja, propostas de investigações que se interessam mais pela generalização dos resultados. De maneira muito competente, a pesquisadora justifica sua posição ao lembrar que a fenomenologia, em todas as suas vertentes, se propõe a aprofundar conhecimentos e não a estabelecer leis científicas universais.

Os aspectos levantados pela professora Macêdo são compartilhados pelo professor Boava, uma vez que ambos consideram que, pela complexidade do método fenomenológico, há uma dificuldade maior para o estabelecimento de critérios de validade e confiabilidade. O professor Boava atenua este cenário ao explicar que a fenomenologia parte do princípio daquilo que se mostra como é. Para ele os fenômenos estão no mundo da vida, logo basta descobri-los e torná-los visíveis. Por tais admoestações, Boava defende que a validade e a confiabilidade para o método fenomenológico estão no significado mais radical destes termos, ou seja, uma vez que se tem acesso à raiz das questões que circundam o fenômeno, garante-se a validade e confiabilidade do método. Tal ação, de acordo com Macêdo, é garantida pelas reduções eidética e fenomenológica. A redução eidética pretende atingir a essência, o *eidos* da coisa, o princípio ou estrutura necessária e invariante, e a redução fenomenológica trata da limitação do conhecimento ao fenômeno da experiência de consciência, o que ocorre pela suspensão do fenômeno em relação ao mundo real.

Embora os professores se complementem em alguns tópicos, tal como os critérios de validade e confiabilidade, eles divergem no que se refere às facilidades inerentes ao uso e aplicabilidade do método fenomenológico. O professor Boava é enfático em dizer que a facilidade para se trabalhar com o método fenomenológico está em sua simplicidade e em sua exatidão. Afirmação esta não presente nas admoestações da professora Macêdo, que defende não haver facilidades para o uso e aplicabilidade do método fenomenológico, uma vez que este exige um conhecimento teórico profundo de seus fundamentos filosóficos. Além desse agravante, Macêdo sinaliza que o método fenomenológico exige que o pesquisador tenha um elevado conhecimento de si mesmo, além de uma disposição contínua de desenvolver conhecimentos extraídos da identificação das essências dos objetos estudados. A professora finaliza sua justificação pelo desacordo para com as facilidades inerentes ao método fenomenológico ao ressaltar que este método, a partir das reduções já discutidas, relativiza o conhecimento produzido sobre o assunto em investigação.

Apesar dessa divergência de opinião sobre as facilidades vinculadas ao método fenomenológico, os dois professores entrevistados aderem a um mesmo discurso quando falam sobre a perspectiva do uso deste método no Brasil, mais especificamente para a área de administração. De maneira geral, os professores Boava e Macêdo declaram que o método fenomenológico constitui uma possibilidade de investigação promissora. No entanto, trata-se de uma modalidade necessária de ser reconhecida gradualmente, uma vez que a fenomenologia agrega em si a necessidade de o pesquisador possuir arcabouços de conhecimentos filosóficos, teóricos e metodológicos que deem sustentação para a competência de aplicação do método fenomenológico. Caso tais prerrogativas não sejam supridas, corre-se o risco, de acordo com a professora Macêdo, de se conquistarem resultados vazios e dotados de pouca oportunidade de contribuição para uma área que explica muito bem processos e rotinas organizacionais, mas compreende pouco a origem de tudo isso, ou seja, o sujeito.

REFERÊNCIAS

ALVES-MAZZOTTI, A. J.; GEWANDSZNAJDER, F. **O método nas ciências naturais e sociais**: pesquisa quantitativa e qualitativa. São Paulo: Pioneira, 1999.

BOAVA, D. L. T.; MACÊDO, F. M. F. Contribuições da fenomenologia para os Estudos Organizacionais. In: VI Encontro de Estudos Organizacionais da ANPAD – EnEO, VI **Anais...** Florianópolis/SC, 1 CDROM, 2010.

DENZIN, N. K.; LINCOLN, Y. S. Introdução: a disciplina e a prática da pesquisa qualitativa. In: _____. **O planejamento da pesquisa qualitativa**: teorias e abordagens. Porto Alegre: Artmed, 2006. p. 15-42.

DURKHEIM, É. **As regras do método sociológico**. São Paulo: Martin Claret, 2002.

EMBREE, L. et. al. **Encyclopedia of phenomenology.** Dordrecht: Kluwer, 1997.

_____. **Reflective analysis**. New York: Zeta Books, 2007.

FEYERABEND, P. **Contra o método**. Rio de Janeiro: Francisco Alves, 1985.

HAUGELAND, J. Heidegger on being a person. **Noûs**, v. 16, nº 1, p. 15-26, 1982.

HEIDEGGER, M. **Being and time**. New York: Harper & Row, 1962.

_____. **Basic problems of phenomenology**. Bloomington: Indiana University Press, 1982.

_____. **Nietzche**. San Francisco: Harper, 1979.

HUSSERL, E. **Cartesian methods**. Netherlands: The Hague, 1960.

_____. **The idea of phenomenology**. Netherlands: The Hague, 1964.

_____. **The phenomenology of internal time consciousness**. Bloomington: Indiana University Press, 1966.

_____. **The crisis of European sciences and transcendental phenomenology**. Evanston: Northwestern University Press, 1970.

_____. **Logical investigations**. London: Routledge, 1976.

_____. **Ideas III**. Netherlands: The Hague, 1980.

_____. **Ideas I**. Netherlands: The Hague, 1982.

_____. **Ideas II**. Netherlands: Dordrecht, 1989.

IHDE, D. **Experimental phenomenology**: an introduction. New York: Putnam, 1977.

JAMES, W. **Principles of psychology**. London: Dover, 1950.

KANT, E. **Crítica da razão pura**. Rio de Janeiro: Edições de Ouro, 1966.

KUHN, T. S. **A estrutura das revoluções científicas**. São Paulo: Perspectiva, 1962.

LAKATOS, I. **The methodology of scientific research programmes**. Cambridge: Cambridge University Press, 1978.

LAUDAN, L. **Beyond positivism and relativism**: theory, method and evidence. Oxford: Westview Press, 1996.

MARSH, D.; FURLONG, P. **Theory and methods in political science**. New York: Pallgrave McMillan, 2002.

MATTOS, P. L. C. L. Administração é ciência ou arte? O que podemos aprender com este mal-entendido? **Revista de Administração de Empresas**, v. 49, nº 3, p. 349-360, 2009.

MERLEAU-PONTY, M. **The phenomenology of perception**. London: Routledge & Kegan Paul, 1962.

MERRIAM, S. B. **Qualitative research**: a guide to design and implementation. San Francisco: Jossey-Bass, 2011.

MILL, J. S. **A system of logic, ratiocinative and inductive, being connected view of the principles of evidence, and the methods of scientific investigation**. New York: Harper & Brothers, 1882.

MORAN, D.; MOONEY, T. **The phenomenology reader**. London: Routledge, 2002.

MORGAN, G.; SMIRCICH, L.The case for qualitative research. **Academy of Management Review**, v. 5, nº 4, p. 491-500, 1980.

POPPER, K. **Conjectures and refutations**: the growth of scientific knowledge. 4. ed. London: Routledge&Kegan, 1985.

SCHMICKING, D. A toolbox of Phenomenology methods. In: GALLAGHER, S.; SCHMICKING, D. (Eds.). **Handbook of phenomenology and cognitive science**. Dordrecht: Springer. 2010. p. 35-55.

SCHÜTZ, A. **Fenomenologia e relações sociais**. Organização e introdução de Helmut Wagner. Zahar: Rio de Janeiro, 1979.

_____. **Estudios sobre teoría social**: escritos II. Buenos Aires: Amorrortur Editores, 2003.

SPIEGELBERG, H. **Doing phenomenology**: essays on and in phenomenology. Nijhoff: The Hague, 1975.

_____. **The phenomenological movement**: a historical introduction. London: Kluwer, 1994.

WEBER, M. **Economy and society**. New York: Bedminster Press, 1968.

WUNDT, W. **Grundzüge der physiologischen Psychologie**. Leipzig: Engelman, 1908.

7 Etnografia

Elder Semprebom, Aldin Freitas e Paulo Otávio Mussi Augusto

7.1 INTRODUÇÃO

Dentre as diversas abordagens de pesquisa qualitativa disponíveis para estudo dos fenômenos da administração de empresas, a pesquisa etnográfica pode ser percebida, de acordo com Brewer (2005), tanto como uma metodologia como, de forma interativa e complementar a outras abordagens, um método de pesquisa que propicia a geração de conhecimento, a construção de teorias e a pesquisa aplicada a infindos temas de interesse da administração científica, como globalização, segurança e criminalidade, tradição e identidade, relevantes tanto para a gestão pública como em áreas de concentração específicas da gestão, seja em: estratégia e organizações; ciência, tecnologia e inovação; gestão de pessoas e relações de trabalho; gestão da informação; ou, estratégias de marketing e comportamento do consumidor (ANGROSINO, 2009; BARLEY, 1986; BARLEY, 1990; MADISON, 2005; NEYLAND, 2008). A pluralidade da etnografia será abordada a seguir, por meio de suas origens, conceitos, processos e diferentes tipos de estudos etnográficos, além do levantamento bibliométrico da produção científica em administração no Brasil a adotar a pesquisa etnográfica entre os anos 2001 e 2010. Além disso, os dois autores com maior produção etnográfica em administração desta década, Neusa Rolita Cavedon e Sérgio Carvalho Benício de Mello, relatam os desafios da aplicação da etnografia na pesquisa de fenômenos de administração no Brasil.

7.2 ETNOGRAFIA – ORIGEM, CONCEITOS, TIPOS E O PROCESSO

Pode-se relacionar o surgimento da etnografia com as narrativas de viagem situadas no contexto das grandes navegações, cujo interesse era abrir novas rotas comerciais e inventariar os recursos naturais e humanos. Sobretudo no século XVIII, essa literatura ultrapassa o caráter cosmográfico – onde as descrições da flora e da fauna possuíam maior importância, assumindo um caráter etnográfico, ou seja, voltado para a descrição de outros homens, outros países distantes (JAIME JUNIOR, 2003), conforme ilustrado abaixo, no trecho da *Carta de Pero Vaz de Caminha* (01/05/1500, in: SIMÕES, 1999, p. 116):

> A feição deles é serem pardos, maneira de avermelhados, de bons rostos e bons narizes, bem-feitos. Andam nus sem nenhuma cobertura. Não fazem caso de cobrir ou mostrar suas vergonhas. E o fazem com tanta inocência como mostram o rosto. Ambos traziam os beiços de baixo furados e metidos por eles ossos brancos verdadeiros do comprimento de uma mão travessa, e da grossura de um fuso de algodão, agudo na ponta como um furador. Metem-nos pela parte de dentro do beiço e a parte que lhes fica entre o beiço e os dentes é feita como roque de xadrez. E de tal maneira o trazem ali encaixado que não magoa, nem lhes estorva a fala, nem comer, nem beber. Os seus cabelos são corredios e andavam tosquiados, de tosquia alta mais do que sobrepente, de boa grandura e rapados até para cima das orelhas. E um deles trazia por baixo da solapa, de fonte a fonte, para detrás, uma cabeleira de penas de ave amarelas, que seria do comprimento de um coto, mui basta e mui cerrada, que lhe cobria o toutiço e as orelhas. E andava pegada aos cabelos, pena e pena, com uma confeição branda como cera, mas não era cera, de maneira que andava a cabeleira mui redonda e mui basta e mui igual e não fazia míngua, mas lavagem para a levantar.

Por conseguinte, ao final do século XIX e início do século XX, os antropólogos foram buscar no campo a "dinâmica da experiência humana vivida", como descoberto por Radcliffe-Brown e Malinowski nos primeiros estudos de Antropologia Social sobre as colônias britânicas (ANGROSINO, 2009; JAIME JUNIOR, 2003).

Já no campo da Antropologia Cultural, os norte-americanos, influenciados por Franz Boas, estudaram a cultura indígena, posto que esta já havia sido alterada pelos colonizadores e, portanto, deveria ser reconstruída por meio da "memória histórica" dos sobreviventes (ANGROSINO, 2009). Posteriormente, a Escola de Chicago, fundada na década de 1920, viria a estudar grupos sociais modernos no campo da educação, negócios, saúde pública, enfermagem e comunicação (BREWER, 2005; CRESWELL, 2007).

Coube às expedições guiadas por Franz Boas (1947) e ao célebre estudo de Malinowski (1976) nas Ilhas Trobriand do Pacífico Oeste o uso do método de observação participante como forma de inserir o pesquisador no campo, no meio da comunidade, em oposição à chamada "antropologia de gabinete".

Imposto ao campo de estudo por quatro anos, devido à Primeira Guerra Mundial, Malinowski desenvolve uma série de reflexões sobre os métodos utilizados na coleta e análise dos dados na clássica introdução de seu livro *Argonautas do Pacífico Ocidental* (MALINOWSKI, 1976), publicada pela primeira vez em 1922. Dentre essas recomendações, Jaime Junior (2003) destaca-se que:

- o pesquisador deveria estar familiarizado com a literatura etnográfica referente ao seu objeto de estudo;

- seria necessário assegurar boas condições de trabalho, ou seja, dever-se-ia praticar a observação participante, vivendo entre os nativos, sem a dependência de outros homens brancos;

- seria necessário aplicar certos métodos especiais de coleta, análise e registro das evidências que envolviam genealogias, quadros sinópticos, diários de campo, entre outras técnicas.

Vale destacar que a tradição francesa, notabilizada na história da antropologia pelo paradigma racionalista, cujos principais representantes (Émile Durkheim, Marcel Mauss e Claude Lévi-Strauss) não podem ser considerados verdadeiramente etnógrafos, tem reivindicado recentemente sua contribuição à etnografia (JAIME JUNIOR, 2003).

As origens desse método também revelam suas principais características gerais. Contudo, a aplicação da etnografia pode ser muito diversa, como revelam a seguir seus conceitos.

7.2.1 Conceitos de etnografia

Angrosino (2009, p. 30) define a etnografia como "a arte e a ciência de descrever um grupo humano – suas instituições, seus comportamentos interpessoais, suas produções materiais e suas crenças". Segundo suas raízes etimológicas, "etno" significa povo e "grafia", escrita. Portanto, etnografia é a "descrição de um povo" (JAIME JUNIOR, 2003). É definida, ainda, como uma coleta de dados sobre as experiências humanas vividas a fim de apontar crenças e padrões previsíveis para todo o grupo cultural estudado e não apenas descrever todas as instâncias de interação, linguagem e produção compartilhadas (AGROSINO, 2009; CRESWELL, 2007).

Já para Lévi-Strauss (1970), a etnografia consiste na observação e análise de grupos humanos considerados em sua particularidade e visando a reconstituição, tão fiel quanto possível, da vida de cada um deles. Tipicamente, os grupos são grandes, mas podem também ser pequenos grupos que interagem ao longo do tempo (CRESWELL, 2007).

Brewer (2005, p. 6) reúne tanto os objetivos como os métodos da etnografia, ao defini-la como "o estudo de pessoas que ocorre naturalmente em campo, por meio de métodos de coleta de dados que captam os seus significados sociais e atividades rotineiras, envolvendo o pesquisador participante diretamente no cenário, e não apenas nas atividades, a fim de coletar dados de uma forma sistemática, mas sem significados que lhe são impostos externamente".

Ao rever os estudos etnográficos dos últimos 20 anos, Maanen (2006) define etnografia como a mais científica das humanidades e a mais humanística das ciências. A despeito das transformações metodológicas mais recentes, essa abordagem mantém um foco quase obsessivo no empirismo, devido à sua relativa liberdade a partir de um vocabulário completamente especializado e um aparato conceitual privilegiado (MAANEN, 2006). A diversidade de tal aparato conceitual pode ser amplamente percebida como uma das formas de se classificar os estudos etnográficos. As outras formas de classificação podem incluir a estratégia de pesquisa etnográfica adotada e o campo de estudo no qual ela é empregada, conforme abordado a seguir.

7.2.2 Tipos de etnografia: pressupostos teóricos, estratégia de pesquisa e interesse de estudo

Conforme destacado por Creswell (2007, p. 6), "estudos qualitativos têm um desconcertante número de opções de abordagens", de onde se pode extrair o sentido da diversidade.

Emergiram dessa revisão bibliográfica os diferentes tipos de pesquisas etnográficas que foram aqui classificadas e organizadas com base em três dimensões: por pressupostos teóricos; por estratégia de pesquisa etnográfica; e, por interesse de estudo.

Tipos de Etnografia por Pressupostos Teóricos

Conforme destaca Angrosino (2009), à medida que o método etnográfico espalhou--se por diversas disciplinas, foi sendo associado a uma variedade de orientações teóricas, como as que se seguem, sucintamente, abaixo:

1. *funcionalismo*: caracteriza-se pela analogia orgânica e sistêmica, os estudos empíricos, o foco nos subsistemas e na universalidade, nos estudos de parentesco em que a família é abordada como elo da organização social, além da imersão paciente no método, com foco nas normas sociais;

2. *interacionismo simbólico*: visão das pessoas como agentes ativos da construção social, numa sociedade em constante mudança, em função da interação humana; as "pessoas vivem em um mundo de significados aprendidos que são codificados como símbolos" (ANGROSINO, 2009, p. 20), o indivíduo se constrói da interação com o outro, numa introspecção compreensiva típica da abordagem dramatúrgica de Goffman (2009);

3. *feminismo*: movimento social, político e também filosófico de consciência de gênero, que debate a essência feminina em contraste às características socialmente adquiridas e que utiliza como um dos métodos a história de vida;

4. *marxismo*: aborda a sociedade formada por grupos de interesse em conflito um com os outros e intrínseco à interação humana, como nos estudos do colonialismo e na Teoria do Sistema-mundo, aprofundando-se nos nexos de uma comunidade com outra;

5. *etnometodologia*: explica como o sentido de realidade de um grupo é constituído, formado, estabelecido e transformado diante da existência de um sistema dominante de interpretação compartilhado pelos indivíduos de uma sociedade e que serve de filtro para todos. A informação tem significado dentro do contexto social e, portanto, estuda-se a linguagem. O pesquisador pode preferir a observação direta, pois a entrevista com o indivíduo não consciente não revelará grandes descobertas;

6. *teoria crítica*: é dialógica, ou seja, não é baseada nas relações de poder entrevistador e informante, além de ser dialética, pois a verdade emerge do confronto de opiniões, valores, crenças e comportamentos e as pessoas da comunidade são colaboradores ativos na pesquisa ao invés de objetos de conhecimento;

7. *estudos culturais*: aborda como o público se relaciona com o significado socialmente aceito e desafia o *status quo* por meio de uma crítica geral à própria cultura;

8. *pós-modernismo*: desafia a lógica positivista de objetividade e seus modelos gerais, sendo que suas divergências podem ser expressas como textos literários livres para incorporarem-se às diversas artes, como o cinema, o teatro, a poesia e a música.

Diante desse arcabouço teórico que referencia a pesquisa etnográfica, diversas denominações, paradigmas e modelos teóricos a elucidam, como, por exemplo, a etnografia realista e a etnografia crítica detalhadas por Creswell (2007):

- *etnografia realista*: refere-se à descrição objetiva da situação do campo, escrita sob o ponto de vista de terceira pessoa, de maneira imparcial e influenciada pela abordagem funcionalista. O etnógrafo é o repórter dos fatos, pois relata os dados de forma comedida e livre de preconceitos, objetivos políticos ou julgamentos. Para tanto, o etnógrafo utiliza categorias padronizadas para descrição cultural, como, por exemplo, vida familiar e redes sociais. As citações são editadas minuciosamente, tendo sobre estas a palavra final sobre como a cultura será interpretada e apresentada;

- *etnografia crítica*: nesta variação, orientada pela teoria crítica, o etnógrafo defende ou advoga em favor da emancipação de grupos marginalizados na sociedade. Portanto, os etnógrafos são indivíduos com intenções políticas manifestas, por exemplo, contra a desigualdade e a dominação. O componente essencial desse tipo de pesquisa etnográfica é a orientação carregada de valores, no intuito de desafiar o *status quo* e fazer considerações sobre poder e controle. Estudam-se questões de poder, autonomia, desigualdade, desequidade, predominância, repressão, hegemonia e vitimização.

A opção teórica da pesquisa, portanto, carrega consigo a episteme que impactará no olhar "objetivo" do etnógrafo sobre o grupo.

Tipos de Etnografia por Estratégia de Pesquisa

Conforme destaca Brewer (2005), a etnografia pode ser concebida tanto como um método como uma metodologia, ou melhor, estratégia de pesquisa qualitativa que utiliza diferentes tipos de coleta, análise e tratamento de dados, além de técnicas de seleção amostral. Portanto, algumas das variações da pesquisa etnográfica podem ser também atribuídas a: (1) uma metodologia que precede o emprego da etnografia como método (como, por exemplo, a etnografia histórica (MACDONALD, 2004); (2) um método específico adotado na pesquisa etnográfica concebida como metodologia (como, por exemplo, romance etnográfico), etnografia visual (que utiliza fotografia, vídeo e mídia eletrônica) e autoetnografia (JONES, 2005; ELLIS; BOCHNER, 2000), ou ainda a etnografia da comunicação, que utiliza a linguística como elemento inseparável da psicologia, sociologia e etnografia (HYMES e GUMPERZ, 1972; HYMES, 1974).

A etnografia histórica revista por MacDonald (2004) busca descobertas em que as fontes e métodos de arquivos convencionais são pessoal e politicamente mais preocupantes, apoiando-se nas tentativas de identificar os contextos e a busca de significados também pela história oral, por meio do exame da construção de significados dentro dos processos sociais e linguísticos da comunidade, não apenas evocando a nostalgia, mas explorando as mudanças de significado acumulados em uma variedade de contextos nacionais e transnacionais que exploram como a história é construída em contextos locais para o simbólico, o cosmológico e as necessidades materiais de seus narradores, o que pode revelar por que determinados símbolos têm mais lugar que outros, em que contextos e porque, diante do desempenho cotidiano da cultura face a uma modernidade global homogeneizada. Assim, para MacDonald (2004), a etnografia histórica serve tanto como crítica à historiografia como um estímulo para pesquisadores corajosos voltarem a campo, anos após a publicação de suas pesquisas.

A etnografia visual pode ser vista como uma resposta àquilo que veio a ser chamado de a "crise de representação", que levou os antropólogos a reexaminar, na década de 1980, "os modos pelos quais a autoridade de um relato etnográfico era criada e sustentada [...]", uma vez que as "etnografias escritas são relatos construídos, com autores, não descrições transparentes e objetivas da vida dos outros" (BANKS, 2009, p. 71). Banks (2009) destaca que, mais do que o uso de materiais visuais como fotos ou filmes disponíveis no campo e coletados pelo etnógrafo, a imagem é concebida como ferramenta para descrever claramente os processos envolvidos em um elemento de rotina e, portanto, tanto produzido pelo pesquisador como pelos pesquisados, de modo a incrementar a reflexividade típica da etnografia. Apesar de seu caráter incremental, ou seja, ainda dependente de outras fontes de dados, os materiais visuais forneceram à etnografia aquilo que Canevacci (1990) chamou de base documental inexpugnável. Canevacci (1990) ainda destaca que a cultura visual não é apenas vinculada ao conjunto da cultura contemporânea, mas capaz de dissolver o nexo histórico de fenômenos culturais, uma vez que, como destaca Banks (2009), o significado das imagens muda com o tempo ao ser percebido por diferentes públicos.

O romance etnográfico aproxima a antropologia da literatura, uma vez que o relato etnográfico é expresso pela reapropriação da cultura como instrumento de construção de uma socioanálise (BOURDIEU, 2006). A própria *Encyclopaedia Britannica* (1993) define romance como um gênero literário que transpõe a experiência humana para a ficção, geralmente por meio de uma sequência de eventos que envolvem um grupo de pessoas num cenário específico. Bourdieu (2006) analisa a obra do escritor, dramaturgo, poeta e linguista Mouloud Mammeri em que se destaca sua trilogia de romances etnográficos *La colline oubliée* (1952), *Le sommeil du juste* (1955) e *L'opium et le bâton* (1965). Contudo, mais do que uma adaptação do relato etnográfico, o romance etnográfico, como criação literária, é uma cisão entre o interior representado pelo etnógrafo e exterior, pelo campo, que integra um conjunto de normas e classificações literárias bem descritas em *A teoria do romance*, de Lukács (2000).

A autoetnografia, de acordo com Ellis e Bochner (2000), ancora-se no pós-estruturalismo, o pós-modernismo e o argumento de que "podemos estudar somente nossas próprias experiências" (DENZIN; LINCOLN, 2000, p. 636). Desse modo, o pesquisador insere-se como sujeito da própria pesquisa, enfrentando as críticas de narrativas em primeira pessoa e revelando seu fluxo de pensamentos e significados sobre experiências rotineiras ou problemáticas em que menos atenção pode ser dada à veracidade do relato que aos significados semióticos implícitos no texto (ELLIS; BOCHNER, 2000). Mais do que apenas histórias de vida em momentos específicos, essa abordagem etnográfica inclui diversas variações e terminologias, conforme destacam Denzin e Lincoln (2000, p. 636):

> Uma variedade de termos e estratégias metodológicas estão associados com os significados e usos de autoetnografias, incluindo narrativas pessoais, narrativas de si mesmo, histórias escritas, auto-histórias, auto-observação, etnografia pessoal, contos literários, autobiografia crítica, empirismo radical, narrativas evocativas, etnografia reflexiva, método biográfico, narrativa coconstruída, antropologia indígena, antropologia poética e etnografia da performance.

A etnografia da comunicação tem como base a linguística e a análise de discurso que examina a estrutura da conversa como fonte de revelação de conhecimento e significados sociais, uma vez que a língua é um elemento indissociável da interação social que permite a revelação de funções da linguagem, conforme descrito por Hymes e Gumperz (1972), assim como a identificação de discursos discretos, ou seja, formas de conversa (GOFFMAN, 1981) associadas a cenários sociais específicos, como num Tribunal, por exemplo, além da análise de conversação que explora como as conversas são organizadas e estruturadas (BREWER, 2005).

Tipos de Etnografia por Interesse de Estudo

Nesta dimensão, a etnografia pode ser concebida e classificada de acordo com o interesse de estudo do pesquisador. Tradicionalmente e por origem, a etnografia, por si mesma, refere-se a pesquisas antropológicas (YANOW, 2009). Contudo, ela também pode ser empregada como etnografia política (SCHATZ, 2009; TILLY, 2006), etnografia organizacional (MAANEN, 2006; NEYLAND, 2008; YANOW, 2009) ou, ainda, etnografia virtual (ANGROSINO, 2009; MARKHAM, 2005). Porém, conforme proposto por Yanow, senão por seu interesse de estudo, haverá diferença entre a etnografia antropológica e a etnografia organizacional?

Etnografia organizacional

De acordo com Neyland (2008), a etnografia em organizações privadas atualmente é notada por sua utilidade em fornecer profundos *insights* sobre as pessoas e organizações que utilizam um amplo conjunto de ações capazes de responder a questões de cultura organizacional, práticas estratégicas e mudanças, em atividades cotidianas rotineiras ou informais de trabalho, de modo que o etnógrafo tenha a oportunidade de examinar até mesmo os recursos aparentemente mais banais da atividade organizacional para analisar o que eles sugerem sobre as características da organização em estudo.

Para Jaime Junior (2003), os pesquisadores em estudos organizacionais devem levar em conta o rigor da metodologia de pesquisa etnográfica para apoiar o avanço do conhecimento sobre a realidade organizacional. Portanto, é imprescindível que a pesquisa etnográfica em organizações seja construída dentro da tensão entre familiaridade e estranhamento do pesquisador, ou seja, o olhar distanciado proposto por Lévi-Strauss (1986) é fundamental, cabendo ao etnógrafo conciliar a aproximação com o distanciamento. A familiaridade requerida para a compreensão do ponto de vista dos atores não deve levar o pesquisador à ilusão de tornar-se nativo. O etnógrafo aprende a viver com (e não como) o nativo, sendo de outro lugar, tendo outras referências socioculturais. Deve-se pensar o trabalho de campo como um encontro etnográfico entre o pesquisador e os seus interlocutores. Dessa perspectiva, a pesquisa deve ser vivenciada como uma prática dialógica, uma negociação de pontos-de-vista, uma fusão de horizontes. Através do diálogo, o etnógrafo poderá construir uma interpretação das práticas significantes dos atores. O diálogo que caracteriza a etnografia começa desde a inserção no campo. Iniciar uma pesquisa etnográfica implica encontrar uma organização que aceite a presença do etnógrafo. Deve-se estar atento para o fato de que não existe mais nos dias de hoje, se é que existiu algum dia, o nativo ingênuo (JAIME JUNIOR, 2003).

Além disso, não existe etnografia sem o diálogo com um referencial teórico. É importante situar o *locus* etnografado no sistema econômico e político mundial. O indivíduo nas organizações, a dinâmica organizacional e as relações interorganizacionais não podem ser compreendidos se não forem pensados a partir da sua relação dialética com o contexto sócio-histórico local, regional, nacional e global (JAIME JUNIOR, 2003).

Contudo, Maanen (1979) destaca que em estudos organizacionais tende-se a teorizar prematuramente, com dados insuficientemente separados entre os fatos e as ficções, o extraordinário e o comum, o geral e o específico, sendo mais adequada uma postura simples, sequencial e reflexiva de envolvimento longo e contínuo em que menos teorias ajudam a compreender melhor os fatos, enquanto mais fatos ajudam a desenvolver melhor a teoria. Maanen (1979) chama os fatos de conceitos de primeira ordem sujeitos não apenas às interpretações de segunda ordem convergentes ou divergentes, ou seja, a teoria, mas às aparências que os informantes esforçam em manter ao pesquisador ou aos colegas de trabalho, por meio de "dados de apresentação" simbolicamente projetados, normativos, ideológicos e idealizados pelo informante.

Jaime Junior (2003) ainda destaca que é imprescindível proceder à reconstrução histórica do presente etnográfico, pois a dinâmica organizacional que o pesquisador está presenciando é fruto de uma trama histórica tecida muito antes da sua chegada. Sendo assim, não é mais possível proceder a uma disjunção entre antropologia e história, disciplinas que têm buscado, cada vez mais, uma relação complementar.

Há complementaridade na classificação?

Apesar de propostas as três bases de classificação (por pressupostos teóricos, estratégia de pesquisa e por campo de estudo), deve-se atentar se tais classificações podem ou não ser necessariamente abordadas como complementares. Uma vez complementadas, tais preconcepções relacionais não remeteriam o estudo à abordagem funcionalista?

Resguardada a diversidade do aparato conceitual especializado da etnografia revisto por Maanen (2006), pode-se, contudo, explorar algum dos possíveis caminhos que a fusão das três bases de classificação geraria, qual seja, por exemplo: a etnografia organizacional visual humanista radical. Ao adotar por campo de estudo uma organização X, cuja estratégia de pesquisa pode ser concebida como a etnografia visual e optar-se pelo pressuposto teórico o paradigma humanista radical da tipologia de Burrell e Morgan (2000), pode-se esperar que o etnógrafo atue com os integrantes da organização X, tanto no uso como na produção de material visual (BANKS, 2009) em que seu referencial está comprometido com uma visão de sociedade que enfatiza a necessidade de superar ou transcender as limitações impostas pelos arranjos sociais atuais.

Contudo, seria o planejamento da pesquisa tão rico a ponto de permitir uma abordagem tão direcionada do etnógrafo? Ou seria a classificação da pesquisa etnográfica sobre tais bases relacionais um recurso *ex-post facto* para situar sua contribuição teórica à luz da validade de constructo? Tal investigação poderia ser abordada tão somente como pesquisa de inspiração etnográfica, caso não aborde o método em sua totalidade, conforme o processo descrito a seguir.

7.2.3 O "processo" de pesquisa etnográfica

Conforme Brewer (2005), até hoje a etnografia tem sido considerada como um estilo de pesquisa que estabelece as regras de procedimento que não alteram sua base prática como método, apesar das diferentes estruturas metodológicas empregadas. Mesmo o pós-modernismo precisa incorporar as práticas de reflexividade que impedem que a etnografia seja quebrada em estágios herméticos. Para Brewer (2005), o processo de investigação que caracteriza a etnografia é apenas uma série de ações coordenadas e planejadas, mas misturadas imaginativa e flexivelmente, para produzir um estudo naturalista. Contudo, "o planejamento com antecedência é essencial, por razões práticas e intelectuais" (BREWER, 2005, p. 58). Os principais pontos do projeto de pesquisa a serem cuidadosamente abordados tanto para etnógrafos empírico-subjetivistas como para etnógrafos quantitativos são a seleção de várias técnicas de coleta de dados, o uso de vários métodos de triangulação e as boas práticas de investigação, negociação de acesso e confiança no campo.

Quanto à escolha do tema, Angrosino (2008) destaca que a etnografia pode ser empregada nos fenômenos onde haja pessoas interagindo em cenários naturalmente coletivos que originalmente eram culturas isoladas, posteriormente adequados a subculturas de raça, idade, classe social, dentre outros agrupamentos sociodemográficos e atualmente empregadas a quaisquer comunidades de interesse, circunstanciais, como, por exemplo, um grupo de mulheres portadoras do vírus HIV. A principal crítica às comunidades de interesse embasa-se no fato de muitas vezes os integrantes do grupo não interagirem regularmente uns com os outros, como também ocorre com as comunidades virtuais. Para Angrosino (2008), os principais problemas de pesquisa para os quais o método etnográfico é útil incluem tanto o registro de processos sociais dinâmicos, como a identificação de participantes de um cenário social. Além disso, a etnografia também pode ser a melhor forma de contextualizar e analisar resultados de pesquisas quantitativas precedentes, analisar problemas da vida real que não se enquadram em variáveis dependentes e independentes e, ainda, explorar um tema que possibilite a formulação de diversas hipóteses para pesquisas posteriores.

Brewer (2005) destaca que o tema e o método caminham juntos na etnografia, uma vez que ambos são, muitas vezes, construídos em campo. "Para acessar os significados sociais, observar o comportamento e trabalhar em estreita colaboração com interlocutores, diversos métodos de coleta de dados são relevantes" (BREWER, 2005, p. 59). Os métodos destacados pelo autor são: (1) a observação participante que caracteriza a interação diária, gera os dados e adiciona a dimensão vivencial do estudo, mudanças de atitude, medos e ansiedades do pesquisador que prioritariamente busca manter o equilíbrio entre o participante que se aproxima para interagir e o não participante que observa e coleta adequadamente os dados, mesmo que as intenções da pesquisa sejam disfarçadas – e, portanto, não cabe à etnografia a observação discreta, onde observadores não participam da cena ou não interagem com os informantes; (2) as entrevistas em profundidade são aplicadas tanto na forma de questionários estruturados como roteiros de entrevistas ou relatos de história oral para coletar o invisível, ou seja, os comportamentos, significados, atitudes e sentimentos que não podem ser diretamente observados, mesmo na interação face a face, mas talvez se revelem pela moderação do etnólogo no cenário de perguntas e respostas por ele criado; (3) os documentos pessoais e oficiais, como diários, registros escolares, médicos, bancários, comerciais e até contas telefônicas naturalmente coletadas, para evitar um viés na seleção, podem revelar tanto dados contemporâneos como retrospectivas que permitam uma análise longitudinal, desde que resguardada a autenticidade e consideradas as possíveis distorções e exageros dos documentos pessoais; (4) o estudo da linguagem natural embasado na pragmática ou na análise de discurso, conforme descrito anteriormente na etnografia da comunicação; (5) as vinhetas constituem uma técnica que inclui cenários hipotéticos ou reais, ao invés de excêntricos, normalmente envolvendo algum dilema moral ou ético, por meio de histórias ou contos com circunstâncias sociais nas quais os entrevistados são convidados a responder o que fariam ou como imaginam o comportamento de terceiros, a fim de revelar eventos e circunstâncias que compreendam a experiência pessoal dos pesquisados.

Quanto à triangulação etnográfica de dados, Brewer (2005) e Denzin e Lincoln (1998) destacam que, seja numa perspectiva positivista, humanista ou pós-moderna, para representar com precisão o mundo social ou revelar algo sobre sua realidade simbólica, a rotineira triangulação de dados em etnografia pode ser concebida tanto como uma forma de validade como uma alternativa à validação, desde que envolva não apenas vários dos métodos de coleta de dados anteriormente destacados, mas também com dados coletados de várias fontes, por vários investigadores e com várias estruturas teóricas adjacentes, como confirmatórias à sua natural aversão por metodolatria, de forma a buscar evidências de desconfirmação e garantir que os dados não sejam tratados apenas como estímulos externos afetados pela intervenção de observadores participantes.

Também as boas práticas do etnógrafo, ou seja, sua capacidade de negociar o acesso ao campo, desenvolver e manter seus papéis de pesquisador participante, conquistar e manter a confiança, registrar dados discretamente, agir com ética, preservar cuidados com a identidade e saber como sair do campo são elementos fundamentais do processo de pesquisa etnográfica, destaca Brewer (2005). Para o autor, o acesso ao campo deve ser previamente planejado e pode ser flexibilizado por meio da apresentação de um dos integrantes do grupo, pela atribuição de uma função ao pesquisador que não seja ameaçadora ao grupo, pela negociação com os líderes do grupo e em diferentes níveis que permitam o acesso às pessoas, às informações e atividades, assim como a compreensão das limitações e barreiras natural e intencionalmente impostas. Assim, o etnógrafo pode assumir uma multiplicidade de papéis e campos de estudo em que se combina ou limita-se a participação ou não do pesquisador em determinadas atividades e a revelação ou não de seu papel de pesquisador a determinados integrantes do grupo. Brewer (2005) destaca ainda que raramente a confiança é instantânea, o que justifica a atenção do pesquisador com seu comportamento verbal e não verbal, tanto no início da entrada em campo, como na manutenção das qualidades relacionais de honestidade, comunicação, amizade e abertura tão necessárias para a confiança mútua entre o etnógrafo e as pessoas com quem conviverá. Quanto ao registro de dados, tanto um gravador de áudio como uma câmera de vídeo ou mesmo um simples bloco de notas pode ser visto como intrusivo, contudo, os dados devem ser coletados em equilíbrio com a brevidade e a discrição, assim como podem ser ocasionalmente mostrados aos entrevistados, conforme aborda Brewer (2005). O autor também destaca que os etnógrafos devem operar um código de ética que respeite seus informantes, o comitê de ética de pesquisa da Universidade, as Associações profissionais e em Antropologia e Sociologia, atentando para a dignidade humana, a privacidade e confidencialidade, o que sugere que os métodos secretos e disfarçados sejam restritos aos casos em que não houver nenhuma alternativa à justificável realização da pesquisa, apesar de o debate ético estender-se além do campo e implicar concepções sobre o próprio papel político e crítico da ciência (FLEISCHER E SCHUCH, 2010). Sendo assim, a identidade primária pode ser manipulada, quando possível, de modo a preservar o etnógrafo e sua atuação. Enquanto não é possível manipular sua etnia ou o gênero, por exemplo, alternativamente pode-se manipular o estado civil, a idade, a escolaridade ou a ocupação primária do pesquisador em campo. Por fim, Brewer (2005) destaca que a retirada do pesquisador de campo deve ser um compromisso de longo prazo reconhecido já na fase de planejamento, tanto referente à remoção física como ao desafiador desengajamento emocional das relações que ali serão estabelecidas.

De acordo com o escopo deste capítulo, apresentam-se na sequência os resultados do levantamento bibliométrico acerca da aplicação do método etnográfico.

7.3 ANÁLISE BIBLIOMÉTRICA – O USO DA ETNOGRAFIA EM ADMINISTRAÇÃO NO BRASIL

Os artigos, presentes em periódicos e eventos, foram analisados individualmente de acordo com categorias preestabelecidas, apresentadas nas tabelas e gráficos a seguir. A primeira categoria analisada refere-se à quantidade de estudos encontrados em eventos e periódicos.

Gráfico 1 – *Origem dos artigos selecionados*

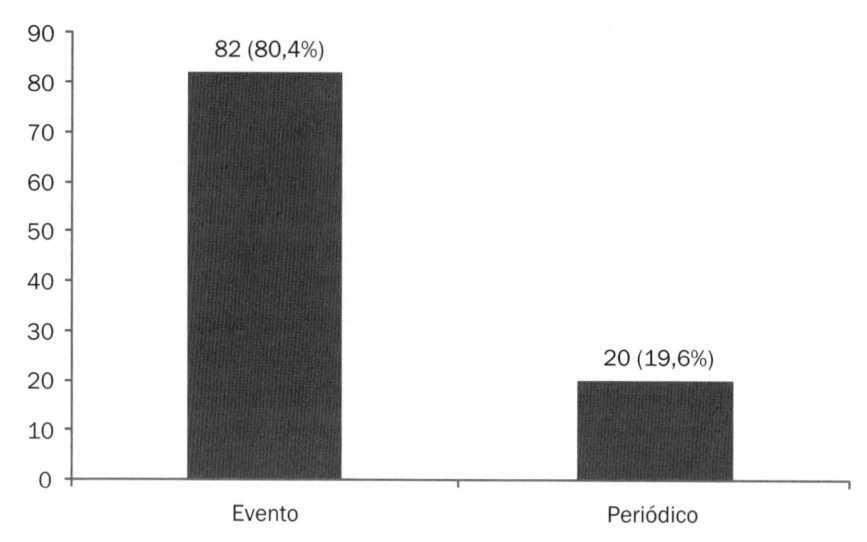

Fonte: Dados da pesquisa.

De acordo com o Gráfico 1, a maior parte dos 102 artigos (80,4%) que utilizam etnografia como método está publicada em eventos. Apenas 20 destes estão publicados em periódicos. Essas informações geram reflexão sobre a aderência do método em revistas científicas e também a permanência de trabalhos no formato inicial de discussão e publicação. Na Tabela 1, que segue, observa-se o número de artigos publicados em cada evento e periódico.

Tabela 1 – *Distribuição dos artigos por evento em administração*

Evento	n	%
EnANPAD – Encontro da ANPAD	47	57,3
EnEO – Encontro de Estudos Organizacionais	13	15,9
EMA – Encontro de Marketing	12	14,6
EnGPR – Encontro de Gestão de Pessoas e Relações do Trabalho	4	4,9
EnePQ – Encontro de Ensino e Pesquisa em Administração e Contabilidade	3	3,7
EnADI – Encontro de Administração da Informação	2	2,4
EnAPG – Encontro de Administração Pública e Governança	1	1,2
Total	**82**	**100,0**

Fonte: Dados da pesquisa.

Os eventos totalizam 82 trabalhos publicados entre 2001 e 2010, destes, 47 (57,3%) foram apresentados no EnANPAD, o que confirma a grande expressão do congresso no âmbito do estudo da administração. Outros eventos com expressivo número de trabalhos são o EnEO (15,9%), com 13 trabalhos, e o EMA, com 12 (14,6%). Uma consideração importante refere-se à periodicidade dos eventos, sendo anual as edições do EnANPAD (10 edições analisadas neste estudo) e a cada dois anos o EnEO e o EMA (cinco edições de cada analisadas neste estudo). Na sequência, apresenta-se a tabela de periódico com publicações utilizando etnografia.

Tabela 2 – *Distribuição dos artigos por periódico em administração*

Periódico	n	%
RAE – *Revista de Administração de Empresas*	6	30,0
RAE-e – *Revista de Administração de Empresas Eletrônica*	4	20,0
RAM – *Revista de Administração da Mackenzie*	3	15,0
REAd – *Revista Eletrônica de Administração*	3	15,0
O&S – *Organizações & Sociedade*	2	10,0
RAC – *Revista de Administração Contemporânea*	2	10,0
Total	**20**	**100,0**

Fonte: Dados da pesquisa.

Conforme a Tabela 2, verifica-se que as publicações científicas restringem-se a apenas seis revistas. Dos 20 artigos publicados em periódicos, seis estão na RAE e quatro na RAE-e, somando metade das publicações, o que indica abertura editorial para trabalhos que utilizam o método etnográfico. No Gráfico 2, podem ser visualizadas a trajetória e a diferença de publicação em termos do veículo, evento ou periódico.

Gráfico 2 – *Trajetória do número de publicações em eventos e periódicos em administração*

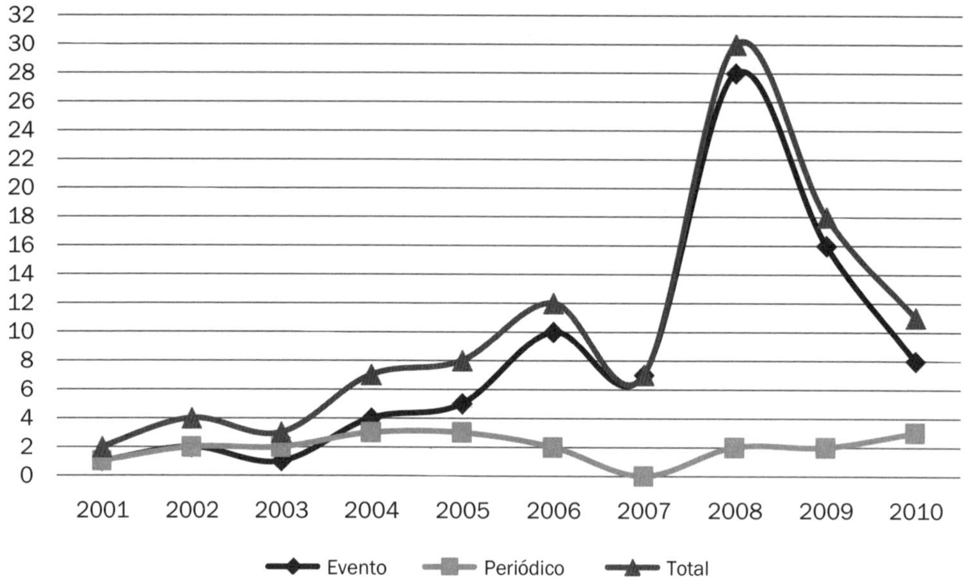

Fonte: Dados da pesquisa.

O Gráfico 2 demonstra o baixo índice de publicações em periódicos comparado a eventos. O número de trabalhos em revistas tem se mantido estável nos dez anos, na média de dois por ano, exceto em 2007, em que não houve publicações. A linha referente a eventos apresenta uma ascensão, sendo que em 2008 há um pico, já que neste ano foram 28 estudos publicados em congressos. Na média, foram oito estudos por ano. A Tabela 3 demonstra o número de artigos publicados em eventos, por ano.

Tabela 3 – *Distribuição anual dos artigos por anais de eventos em administração*

Eventos	2001	2002	2003	2004	2005	2006	2007	2008	2009	2010	Total
EnANPAD	1	1	1	2	5	6	5	15	9	2	47
EnEO	0	1	0	1	0	4	0	4	0	3	13
EMA	0	0	0	0	0	0	0	9	0	3	12
EnGPR	0	0	0	0	0	0	0	0	4	0	4
EnEPQ	0	0	0	0	0	0	2	0	1	0	3
EnADI	0	0	0	0	0	0	0	0	2	0	2
EnAPG	0	0	0	1	0	0	0	0	0	0	1
Total	**1**	**2**	**1**	**4**	**5**	**10**	**7**	**28**	**16**	**8**	**82**

Fonte: Dados da pesquisa.

Aprofundando os resultados vistos no Gráfico 2, verifica-se que o EnANPAD nos úti-mos anos tem sido um espaço crescente de apresentações sobre o método etnográfico, destacando-se os anos de 2008 e 2009 com 15 e nove trabalhos respectivamente. Em 2010, nota-se uma queda abrupta no número de estudos no EnANPAD, porém eventos como o EMA e o EnEO publicaram três trabalhos cada, ou seja, houve uma distribuição dos trabalhos em relação aos eventos neste ano. Ainda em relação ao EMA, destacam-se as nove publicações em 2008, fato que contribui para que este ano fosse o que tivesse o maior número de estudos publicados da década. Na Tabela 4, visualizam-se as publica-ções em periódicos por ano.

Tabela 4 – *Distribuição anual dos artigos por periódico em administração*

Periódicos	2001	2002	2003	2004	2005	2006	2007	2008	2009	2010	Total
RAE	1	1	2	0	0	1	0	0	0	1	6
RAE-e	0	0	0	1	1	0	0	1	1	0	4
RAM	0	0	0	0	0	0	0	1	0	2	3
REAd	0	0	0	2	0	1	0	0	0	0	3
O & S	0	1	0	0	1	0	0	0	0	0	2
RAC	0	0	0	0	1	0	0	0	1	0	2
Total	**1**	**2**	**2**	**3**	**3**	**2**	**0**	**2**	**2**	**3**	**20**

Fonte: Dados da pesquisa.

A Tabela 4 revela a falta de constância em artigos publicados nos periódicos, ou seja, há um intervalo médio de dois ou mais anos por publicação. Os periódicos com maior tra-dição em estudos com método etnográfico são a RAE e RAE Eletrônica.

A próxima tabela relaciona os principais autores que utilizaram a etnografia no campo de estudos da administração na última década, aqueles com três ou mais trabalhos publi-cados. A quantidade de publicações está dividida por evento e periódico.

Tabela 5 – *Principais autores*

Autor	Evento	Periódico	Total
CAVEDON, Neusa Rolita	16	7	23
MELLO, Sérgio Carvalho Benício	7	1	8
LEÃO, André Luiz Maranhão de Souza	7	1	8
BARROS, Carla	6	1	7
PEREIRA, Maria Tereza Flores	5	0	5
CRAIDE, Aline	4	0	4
ROCHA, Everardo	3	1	4
FERRAZ, Deise Luiza da Silva	2	2	4
GODOI, Christiane Kleinübing	4	0	4
BELLINI, Carlo Gabriel Porto	3	0	3
ALBUQUERQUE, Fábio Manoel Fernandes	3	0	3
FIGUEIREDO, Marina Dantas de	3	0	3
ALCADIPANI, Rafael	2	1	3
JUNIOR, Pedro Jaime	1	2	3
ANTONELLO, Claudia Simone	3	0	3
MASCARENHAS, André Ofenhejm	1	2	3
FARIA, Alexandre	1	2	3

Fonte: Dados da pesquisa.

A etnografia na área de administração foi utilizada por 114 autores no último decênio. A autora com maior número de trabalhos publicados é Neuza Rolita Cavedon, com 23 ao todo, sendo 16 em eventos e sete em periódicos. Outros destaques são Sérgio Carvalho Benício Mello e André Luiz Maranhão de Souza Leão, com oito publicações cada. O número de trabalhos dos autores tem um impacto direto no escore por instituição, dados apresentados na Tabela 6.

Tabela 6 – *Distribuição dos artigos por instituição de afiliação*

Instituição	Evento	Periódico	Total
UFRGS – Universidade Federal do Rio Grande do Sul	44	10	54
UFPE – Universidade Federal de Pernambuco	23	2	25
UFPB – Universidade Federal da Paraíba	12	0	12
UFBA – Universidade Federal da Bahia	10	0	10
FGV-SP – Fundação Getulio Vargas de São Paulo	7	2	9
UFF – Universidade Federal Fluminense	6	2	8
Mackenzie-SP	4	3	7
USP – Universidade de São Paulo	3	3	6
UFLA – Universidade Federal de Lavras	3	2	5
PUC-RJ – Pontifícia Universidade Católica do Rio de Janeiro	4	1	5
UFMG – Universidade Federal de Minas Gerais	4	1	5
UFSC – Universidade Federal de Santa Catarina	5	0	5

Fonte: Dados da pesquisa.

Os 114 autores estão distribuídos em 30 instituições, as de maior destaque (mais de cinco publicações) foram listadas na Tabela 6. A UFRGS é a universidade com maior número de citações, 54 ao todo. Como visto anteriormente, a autora Neuza Rolita Cavedon é responsável por pouco menos da metade dos trabalhos de etnografia em administração da instituição. Das quatro primeiras universidades listadas, três são da região Nordeste: UFPE, UFPB e UFBA. Um fato crítico é a baixa publicação em periódico dessas universidades. Apenas a UFPE tem dois artigos publicados neste meio.

A próxima tabela detalha as publicações em termos da abordagem, teórica ou teórico-empírica. Essa divisão é necessária para que fique evidente a quantidade de trabalhos com característica apenas teórica e aqueles com dados empíricos coletados.

Tabela 7 – *Distribuição dos artigos por abordagem de pesquisa*

Ano	Teórica		Teórico-Empírica		Total	
	n	%	n	%	n	%
2001	0	0,00	2	1,96	2	1,96
2002	3	2,95	1	0,98	4	3,93
2003	1	0,98	2	1,96	3	2,94
2004	3	2,95	4	3,92	7	6,87
2005	2	1,96	6	5,88	8	7,84
2006	3	2,95	9	8,82	12	11,77
2007	2	1,96	5	4,90	7	6,86
2008	8	7,84	22	21,57	30	29,41
2009	7	6,86	11	10,78	18	17,64
2010	7	6,86	4	3,92	11	10,78
Total	**36**	**35,31**	**66**	**64,69**	**102**	**100,00**

Fonte: Dados da pesquisa.

Os dados da Tabela 7 mostram que quase 65% dos trabalhos são de caráter teórico--empírico, o que demonstra a preocupação pela aplicação do método na área. Acerca dos artigos apenas teóricos, 61% deles foram publicados nos últimos três anos. O gráfico a seguir permite uma visualização da quantidade de artigo de acordo com a abordagem e o veículo de publicação.

Gráfico 3 – *Abordagem e veículo de publicação*

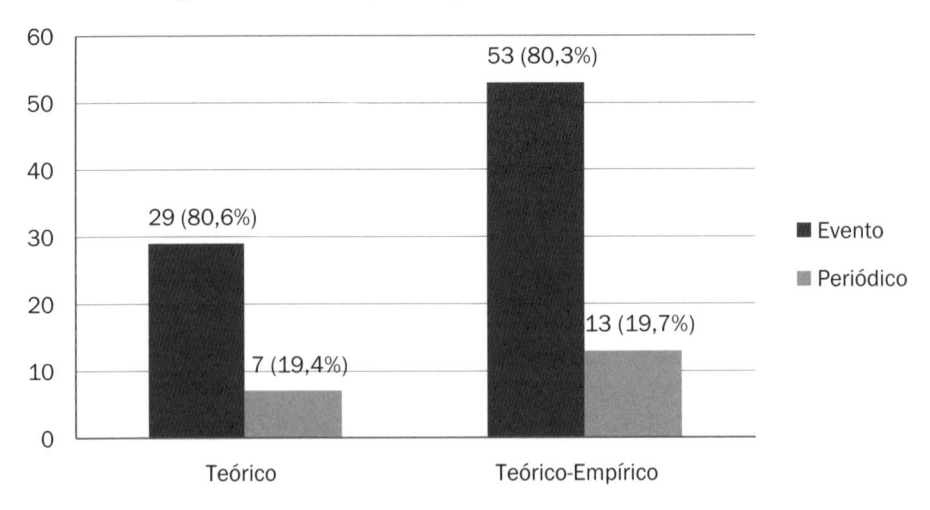

Fonte: Dados da pesquisa.

O Gráfico 3 demonstra a predominância da abordagem teórico-empírica tanto em eventos quanto em periódicos. A proporção da abordagem entre eventos e periódicos considerando os artigos teóricos (80,6% e 19,4%) e teórico-empíricos (80,3% e 19,7%) é praticamente a mesma. A Tabela 8 apresenta a distribuição dos 102 artigos em eventos e periódicos considerando as áreas temáticas.

Tabela 8 – *Distribuição dos artigos por área*

Área	Evento		Periódico		Total	
	n	%	n	%	n	%
Estudos Organizacionais	30	29,41	8	7,85	38	37,26
Marketing	28	27,45	7	6,87	35	34,32
Gestão de Pessoas e Relações de Trabalho	10	9,80	3	2,94	13	12,74
Ensino e Pesquisa em Administração e Contab.	7	6,86	0	0,00	7	6,86
Administração da Informação	3	2,94	0	0,00	3	2,94
Gestão de Ciência, Tecnologia e Inovação	3	2,94	0	0,00	3	2,94
Estratégia em Organizações	1	0,98	2	1,96	3	2,94
Total	**82**	**80,38**	**20**	**19,62**	**102**	**100,00**

Fonte: Dados da pesquisa.

Conforme Tabela 8, as áreas com maior número de publicações são Estudos Organizacionais e Marketing, tanto em evento quanto em periódico. Essas duas áreas representam juntas mais de 70% das publicações em cada veículo. O Gráfico 4, a seguir, demonstra a totalidade de trabalhos em cada área.

Gráfico 4 – *Distribuição de artigos por área*

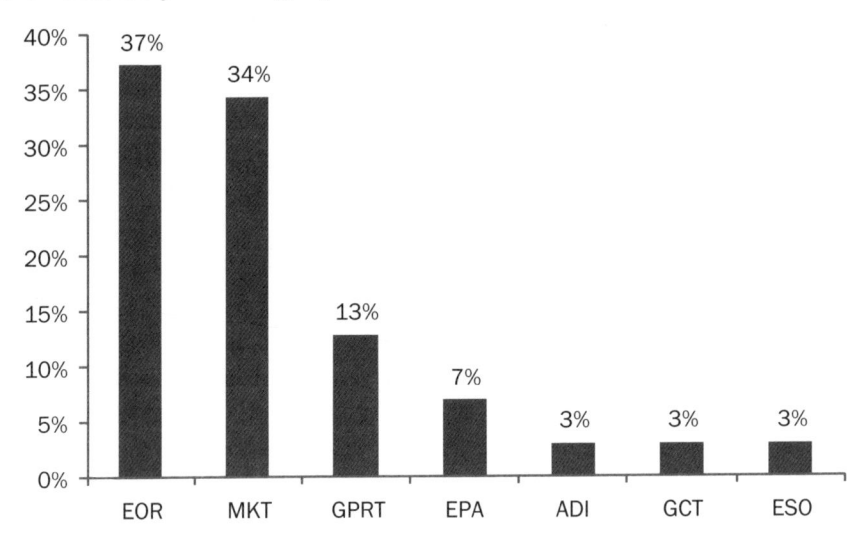

Fonte: Dados da pesquisa.

De acordo com o Gráfico 4, os Estudos Organizacionais (EOR) representam 37,26% de todos os estudos em etnografia na área de administração. Marketing (MKT) vem na sequência, com 34,32% dos trabalhos. O próximo gráfico apresenta a distribuição de artigos por área de abordagem.

Gráfico 5 – *Distribuição de artigos por área e abordagem*

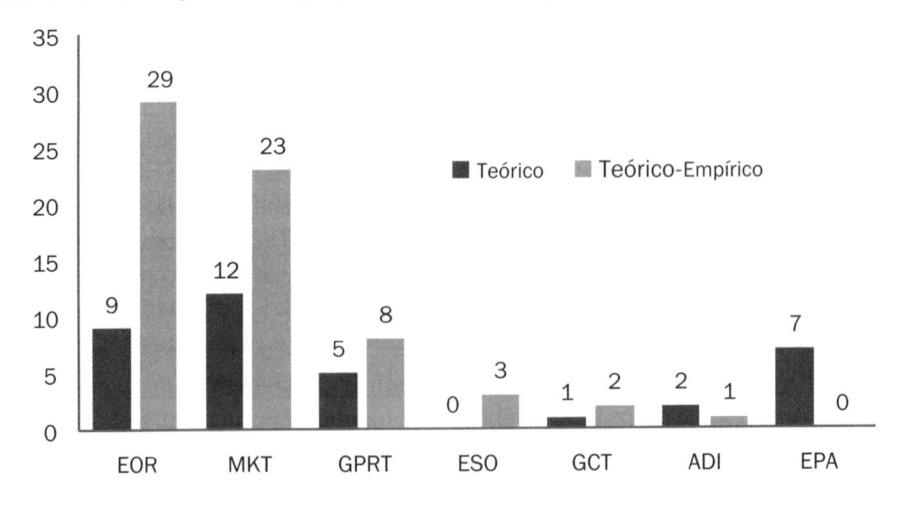

Fonte: Dados da pesquisa.

Exceto na área de Ensino e Pesquisa em Administração e Contabilidade, com sete estudos teóricos, as demais áreas têm em sua maioria artigos teórico-empíricos, com destaque para as áreas de Estudos Organizacionais, 29 artigos, e Marketing com 23.

A partir dos 66 artigos teórico-empíricos, podem-se observar, nas Tabelas 9 e 10, as técnicas de coleta e análise de dados.

Tabela 9 – *Classificação dos artigos por técnica de coleta de dados*

Ano	Entrevista		Questionário		Observação		Pesquisa documental		Outras	
	n	%	n	%	n	%	n	%	n	%
2001	1	1,88	0	0,00	1	1,69	1	9,09	1	25,00
2002	1	1,88	0	0,00	1	1,69	1	9,09	0	0,00
2003	1	1,88	0	0,00	2	3,38	0	0,00	0	0,00
2004	4	7,55	0	0,00	4	6,80	0	0,00	0	0,00
2005	6	11,32	0	0,00	6	10,16	0	0,00	0	0,00
2006	7	13,21	0	0,00	6	10,16	4	36,36	1	25,00
2007	4	7,55	0	0,00	5	8,47	0	0,00	0	0,00
2008	17	32,08	0	0,00	21	35,59	4	36,37	1	25,00
2009	9	16,98	1	100,00	9	15,26	1	9,09	1	25,00
2010	3	5,67	0	0,00	4	6,80	0	0,00	0	0,00
Total	**53**	**100,00**	**1**	**100,00**	**59**	**100,00**	**11**	**100,00**	**4**	**100,00**

Fonte: Dados da pesquisa.

De acordo com a Tabela 9, verifica-se que a técnica de coleta de dados mais presente nos estudos etnográficos (59 artigos) é a observação, participante ou não. A entrevista também é uma técnica bastante utilizada, sendo encontrada em 53 trabalhos. Outras técnicas somam apenas quatro artigos, sendo utilizados, neste caso, recursos como fotografia e vídeos. Deve-se ressaltar que um mesmo artigo pode utilizar duas técnicas de coleta e que há 36 artigos apenas de abordagem teórica, os quais não entraram nesta análise.

Tabela 10 – *Classificação dos artigos por técnica de análise de dados*

	Análise de Conteúdo		Análise de Discurso		Análise Narrativa		Análise Quantitativa		Outras		Não Informado	
	n	%	n	%	n	%	n	%	n	%	n	%
2001	1	3,85	1	3,22	0	0,00	0	0,00	0	0,00	0	0,00
2002	1	3,85	0	0,00	0	0,00	0	0,00	0	0,00	0	0,00
2003	1	3,85	1	3,22	0	0,00	0	0,00	0	0,00	0	0,00
2004	1	3,85	3	9,68	0	0,00	0	0,00	0	0,00	0	0,00
2005	2	7,70	4	12,91	0	0,00	0	0,00	0	0,00	0	0,00
2006	6	23,07	1	3,22	1	16,67	0	0,00	1	100,00	0	0,00
2007	1	3,85	4	12,91	0	0,00	0	0,00	0	0,00	0	0,00
2008	8	30,76	10	32,25	4	66,66	0	0,00	0	0,00	0	0,00
2009	4	15,37	4	12,91	1	16,67	1	100,00	0	0,00	1	100,00
2010	1	3,85	3	9,68	0	0,00	0	0,00	0	0,00	0	0,00
Total	**26**	**100,00**	**31**	**100,00**	**6**	**100,00**	**1**	**100,00**	**1**	**100,00**	**1**	**100,00**

Fonte: Dados da pesquisa.

A partir da Tabela 10, nota-se que há preferência pela análise de discurso (31 estudos) no que se refere a técnica de análise de dados. A análise de conteúdo também é outra técnica bastante utilizada, sendo 26 artigos neste levantamento. Os 36 artigos com abordagem teórica não foram contabilizados nessa tabela.

Outra informação levantada no estudo bibliométrico refere-se à classificação de artigos por técnica de coleta de dados e área temática, apresentada na Tabela 11.

Tabela 11 – *Classificação dos artigos por técnica de coleta de dados e área*

Área	Entrevista		Questionário		Observação		Pesquisa documental		Outras	
	n	%	n	%	n	%	n	%	n	%
EOR	25	47,17	0	0,00	24	40,68	9	81,82	1	25,00
MKT	16	30,19	1	100,00	21	35,59	1	9,09	3	75,00
GPR	7	13,21	0	0,00	8	13,56	1	9,09	0	0,00
EPQ	0	0,00	0	0,00	0	0,00	0	0,00	0	0,00
GCT	2	3,77	0	0,00	2	3,39	0	0,00	0	0,00
ESO	3	5,66	0	0,00	3	5,08	0	0,00	0	0,00
ADI	0	0,00	0	0,00	1	1,69	0	0,00	0	0,00
GOL	0	0,00	0	0,00	0	0,00	0	0,00	0	0,00
FIN	0	0,00	0	0,00	0	0,00	0	0,00	0	0,00
APB	0	0,00	0	0,00	0	0,00	0	0,00	0	0,00
Total	**53**	**100,00**	**1**	**100,00**	**59**	**100,00**	**11**	**100,00**	**4**	**100,00**

Fonte: Dados da pesquisa.

Atribui-se à área de Estudos Organizacionais a maior parte dos estudos utilizando-se de entrevista (25), observação (24) e pesquisa documental (9). Em seguida, a área de Marketing tem utilizado em grande número de todas as técnicas de coleta observadas neste estudo, com destaque a outras técnicas, como fotografia e vídeo. Os 36 artigos de abordagem teórica não foram contados nesta análise.

Tabela 12 – *Classificação dos artigos por técnica de análise de dados e área*

Área	Análise de Conteúdo		Análise de Discurso		Análise Narrativa		Análise Quantitativa		Outras		Não informado	
	n	%	n	%	n	%	n	%	n	%	n	%
EOR	13	50,00	11	35,48	4	66,66	0	0,00	1	100,00	0	0,00
MKT	6	23,07	14	45,16	1	16,67	1	100,00	0	0,00	1	100,00
GPR	3	11,54	4	12,90	1	16,67	0	0,00	0	0,00	0	0,00
EPQ	0	0,00	0	0,00	0	0,00	0	0,00	0	0,00	0	0,00
GCT	2	7,69	0	0,00	0	0,00	0	0,00	0	0,00	0	0,00
ESO	1	3,85	2	6,45	0	0,00	0	0,00	0	0,00	0	0,00
ADI	1	3,85	0	0,00	0	0,00	0	0,00	0	0,00	0	0,00
GOL	0	0,00	0	0,00	0	0,00	0	0,00	0	0,00	0	0,00
FIN	0	0,00	0	0,00	0	0,00	0	0,00	0	0,00	0	0,00
APB	0	0,00	0	0,00	0	0,00	0	0,00	0	0,00	0	0,00
Total	26	100,00	31	100,00	6	100,00	1	100,00	1	100,00	1	100,00

Fonte: Dados da pesquisa.

De acordo com a Tabela 12, nota-se a preferência do uso da análise de conteúdo em Estudos Organizacionais (13) e da análise de discurso em Marketing (14). Os 36 artigos de abordagem teórica também não foram incluídos nessa tabela.

Por fim, as vantagens, limitações, contribuições e dificuldades na escolha do método são apresentadas a seguir pelos dois mais expressivos autores etnográficos da última década.

7.4 O USO DA ETNOGRAFIA NA PERSPECTIVA DE PESQUISADORES BRASILEIROS

Primeira entrevistada a revelar aspectos do seu fazer etnográfico é Neusa Rolita Cavedon, professora associada da Escola de Administração da Universidade Federal do Rio Grande do Sul e pesquisadora do CNPq, além de pesquisadora convidada, na Universidade Federal da Bahia e na Universidade Federal de Minas Gerais, mantendo ainda parceria em pesquisas com o Professor Eduardo Davel da TELUQ-UQAM, Université du Québec à Montréal, no Canadá. Pesquisadora desde 1992 (desde 2000, bolsista de produtividade do CNPq), e professora desde 1993, Neusa Cavedon é Doutora e Mestre em Administração pelo PPGA/EA/UFRGS, Mestre em Antropologia Social pelo PPGAS/UFRGS, Bacharel em Administração Pública e Privada pela UFRGS e Bacharel em Ciências Econômicas pela UFRGS. Autora de livros, dentre os quais destaca-se *Antropologia para administradores* (2003) e a co-organização de *Pós-modernidade e etnografia nas organizações* (2005).

Sérgio Carvalho Benício de Mello é professor associado e chefe do Departamento de Ciências Administrativas da Universidade Federal de Pernambuco, além de pesquisador do CNPq. Pesquisador e docente desde 1992, Mello é bacharel em administração pela Universidade Católica de Pernambuco, mestre em administração pela Universidade Federal da Paraíba e doutor em administração pela City University London, da Inglaterra. Além disso, possui dois pós-doutorados em sociologia da tecnologia, um pela Universidade de Lancaster, em Lancaster – Inglaterra, outro pela Universidade de Alberta, no Canadá. Atualmente, seus temas de interesse são: Tecnologia e Modernidade; Economia Política da Velocidade; Mobilidades e Cidadania; Política e Práticas Discursivas; Pós-Estruturalismo e Teoria do Discurso.

Ambos os etnógrafos destacam o tema e o fenômeno de estudo como a principal razão que conduz um pesquisador ao método etnográfico. Quando tais fenômenos referem-se à sociedade como objeto primordial de estudo, incluindo seus ritos, mitos e interações, o método etnográfico é indicado para captar sua riqueza e complexidade. Foi assim tanto com Cavedon (1988), ao optar pelo estudo de rituais nas organizações durante sua dissertação de mestrado em administração, influenciada pelos estudos de ritos e cerimônias das culturas organizacionais de Trice e Beyer (1984), como com Mello, ao aprofundar-se nas relações entre tecnologia e sociedade, conforme ele próprio destaca:

> Nesse momento eu preciso ver como as tecnologias são socialmente construídas, como elas afetam a vida das pessoas, quais os impactos que isso traz pras comunidades, como é possível por meio dessas novas tecnologias formar novas comunidades digitais, então o que me motivou a trabalhar com o método [...] é a entrada num campo social, é porque eu estou trabalhando essencialmente com a sociedade. Esse é meu objeto primordial de estudos. [...] O que me interessa é como ele (o artefato tecnológico) surge e o que ele produz nessa sociedade.

Contudo, Cavedon também destaca o estímulo do meio universitário à adoção do método, mediante o incentivo de professores, além do apoio à ideia da pesquisa, no empréstimo de materiais bibliográficos de seu então orientador da dissertação de mestrado, o Prof. Roberto Costa Fachin, como nas referências bibliográficas do Plano de Ensino da disciplina de Pós-Graduação em Antropologia Social ministrada pelo professor que viria a ser co-orientador de sua dissertação de mestrado em Administração, Prof. Sérgio Alves Teixeira, ambos da UFRGS. Diz Cavedon:

> Daí por diante fui aprofundando o meu conhecimento em Antropologia, e o método configurava-se como fundamental para esse conhecimento. Em 1988 defendo a minha dissertação na área de Administração [...] e, em 1989 inicio o curso de Mestrado em Antropologia Social, sob orientação do Prof. Sérgio Alves Teixeira [...] Com um embasamento sistematizado dos conteúdos da Antropologia Social e apropriação do método etnográfico, cursei o Doutorado em Administração – tendo o Prof. Roberto Costa Fachin novamente como meu orientador – buscando a interdisciplinaridade entre a Antropologia e a Administração.

Cavedon e Mello destacam que o etnógrafo deve preparar-se previamente para entrar em campo. Contudo, parafraseando Geertz (1978), existe uma *"difusão teórica"* em que *"o pesquisador há que proceder previamente a leitura de bibliografias e documentos que informem sobre o tema de pesquisa e o campo"* [Cavedon] e, ainda, *"se despir do papel de sabedor de alguma coisa [...] pronto para absorver qualquer tipo de experiência que lá se revele. Então, como é que você prepara alguém para deixar em casa, por exemplo, seus pré-conceitos ou seu conhecimento prévio?"* [Mello]. Cavedon destaca ainda o que se espera de um etnógrafo: a dedicação, posto que o método demanda um grande tempo de permanência do pesquisador com os pesquisados; o engajamento, uma vez que o pesquisador decida participar da pesquisa, ciente das particularidades do método; o autocontrole como forma de *"evitar posturas etnocêntricas em campo, ou seja, julgamentos sobre o grupo investigado à luz da cultura do próprio investigador"*; o autoconhecimento permitirá que o etnógrafo identifique seus sentimentos e separe-os dos sentimentos, falas e significações dos nativos em seus relatos etnográficos; a autodisciplina é um pressuposto para que, desde o primeiro dia em que o pesquisador entre no campo, faça o registro daquilo que observar, num diário de campo; o detalhismo é uma virtude para que tais relatos sejam ricos e permitam descrições densas; a ética garantirá, por exemplo, a não divulgação de informações que possam prejudicar o pesquisado e a leitura do Código de Ética dos Antropólogos é desejável; também indispensável é o domínio tanto da linguagem do nativo, que permita a compreensão, a interação e a capacidade de negociação do observador para participar de atividades dos pesquisados, assim como o domínio da linguagem acadêmica, para transmitir tais descobertas a outros estudiosos. Mello destaca que o primeiro passo é ser um bom observador para, posteriormente, conquistar a confiança do grupo *"pra que eles comecem a falar livremente e se expressar livremente e lhe convidar para que você possa participar da vida deles"*.

Cavedon e Mello destacam que a abordagem etnográfica só deve ser escolhida quando houver predisposição do grupo pesquisado para aceitar o pesquisador e trocar informações e experiências com este, o que ocorre mais facilmente em organizações de pequeno porte. Mello destaca que alguns temas requerem sigilo profissional ou exigem uma formação técnica árdua, o que dificultaria a compreensão da linguagem e a naturalização do etnógrafo, como é o caso dos controladores de voo, por exemplo. Além disso, decisões de alta cúpula das organizações podem não ser compartilhadas com o etnógrafo, o que prejudicaria sua análise do grupo. Cavedon cita que *"as grandes organizações normalmente reagem ao fato da permanência em campo ser muito longa e também estabelecem muitos limites de acesso a determinados setores e informações"*. Também existe a inclinação epistemológica como fator relevante para a escolha do método:

> [Cavedon] A etnografia é apropriada para pesquisas que tenham por tema "culturas organizacionais" numa vertente compreensiva/interpretativa e que se apoiem de maneira consistente em referenciais teóricos da Antropologia, uma vez que é o conhecimento antropológico que vai permitir um olhar diferenciado para aquilo que ocorre no campo.

Mello destaca que não existe uma etnografia, mas várias. A etnografia na qual ele pesquisa é a etnografia da comunicação, embasada na linguística e análise de discurso e que tem como principais obras *Directions in sociolinguistics* (HYMES; GUMPERZ, 1972), *Frame analysis* (1974) e *A representação do eu na vida cotidiana* (2009), de Erving Goffman. No Brasil, Ribeiro e Garcez organizaram *Sociolinguística interacional* (1998). *"Transforming qualitative data: description, analysis and interpretation"* (WALCOTT, 1994) tem um capítulo que prepara bem para entender o que são notas de campo e o que é um processo etnográfico de forma mais geral. Contudo, Mello destaca que a etnografia é a formação do antropólogo, daí, também a importância das indicações citadas por Cavedon:

> [...] para o neófito seria interessante ler uma obra que desse um panorama inicial sobre a Antropologia e sobre o método etnográfico, o livro 'Aprender Antropologia' de François Laplantine [1989] tem essa proposta, bem como o meu livro 'Antropologia para Administradores' [2003]. Dentre as obras clássicas destaco: 'Argonautas do Pacífico Ocidental' de Bronislaw Malinowski [1976], 'Os Nuer' [2008] e 'Bruxaria, Oráculos e Magia entre os Azande' [2005] de Evans Pritchard, 'Padrões de Cultura' de Ruth Benedict [19--], 'O Processo Ritual' de Victor Turner [1974], 'Os Estabelecidos e os Outsiders' de Norbert Elias [2000], 'A Interpretação das Culturas' de Clifford Geertz [1978][...]. No Brasil[...]: Roberto DaMatta, Everardo Rocha, Lívia Barbosa, Roberto Cardoso de Oliveira, Pedro Jaime Jr., dentre tantos outros. Especificamente sobre método destacaria o livro de James Clifford [2011] 'A experiência etnográfica'. E, ainda, 'A Aventura Antropológica' organizada por Ruth Cardoso [2004], 'A favor da Etnografia' de Mariza Peirano [1992], 'O antropólogo e sua magia' de Vagner Gonçalves da Silva [2006], a coletânea 'Experiências, Dilemas e Desafios do Fazer Etnográfico Contemporâneo', organizada por Patrice Schuch, Miram Steffen e Roberta Peters [2010]. [...] os bancos digitais de teses e de dissertações dos Programas de Pós-Graduação em Antropologia Social apresentam um acervo considerável e que poderiam e deveriam ser consultados.

Cavedon enumera, ainda, cuidadosamente as principais dificuldades na operacionalização do método etnográfico na área de administração:

> a) o 'tempo' de permanência do pesquisador em campo, via de regra, considerado muito longo por parte das empresas; b) a necessidade de granjear confiança por parte dos pesquisados, posto que quanto maior for essa confiança, maior a riqueza dos dados a serem obtidos; c) o fato do pesquisador formado na área de administração ir a campo com pré-noções muito arraigadas e com isso deixar de observar aspectos diferentes, ou seja, a dificuldade apresentada pelo pesquisador em acatar as desconstruções que podem advir do universo empírico investigado, noções que sobrepujam aquilo que foi por ele articulado previamente ao ingresso em campo e que se constituem nas 'suas' verdades; d) a capacidade de observação acurada para captar os detalhes que podem parecer a princípio insignificantes, mas que para o etnógrafo costumam revelar aspectos extremamente ricos do universo organizacional, especialmente, sob uma perspectiva cultural/simbólica; e) a não ser etnocêntrico, isto é, julgar a cultura do 'outro' à luz dos valores da cultura da qual o pesquisador faz parte; f) a não ser prescritivo, mas assumir uma posição compreensiva/interpretativa; g) a ter disciplina na consecução do diário de campo que deve ser bastante detalhado e realizado logo após o retorno do campo, dia a dia,

pois como o próprio nome diz é 'diário', portanto, não pode ser elaborado semanalmente ou quinzenalmente; h) a afetividade que pode vir a se desenvolver entre pesquisador e pesquisados que faz com que a saída do campo se configure como uma ruptura difícil de ser concretizada; i) ao pesquisar a sua própria sociedade, o pesquisador deve 'estranhar' aquilo que lhe é familiar, algo que nem sempre é de fácil realização; j) a capacidade do pesquisador de ao elaborar o relato etnográfico, produzir um texto científico com características literárias.

Dentre essas dificuldades, Mello destaca que "*o mais difícil é você se naturalizar sem se nativizar. Você tem que fazer parte, mas não pode ser da galera, porque se você for, perde sua objetividade*". Além disso, Mello crê que a inserção do etnógrafo numa situação de vida cotidiana que lhe seja familiar, mesmo que não íntima, facilita bastante o trabalho de conhecimento daquele tipo de prática social, desde que o pesquisador possa "*abrir sua cabeça, tentar rever seus conceitos e deixar o dado falar, deixar o campo falar*".

A superação de tais dificuldades pode ser obtida, segundo Mello, por um treinamento etnográfico, uma simulação do trabalho prévio ao campo. Cavedon sugere "*que o pesquisador esclareça, para aquele que deve lhe dar a autorização para a realização da pesquisa, todos esses aspectos e negocie previamente os limites dessa inserção e inclusive a possibilidade de realização da observação participante*". Também ressalta o cuidado no início do trabalho em campo ao perguntar "*sobre o porquê desta ou daquela situação*", além de refletir sobre seus próprios valores, ser capaz de rever a construção teórica elaborada antes de ir a campo, ler obras literárias, manter a humildade para aprender e não temer a afetividade em campo, pois é um meio para obter ganhos tanto acadêmicos como pessoais:

> [Cavedon] [..] o pesquisador costuma ter uma mudança significativa na sua visão de mundo, resultado da desconstrução a qual se vê obrigado a vivenciar durante sua estada em campo, isso se configura como algo positivo sob o ponto de vista pessoal resultando em ganhos que extrapolam o âmbito acadêmico.

Nada poderia ser mais tênue que essa linha da afetividade que o leva a desconstruir seu mundo, conforme Cavedon, sem pertencer "à galera", aos riscos percebidos por Mello. Essa dicotomia etnográfica shakespeareana do "*ser ou não ser*" revela-se também nas reflexões de Brewer (2005): será o etnógrafo um observador participante ou um participante observador? Seja para aderir a um novo papel ou preservar o seu papel original de pesquisador, num contexto familiar ou não, ao realizar seu relato, o etnógrafo deverá buscar a validade e confiabilidade de suas descobertas, que sejam garantidas tanto pela natureza dos dados quantitativos coletados, já que é um "*método tão aberto que permite que você use qualquer tipo de informação, inclusive as quantitativas também, dependendo dos dados e relatórios disponíveis*" [Mello], como pela triangulação dos dados coletados e corroborados por outros membros do grupo nesta prática intitulada por Mello como "*auditoria interna*" ou "*checagem interna*", ou seja ainda pela riqueza da análise que proporciona, conforme destaca Cavedon:

> Uma "boa" etnografia será aquela que permita releituras de seus dados, posto que nela encontrar-se-ão dados tão densos a ponto de tornar viável uma reanálise, ou

seja, o pesquisador foi tão atento em campo e descreveu isso de maneira tão adequada de modo a possibilitar outras interpretações sobre os seus achados.

Àqueles que pretendem adotar a etnografia pela primeira vez, Mello sugere que se trabalhem bem a problematização da pesquisa e a leitura prévia do campo antes de entrar. Cavedon afirma que é importante contar "*sempre com a possibilidade de interlocução junto a pesquisadores que vêm desenvolvendo trabalhos com esse método há muito tempo e que possam contribuir para a compreensão de certos entraves que venham a se instaurar*", uma vez que cada campo é único e "é preciso experiência e '*jogo de* cintura' para enfrentar os problemas na medida em que eles se apresentam". Além da etnografia, Cavedon e Mello também orientam teses de doutorado e, principalmente, devido ao menor tempo de pesquisa, dissertações de mestrado que utilizam outros métodos de pesquisa, especialmente estudos de caso para Cavedon e teoria e análise do discurso por Mello. Aplicar o método em um curto período de tempo, aquelas chamadas por Mello de "*etnografias-relâmpago*", e é o caso de algumas netnografias, "*acabam sendo mutiladoras do próprio método*".

Quanto ao futuro da etnografia nos estudos em Administração no Brasil, Cavedon destaca que o diálogo entre pesquisador e pesquisados característico do relato etnográfico e a linguagem literária estão entre as causas à resistência ao emprego do método por parte de alguns pesquisadores no campo da Administração. Mello acredita que a pesquisa etnográfica em Administração deva crescer nos próximos anos, mas em proporção menor que outros métodos, devido à expectativa de alto crescimento em toda a produção científica nacional, mas resguardada a exigência de uma formação especial e rigorosa do etnógrafo, além do elevado custo temporal da pesquisa. Contudo, conclui Mello: "*A etnografia é tão rica que a sua base de dados é quase inesgotável. Você vai passar muito tempo fazendo, mas também pode tirar proveito daquele estudo por longo prazo[...] com aspectos que são muito mais perenes e não meros comportamentos.*"

CONSIDERAÇÕES FINAIS

A pluralidade e flexibilidade típicas da natureza etnográfica revelam que o relato de uma boa história extraída do campo, por mais densa que seja, não garante o mesmo *status* de boa etnografia para a ciência da administração, uma vez que mantêm o desafio de contextualização dos fenômenos de gestão estudados tanto em seus aspectos empíricos como em seu constructo referencial. A etnografia em gestão é também teoricamente reflexiva e a riqueza dos constructos em organizações é, por si mesma, mais um dos desafios ao etnógrafo, além dos próprios desafios do processo etnográfico. Mas, como destacado por Mello em entrevista, o etnógrafo deve gostar de desafios. A Experiência Etnográfica de Clifford (2011) demonstra que a busca das estruturas de significação, a interdisciplinaridade e a reflexividade levam o pesquisador a "pensar a etnografia como algo mais do que uma reconstituição tão fiel quanto possível da vida dos grupos estudados" (CLIFFORD, 2011, p. 9). Para contribuir com esse repensar etnográfico, nada melhor do que "terminar pelo começo", ou seja, rever dois dos conceitos fundamentais de Clifford (2011) aos desafios da etnografia contemporânea, quais sejam, a autoridade e a alegoria etnográficas.

A autoridade etnográfica pressupõe o modo controlador e até complementar em que os nativos, o pesquisador e mesmo um terceiro público ou participante real ou imaginário que bem pode ser o leitor ou a academia, enfim todos os representados estão sendo observados e inscritos no relato etnográfico, por meio de: (1) autoridade experiencial monológica do "'eu estava lá' do etnógrafo como membro integrante e participante" (CLIFFORD, 2011, p. 33); (2) um processo interpretativo que contribui para o estranhamento da autoridade ou mesmo a abertura de uma autoridade até então fechada, com um conjunto de textos frouxos e contraditoriamente reunidos num modelo discursivo, com ou sem diálogo literal e que traz à fala a intersubjetividade dos contextos e situações de interlocução; (3) um modelo dialógico em busca da utopia da autoria plural ao expor o diálogo entre a autoridade experiencial e atribuir "aos colaboradores não apenas o *status* de enunciadores independentes, mas de escritores" (CLIFFORD, 2011, p. 52); (4) um processo polifônico que visa representar quaisquer vozes presentes em contínua e rotineira diversidade de descrições, transcrições e interpretações. Se o relato etnográfico está vivo, como sugere Clifford, então estes estilos de autoridade oscilam em luta entre a escolha estratégica e o limite das possibilidades da pesquisa.

A alegoria etnográfica não é um conjunto de abstrações ou interpretações acrescentadas ao relato original, mas a condição para extrair seu significado, com teorias compostas de modo que a própria etnografia é "uma performance com enredo estruturado por histórias poderosas" (CLIFFORD, 2011, p. 59) e afirmações adicionais morais e cosmológicas, tanto em conteúdo como em forma, que integram as normas culturais às experiências humanas. Seus significados transcendentes fazem com que os textos etnográficos sejam inescapavelmente alegóricos, míticos como o relato de um pesquisador culto, Pero Vaz de Caminha, capaz de dedicar a própria vida (SIMÕES, 1999) às suas aventuras científicas.

REFERÊNCIAS

ANGROSINO, M. Etnografia e observação participante. In: FLICK, U. (Org.). **Coleção Pesquisa Qualitativa**. Porto Alegre: Bookman, 2009.

BANKS, M. Dados visuais para pesquisa qualitativa. In: FLICK, U. (Org.). **Coleção Pesquisa Qualitativa**. Porto Alegre: Bookman, 2009.

BARLEY, S. R. Technology as an occasion for structuring: evidence from observation of CT Scanners and the social order of Radiology Departments. **Administrative Science Quarterly**, v. 31, p. 78-108, 1986.

BARLEY, S. R. The alignment of technology and structure through roles and networks. **Administrative Science Quarterly**, v. 35, p. 61-103, 1990.

BOAS, F. **Cuestiones fundamentales de antropologia cultural.** Buenos Aires: Lautaro, 1947.

BOURDIEU, P. A odisseia da reapropriação: a obra de Mouloud Mammeri. **Revista de Sociologia e Política**, 26, p. 93-95, jun. 2006.

BREWER, J. D. **Ethnography**: understanding social research. Buckingham: Open University Press, 2005.

BURRELL, G.; MORGAN, G. **Sociological paradigms and organisational analysis**: elements of the sociology of corporate life. Aldershot: Ashgate, 2000.

CANEVACCI, M. **Antropologia da comunicação visual.** São Paulo: Brasiliense, 1990.

CAVEDON, N. R. **As manifestações rituais nas organizações e a legitimação dos procedimentos administrativos.** 1988. Dissertação (Mestrado em Administração) – Programa de Pós-Graduação em Administração, Universidade Federal do Rio Grande do Sul, Porto Alegre, RS.

CAVEDON, N. R. **Antropologia para administradores.** Porto Alegre: Editora da UFRGS, 2003.

_____; LENGLER, J. F. B. (Org.). **Pós-modernidade e etnografia nas organizações.** Santa Cruz do Sul: Edunisc, 2005.

CLIFFORD, J. **A experiência etnográfica**: antropologia e literatura no século XX. 4. ed. Rio de Janeiro: UFRJ, 2011.

CRESWELL, J. W. **Qualitative inquiry and research design**: choosing among five traditions. Thousand Oaks, CA: Sage, 2007.

DENZIN, N. K.; LINCOLN, Y. S. **Strategies of qualitative inquiry.** Thousand Oaks, CA: Sage, 1998.

_____; _____. **The handbook of qualitative research.** 2. ed. Thousand Oaks, CA: Sage, 2000.

ELLIS, C.; BOCHNER, A. P. Autoethnography, personal narrative, reflexivity: researcher as subject. In: DENZIN, N. K.; LINCOLN, Y. S. **The Handbook of qualitative research.** 2. ed. Thousand Oaks, CA: Sage, 2000. p. 733-768.

FLEISCHER, S.; SCHUCH, P. (Org.). **Ética e regulamentação na pesquisa antropológica.** Brasília: LetrasLivres – Editora Universidade de Brasília, 2010.

GEERTZ, C. **A interpretação das culturas.** Rio de Janeiro: Zahar, 1978.

GOFFMAN, E. **Forms of talk**. Philadelphia: University of Pennsylvania Press, 1981.

_____. **A representação do eu na vida cotidiana.** 16. ed. Petrópolis: Vozes, 2009.

HYMES, D.; GUMPERZ, J. J. **Directions in sociolinguistics**: the ethnography of communication. New York: Holt, 1972.

_____. **Foundations in sociolinguistics.** Philadelphia: University of Pennsylvania Press, 1974.

JAIME JUNIOR, P. J. Pesquisa em organizações: por uma abordagem etnográfica. Civitas – **Revista de Ciências Sociais**, v. 3, nº 2, p. 435-456, jul./dez. 2003.

JONES, S. H. Autoethnography: making the personal political. In: DENZIN, N. K.; LINCOLN, Y. S. **The Handbook of qualitative research.** 3. ed. Thousand Oaks, CA: Sage, 2005. p. 763-792.

LÉVI-STRAUSS, C. **Antropologia estrutural.** Rio de Janeiro: Tempo Brasileiro, 1970.

_____. **O olhar distanciado.** Lisboa: Edições 70, 1986.

LUKÁCS, G. **A teoria do romance.** São Paulo: Duas Cidades, 2000.

MAANEN, J. V. The fact of fiction in organizational ethnography. **Administrative Science Quarterly**, v. 24, p. 539-550, 1979.

_____. Ethnography then and now. **Qualitative Research in Organizations and Management: An International Journal**, v. 1, nº 1, p. 13-21, 2006.

MACDONALD, F. Colloquium: Susan Parman's scottish crofters: a historical ethnography of a Celtic Village. **Journal of Scottish Historical Studies**, v. 24, nº 2, p. 159-181, 2004.

MADISON, D. S. Critical ethnography as street performance: reflections of home, race, murder, and justice. In: DENZIN, N. K.; LINCOLN, Y. S. **The Handbook of qualitative research**. 3. ed. Thousand Oaks, CA: Sage, 2005. p. 537-546.

MALINOWSKI, B. **Argonautas do Pacífico Ocidental**: um relato do empreendimento e da aventura dos nativos nos Arquipélagos da Nova Guiné, Melanésia. São Paulo: Abril Cultural, 1976.

MARKHAM, A. N. The methods, politics, and ethics of representation in online ethnography. In: DENZIN, N. K.; LINCOLN, Y. S. **The Handbook of qualitative research.** 3. ed. Thousand Oaks, CA: Sage, 2005. p. 793-820.

NEYLAND, D. **Organizational ethnography.** London: Sage, 2008.

RIBEIRO, B. T.; GARCEZ, P. M. (Org.) **Sociolinguística interacional**: antropologia, linguística e sociologia em análise do discurso. Porto Alegre: AGE, 1998.

SCHATZ, E. Ethnographic methods in political science. **Qualitative & Multi-Method research.** QMMR Newsletter, v. 7, nº 2, p. 32-50, 2009.

SIMÕES, H. C. **As Cartas do Brasil.** Ilhéus: Editus, 1999.

THE NEW ENCYCLOPAEDIA BRITANNICA. 15. ed. Chicago: Encyclopaedia Britannica, 1993.

TILLY, C. Afterword: Political ethnography as art and science. **Qualitative Sociology**, v. 29, p. 409-412, 2006.

TRICE, H. M.; BEYER, J. Studying organizational cultures through rites and ceremonials. **Academy of Management Review**, v. 9, nº 4, p. 653-669, 1984.

YANOW, D. Organizational Ethnography and methodological angst: myths and challenges in the field. **Qualitative Organizational Research Methods**, v. 4, nº 2, p. 186-199, 2009.

8 Etnometodologia

Nicole Maccali, Aurea Cristina Magalhães Niada e
Adriana Roseli Wünsch Takahashi

8.1 INTRODUÇÃO

O conjunto de ideias centrais que constituem a abordagem teórico-metodológica da etnometodologia no campo da pesquisa empírica pode ser considerado recente e, segundo Coulon (1995), ganhou destaque a partir da década de 1960 com os estudos desenvolvidos por sociólogos americanos com o intuito de encontrar novas formas de compreender os procedimentos cotidianos que estruturam as comunidades. Para Coulon (1995), a importância teórica e epistemológica da etnometodologia está na ruptura com os modelos de pensamento da sociologia tradicional, assim a etnometodologia é um arcabouço teórico com desdobramentos metodológicos.

8.2 ETNOMETODOLOGIA – O ESTUDO DOS MÉTODOS DA VIDA COTIDIANA

O surgimento da etnometodologia é marcado pela publicação da obra de Harold Garfinkel, *Studies in Ethnometodology* (Estudos em Etnometodologia), em 1967. Em sua obra, Garfinkel (1967) busca definir a área de interesse da etnometodologia, sendo o estudo dos métodos pelos quais os membros de uma sociedade dão sentido e significados ao seu mundo. Etnometodologia literalmente significa o estudo (*logia*) das pessoas (*etno*), do uso dos métodos do conhecimento para criar a ordem social (DOWLING, 2007). Com a obra de Garfinkel, inicia-se naquele período (final da década de 1960) uma nova visão da ação social, onde a ênfase é na organização da percepção que resulta em ação significativa. Há de se salientar que apesar de as bases epistemológicas da etnometodologia se apoiarem em uma série de movimentos teóricos em ascensão nas ciências sociais e, de certa forma, respaldados por movimentos da sociedade civil organizada, essa perspectiva não encontrou uma base de apoio significativa, inicialmente, na comunidade sociológica (HERITAGE, 1999).

Os estudos etnometodológicos são direcionados para as tarefas de aprendizagem dos membros, onde as atividades consistem em métodos que tornam as ações práticas, as circunstâncias práticas e o conhecimento do senso comum das estruturas sociais em práticas analisáveis pelo raciocínio sociológico prático (GARFINKEL, 1967).

A obra de Garfinkel (1967) enfatiza os significados e a linguagem. Para Garfinkel, dar sentido a uma ação e conceber a ela uma linguagem comum e com sentido está diretamente relacionado. Isso significa que grande parte das habilidades dos indivíduos em dar sentido a uma situação é baseada em suas habilidades de anunciar para si e para os outros que significado eles estão dando para aquela situação, ou seja, como os atores anunciam um ao outro, como veem a situação e de que modo o seu significado se torna claro, concreto e compartilhado (ATTEWELL, 1974). O contexto é outro foco dos estudos de Garfinkel e crucial para boa parte dos trabalhos realizados utilizando a etnometodologia como perspectiva de pesquisa. Segundo Garfinkel (1967), a interação social está indissoluvelmente ligada ao contexto, sendo explicável apenas dentro dele.

Assim, os estudos etnometodológicos têm por objetivo a análise das atividades diárias dos membros de uma determinada comunidade, ou seja, a investigação racional de propriedades, expressões indexadas e outras práticas que fazem parte da vida cotidiana de uma determinada comunidade (GARFINKEL, 1967). E sua ascensão é norteada pela mudança de paradigma na sociologia, migrando de um paradigma normativo para um interpretativo, visto que a etnometodologia vai defender que "a relação entre ator e situação não se deverá a conteúdos culturais nem a regras, mas será produzido por processos de interpretação" (COULON, 1995, p. 10).

A abordagem etnometodológica teve como base uma série de discussões teóricas que emergiam nas ciências sociais em crítica ao positivismo do círculo de Viena. As principais correntes que embasaram a construção dessa abordagem de pesquisa podem ser sintetizadas na Teoria da Ação Social de Parsons, na Fenomenologia Social de Schutz e no Interacionismo Simbólico em ascensão da Escola de Chicago (COULON, 1995). Para um melhor entendimento das propostas da etnometodologia, essas correntes serão abordadas nos tópicos que seguem.

8.2.1 A teoria da ação de Parsons

Parsons concebeu a sociedade como uma ordem normativa, um conjunto de valores e normas comuns que os indivíduos aceitam. Para Parsons, os indivíduos internalizam esses valores e normas no decorrer de sua socialização, de modo que suas vontades e desejos individuais se tornam idênticos com os objetivos sociais preestabelecidos. Na Teoria da Ação, as normas são fundamentais para a manutenção da ordem social, que não poderia ser sustentada apenas pela ação individual (BARNES, 1985). Segundo Parsons, os indivíduos são motivados por esses modelos normativos que regulam suas condutas e as apreciações recíprocas (COULON, 1995).

A teoria da ação parsoniana era em sua essência uma teoria da motivação da ação e era direcionada por dois princípios: o primeiro é que as pessoas não se adaptam às pressões do ambiente de maneira passiva. Elas buscam alcançar metas, porém com fins normativamente avaliados; e segundo, os valores morais são interiorizados no decorrer da socialização dos indivíduos e podem exercer influência tanto sobre os fins como sobre os meios em que as metas são determinadas e buscadas. Para Parsons, na medida em que os valores eram institucionalizados dentro de uma sociedade, maior a coesão nos objetivos e nas expectativas da mesma (HERITAGE, 1999). Ou seja, na teoria de Parsons, os indivíduos são dominados por coerções externas e suas decisões são orientadas pela normatividade, que acabam por agir dentro de um sistema de normas previamente estabelecido nos processos de socialização (GUESSER, 2003).

Garfinkel (1967) argumenta que a problemática da ação social na crença de uma racionalidade exacerbada por parte dos indivíduos é um fator determinante para a definição de normas e conduta individual em uma sociedade, pois torna os indivíduos meros reprodutores das estruturas sociais normativas de forma determinística (HERITAGE, 1999; COULON, 1995; GARFINKEL, 1967). Para Garfinkel, o indivíduo é influenciado pelas normas, porém ele as analisa, reflete sobre elas e as ajusta conforme sua interpretação, assim as normas já não determinam a ação, mas são utilizadas como informação para a ação.

Outro ponto em que Garfinkel diverge de Parsons é em relação ao uso da linguagem nos processos de comunicação. Para Parsons, a comunicação ocorre por símbolos pré-existentes, como um sistema de referência e como um recurso eterno, inexaurível e estável. Já para Garfinkel, os símbolos e significados são produzidos no processo de interação e interpretação entre os indivíduos e seu contexto (COULON, 1995). Ou seja, os membros de uma determinada sociedade produzem seus símbolos e códigos com significados compartilhados para estabelecer uma comunicação comum aos participantes daquele contexto, sendo reinventados e adaptados a cada nova situação (GUESSER, 2003).

8.2.2 A fenomenologia social de Alfred Schutz para a etnometodologia

Da fenomenologia social de Schutz, a etnometodologia busca a assimilação de alguns conceitos-chave, principalmente a suspensão fenomenológica, com o intuito de se aproximar daquilo que os próprios indivíduos produzem interpretativamente e reconhecem como realidade (COULON, 1995). Para Schutz (1970) a realidade social é a soma total dos objetos e dos acontecimentos do mundo cultural e social, dos pensamentos de senso comum de homens que vivem juntos diversas relações de interação. A realidade é o mundo dos objetos culturais e das instituições sociais em que nascemos, onde nos reconhecemos. Para o autor, vivemos em um mundo comum a todos, não como um mundo privado, mas intersubjetivo, ou seja, que nos é comum, que nos é dado ou que é potencialmente acessível a cada um de nós e isso implica a intercomunicação e a linguagem.

Neste sentido, Coulon (1995) afirma que observar a experiência de um indivíduo é de tal ponto subjetiva que não é acessível a outros e por isso é difícil pensar em um conhecimento real intersubjetivo. Porém, duas idealizações são utilizadas pelos atores com o objetivo de gerar uma "tese geral de reciprocidade das perspectivas": a troca de pontos de vista e a conformidade das pertinências, em que os membros supõem que outros indivíduos realizem as mesmas ações com os mesmos intuitos. Assim, permitem que o mundo seja compreendido como um mundo comum, transcendendo as experiências individuais (COULON, 1995). Para alguns autores (HERITAGE, 1999; COULON, 1995; GARFINKEL, 1967; FRANCIS; HESTER, 2004), a experiência compartilhada dos indivíduos é mediada pela linguagem e o conhecimento dos indivíduos é adquirido em parte através de suas experiências pessoais e o restante derivado socialmente, sendo transmitidos por uma linguagem cotidiana

Para Schutz, o mundo é interpretado com base em categorias e construtos do senso comum que são amplamente sociais em sua origem, sendo esses construtos recursos que os indivíduos utilizam para interpretar as situações da ação, captar as intenções e motivações dos outros membros e visam realizar compreensões intersubjetivas e ordenar as ações no mundo social (HERITAGE, 1999).

8.2.3 O interacionismo simbólico da Escola de Chicago

O interacionismo simbólico é o terceiro ponto de referência da abordagem etnometodológica. A corrente interacionista popularizou o uso dos métodos qualitativos nas pesquisas de campo, pois considera esses métodos mais adequados no estudo da realidade social e afirma que a concepção que os atores fazem para si do mundo social constitui o objeto essencial da pesquisa sociológica (COULON, 1995), pois é através dos sentidos que os atores atribuem aos objetos, as situações e aos símbolos que o mundo social é construído.

A influência do interacionismo simbólico na etnometodologia recai na busca de significados às ações e às falas dos indivíduos, que para os pesquisadores que compunham essa escola sociológica se encontram sempre sustentadas em processos de negociação de significados (HERITAGE, 1999; COULON, 1995) e estes significados são construídos e reconstruídos no decorrer das interações dos atores.

Para o interacionismo simbólico, o conhecimento só é percebido pelo pesquisador a partir da observação direta e momentânea das interações entre os atores sociais, das suas ações práticas e do sentido que eles atribuem aos objetos, às situações e aos símbolos nas ações cotidianas (COULON, 1995). Para a corrente, a subjetividade e a intersubjetividade dos atores são determinantes das ações sociais, e desconsiderá-las seria criar um mundo imaginário, que não corresponderia à realidade concreta (GUESSER, 2003). Assim, faz-se necessário que o pesquisador observe diretamente o cotidiano das interações entre os atores, buscando recuperar os sentidos que estes dão as suas ações, num dado contexto e período de tempo.

Tendo como base o alinhamento da compreensão dos entendimentos do que é etnometodologia a partir dos conceitos da teoria da ação de Parsons, da influência da fenomenologia e do interacionismo simbólico, Heritage (1999) apresenta as características padrões da etnometodologia, entre elas, o método documentário da interpretação, a reflexividade como um fator fundamental, a onipresença da indicialidade nas expressões dos membros e o papel essencial das considerações *ad hoc* em todas as ações práticas, abordados no próximo tópico.

8.2.4 Os conceitos-chave da etnometodologia

Com base nas perspectivas apresentadas anteriormente, a etnometodologia delineia uma série de conceitos que caracterizam essa abordagem. Segundo Coulon (1995), os principais conceitos se relacionam à noção de membro, reflexividade, relatabilidade, indicialidade e prática de realização. Esse conjunto de temas se direciona ao estudo dos métodos utilizados pelos membros de uma sociedade para organização das atividades práticas diárias e serão discutidos a seguir.

A noção de membro

Um membro não significa apenas uma pessoa que é passível de observação de suas atividades ordinárias, estranho à própria cultura. É uma pessoa que apresenta um conjunto de formas singulares de agir, pensar, interagir, interpretar o mundo a partir das interações com os outros membros, tornar suas ações relatáveis. E uma vez inserida dentro de um grupo, que compartilha uma linguagem comum através de expressões indiciais, os membros conhecem as regras implícitas de seus comportamentos e aceitam as rotinas inscritas nas práticas sociais (COULON, 1995).

Ao contrário do pressuposto da teoria parsoniana, de que o indivíduo internaliza as normas aprendidas durante o processo de socialização e toma decisões com base nessas normatizações sem refletir sobre essas, Garfinkel defende que o indivíduo é um ser que pensa e reflete sobre suas ações ajustando suas decisões com base nas suas interpretações subjetivas (HERITAGE, 1999), ou seja, os indivíduos agem e refletem conforme suas interações e reflexões individuais e não sobre preconcepções aprendidas.

Rouncefield e Tolmie (2011), numa abordagem etnometodológica do trabalho e das organizações, argumentam que o termo *membro* não é apenas sinônimo de pessoa ou participante. Envolve as competências e habilidades intrínsecas aos indivíduos dentro de um contexto específico. Os etnometodólogos caracterizam a habilidade de forma endógena, ou seja, a partir do ponto de vista da pessoa que está realizando o trabalho. Garfinkel (2006) aborda o termo *competência* para significar que um membro da coletividade é capaz de conduzir suas atividades cotidianas sem interferências.

Ten Have (2004, p. 9) enfatiza que a etnometodologia foca no fato de as pessoas, como membros da sociedade, usarem e se basearem num conjunto de conhecimentos práticos, que são assumidos como compartilhados com os outros membros do grupo, nas práticas do senso comum. Conforme ressaltado pelo autor, isso implica um problema metodológico que afeta a realização da pesquisa, "o problema da invisibilidade do senso comum" e de como tornar as práticas e o conhecimento do senso comum em tópicos a serem examinados. E o próprio pesquisador deve ser capaz de compreender essa noção de membro inserido num grupo para conseguir entender suas práticas cotidianas específicas ao contexto em investigação. Dessa forma, expõe-se outro conceito importante à etnometodologia, a prática/realização.

Prática, realização

O interesse da etnometodologia está centrado na investigação das práticas cotidianas, nos aspectos processuais dessas práticas em contextos específicos e de como os membros atribuem sentido e praticam suas ações na vida diária. Não se atém às causas, condições ou efeitos dessas práticas (COULON, 1995; TEN HAVE, 2004).

Os indivíduos estão constantemente criando e modificando suas interpretações da realidade social e a etnometodologia busca evidenciar os métodos que esses indivíduos utilizam para revelar suas regras e formas de proceder. Isso implica em técnicas de coleta de dados que envolvem a observação atenciosa e análise dos processos aplicados nas ações diárias, evidenciando os modos de proceder dos indivíduos em suas interações e significações da realidade (COULON, 1995).

Segundo Ten Have (2004), essas ações práticas da vida podem ser comuns e você pode transformá-las em exóticas, ou serem exóticas e transformá-las em práticas comuns. Na observação etnometodológica, é necessário um esforço para captar tudo o que está acontecendo sem pressuposições, vendo as atividades em termos processuais.

Kenneth Liberman, em entrevista concedida à Sacrini (2009), relata brevemente como procede um etnometodólogo em um estudo piloto sobre o trabalho de degustadores profissionais de café, em que se procura compreender como eles produzem a inteligibilidade da degustação. As degustações profissionais foram gravadas em vídeo diversas vezes, digitalizadas e analisadas uma a uma, repetidamente, cada movimento dos participantes enquanto compreendem, comunicam, coordenam, consolidam e objetivam as palavras-chave que utilizaram para compreender as qualidades gustativas de um dado grão.

Essas palavras-chaves utilizadas pelos indivíduos são específicas a esse contexto e adquirem significado nas interações produzidas no processo de degustação. Logo, é de fundamental importância entender a linguagem utilizada pelos indivíduos e suas características indiciais.

A indicialidade

A linguagem é o meio utilizado pelos indivíduos como forma de interação no seu dia a dia e muitas das expressões utilizadas na vida cotidiana são compreendidas apenas na situação específica em que está sendo desenvolvida.

Segundo Coulon (1995, p. 33), a indicialidade pode ser definida como "todas as determinações que se ligam a uma palavra, a uma situação". As palavras só possuem sentido completo a partir do contexto em que são produzidas, com seus significados provenientes de fatores, como a biografia do locutor, sua intenção imediata no processo de comunicação, a relação única que possui com o ouvinte e suas conversações passadas.

Essa característica implica a forma como as entrevistas são realizadas em uma pesquisa, pois a interpretação das questões realizadas possui um sentido diferente para cada indivíduo e "a linguagem natural é um recurso obrigatório de toda pesquisa sociológica". Para compreender melhor determinadas palavras ou frases, é importante buscar informações adicionais.

Uma expressão indicial analisada por muitos etnometodólogos é a expressão "et cetera", que normalmente aparece como uma função de complemento de uma dada expressão e que só pode ser entendida pelo leitor que compreende o contexto em que ela está situada. Essa expressão assume que o locutor e ouvinte concordem tacitamente com os significados comuns do que está sendo dito, demonstrando que há um saber comum socialmente distribuído (COULON, 1995).

A reflexividade

A etnometodologia busca compreender a reflexividade em determinado grupo e contexto a partir de determinadas práticas. Esse conceito é importante justamente porque ajuda a compreender as razões pelas quais os membros de uma coletividade constroem, perpetuam ou modificam uma prática. Segundo Garfinkel,

> Os estudos etnometodológicos analisam as atividades cotidianas como métodos em que seus membros fazem essas mesmas atividades visíveis – racionais – e – reportáveis – para – todos – os – fins – práticos, ou seja, "prestam contas" como organizações de atividades diárias comuns. A reflexividade desse fenômeno é uma característica singular das ações práticas, das circunstâncias práticas, do conhecimento do senso comum das estruturas sociais e do raciocínio sociológico prático. Ao nos permitir localizar e examinar a ocorrência da reflexividade no fenômeno estabelecemos seu estudo. (GARFINKEL, 1967, p. 7 – tradução livre)

A reflexividade (coletiva) é realizada de forma espontânea, uma vez que está implícita nos códigos que emergem das interações dentro de um contexto específico (COULON, 1995).

Borges e Souza (2011, p. 5), com base no mesmo autor, explicam que:

> Assim, o caráter reflexivo refere-se à capacidade da linguagem indicar, refletir (como um espelho) vários aspectos que demonstram, reconhecem e tornam observáveis aos outros membros o caráter **racional** (grifo no original) de algumas de suas práticas concretas. A reflexividade é condição para a manutenção e compreensão da ordem social.

Portanto, a reflexividade é a dinâmica em que a ação humana coletiva produz uma ação (resultado) que volta para esta mesma coletividade posteriormente, independente do caráter positivo ou negativo da ação coletiva. Não se trata de algo que ocorre na mente das pessoas, mas é a influência mútua da ação humana no meio que, por sua vez, também gera uma influência nos indivíduos (membros em etno) que dele compartilham.

As práticas cotidianas de um grupo são resultados da interação entre os membros e que também influenciam essas mesmas pessoas. É um processo em que uma ação produz uma reação. Segundo Rawls (2008), a reflexividade significa que cada ação ou fala é realizada em relação à ultima ação e/ou fala realizada, e essa cadeia sequencial reflexiva constitui a ordem básica da construção de sentidos (*sensemaking*). Para um etnometodólogo compreender essas ações, faz-se necessário captá-las no momento em que são produzidas, a partir do entendimento claro dos termos indiciais utilizados pelos membros na construção do senso comum realizada nas práticas cotidianas. Logo, as fontes de dados devem ser os próprios membros, que por meio do processo de *accountability* (relatabilidade), em interação contínua, tornam suas ações compreensíveis e transmissíveis.

Accountability (relatabilidade)

A *accountability* envolve o processo pelo qual os membros tornam visíveis e compreensíveis seus processos reflexivos, dando sentido ao mundo. Considerar o mundo social como *accountable* significa dizer que ele é descritível, inteligível, relatável e analisável, evidenciado nas ações práticas dos membros (COULON, 1995).

Segundo Garfinkel (2006, p. 1),

> Os estudos etnometodológicos analisam as atividades cotidianas dos membros como também dos métodos que fazem estas atividades visivelmente racionais e relatáveis a todos os fins práticos, isto é, descritíveis (*accountable*), enquanto organização ordinária das atividades de todos os dias. (tradução livre).

Para Romero (1991), os etnometodólogos dedicam atenção considerável nas explicações das pessoas sobre suas atividades e condutas e como essas explicações são realizadas. O que é significante sobre o conceito de *accountability* é que as pessoas procuram explicar suas ações para si e para os outros, tornando as competências e habilidades dos membros relatáveis, e possibilitando a percepção da reflexividade dos indivíduos (GELLNER, 1975).

O Quadro 1 apresenta de forma sintetizada os conceitos-chaves da etnometodologia, que os pesquisadores devem considerar no momento de coleta e análise dos dados, auxiliando assim na aplicação da metodologia etnometodológica.

Quadro 1 – *Síntese dos conceitos-chave da etnometodologia*

Conceito	Conteúdo
Prática/realização	Indica a experiência e a realização da prática dos membros de um grupo em seu contexto cotidiano, ou seja, é preciso compartilhar desse cotidiano e do contexto para que seja possível a compreensão das práticas do grupo.
Indicialidade	Refere-se a todas as circunstâncias que uma palavra carrega em uma situação. Tal termo é adotado da linguística e denota que ao mesmo tempo em que uma palavra tem um significado, de algum modo "genérico", esta mesma palavra possui significação distinta em situações particulares, assim, a sua compreensão, em alguns casos, necessita que as pessoas busquem informações adicionais que vão além do simples entendimento genérico da palavra. Trata-se da linguagem em uso.
Reflexividade	Está relacionado aos "efeitos" das práticas de um grupo, trata-se de um processo em que ocorre uma ação e, ao mesmo tempo, produz uma reação sobre os seus criadores.
Relatabilidade	É como o grupo estudado descreve as atividades práticas a partir das referências de sentido e significado que o próprio grupo possui, pode ser considerada como uma "justificativa" do grupo para determinada atividade e conduta.
Noção de membro	O membro é aquele que compartilha da linguagem de um grupo, induz a uma condição de "ser" do e no grupo e não apenas de "estar".

Fonte: Bispo (2011, p. 47).

Com base nesse conjunto de conceitos-chave e principais correntes teóricas que apoiam a abordagem teórico-metodológica, destaca-se a questão do método na etnometodologia que objetiva modificar, contribuir, detalhar, dividir, explicar e fundamentar a relação entre os indivíduos, se preocupando com o raciocínio sociológico prático (COULON, 1995).

De acordo com Garfinkel, o estudo dos fenômenos de interesse em etnometodologia envolve (FRANCIS; HESTER, 2004):

- os conceitos-chaves da etnometodologia e não das abordagens clássicas da sociologia. Exemplo: indiferença metodológica ao invés de determinações *a priori*;

- questões fundamentais para a etnometodologia como uma sociologia preocupada com questões de ordem produzidas numa ação prática;

- cada tópico da lógica, ordem, significado ou método são elegíveis para reespecificações de acordo com a produção local e reflexiva de fenômenos naturais responsáveis pela ordem;

- encontrar pontos desinteressantes (ou ignorados) pela ciência social;

- não ser redutível no sentido convencional da ciência social, sem perda do fenômeno em si;

- não estar disponível através de generalizações, tipificações ou representações metafóricas, ou seja, o fenômeno é inseparável de seu contexto;

- ser detectável e não imaginado;

- produzir localmente, organizado e reflexivo.

8.2.5 A etnometodologia e a aplicação

Há de se destacar que os procedimentos utilizados na etnometodologia não são exclusivos e novos. Eles fazem parte dos métodos qualitativos utilizados em diversas outras metodologias de pesquisa, como na etnografia. No entanto, segundo Borges e Souza (2011), ainda é tímida a quantidade de pesquisas que usam a etnometodologia, que analisam dados em tempo real, sendo que este arcabouço teórico-metodológico teria muito a oferecer às pesquisas em gestão.

De acordo com Coulon (1995), a etnometodologia pode fazer uso da observação direta, diálogos, gravações em vídeo, projeção do material gravado para os próprios autores, gravações dos comentários feitos no decorrer dessas projeções, entre outras ferramentas utilizadas na sociologia com foco na descrição (TEN HAVE, 2004; OLIVEIRA et al., 2010). Para o autor, independentemente da combinação dos métodos utilizados, eles devem extrair das informações coletadas o significado dos acontecimentos observados e evidenciar os meios utilizados pelos membros para organizar sua vida social em comum. Assim a primeira técnica de uma estratégia etnometodológica de pesquisa é descrever o que e como os membros realizam a(s) ação(ões) observada(s).

Dentre as técnicas para coleta dos dados nos estudos qualitativos, destaca-se a entrevista. Porém, para Ten Have (2004), na pesquisa etnometodológica a entrevista não pode ser a principal técnica, pois para o autor a entrevista formal pode alterar de forma significativa a observação natural, além de a entrevista retratar o ponto de vista do entrevistado e não, necessariamente, o que o pesquisador está investigando. Para a etnometodologia, o interesse não está nas pessoas como tais, mas nas pessoas como membros produzindo práticas. O interesse está nos processos de produção dessas práticas situadas, contextualizadas. Por esses aspectos, as entrevistas são de utilidade limitada, pois a realidade estudada será no local de realização das práticas dos membros e as entrevistas refletem uma fatia restrita dessa construção, refletindo a percepção dos indivíduos entrevistados (TEN HAVE, 2004).

Destaca-se na pesquisa etnometodológica, entre as opções de técnicas de coleta de dados, a observação direta e participante e as notas de campo (TEN HAVE, 2004; COULON, 1995; FRANCIS; HESTER, 2004, HERITAGE, 1999). Segundo Ten Have (2004), a observação participante possibilita ao pesquisador experenciar e vivenciar a realidade de um determinado grupo, compreendendo os fenômenos e se apropriando de tal realidade. Para Heritage (1999), a observação participante também é a principal técnica de coleta de dados na etnometodologia e não pode ser substituída por entrevistas.

A Figura 1 visa ilustrar as possibilidades de pesquisa em que a abordagem etnometodológica pode se utilizar no decorrer de sua aplicação.

Figura 1 – *Etnometodologia: estudo dos métodos*

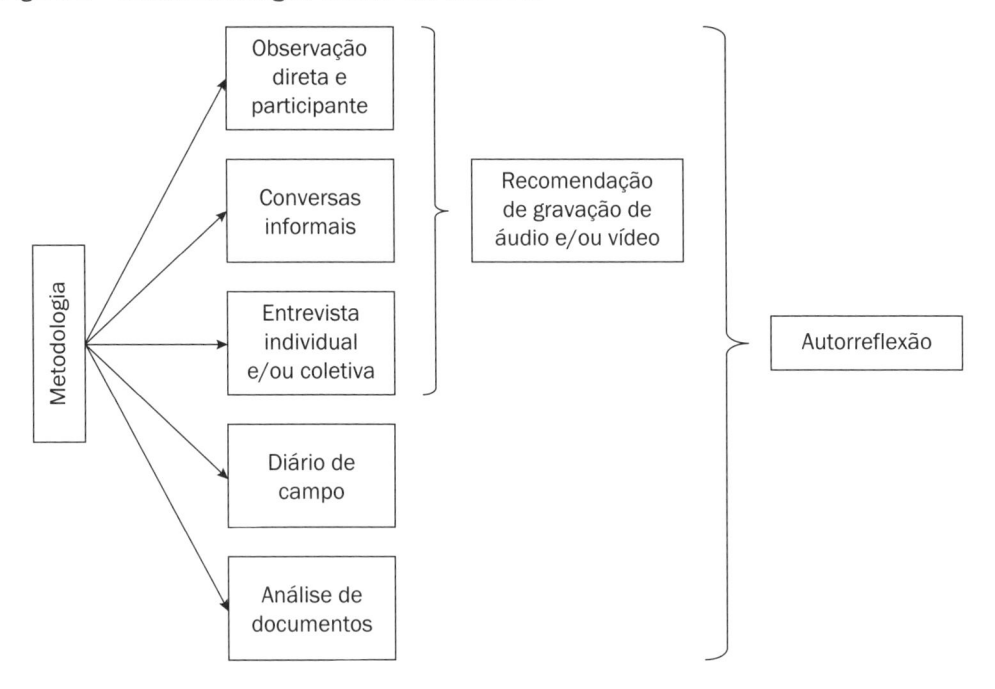

Fonte: Bispo (2011, p. 84).

Destaca-se na etnometodologia o processo de autorreflexão – influência da fenomenologia –, pois considera-se o papel do pesquisador como membro do contexto em que ele está pesquisando. Francis e Hester (2004) apontam três aspectos da autorreflexão: foco na ação ou experiência; busca de maneiras de avaliar as ações e as experiências com o objetivo de possibilitar a análise e interpretação dos dados coletados; e tentativas de justificar os sentimentos gerados nas experiências ou nas ações.

Segundo Bispo (2011), a autorreflexão é uma técnica em que o pesquisador busca utilizar suas competências e conhecimentos, adquiridos através de suas experiências ao longo de sua vida para analisar o fenômeno que está sendo investigado. Ou seja, a autorreflexão é o processo em que o pesquisador absorve e seleciona as informações coletadas, possibilitando diferentes condições de avaliar e compreender as ações observadas no campo.

Para Ten Have (2004), a etnometodologia depara com um problema metodológico peculiar que pode ser denominado como o "problema da invisibilidade do senso comum" (p. 31), a partir de seu interesse central no processo de uso do sentido comum nas práticas reais. Para o autor, os membros têm uma prática mais do que um interesse teórico em seu trabalho constitutivo, portanto eles tomam o senso comum e suas práticas constitutivas como dados, a menos que alguns tipos de problemas chamem atenção. Com base nisso, a estratégia inicial de Garfinkel (1967) foi a violação das expectativas com o objetivo de gerar algum tipo de situação diferenciada e com isso compreender as práticas também como recursos para os estudos e não apenas como tema de estudo para a etnometodologia. Para auxiliar na resolução desse problema, Ten Have (2004) sugere as seguintes estratégias:

- estudar profundamente as atividades de construção de sentido em situações onde elas são especialmente proeminentes, como situações artificiais em que os membros criam um sentido para aquela determinada situação;

- com o objetivo de evitar problemas práticos e éticos que podem ser gerados pelos experimentos (sugeridos na primeira estratégia), sugere-se que os pesquisadores se coloquem em situações extraordinárias e estudem suas próprias práticas e criação de sentido;

- a terceira estratégia consiste em observar no ambiente natural as atividades interagindo com os praticantes e com isso identificar as competências envolvidas na execução dessas atividades rotineiras;

- por fim, utilizar os recursos de gravação de áudio e/ou vídeo de práticas ordinárias. Essas gravações, após transcritas, são utilizadas posteriormente para identificar o uso de sentido comum e localizar os "produtos" gerados por essas novas práticas.

Essas estratégias podem ser utilizadas em diversas combinações com o objetivo de estruturar uma investigação etnometodológica (TEN HAVE, 2004). Para o autor, o uso dessas estratégias é também para evitar, na medida do possível, o uso irracional e despercebido do senso comum que parece ser inerente às práticas de pesquisa empírica na sociologia. A crítica etnometodológica se dá principalmente nos estudos das práticas idealizadas e descontextualizadas das reconstruções da vida social realizadas pelos pesquisadores.

Quanto à análise dos dados, Borges e Souza (2011) destacam que a abordagem da Análise da Conversa sobressai ao se tratar da aplicação dos princípios metodológicos, uma vez que esta forma de análise usa princípios da etnometodologia aplicada às conversações. As autoras destacam, com base em Coulon (1995), que:

> Apesar da linguagem estar na essência da coleta de dados do empreendimento etnometodológico, foi a abordagem da Análise da Conversa, fundada por Harvey Sacks (aluno de Garfinkel) em meados de 1960, que realiza análises aprofundadas de conversações naturais que explicitam as competências sociais para conversar, explicitando os próprios comportamentos e interpretando o dos outros (BORGES; SOUZA, 2011, p. 2).

O potencial da Análise da Conversa é capturar a conversa de uma situação concreta no tempo e espaço. Por meio de recursos de coleta e transcrições, pode-se apropriar dos detalhes da conversação, de forma a evidenciar como os integrantes produzem sentido no mundo na interação. Dessa forma, essa técnica pode prover acesso ao pesquisador ao como as pessoas se orientam pela prática no desdobramento das interações, mostrando como as pessoas se guiam entre os finos detalhes da conduta humana (LLEWELYN, 2009) que mostram as realizações práticas e concretas dos que participam dos ambientes sociais em que elas surgem (LINSTEAD, 2006). (BORGES; SOUZA, 2011, p. 8).

A Análise da Conversa foi utilizada também por Carvalho e Escrivão Filho (2012) ao analisar as práticas estratégicas da pequena empresa no "olhar da Etnometodologia". Os autores destacam que a conversação constitui uma subclasse das interações sociais, uma "construção coletiva" feita de palavras. No lugar de entrevistas, foram utilizados "mapas conceituais" como fonte de coleta de dados, elaborados a partir do referencial teórico. Dentre visitas, observação participante, entrevistas, mapas, diário de campo, ao longo de cinco meses, foi possível em um protocolo de pesquisa desenvolver o que os autores chamaram de "matriz de amarração".

Em síntese, a etnometodologia se interessa pelos mesmos fenômenos da sociologia tradicional, mas em uma perspectiva diferenciada, uma vez que a sociologia tradicional aborda as estruturas sociais como fatos sociais objetivos e a etnometodologia defende que as estruturas sociais são constituídas por atividades práticas, métodos e formas de executar ações por parte dos indivíduos (HERITAGE, 1999; COULON, 1995; GARFINKEL, 1967).

No próximo tópico, apresenta-se uma análise bibliométrica da produção brasileira em relação ao uso da etnometodologia nos últimos dez anos (2001 a 2010) nos principais eventos e periódicos nacionais.

8.3 ANÁLISE BIBLIOMÉTRICA – O USO DA ETNOMETODOLOGIA EM ADMINISTRAÇÃO NO BRASIL

A produção científica abordando a etnometodologia como método de investigação em administração ainda encontra-se escassa no Brasil. Conforme pesquisa realizada em eventos e periódicos da área de administração selecionados, foram encontrados dez artigos entre os anos de 2001 e 2010, sendo sete em eventos e três em periódicos. O Gráfico 1, a seguir, ilustra esta distribuição.

Gráfico 1 – *Origem dos artigos selecionados*

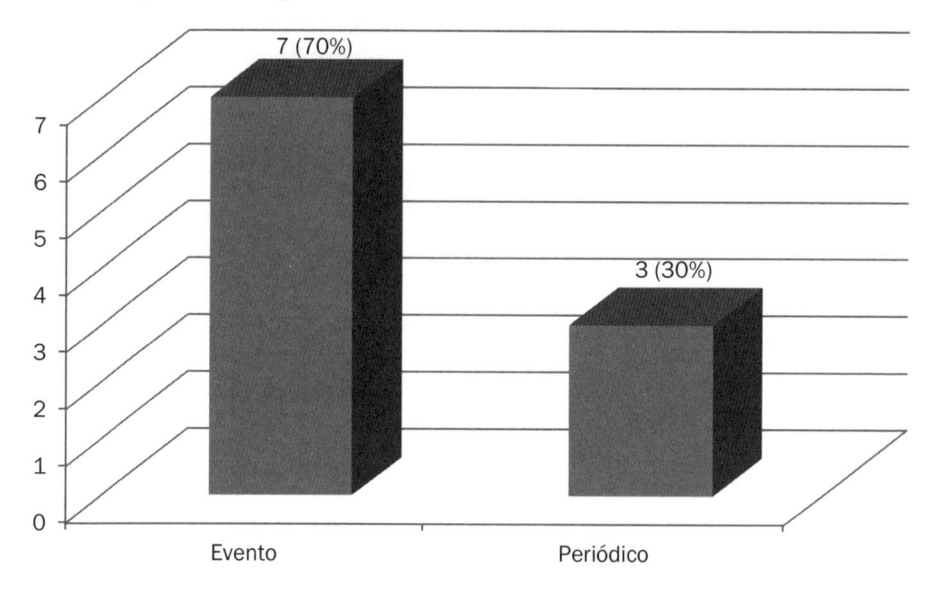

Fonte: Dados da pesquisa.

Analisando a distribuição entre eventos e periódicos, é possível observar que a maior parte dos artigos envolvendo a etnometodologia foi apresentada em eventos (70%). Considerando que um evento é uma forma de apresentar um estudo científico promovendo discussões para posterior publicação em periódicos, percebe-se que a publicação em periódicos não segue o mesmo ritmo dos eventos em termos de quantidade de trabalhos (40%). Isso pode ser observado nas Tabelas 1 e 2.

Tabela 1 – *Distribuição dos artigos por evento em administração*

Evento	n	%
EnANPAD – Encontro da ANPAD	4	57,15
EnEO – Encontro de Estudos Organizacionais	3	42,85
Total	**7**	**100,00**

Fonte: Dados da pesquisa.

Na Tabela 1, é possível verificar que alguns artigos foram apresentados no EnANPAD e EnEO. Na Tabela 2, são evidenciados os artigos encontrados em periódicos.

Tabela 2 – *Distribuição dos artigos por periódico em administração*

Periódico	n	%
O&S – *Organizações & Sociedade*	1	33,33
RACe – *Revista de Administração Contemporânea Eletrônica*	1	33,33
RAE – *Revista de Administração de Empresas*	1	33,34
Total	**3**	**100,00**

Fonte: Dados da pesquisa.

Na Tabela 2, são evidenciados os artigos encontrados em periódicos, sendo um artigo na *RAC Eletrônica*, um na *RAE* (Clássicos) e um na *Revista O & S*, que foi apresentado no EnANPAD em 2004. Importante considerar o prazo para avaliação dos artigos, considerando-se que os artigos apresentados em 2010 podem estar em processo de avaliação em periódicos.

Apesar do pouco uso da etnometodologia enquanto método, é possível observar no Gráfico 2 um crescente interesse em estudos envolvendo esse método, com destaque para publicações no EnEO, porém nenhuma publicação em periódicos no período de 2008 a 2010.

Gráfico 2 – *Trajetória do número de publicação em eventos e periódicos em administração*

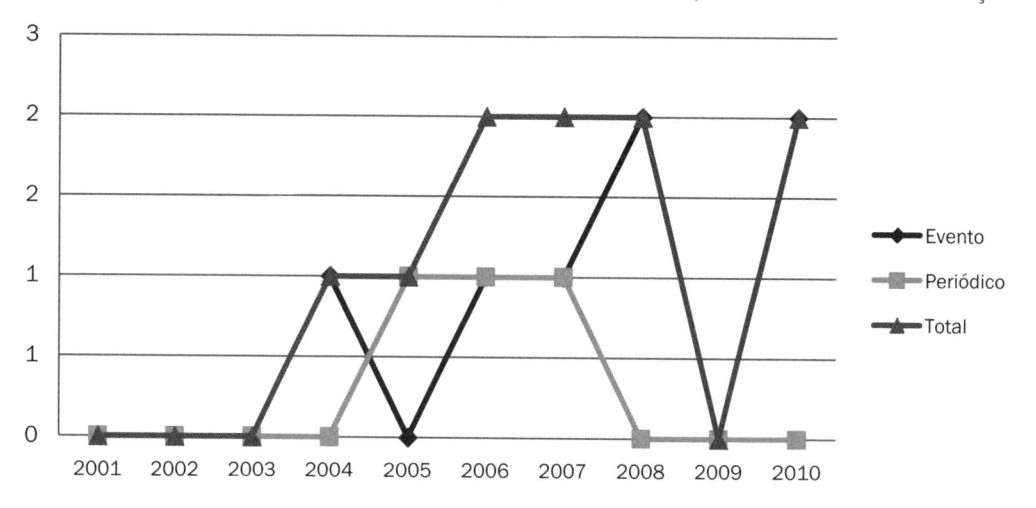

Fonte: Dados da pesquisa.

A Tabela 3 ilustra os anos em que os sete artigos em eventos foram publicados, sendo que duas publicações ocorreram no mesmo ano somente em 2008 e 2010.

Tabela 3 – *Distribuição anual dos artigos por anais de eventos em administração*

Evento	2001	2002	2003	2004	2005	2006	2007	2008	2009	2010	Total
EnANPAD	0	0	0	1	0	1	1	1	0	0	4
EnEO	0	0	0	0	0	0	0	1	0	2	3
Total	**0**	**0**	**0**	**·1**	**0**	**1**	**1**	**2**	**0**	**2**	**7**

Fonte: Dados da pesquisa.

Diferentemente do período de publicação em eventos, os artigos publicados em periódicos concentram-se nos anos de 2005 a 2007, sendo um em cada ano. Interessante observar que não ocorreu publicação em eventos da ANPAD no período de 2001 a 2003, portanto, ou estes artigos em periódicos não foram previamente publicados em eventos nos três anos anteriores, ou foram publicados em outros eventos ou ainda em anos anteriores a 2001.

Tabela 4 – *Distribuição anual dos artigos por periódicos em administração*

Ano	2001	2002	2003	2004	2005	2006	2007	2008	2009	2010	Total
O&S	0	0	0	0	0	1	0	0	0	0	1
RAC-e	0	0	0	0	0	0	1	0	0	0	1
RAE	0	0	0	0	1	0	0	0	0	0	1
Total	**0**	**0**	**0**	**0**	**1**	**1**	**1**	**0**	**0**	**0**	**3**

Fonte: Dados da pesquisa.

Esse cenário escasso em publicações é congruente com o pequeno número de autores que pesquisam sobre esse tema. Na Tabela 5, tem-se o *ranking* dos autores dos artigos analisados, totalizando 19 autores, e a distribuição entre eventos e periódicos.

Tabela 5 – *Principais autores*

Autor	Evento	Periódico	Total
KIRSCHBAUM, Charles	2	0	2
ALCADIPANI, Rafael	1	1	2
PECI, Alketa	1	1	2
MASCARENHAS, André Ofenhejm	1	1	2
HOELZ, José Carlos	1	0	1
CALDAS, Miguel P.	0	1	1
GONDIM, Raquel Viana	1	0	1
MACHADO-DA-SILVA, Clóvis L.	1	0	1
MENEGON, Leticia Fantinato	0	1	1
MONTENEGRO, Ludmilla Meyer	1	0	1
OLIVEIRA, Samir Adamoglu de	1	0	1
OSTERMANN, Ana Cristina	1	0	1
PASSUELLO, Caroline Benevenuti	1	0	1
RESE, Natália	1	0	1
SCHRÖEDER, Christine da Silva	1	0	1
STREHLAU, Suzane	1	0	1
VASCONCELOS, Isabella F. F. Gouveia de	0	1	1
VERGARA, Sylvia Constant	0	1	1
ZACCARELLI, Laura Menegon	0	1	1

Fonte: Dados da pesquisa.

Entre os autores identificados, destacam-se Charles Kirschbaum, que apresentou dois artigos em eventos, Alketa Peci e Rafael Alcadipani, que apresentaram um artigo teórico no EnANPAD 2004 e publicaram o mesmo na *Revista Organizações & Sociedade* em 2006, e André Ofenhejm Mascarenhas com um artigo no EnANPAD e um na *RAC-e* em 2007. Dos 15 demais autores, dez tiveram uma publicação em evento e cinco tiveram uma publicação em periódico.

Quanto à instituição de origem, identificou-se a instituição de cada autor, chegando ao total de 19 autores que estão distribuídos em 13 instituições de ensino superior, conforme demonstra a Tabela 6.

Tabela 6 – *Distribuição dos artigos por instituição de afiliação*

Instituição	Evento	Periódico	Total
UFPR – Universidade Federal do Paraná	4	0	4
FGV-RJ – Fundação Getulio Vargas do Rio de Janeiro	1	2	3
FEI – Fundação Educ. Inaciana Pe. Saboia de Medeiros	1	2	3
FGV-SP – Fundação Getulio Vargas de São Paulo	1	1	2
UNISINOS – Universidade do Vale do Rio dos Sinos	2	0	2
INSPER – Instituto de Ensino e Pesquisa	2	0	2
UFRGS – Universidade Federal do Rio Grande do Sul	1	0	1
Universidade Presbiteriana Mackenzie	0	1	1
UECE – Universidade Estadual do Ceará	1	0	1
ESPM – Escola Superior de Propaganda e Marketing	1	0	1
FEA/USP – Universidade de São Paulo	0	1	1
Uninove	1	0	1
Loyola University New Orleans	0	1	1

Fonte: Dados da pesquisa.

A instituição de maior representatividade no tema é a Universidade Federal do Paraná, com quatro citações entre os autores com produção no período. A seguir, vem a Fundação Getulio Vargas do Rio de Janeiro e a FEI, ambas com três citações, a Fundação Getulio Vargas de São Paulo, com duas citações de um mesmo autor, e o INSPER – Instituto de Ensino e Pesquisa, com dois artigos distintos de um mesmo autor publicados em eventos. As demais instituições foram citadas apenas uma vez.

A tabela a seguir demonstra a distribuição dos artigos por abordagem de pesquisa, considerando aqueles que são teóricos e os que são teórico-empíricos. Pode-se observar, conforme os dados, que não há diferença entre as abordagens em questão, sendo cinco artigos teórico-empíricos e cinco artigos teóricos. É possível observar também um número crescente de publicações a partir de 2006, muito embora não tenha sido encontrada publicação no ano de 2009.

Tabela 7 – *Distribuição dos artigos por abordagem de pesquisa*

Ano	Teórico-empírica		Teórico		Total	
	n	%	n	%	n	%
2001	0	0	0	0	0	0
2002	0	0	0	0	0	0
2003	0	0	0	0	0	0
2004	0	0	1	10	1	10
2005	0	0	1	10	1	10
2006	0	0	2	20	2	20
2007	2	20	0	0	2	20
2008	2	20	0	0	2	20
2009	0	0	0	0	0	0
2010	1	10	1	10	2	20
Total	**5**	**50**	**5**	**50**	**10**	**100**

Fonte: Dados da pesquisa.

Considerando somente os sete artigos publicados em eventos, destes, quatro são teórico-empíricos, enquanto que três são teóricos. Ao comparar com a produção total dos dez artigos encontrados, eles representam respectivamente 70% e 30%. Já entre os três publicados em periódicos, apenas um é teórico-empírico e dois são teóricos. Ou seja, cinco teóricos e cinco teórico-empíricos. O Gráfico 3 ilustra a distribuição das publicações nessas duas abordagens por evento e periódico.

Gráfico 3 – *Abordagem e veículo de publicação*

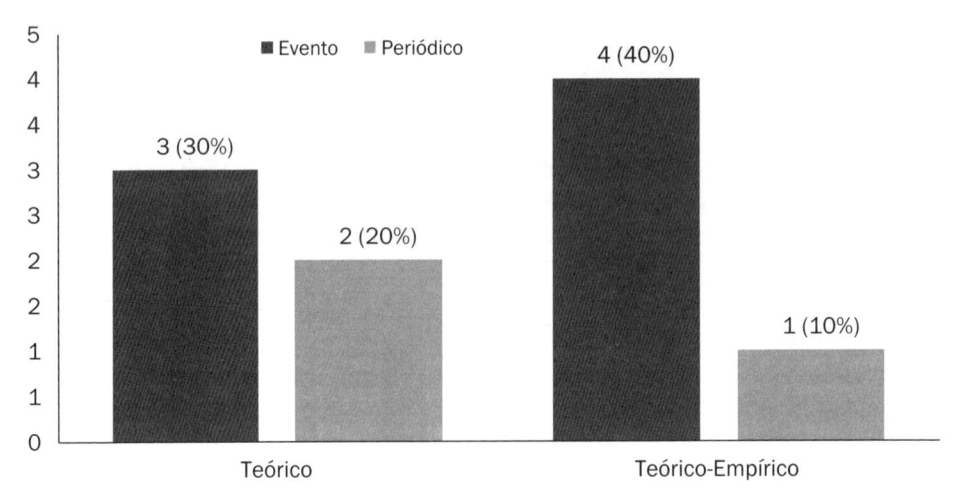

Fonte: Dados da pesquisa.

Os trabalhos analisados foram também classificados segundo a área em que foram publicados ao longo do período em questão, com base nas divisões dos eventos da ANPAD. A Tabela 8 apresenta a distribuição dos artigos nestas áreas conforme meio de publicação, evento ou periódico.

Tabela 8 – *Distribuição dos artigos por área*

Área	Evento		Periódico		Total	
	n	%	n	%	n	%
Estudos Organizacionais	3	30	2	20	5	50
Ensino e Pesquisa em Administração e Cont.	2	20	0	0	2	20
Gestão de Pessoas e Relações de Trabalho	1	10	1	10	2	20
Administração da Informação	1	10	0	0	1	10
Total	**7**	**70**	**3**	**30**	**10**	**100**

Fonte: Dados da pesquisa.

Observa-se na Tabela 8 que a etnometodologia apresenta pouca inserção em termos de variedade de áreas, ficando restrita a quatro delas. A maior inserção se deu na área de Estudos Organizacionais com cinco dos dez artigos publicados. As áreas de Gestão de Pessoas e Relações de Trabalho e de Ensino e Pesquisa em Administração e Contabilidade tiveram dois artigos em cada. Nesta última área citada e em Administração da Informação, houve publicações somente em eventos. O Gráfico 4 a seguir permite visualizar melhor essa distribuição.

Gráfico 4 – *Distribuição de artigos por área*

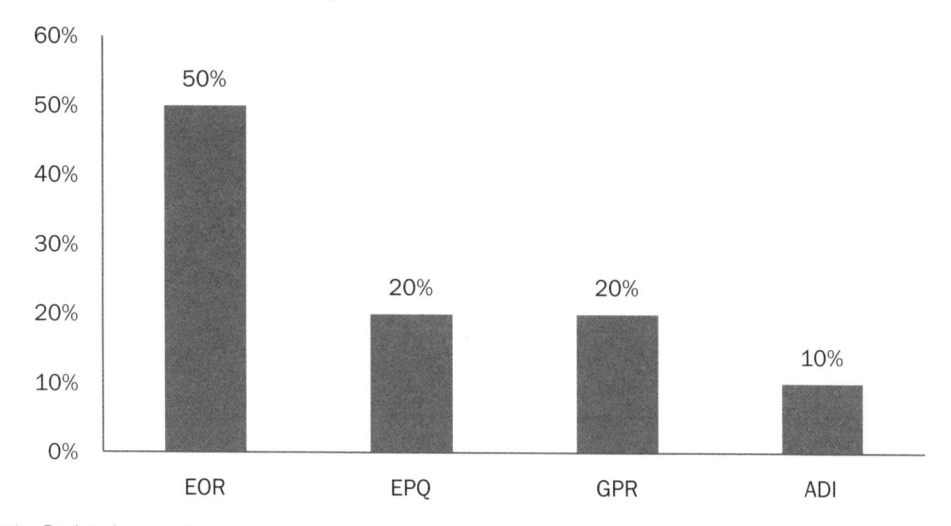

Fonte: Dados da pesquisa.

Analisando os dez artigos computados, verifica-se que os artigos teórico-empíricos estão localizados na área de Estudos Organizacionais (dois artigos), Gestão de Pessoas (dois artigos) e Ensino e Pesquisa em Administração e Contabilidade (um artigo), evidenciado no Gráfico 5. Os outros cinco artigos teóricos estão localizados em três temas, sendo predominante em Estudos Organizacionais.

Gráfico 5 – *Distribuição dos artigos por área e abordagem*

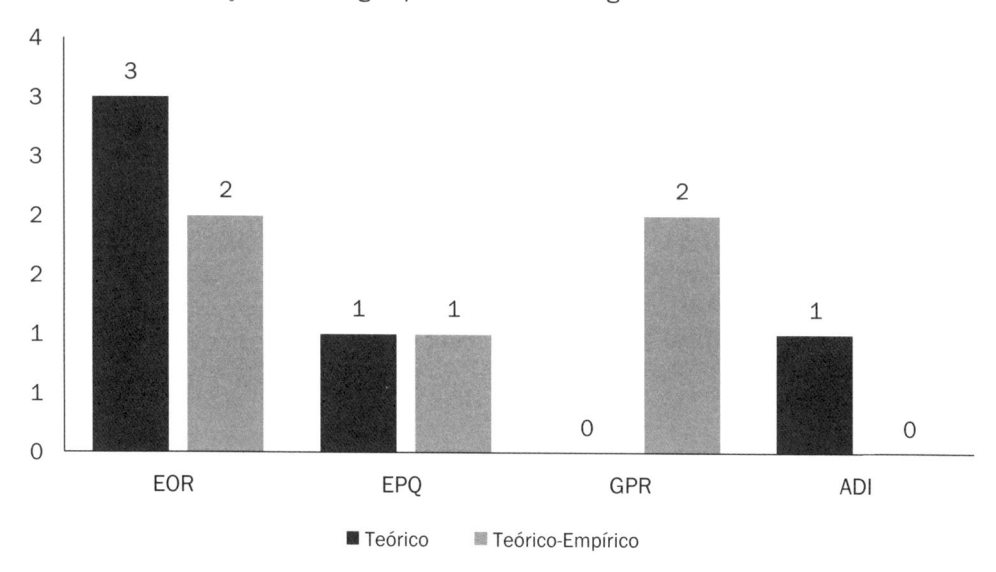

Fonte: Dados da pesquisa.

A fim de compreender melhor os procedimentos utilizados pelos pesquisadores nos artigos teórico-empíricos, analisaram-se as técnicas de coleta e análise dos dados descritas. As técnicas foram analisadas segundo as descrições encontradas ao longo do texto dos artigos, e foram classificadas em "entrevista", "questionário", "observação", "pesquisa documental" e "outras". A categoria de "não informado" foi excluída, pois todos os artigos continham informações, embora nem sempre detalhadamente escritas.

Tabela 9 – *Classificação dos artigos por técnica de coleta de dados*

Ano	Entrevista		Questionário		Observação		Pesquisa Documental		Outras	
	n	%	n	%	n	%	n	%	n	%
2001	0	0	0	0	0	0	0	0	0	0
2002	0	0	0	0	0	0	0	0	0	0
2003	0	0	0	0	0	0	0	0	0	0
2004	0	0	0	0	0	0	0	0	0	0
2005	0	0	0	0	0	0	0	0	0	0
2006	0	0	0	0	0	0	0	0	0	0
2007	2	50	0	0	1	33	1	50	1	50
2008	1	25	1	50	1	33	1	50	1	50
2009	0	0	0	0	0	0	0	0	0	0
2010	1	25	1	50	1	34	0	0	0	0
Total	**4**	**100**	**2**	**100**	**3**	**100**	**2**	**100**	**2**	**100**

Fonte: Dados da pesquisa.

Conforme a Tabela 9, verifica-se a presença da técnica de entrevista em quatro artigos, de questionário em dois, de observação em três, de pesquisa documental em dois e de outras técnicas em dois trabalho. As outras técnicas referem-se ao uso da fotoetnografia e ao uso de *vignettes,* correspondentes a situações que envolvessem questões teóricas de interesse e que fossem ao mesmo tempo incompletas. O objetivo dessa técnica foi o de demandar a interpretação dos indivíduos para dar sentido a situações construídas com elementos de dissonância, onde a continuidade rotineira é interrompida e o que é tido por certo é colocado em risco.

A ausência de dados até o ano de 2006 justifica-se pelo fato de que os trabalhos anteriores são teóricos, e somente os cinco artigos teórico-empíricos foram analisados. Nessa análise, percebe-se que não foram todos os artigos que realizaram observação, sendo esta considerada pelos autores (TEN HAVE, 2004; HERITGE, 1999) como a técnica de coleta de dados fundamental para um estudo etnometodológico.

Analisadas as técnicas de coleta de dados, buscaram-se então as técnicas de análise de dados nos artigos, conforme demonstra a Tabela 10. Como referência, a classificação utilizada foi: análise de conteúdo, análise de discurso, análise narrativa e análise quantitativa, além de outras técnicas e não informado. Aqui, esta última categoria foi novamente excluída, pois todos os artigos informaram, em maior ou menor grau, a forma como conduziram a análise.

Tabela 10 – *Classificação dos artigos por técnica de análise de dados*

Ano	Análise de Conteúdo		Análise de Discurso		Análise Narrativa		Análise Quantitativa		Outras	
	n	%	n	%	n	%	n	%	n	%
2001	0	0	0	0	0	0	0	0	0	0
2002	0	0	0	0	0	0	0	0	0	0
2003	0	0	0	0	0	0	0	0	0	0
2004	0	0	0	0	0	0	0	0	0	0
2005	0	0	0	0	0	0	0	0	0	0
2006	0	0	0	0	0	0	0	0	0	0
2007	0	0	0	0	0	0	0	0	2	64
2008	0	0	0	0	1	100	1	100	0	0
2009	0	0	0	0	0	0	0	0	0	0
2010	0	0	0	0	0	0	0	0	1	33
Total	**0**	**0**	**0**	**0**	**1**	**100**	**1**	**100**	**3**	**100**

Fonte: Dados da pesquisa.

Dentre os cinco artigos analisados, um utilizou análise narrativa, um utilizou análise quantitativa e os outros três utilizaram outras técnicas. Uma delas foi a análise da conversa etnometodológica, também chamada no artigo como microssociologia das interações ou microetnografia. A outra técnica de análise foi a análise interpretativa, que associou as interpretações com características demográficas. O outro artigo utilizou análises individuais e transversais, denominando-as como análise qualitativa das entrevistas. Nos três casos, não houve elementos suficientes que permitissem associar a análise realizada com alguma das outras técnicas consideradas: de conteúdo, discurso e narrativa.

Na Tabela 11, pode-se observar a classificação do uso das técnicas de coleta de dados dentro das áreas em que os artigos foram classificados.

Tabela 11 – *Classificação dos artigos por técnica de coleta de dados e área*

Área	Entrevista		Questionário		Observação		Pesquisa Documental		Outras	
	n	%	n	%	n	%	n	%	n	%
EOR	2	50	1	50	2	64	1	50	2	100
EPQ	0	0	1	50	0	0	0	0	0	0
GPR	2	50	0	0	1	33	1	50	0	0
Total	**4**	**100**	**2**	**100**	**3**	**100**	**2**	**100**	**2**	**100**

Fonte: Dados da pesquisa.

A área de Administração da Informação não foi incluída porque o artigo não é teórico-empírico. Os artigos da área de Estudos Organizacionais foram o que mais utilizaram variadas técnicas de coleta de dados, sendo oito ao todo. A entrevista é a técnica predominante, seguida da observação, que foi utilizada por três dos cinco artigos em duas áreas. A próxima tabela faz a mesma análise por área, porém com os dados das técnicas de análise de dados.

Tabela 12 – *Classificação dos artigos por técnica de análise dos dados e área*

Área	Análise de Conteúdo		Análise de Discurso		Análise Narrativa		Análise Quantitativa		Outras	
	n	%	n	%	n	%	n	%	n	%
EOR	0	0	0	0	1	100	0	0	1	33
EPQ	0	0	0	0	0	0	1	100	0	0
GPR	0	0	0	0	0	0	0	0	2	64
Total	**0**	**0**	**0**	**0**	**1**	**100**	**1**	**100**	**3**	**100**

Fonte: Dados da pesquisa.

No caso das técnicas de análise dos dados, um artigo na área de Estudos Organizacionais utilizou a análise narrativa e um artigo na área de Ensino e Pesquisa em Administração e Contabilidade usou análise quantitativa, condizente com a técnica de coleta escolhida. A maioria das técnicas utilizadas foram classificadas como "outras", sendo uma em Estudos Organizacionais e duas em Gestão de Pessoas e Relações de Trabalho.

Com base no estudo bibliométrico realizado, verifica-se que a etnometodologia ainda é pouco explorada nos estudos brasileiros. Pode-se questionar se uma das possíveis razões seria a dificuldade dos pesquisadores de entenderem a metodologia e conseguirem viabilizar sua aplicação prática. A seguir, apresentam-se as opiniões de pesquisadores sobre a utilização da etnometodologia como método de pesquisa.

8.4 O USO DA ETNOMETODOLOGIA NA PERSPECTIVA DE PESQUISADORES BRASILEIROS

A etnometodologia ainda é um método pouco adotado em pesquisas empíricas em administração no Brasil. Esse fato ficou ainda mais evidente no levantamento bibliométrico realizado, onde dos dez artigos encontrados apenas cinco se tratavam de artigos com aplicação empírica. Com o objetivo de proporcionar aos pesquisadores atuais e futuros da etnometodologia um auxílio na sua utilização, foram realizadas entrevistas com três pesquisadores que já utilizaram a etnometodologia em suas investigações e possuem experiência que os permite clarificar questões a respeito do método e fazer recomendações para o seu uso. Foram entrevistados dois autores, Rafael Alcadipani e Charles Kirschbaum, que foram citados entre os principais autores em publicações no período considerado pela análise bibliométrica, e um autor que foi destacado por um dos entrevistados, Marcelo de Souza Bispo. Dessa forma, são eles:

- Rafael Acaldipani, professor adjunto na EAESP da Fundação Getulio Vargas – FGV, graduado em Administração pela Escola Superior de Propaganda e Marketing (ESPM), mestre em Administração pela Fundação Getulio Vargas (FGV- SP) e doutor em Management Sciences pela Manchester Business School (Inglaterra).

- Charles Kirschbaum, professor assistente no Instituto de Ensino e Pesquisa (Insper), graduado em Administração pela Fundação Getulio Vargas (FGV), mestre profissionalizante em Business Administration pela University of Pennsylvania, UPENN, Estados Unidos, mestre em Ciência Política pela Universidade de São Paulo (USP), doutor em Administração na Fundação Getulio Vargas, pós- doutorado pelo Centro Brasileiro de Análise e Planejamento (CEBRAP) e pós- doutorado pela Columbia University (EUA).

- Marcelo de Souza Bispo, professor adjunto na Universidade Federal da Paraíba, graduado em turismo pela Universidade Metodista de São Paulo (UMESP), graduado em Administração pela Universidade Anhembi Morumbi (UAM), mestre em Administração pela Universidade Metodista de São Paulo e doutor em Administração de Empresas pela Universidade Presbiteriana Mackenzie.

Os professores entrevistados possuem afiliação com pesquisadores e instituições dentro e fora do Brasil. Alcadipani é pesquisador visitante da Manchester Business School e professor visitante na Istanbul Bigli University, Kirschbaum é colaborador da Columbia University e Bispo está afiliado à Universidade de Trento, com o grupo da professora Silvia Gherardi, no RUCOLA – Reserch Unit on Communication Organizational Learning and Aesthetics.

Quanto à motivação para adoção do método em questão, cada entrevistado expôs suas razões, sendo que para Alcadipani (que já utiliza o método há dez anos) trata-se de um método que acredita ser válido para suas preocupações nas pesquisas que realiza. Para Kirschbaum, o interesse pela etnometodologia se deu principalmente pela posição teórica: *"em contraste com a sociologia durkheimiana que pressupõe que os fatos sociais podem ser considerados como dados e objetivos, a etnometodologia problematiza esse pressuposto"*. Sua experiência com o método data de 2007, quando se sentiu animado por uma mudança nos rumos da pesquisa institucional no Brasil e no mundo. Bispo, que trabalha com esta escolha de pesquisa a três anos, afirma que sua motivação foi a necessidade de um método que estivesse alinhado com a identificação de práticas de trabalho, e que também contribuísse para compreensão de aprendizagem coletiva, tema que pesquisa. Um dos entrevistados destacou que as pesquisas publicadas com esse método estão relacionadas aos grupos em que participa fora do Brasil, e os outros dois salientaram essa relação como parcial, destacando que a etnometodologia exige uma maturidade teórica difícil de desenvolver, e que na administração o uso do método ainda é incipiente, sendo mais comum nas áreas de linguística, educação e enfermagem. A experiência foi adquirida com o tempo e, nesse sentido, Kirschbaum destaca: *"Tinha muito pouca, e a realidade é que ainda acho que tenho pouca experiência. Me sinto mais confortável em falar na etnometodologia como paradigma do que como método."*

Para a realização de pesquisas etnometodológicas, algumas considerações são feitas pelos entrevistados sobre a conduta de um pesquisador: é preciso ser *"minucioso na coleta de dados e rigoroso na análise dos mesmos"* (Alcadipani); *"estar focado na identificação das práticas cotidianas de trabalho e não buscar identificar práticas antes de ir ao campo, uma ideia próxima a de suspensão da fenomenologia"* (Bispo); e buscar *"encontrar em seu campo situações críticas, que ponham o indivíduo em uma situação onde é levado a suspender suas ideias tomadas como dadas"* (Kirschbaum).

A recomendação do uso desse método é feita para contextos de fenômenos humanos por permitir ver a complexidade da realidade humana e para pesquisas que busquem compreender o cotidiano do trabalho nas organizações. Segundo Bispo, *"o mais importante para utilização do método é o foco nas práticas cotidianas"*. Para os entrevistados, este método não é recomendado em situações de pesquisa com caráter mais 'positivista', preocupadas com generalizações, por ser a etnometodologia uma abordagem claramente afiliada a pesquisas interpretativistas.

Autores e obras indispensáveis foram citadas para todo pesquisador que pretende iniciar ou se aprofundar na realização de pesquisas etnometodológicas, como: Garfinkel, Anne Rawls, Heritage, entre outros.

As dificuldades e facilidades foram apontadas pelos entrevistados. Dentre as dificuldades na operacionalização do método, foi destacado que o desafio é manter-se crítico em campo e não impor a teoria na realidade a fim de estruturar uma forma de análise dos dados. Da mesma forma, destacaram-se medidas necessárias para superar as dificuldades, como *"ter sempre os olhos abertos para ver o real"* (Alcadipani), contar com *"grupos de pesquisa, ou seja, pesquisar e testar até chegar a um modelo adequado"* (Bispo) e *"ler obsessivamente o material empírico dos herdeiros de Garfinkel e, em segundo lugar, [...] ir a campo com um par"* (Kirschbaum). Quanto às facilidades, os autores não as identificaram em função de ser este um método complexo e em função do estágio em que se encontram as pesquisas atualmente.

Critérios de validade e confiabilidade também foram questionados no intento de tentar identificar como lidar com os mesmos em pesquisas etnometodológicas. Foi destacado que esse método não tem essa preocupação, assim como nas pesquisas positivistas e estruturalistas que possuem diferentes pressupostos (Bispo). Para Kirschbaum,

> a princípio, podemos assumir que sejam semelhantes aos utilizados em outras abordagens interpretativistas. No entanto, há um ponto delicado aqui: como a etnometodologia reconhece a produção de conhecimento como construção 'post hoc', não podemos realmente tratar o material empírico como evidência, ou discutir confiabilidade na acepção positivista. Em contraste, essa abordagem pode inclusive ser posta em funcionamento para desestabilizar significados sedimentados e tomados como dados, coletados de arquivos, documentos e entrevistas. Nesse sentido, torna-se uma abordagem poderosa para aumentar a validade. Ver: Hassard, J., & Pym, D. (1990). *The theory and philosophy of organizations*: critical issues and new perspectives. Psychology Press.

Caso um pesquisador se interesse em usar esse método em suas pesquisas, os entrevistados deixam algumas recomendações. Para Alcadipani: *"é preciso ser rigoroso e não ser preguiçoso. Colete o máximo de dados que conseguir. Não fique com medo de não achar nada. Algo sempre vai aparecer dos dados"*. Kirschbaum destaca que é preciso *"ler o máximo de trabalhos empíricos dos herdeiros diretos de Garfinkel para ganhar segurança que essa é a estrada a ser escolhida"*. Bispo recomenda: *"focar na observação como principal forma de coleta de dados, fazer autorreflexão constante com os fenômenos encontrados no campo"*.

Por fim, questionou-se sobre a perspectiva do uso da etnometodologia enquanto método no Brasil, em específico na área de administração. As frases novamente são esclarecedoras sobre o potencial do método e suas aplicações. A perspectiva é *"muito grande, mas precisa ser feito de forma mais séria, pois hoje está muito simplificado"* (Alcadipani). Para Bispo, *"é de grande potencial para compreensão das ações intersubjetivas nas organizações que são tão comentadas na área, mas pouco exploradas empiricamente"*. Por fim, Kirschbaum cita os próprios autores entrevistados evidenciando o conhecimento dos trabalhos realizados no Brasil:

> há algumas pessoas bem bacanas abordando a etnometodologia, mas por avenidas bem diversas. Enquanto eu estou preocupado com o diálogo, com a análise institucional, Rafael Alcadipani provavelmente consegue contrapor com Latour e ANT, enquanto Marcelo Bispo está interessado em práticas e aprendizado, Maria de Lourdes Borges e Yeda Swirski de Souza exploraram a vertente de Análise de Conversação. A Yeda está fazendo um esforço de divulgar o potencial da Etnometodologia para os Estudos Organizacionais. Mas seria importante ganhar massa crítica e termos especialistas que nos ajudem a decifrar o Garfinkel!.

Com base nas entrevistas, conclui-se que a utilização da etnometodologia como método de pesquisa na administração pode possibilitar aos pesquisadores a compreensão de fenômenos ainda pouco explorados pela área ou até mesmo uma diferente perspectiva de fenômenos já investigados com outros métodos. A etnometodologia configura-se assim como uma possibilidade de estudar a complexidade da realidade humana.

Agradecimento

Agradecemos ao prof. Marcelo de Souza Bispo pelos comentários úteis e construtivos na revisão da base teórica deste capítulo.

REFERÊNCIAS

ATTEWELL, P. Ethnomethodology since Garfinkel. **Theory and society**, v. 1, nº 2, p. 179-210, 1974.

BARNES, B. P. Ethnomethodology as science. **Social studies of science**, v. 15, nº 4, p. 751-762, 1985.

BISPO, M. S. **O processo de aprendizagem coletiva e o uso da tecnologia em agências de viagens**: contribuições dos estudos baseados em prática e da etnometodologia. 2011. Tese (Doutorado em Administração) – Universidade Presbiteriana Mackenzie, São Paulo.

BORGES, M. L.; SOUZA, Y. S. Contribuições da Etnometodologia aos Estudos Organizacionais: a natureza extraordinária do trabalho ordinário. In: Encontro Nacional da Associação Nacional de Pós-Graudação e Pesquisa em Administração – XXXV EnANPAD, **Anais**... Rio de Janeiro/RJ, 1 CD ROM, 2011.

CARVALHO, K. C.; ESCRIVÃO FILHO, E. Pequenas empresas e suas práticas estratégicas no olhar da Etnometodologia: construção de um "mapa" em conversa com a Teoria da Dependência de Recursos e a Teoria Institucional. In: Encontro de Estudos sobre Empreendedorismo e Gestão de Pequenas Empresas, VII EGEPE, **Anais**... Florianópolis/SC, 1 CD ROM, 2012.

COULON, A. **Etnometodologia**. Petrópolis: Vozes, 1995.

DOWLING, M. Ethnomethodology: time for a revisit? A discussion paper. **International Journal of Nursing Studies**, v. 44, nº 5, p. 826–833, 2007.

FRANCIS, D.; HESTER, S. **An invitation to ethnomethodology:** language, society andinteraction. London: Sage, 2004.

GARFINKEL, H. **Studies in ethnomethodology**. Oxford: Blackwell Publishers, 1967.

_____. **Studios en etnometodología**. Barcelona: Anthropos, 2006.

GELLNER, E. Ethnomethodology: the re-enchantment industry or the californian way of subjectiviy. **Phil. Soc. Sci.**, 5, p. 431-450, 1975.

GUESSER, A. H. A etnometodologia e a análise da conversação e da fala. **Revista Eletrônica dos Pós-Graduandos em Sociologia Política da UFSC**, v. 1, nº 1, p. 149-168; 2003.

HERITAGE, J. C. Etnometodologia. In: GIDDENS, A.; TURNER, J. **Teoria social hoje**. São Paulo: UNESP, 1999. p. 321-392.

OLIVEIRA, S. A. de et al. Etnometodologia: desvelando a alquimia da vivência cotidiana. In: VI Encontro de Estudos Organizacionais da ANPAD – EnEO, **Anais**... Florianópolis/SC, 1 CDROM, 2010.

RAWLS, A. W. **Harold Garfinkel, ethnomethodology and workplace studies.** Organization Studies. Sage Publications, v. 29, nº 5, p. 701-732, 2008.

ROMERO, J. J. C. Etnometodologia: una explicación de la construcción social de la realidad. **Reis**, v. 56, p. 83-114, 1991.

ROUNCEFIELD, M.; TOLMIE P. **Ethnomethodology at work**. England: Ashgate Publishing Company, 2011.

SACRINI, M. Da fenomenologia à etnometodologia. Entrevista com Kenneth Liberman. **Scienti studia**, São Paulo, v. 7, nº 4, p. 669-679, 2009.

SCHUTZ, A. **Reflections on the problem of relevance**. New Haven: Yale University Press, 1970.

TEN HAVE, P. **Understanding qualitative research and ethnomethodology**. London: Sage, 2004.

Grounded Theory

Andréa Torres Barros Batinga de Mendonça, Roberto Luiz Custódio Remonato, Cristiano de Oliveira Maciel e Zandra Balbinot

9.1 INTRODUÇÃO

A Grounded Theory, conhecida como Teoria Fundamentada nos Dados ou Teoria Fundamentada em Dados (em português), é um método de pesquisa relativamente novo e que usa uma técnica de trabalho que consiste em uma abordagem de pesquisa que visa desenvolver teorias a partir de conceitos e relações baseados nos dados coletados, ao invés de utilizar aquelas predeterminadas, e compreende a realidade a partir do conhecimento, sentido ou significado que certo contexto ou objeto tem para a pessoa (STRAUSS; CORBIN, 2008).

Seus idealizadores, no início da década de 1960, são Barney Glaser da Universidade de Columbia e Anselm Strauss da Universidade de Chicago. Neste trabalho, a pesquisa dos autores durou quatro anos e foi baseada no estudo da morte e do processo terminal em um ambiente hospitalar; suas ideias foram publicadas em 1967 em obra intitulada *"The discovery of grounded theory"* (GLASER; STRAUSS, 1967). Seus objetivos eram o de encontrar meios de gerar teorias a partir da coleta e observação de dados e fenômenos durante a sua realização. Os autores acreditavam que era preciso observar *in loco* a dinâmica dos fatos e deixar que os dados revelassem o fenômeno e guiassem todo o processo de pesquisa visando ao desenvolvimento da teoria.

Para Goulding (2002), a Grounded Theory é um método qualitativo cuja orientação apresenta certa semelhança com os demais métodos qualitativos, tais como a etnografia e a fenomenologia, onde há uma forte ênfase na subjetividade da realidade construída (BERGER; LUCKMANN, 1998; CZARNIAWSKA, 2003) no âmago dos sujeitos pesquisados, apoiado pela capacidade crítica-reflexiva do pesquisador enquanto condutor parcial do processo de investigação.

É importante destacar que a Grounded Theory não foi originalmente concebida nesses moldes. De fato, historicamente, os pesquisadores têm assistido o desenvolvimento de uma "espiral" construtivista (MILLS; BONNER; FRANCIS, 2006). Glaser e Strauss (1967) foram mais inclinados a uma posição objetivista de realidade, vendo relações e ações sociais como algo dado. As divergências entre os autores, sobretudo em relação à concepção de realidade (objetiva *versus* subjetiva) (BURREL; MORGAN, 1994) foram pontos centrais para a separação dos projetos de trabalho dos dois autores. Barney Glaser insistiu numa perspectiva objetivista (*e. g.*, GLASER, 1992), enquanto Anselm Strauss, inspirado pela tradição da Escola de Chicago, enfatizou a constituição da realidade a partir da ação. Essa perspectiva (STRAUSS, 1978, 1987), baseada no pragmatismo americano de Mead (1934), no conceito de grupos sociais de referência de Shibutani (1955) e no interacionismo simbólico de Blumer (1969), marcou o início dessa espiral construtivista, continuada por um crescente abandono dos resquícios pós-positivistas predominantes na investigação social. Esse crescente abandono da objetividade da pesquisa social está representado em outros procedimentos alternativos de realização de uma Grounded Theory e que são oferecidos por Schatzman (1991), Clarke e Friese (2007) e Charmaz (2006).

Respeitando essa lógica construtivista, a Grounded Theory representa uma ruptura com a pesquisa tradicional na medida em que o pesquisador não vai a campo com um modelo *a priori* e um quadro teórico de referência. Nesse caso, o pesquisador adotará uma postura construtiva no campo, reafirmando assim que o objetivo desse método não é reduzir a complexidade, fragmentando-a em variáveis, mas, em vez disso, aumentar a complexidade e incluir o contexto na análise (FLICK, 2004, p. 58-62).

O pesquisador desejoso de trabalhar dentro da metodologia da Teoria Fundamentada nos Dados aproxima-se do assunto a ser investigado sem uma teoria a ser testada, mas, pelo contrário, com o desejo de entender uma determinada situação, como e por que seus participantes agem de determinada maneira, como e por que determinado fenômeno ou situação ocorre deste ou daquele modo. Por meio de métodos variados de coletas de dados, reúne-se um volume de informações sobre o fenômeno observado. Comparando os dados, codificando-os, extraindo regularidades, enfim, seguindo detalhados métodos de extração de sentido dessas informações, o pesquisador termina então, nas suas conclusões, com alguma teoria que emergiu desta análise rigorosa e sistemática, razão pela qual a metodologia intitula-se Grounded Theory (Teoria Fundamentada nos Dados). A Grounded Theory aparece como uma ferramenta de desenvolvimento teórico local, no sentido de focar estudos locais (dentro de uma área substantiva de investigação) e tentar desenvolver teorias que forneçam suporte para o entendimento da situação. A ideia básica de focar o estudo por meio da adoção desse método visa propiciar uma realidade substancial aos trabalhos.

Na medida em que se deseja desvendar práticas localizadas, apresentar sugestões para resolver problemas sociais e organizacionais e criar teoria substantiva, a Grounded Theory tem uma contribuição significativa, especialmente porque na administração geralmente se trabalha com literaturas teóricas americanas e europeias, construídas em contextos específicos e diferentes do brasileiro. Esse fato pode gerar dúvidas, sobretudo quando se vai a campo realizar estudos e efetuar análises comparativas entre teoria e prática, as quais podem não se relacionar de maneira coesa. Não que a teoria escolhida esteja inadequada, mas não pode ser utilizada apenas para suportar aquele objeto de estudo, uma vez que as análises são locais e resguardam suas características e peculiaridades. Tampouco isso impede a inserção no circuito científico internacional, pois deve haver, sim, um interesse na academia em conhecer modelos originais que expliquem as peculiaridades da gestão no Brasil. Tanto a pesquisa original, como a replicação, são caminhos que abrem possibilidades para estudos comparativos. É necessário desenvolver e multiplicar pesquisadores hábeis locais, porém, muitas vezes os modelos importados pelos pesquisadores, visando obter suporte técnico, não são condizentes com a estrutura apresentada nos estudos brasileiros (ARAUJO; ALOUFA; OLIVEIRA, 2008).

9.2 GROUNDED THEORY – SISTEMATIZAÇÃO DOS DADOS

Em 1967, no livro *The discovery of grounded theory,* Glaser e Strauss foram cuidadosos nos pressupostos e critérios, mas poucos investiram na descrição dos procedimentos de trabalho. Em 1990, Strauss juntamente com Juliet Corbin escreveu *Basics of qualitative research: grounded theory procedures and techniques*, cujo objetivo foi o de sistematizar o método de campo e análise dos dados. Nesse livro, além de voltar às origens de Strauss, reforçando a orientação construtivista da investigação social e o papel do conhecimento prévio do pesquisador, os autores elaboraram um processo sistemático de codificação. A codificação é uma operação pela qual os dados são decompostos, conceitualizados e rearticulados de uma maneira diferente, com a intenção de entrar em uma interpretação mais profunda. Essa se baseia em três momentos: codificação aberta, codificação axial e codificação seletiva. Esses três momentos não devem ser vistos necessariamente de modo linear. A aplicação da técnica exige circularidade desses três momentos e ajuste de um ou outro procedimento de codificação à necessidade do próprio estágio e desafios particulares do trabalho (BANDEIRA-DE-MELLO; CUNHA, 2003).

- *aberta*: é uma codificação que tem como essência expressar dados e fenômenos na forma de conceitos. Esta fase se refere à criação de categorias para os fenômenos ou evidências observadas;

- *axial*: essa etapa consiste em aprimorar e diferenciar as categorias resultantes da codificação aberta. A partir da quantidade de informações categorizadas, devem-se selecionar as mais consistentes no que diz respeito ao objeto de estudo. Consiste na identificação de relacionamentos entre estas categorias;

- *seletiva*: essa codificação é realizada após a axial, uma vez que o nível de abstração demandado do pesquisador é mais alto. O pesquisador escolhe a partir do processo de análise e movimento circular dos dados, uma categoria principal que se constituirá no modelo teórico, demonstrando a relação com as demais categorias emergidas.

A última etapa do processo da teorização é a interpretação final inter-relacionada. Para chegar a tal etapa, o pesquisador deve necessariamente observar o momento de saturação teórica, ou seja, quando chega a um ponto em que as coletas realizadas em campo parecem não agregar conhecimento relevante em comparação ao custo da continuidade das análises e futuras coletas de dados. É importante que o pesquisador tenha em mente que o ponto de saturação teórica não pode ser alcançado e que o encerramento da pesquisa depende, além de uma "aproximação" da saturação, também de fatores como custos, tempo e dificuldades de coleta de dados adicionais.

9.2.1 Unidade de análise – definição dos elementos de estudo

A amostragem teórica (*theoretical sampling*) (REICHERTZ, 2007) é o processo de coleta de dados para gerar teoria, segundo a qual o pesquisador conjuntamente coleta, codifica, analisa seus dados, e decide que dados coletar em seguida e onde encontrá-los. Esse processo de coleta de dados é controlado pela teoria emergente (PARTINGTON, 2003; MORSE, 2007). As decisões iniciais para a coleta de dados teóricos são baseadas apenas em uma perspectiva geral de investigação e sobre um tema geral, ou área substantiva. As decisões iniciais não estão baseadas num quadro teórico preconcebido (GLASER; STRAUSS, 1967, p. 45-47). O pesquisador também precisa ser claro sobre os tipos básicos de grupos que quer comparar, a fim de controlar seus efeitos sobre a generalidade de ambos os escopos da teoria, populacional e conceitual (GLASER; STRAUSS, 1967, p. 52).

Dessa preocupação com a seleção de grupos de comparação emerge a questão: Por que a comparação de grupos por parte do pesquisador torna o conteúdo dos dados teoricamente mais relevantes do que quando ele simplesmente seleciona e compara os dados? Grupos de comparação fornecem o controle sobre duas escalas de generalidades: primeiro em nível conceitual e a segunda, em nível de população. Os grupos de comparação também levam à maximização ou minimização simultânea de ambas as diferenças e as semelhanças de dados que suportará as categorias em estudo. Esse controle sobre as semelhanças e diferenças é fundamental para descobrir as categorias e para o desenvolvimento e relacionamento de suas propriedades teóricas, necessárias para o desenvolvimento de uma teoria emergente. Ao maximizar ou minimizar as diferenças entre os grupos comparativos, o pesquisador pode controlar a relevância teórica de sua coleta de dados. A comparação das diferenças e semelhanças nos dados tende a forçar o analista a gerar categorias, suas propriedades e suas inter-relações enquanto tenta entender seus dados (GLASER; STRAUSS, 1967). Por outro lado, a maximização das diferenças entre os grupos de comparação, aumenta a probabilidade de que o pesquisador irá recolher diferentes e variados dados dentro de uma categoria, enquanto ainda encontrar semelhanças entre os grupos estratégicos (GLASER; STRAUSS, 1967).

O pesquisador, tentando descobrir a teoria, não deve declarar no início de sua pesquisa quantos grupos ele deverá encontrar durante todo o estudo, ele só pode contá-los no final. Como os dados para diversas categorias são geralmente coletados de um único grupo, embora os dados de um determinado grupo possam ser colhidos para uma única categoria, o pesquisador geralmente está envolvido na coleta de dados de grupos antigos, ou retornar a eles e, simultaneamente, procurar novos grupos. Assim, ele constantemente está lidando com uma multiplicidade de grupos e uma multiplicidade de situações dentro de cada um, enquanto absorvido com a geração da teoria torna-se difícil contar todos esses grupos. Essa situação contrasta com a do pesquisador, cujo estudo envolve a verificação ou descrição em que as pessoas estão distribuídas ao longo de várias categorias, e que, portanto, deve indicar o número de grupos que irão ser incluídos na amostra, de acordo com as regras de prova que regulam a coleta de dados confiáveis (GLASER; STRAUSS, 1967).

A análise comparativa dos grupos ainda é o método mais eficiente para a geração de categorias principais e suas propriedades e formulação de uma teoria que se encaixa e funciona, principalmente quando se deseja avançar de uma teoria substantiva para uma teoria formal (GLASER; STRAUSS, 1967).

9.2.2 Análise e tratamento dos dados

Tradicionalmente, são feitas duas abordagens para a análise de dados qualitativos:

- caso o pesquisador deseje converter os dados qualitativos para uma maneira relativamente quantificável, a fim de que possa provisoriamente testar uma hipótese, ele agrupa todos os dados relevantes sobre um determinado ponto e, em seguida, sistematicamente reúne, avalia e analisa esses dados em um modo que vai constituir provas para uma dada proposição;

- se o pesquisador deseja gerar ideias teóricas novas categorias e suas propriedades, hipóteses e hipóteses inter-relacionadas – ele não deve limitar-se a prática de codificar e depois analisar os dados, pois, na geração de teoria, ele está constantemente redesenhando e reintegrando suas noções teóricas. Como resultado, o pesquisador apenas inspeciona seus dados para novas propriedades de suas categorias teóricas e escreve memorandos sobre essas propriedades.

Glaser e Strauss (1967) sugerem uma terceira abordagem para a análise qualitativa de dados, que combina, por um procedimento analítico de comparação constante, o processo de codificação explícita da primeira abordagem ao estilo de desenvolvimento da teoria do segundo. O objetivo do método comparativo constante de codificação e análise conjunta é gerar teoria sistematicamente do que o permitido pela segunda abordagem, usando codificação explícita e procedimentos analíticos. Embora mais sistemático do que a segunda abordagem, esse método não adere completamente ao primeiro, o qual dificulta o desenvolvimento da teoria, pois foi projetado para testes de hipóteses e não para seu descobrimento. Esse método de análise comparativa deve ser usado em conjunto com a amostragem teórica (*theoretical sampling*), seja para a coleta de novos dados, para dados anteriormente coletados, ou para a compilação de dados qualitativos.

Uma quarta abordagem geral para análise qualitativa é a "indução analítica", que combina a primeira e a segunda abordagem de uma forma diferente do método comparativo constante. A indução analítica tem-se preocupado em gerar e provar de uma forma integrada, limitada, precisa, e universal a teoria das causas responsáveis por um comportamento específico (por exemplo, a toxicodependência, o peculato, entre outras). Em consonância com a primeira abordagem, testa-se um número limitado de hipóteses com todos os dados disponíveis, composto de um número claramente definido e cuidadosamente selecionado de casos do fenômeno. Após a segunda abordagem, a teoria é gerada pela reformulação de hipóteses e redefinição dos fenômenos forçados constantemente contra a teoria com casos negativos – casos que não confirmam a atual formulação.

Em contraste com a indução analítica, o método comparativo constante diz respeito à geração e plausível sugestão de muitas categorias, propriedades e hipóteses sobre os problemas gerais. Algumas dessas propriedades podem ser as causas, como na indução analítica, mas diferente da indução analítica outras propriedades são condições, consequências, dimensões, tipos, processos. Em ambos os casos, essas propriedades devem resultar em uma teoria integrada. Além disso, nenhuma tentativa é feita pelo método comparativo constante para verificar tanto a universalidade ou a prova das causas sugeridas ou outras propriedades. Uma vez que nenhuma prova está envolvida, o método comparativo constante em contraste com a indução analítica requer apenas saturação de dados, não considerando todos os dados disponíveis, tampouco os dados são limitados a um tipo de caso claramente definido. O método comparativo constante, ao contrário da indução analítica, é mais adequado de ser aplicado no mesmo estudo a qualquer tipo de informação qualitativa, incluindo observações, entrevistas, documentos, artigos, livros e assim por diante. Como consequência, as comparações constantes, necessárias em ambos os métodos, diferem em extensão de propósito, medida de comparação, e quais dados e ideias são comparados.

É evidente que os efeitos desses métodos para gerar teoria se complementam, assim como a primeira e a segunda abordagem. Todos os quatro métodos proporcionam diferentes alternativas para a análise qualitativa. O Quadro 1 a seguir demonstra o uso dessas abordagens para a análise qualitativa e proporciona um sistema para localizar novas abordagens de acordo com seus propósitos. A ideia geral do método comparativo constante também pode ser usada para gerar teoria na pesquisa quantitativa.

Quadro 1 – *Abordagens para análise qualitativa*

Geração de Teoria	Teste Provisório da Teoria	
	Sim	Não
SIM	Combinação de inspeção de hipóteses [2] com codificação para teste, em seguida, análise dos dados [1]. Indução analítica [4]	Inspeção das hipóteses [2] Método de comparações constantes [3]
NÃO	Codificação para teste, em seguida, análise dos dados [1].	Descrição etnográfica

Fonte: Adaptado de Glaser; Strauss (1967, p. 105).

Destaca-se que, para além da inclinação mais objetivista da Grounded Theory, que é encontrada em Glaser e Strauss (1967), a abordagem de Strauss e Corbin (2008) não só se apresentou como uma alternativa de pressupostos epistemológicos e ontológicos (*i. e.*, de realidade socialmente construída e do papel do pesquisador como principal instrumento de pesquisa), mas também como uma alternativa de mais clara sistematização dos procedimentos de codificação.

Esses procedimentos de codificação da versão mais construtivista da Grounded Theory enfatizou a interação do pesquisador com os dados na aplicação da codificação aberta, codificação axial, codificação seletiva e delimitação da teoria (STRAUSS; CORBIN, 2008).

A sistemática da Grounded theory, na versão de Strauss e Corbin (2008), a mais amplamente empregada nos Estudos Organizacionais, e que nega boa parte dos pressupostos da versão de Glaser e Strauss (1967) conserva a comparação constante e a amostragem teórica, mas avança substancialmente ao apresentar os três momentos de codificação dos dados: codificação aberta, codificação axial e codificação seletiva.

Codificação aberta

É a primeira fase, na qual todo o material coletado será transcrito, as frases analisadas e aonde serão selecionadas as palavras-chaves.

Na codificação aberta, os dados transcritos devem ser examinados cuidadosamente, linha por linha, para que as propriedades (características que constituem determinado conceito que emerge dos dados) e as dimensões (polos entre os quais variam as propriedades ou características dos conceitos emergentes) possam ser extraídas e apresentadas como categorias. Nessa fase do processo, é comum o pesquisador se deparar com questões imprevistas sobre as quais ele ainda não tinha "pensado". Diante disso, ele deve formular algumas questões para si mesmo, sobre o fenômeno que está sendo examinado, podendo também buscar respostas em outros momentos da entrevista, o que o auxiliará na identificação das dimensões e na descoberta das categorias. Portanto, sob essa perspectiva, a codificação torna-se um processo fundamentalmente criativo que inspira o pesquisador a examinar os aspectos "escondidos" dos fenômenos sob investigação. Além disso, nessa etapa, todos os dados são passíveis de uma codificação, cujos códigos podem ser agrupados por suas similaridades ou diferenças conceituais e designados como categorias. Depois de as categorias serem delimitadas e as subcategorias emergirem, o pesquisador notará dois tipos: aquelas categorias que ele mesmo construiu e as que foram abstraídas da linguagem de pesquisa. Yunes e Szymanski (2005) também acrescentam algumas dicas para proceder à codificação aberta: realizar questionamentos constantes sobre os dados, interromper sempre a codificação para anotar uma ideia que tenha emergido (memorandos) e não assumir a relevância analítica de qualquer variável até que ela apareça como relevante.

O resultado da codificação aberta deve ser uma lista de códigos e categorias que foram agregados ao texto (FLICK, 2004, p. 191). Não apenas para a codificação aberta, mas também para outras estratégias de codificação, Flick (2004) sugere que o pesquisador lide com o texto regularmente e várias vezes, utilizando a seguinte lista das assim denominadas questões básicas:

- *O quê?* Sobre o que se fala aqui? Qual é o fenômeno mencionado?
- *Quem?* Que pessoas, atores estão envolvidos? Que papéis eles desempenham? Como eles interagem?

- *Como?* Quais aspectos do fenômeno são mencionados (ou não são mencionados)?

- *Quando? Por quanto tempo? Onde?* Tempo, curso e localização.

- *Quanto? Com que força?* Aspectos relacionados à intensidade.

- *Por quê?* Quais são os motivos que foram apresentados ou que podem ser reconstruídos?

- *Para quê?* Com qual intenção, com que finalidade?

- *Através de quê?* Meios, táticas e estratégias para se atingir o objetivo.

Feitas essas perguntas, o texto será revelado.

Codificação axial

É a fase seguinte onde se trata de analisar os conceitos selecionados, fazer uma reorganização e, destes, extrair uma ideia central e suas subordinações. Segundo Strauss e Corbin (2008), a "codificação axial" representa um conjunto de procedimentos em que os dados são agrupados de novas formas, por meio das conexões entre as categorias. Nesse estágio, um referencial conceitual incipiente é gerado usando os dados como referência. O pesquisador tenta descobrir o principal problema na situação social, do ponto de vista dos atores ou sujeitos participantes do estudo, e como eles lidam com o problema (entenda-se constroem sua realidade). Além disso, as categorias já formadas são analisadas comparativamente, com o intuito de tentar identificar as mais significativas. Portanto, esse processo reduz o número de categorias, visto que essas se tornam mais organizadas e integradas. A codificação axial é um processo complexo que combina pensamento indutivo e dedutivo no que é chamado de lógica abdutiva que envolve diversas etapas, assim resumidas por Strauss e Corbin (1990):

Figura 1 – *Etapas da codificação axial*

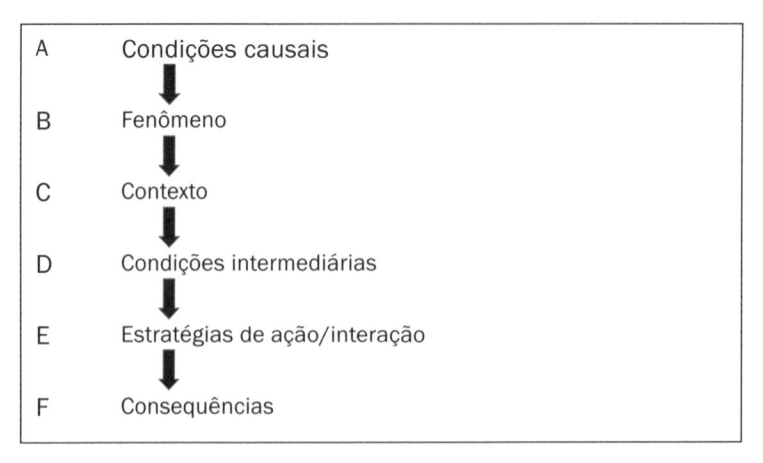

A	Condições causais
B	Fenômeno
C	Contexto
D	Condições intermediárias
E	Estratégias de ação/interação
F	Consequências

Fonte: Adaptado de Strauss; Corbin (2008).

Os processos de codificação aberta e axial podem ser coexistentes, visto que, para integrarem e desenvolver as categorias, elas devem ser constantemente verificadas pelos dados que as compõem e que, muitas vezes, podem ser reorganizados. Portanto, trabalhar com a Grounded Theory exige do pesquisador uma grande flexibilidade de pensamento e uma disposição para o movimento de sair e voltar aos dados todo o tempo.

Codificação seletiva

Trata-se da fase de exercício de abstração na análise. É o final do processo, quando o pesquisador sente se aproximar do ponto de saturação teórica, isto é, nenhum novo dado parece acrescentar nuances à teoria substantiva. É validada e assume um compromisso com a categoria central da teoria. A codificação seletiva visa à emergência da categoria central, que representa o pivô ou o principal tema ao redor do qual se relacionam todas as demais categorias. Esse procedimento pode ser auxiliado por uma estrutura lógica denominada paradigma de análise.

Figura 2 – *Sistemática do processo de comparação da pesquisa da grounded theory*

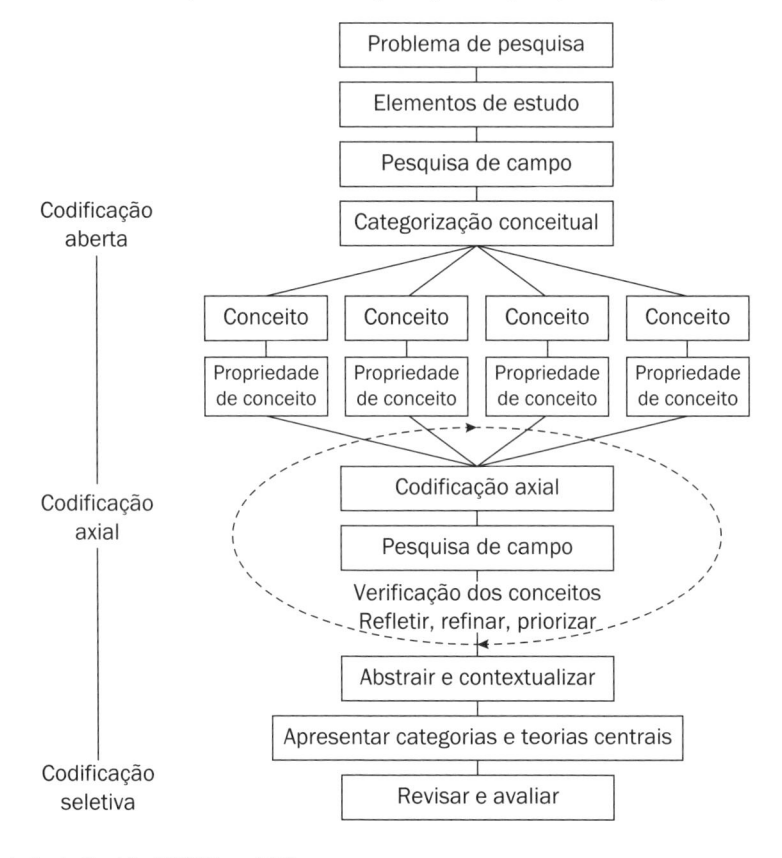

Fonte: Adaptada de Goulding (2002, p. 115).

Por fim, a delimitação da teoria consiste no momento em que o pesquisador pode descobrir uniformidades no grupo original de categorias e formular a teoria com um grupo pequeno de conceitos de alta abstração, demarcando a terminologia e o texto. Para Santos e Pinto (2007), uma importante consideração nesse estágio consiste na sensibilidade teórica do pesquisador quanto a identificação, construção e dimensionamento dos conceitos que compõem a teoria emergente. De acordo com os autores, a sensibilidade teórica refere-se à habilidade de dar significado aos dados e advém do conhecimento científico acumulado pelo pesquisador, além de sua experiência profissional e pessoal (SANTOS; PINTO, 2007).

9.2.3 Limitações

A adoção da Grounded Theory como método a ser trabalhado deve ser precedida de concepções básicas pertinentes e presentes em todo o processo desde o objeto de estudo até a definição da teoria e sua finalidade.

Na visão de Flick (2004):

- o pesquisador deve procurar ir a campo sem pré-conceitos, mesmo ele tendo já um conhecimento sobre a temática, pois com esse método a teoria é construída durante todo o processo, com a finalidade de romper com os arcabouços teóricos generalistas existentes;

- o rigor e a criatividade assim como a postura cética do pesquisador são indispensáveis na condução da pesquisa, sendo importante que o pesquisador faça alternância entre as análises e coleta de dados, no sentido de enriquecer as interpretações;

- o pesquisador deve possuir uma boa experiência no campo de estudo a ser trabalhado, uma vez que os níveis de análises requerem um aprofundamento maior;

- a coleta de dados deve ser planejada de tal forma que todos os dados colhidos sejam autoexplicativos. A amostra é teórica e não predefinida.

Nessa linha de raciocínio, uma crítica associada ao uso da Grounded Theory é que ela auxilia o pesquisador a teorizar sobre o mundo do ponto de vista de quem está codificando, ao invés de como os usuários enxergam aquela situação. Ou seja, os pesquisadores buscam um entendimento do mundo provindo dos dados, mas que tende a ser influenciado por bagagens culturais do pesquisador. O viés do pesquisador e também uma eventual inabilidade em processar intelectualmente todas as informações disponíveis também podem ser consideradas uma limitação. Entretanto, vale destacar que essa bagagem cultural do pesquisador pode ser empregada por ele na sua sensibilização teórica e assim fazer parte do próprio processo de trabalho da Grounded Theory.

Da mesma maneira, na análise de documentos pode ocorrer o fato de que alguns desses documentos não tenham sido criados para fornecer informações com vistas à investigação do estudo, o que possibilita alguma limitação na sua análise. Também nas entrevistas pode surgir, por parte do entrevistado, incompreensão, influência do entrevistador, relutância em fornecer informações, retenção de informações etc.

Outro fator talvez não limitador, mas que deve ser observado é o fato de que o pesquisador deve ser cauteloso com o uso da retórica, de modelos lógico-dedutivos e de teorias formais como substituto para os dados. Olhar ao redor dos dados pode ser uma tarefa muito difícil, quando se têm categorias abstratas. Confrontado com esse problema, pode-se cair na retórica de outra teoria formal, encerrando a busca de dados que o ajudaria a gerar uma maneira de pensar sobre sua teoria, um modelo de integração, e um conjunto de propriedades pertinentes aos dados. Em suma, ele abandona a geração de uma teoria fundamentada formal em favor da forma lógica dedutiva dos teóricos formais (GLASER; STRAUSS, 1967).

9.2.4 Versões da Grounded Theory

Com referência aos procedimentos utilizados em pesquisas realizadas com a metodologia Grounded Theory, encontram-se três vertentes. A primeira é a vertente de Glaser e Strauss (1965). A segunda é a visão de Strauss e Corbin (2008). A terceira é a abordagem de Charmaz (2000). E a quarta vertente refere-se à perspectiva pós-moderna da Grounded Theory desenvolvida por Clarke (2005).

Quando do desenvolvimento da Grounded Theory, Glaser e Strauss afirmavam que o pesquisador não deveria iniciar a sua pesquisa com uma teoria preconcebida. O procedimento seria iniciar o estudo no campo e este campo é que conduziria à criação de uma nova teoria a partir dos dados coletados (BRYANT, 2002). Para utilizar esse método, seriam necessárias algumas habilidades do pesquisador que vão além da sensibilidade teórica; seria exigida a habilidade em dar significados aos dados, compreendendo e separando o que é pertinente do que não é. O pesquisador deveria, também, usar de muita criatividade ao utilizar dados primários, isto é, nas observações e entrevistas necessárias. Ou seja, o método exigia experiência do pesquisador.

No aprimoramento do método, Strauss, com a colaboração de Juliet Corbin, definiu todas as etapas para o uso da metodologia, em especial a coleta e a análise dos dados, visando auxiliar e disponibilizar a pesquisadores menos experientes (STRAUSS; CORBIN, 2008).

A Grounded Theory para Strauss e Corbin como um método mais sistematizado. Esses autores são mais específicos e preferem identificar um fenômeno ou questão para estudo antes de entrar no processo de pesquisa. Preferem um processo mais estruturado de etapas analíticas prescritivas que devem ser seguidas para se poder codificar e analisar o fenômeno. Para eles, a codificação é necessária para se poder extrair a percepção do sujeito e do pesquisador sobre a natureza e a dimensão a ser estudada.

Já para Charmaz, ao contrário da Grounded Theory de tradição objetivista (GLASER; STRAUSS, 1967), no qual se segue um conjunto de procedimentos que conduzem à descoberta da realidade e à construção de uma teoria temporalmente verdadeira e verificável, Charmaz defende o uso de uma Grounded Theory que acentue sua orientação construtivista e o papel do pesquisador na construção da teoria substantiva (CRESWELL, 2007) onde se assume a existência de múltiplas realidades. Na Grounded Theory construtivista (proposta por Charmaz), os dados não representam uma janela da realidade. A realidade "descoberta" emerge do processo interativo e do seu contexto temporal, cultural e estrutural. Segundo Bandeira-de-Mello (2006), a Grounded Theory construtivista de Charmaz reconhece a mútua criação de conhecimento (pelos sujeitos e pesquisadores) e focaliza-se na interpretação de significados atribuídos pelos sujeitos às suas experiências. Na sua vertente, ocorre a inclusão de diversos mundos locais, múltiplas realidades e complexidades de um mundo particular (visões e ações) e percebe-se que o desenvolvimento da teoria é dependente da visão do pesquisador, o qual aprende sobre o tema ao viver a experiência, dando ênfase nas visões, valores, crenças, sentimentos, pressupostos e ideologias dos indivíduos.

Charmaz propõe para a Grounded Theory um método construtivista (em oposição ao método objetivista de Glaser e Strauss) (1967) por três razões: [1] as estratégias de Grounded Theory não precisam ser rígidas e prescritivas; [2] o foco em significado amplia, em vez de limitar, a compreensão interpretativa e [3] a Grounded Theory pode ser utilizada sem a postura positivista dos primeiros proponentes.

Por fim, Clarke (2005) procura aperfeiçoar a abordagem epistemológica da Grounded Theory ("Situational Analysis: Grounded Theory After the Postmodern Turn") e ajustá--la a um contexto pós-moderno de investigação. A análise situacional é um procedimento construtivista, que se baseia principalmente no Interacionismo Simbólico e na perspectiva discursiva de Michel Foucault. Para realizar a análise situacional, Clarke (2005) propõe três abordagens cartográficas:

1. *mapas situacionais*: o *locus* da análise é a situação. O objetivo principal é descrever os principais elementos humanos e não humanos, discursivos, e outros que ocorrem na situação de pesquisa, verificando e analisando as relações entre elas (p. xxii, *situational maps*);

2. *mapas dos mundos sociais e das arenas*: com profundas raízes no interacionismo simbólico, foi previsto teoricamente (mas não elaborado metodologicamente) por Strauss. Tem por objetivo mostrar os atores coletivos, os elementos-chave não humanos e as arenas e as situações nas quais os compromissos e os discursos são negociados (p. xxii, *social worlds/arenas maps*); e

3. *mapas posicionais*: são ferramentas analíticas aplicadas aos materiais discursivos recolhidos através do trabalho de campo, observação participante, e das entrevistas. Através dessas ferramentas, percebem-se as principais posições, assumidas e não assumidas, em contraste com as situações de diferença, de consenso e de controvérsia durante a investigação (p. xxii, *positional maps*).

9.2.5 O que não é Grounded Theory

Roy Suddaby, da Universidade de Alberta – Canadá, revisor e autor de pesquisas qualitativas, em seu artigo intitulado "From the editors: What Grounded Theory is not" – (2006), efetuou um levantamento a respeito das submissões qualitativas ao "Academy of Management Journal – AMJ", que utilizaram o termo "Grounded Theory" e da confusão em relação às aproximações epistemológicas alternativas à pesquisa qualitativa. O autor citou que continuamente se surpreende com os diversos enganos e erros encontrados na pesquisa qualitativa. Porém, tal confusão é mais aparente quando os autores reivindicam o uso da "Grounded Theory". Nos manuscritos revisados para a AMJ, tal termo foi utilizado para descrever a análise por meio de correlações, em contagem de palavras, e em pura introspecção.

Suddaby (2006) identificou seis equívocos comuns que permitem uma avaliação sobre o que a Grounded Theory não é:

1. *não é uma desculpa para ignorar a literatura*: é equivocada a ideia de que o pesquisador deve iniciar sua pesquisa com *"blank mind, blank agenda"*. A ideia de que a pesquisa pode ser iniciada sem uma questão clara de pesquisa simplesmente desafia a lógica;

2. *não é a apresentação de dados incompletos ou analisados apenas superficialmente*: possíveis erros neste caso são a confusão com a fenomenologia e a interrupção prematura da coleta de dados;

3. *não é um teste de hipóteses, análise de conteúdo ou contagem de palavras*: trata-se de uma confusão metodológica: Não faz sentido utilizar métodos interpretativos para analisar pressupostos realistas. Entretanto, a combinação de métodos qualitativos e quantitativos é possível. A pesquisa é feita em *"zigue-zague"*, mas a apresentação é sequencial;

4. *não é a aplicação rotineira de procedimentos predeterminados*: é um processo interpretativo e não lógico-dedutivo. A utilização de *softwares* para pesquisa qualitativa pode ser útil para a organização e codificação dos dados, mas não substitui o trabalho de interpretação. O componente de criatividade da Grounded Theory foi o ponto de divergência entre Glaser e Strauss (Glaser: criatividade e abertura; Strauss: rotinas formais).

5. *não é a perfeição*: um certo conflito entre "metodologistas" e praticantes é desejável. Uma dificuldade comum é saber quando ocorreu a saturação;

6. *não é fácil*: muitos pesquisadores descrevem a interpretação, na Grounded Theory, como ocorrendo subconscientemente, como resultado da sua imersão nos dados. Em razão da longa exposição ao contexto empírico, aumenta a interferência do pesquisador no processo de pesquisa.

Após a discussão sobre a metodologia Grounded Theory e suas contribuições para a pesquisa qualitativa, quanto à coleta e análise de dados e informações, segue-se para a identificação das características encontradas na produção brasileira em administração.

9.3 ANÁLISE BIBLIOMÉTRICA – O USO DA GROUNDED THEORY EM ADMINISTRAÇÃO NO BRASIL

Com o intuito de verificar a ocorrência da aplicação do método da teoria fundamentada nos dados nos artigos acadêmicos de administração dos eventos da Associação Nacional de Pós-graduação e Pesquisa em Administração – ANPAD e nos periódicos de administração com qualis entre A1 e B2 selecionados, entre os anos de 2001 e 2010, encontrou-se um total de 55 artigos nesses canais de publicação, sendo que, destes, 47 foram nos eventos da ANPAD e oito em periódicos. O Gráfico 1 ilustra a distribuição.

Gráfico 1 – *Origem dos artigos selecionados*

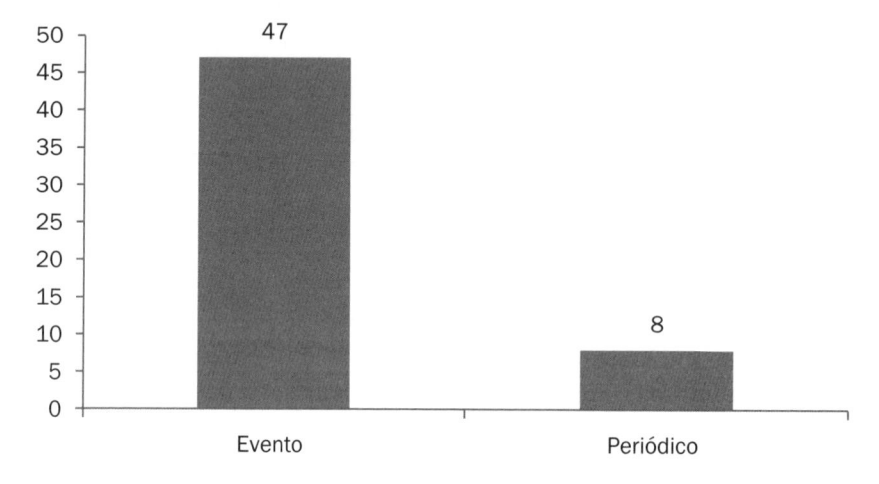

Fonte: Dados da pesquisa.

Na Tabela 1, tem-se a distribuição da frequência das publicações encontradas nos eventos da ANPAD. O encontro nacional da ANPAD (EnANPAD) fica evidenciado como o de maior ocorrência de artigos que envolvem a Grounded Theory, com 29 publicações entre 2001 e 2010, representando 61,70% em eventos. Outros eventos da ANPAD que se destacam na publicação de artigos com esse método de pesquisa qualitativa são: EnA-PG (Encontro de Administração Pública e Governança) e EnEPQ (Encontro de Ensino e Pesquisa em Administração e Contabilidade), ambos com quatro ocorrências cada. Vale ressaltar que, de acordo com esses dados, foi possível observar a publicação de artigos envolvendo a Grounded Theory em todos os eventos da ANPAD.

Tabela 1 – *Distribuição dos artigos por evento em administração*

Evento	n	%
EnANPAD – Encontro da ANPAD	29	61,70
EnAPG – Encontro de Administração Pública e Governança	4	8,51
EnEPQ – Encontro de Ensino e Pesquisa em Administração e Contabilidade	4	8,51
EnEO – Encontro de Estudos Organizacionais	3	6,38
3Es – Encontro de Estudos em Estratégia	2	4,26
EMA – Encontro de Marketing	2	4,26
EnADI – Encontro de Administração da Informação	1	2,13
EnGPR – Encontro de Gestão de Pessoas e Relações de Trabalho	1	2,13
Simpósio de gestão da Inovação Tecnológica	1	2,13
Total	**47**	**100,00**

Fonte: Dados da pesquisa.

Na Tabela 2, são evidenciadas as publicações nos periódicos científicos de qualis A1 a B2 selecionados. Tem destaque nesse meio de publicação o periódico *O&S* (Organizações & Sociedade) com três dos oito artigos encontrados na pesquisa. Ainda é possível encontrar publicações com o método na BAR, na JISTEM, também conhecida como *Revista de Gestão da Tecnologia e Sistemas de Informação*, na *RAC*, na *RAE-e* e na *RAP*, sendo que todas essas com apenas um artigo publicado sobre Grounded Theory.

Tabela 2 – *Distribuição dos artigos por periódico em administração*

Periódico	n	%
O&S – *Organizações & Sociedade*	3	37,50
BAR – *Brazilian Business Review*	1	12,50
JISTEM – *Revista de Gestão da Tecnologia e Sistemas de Informação*	1	12,50
RAC – *Revista de Administração Contemporânea*	1	12,50
RAE-e – *Revista de Administração de Empresas Eletrônica*	1	12,50
RAP – *Revista de Administração Pública*	1	12,50
Total	**8**	**100,00**

Fonte: Dados da pesquisa.

Quando analisadas as publicações por ano, entre 2001 e 2010, pode-se observar, no Gráfico 2, um número constante de publicações em periódicos nesse período, variando de 0 (zero) em alguns anos a no máximo dois artigos publicados em 2007 e 2010.

Já quanto às publicações em eventos, observa-se um crescente aumento no número de artigos publicados, principalmente a partir de 2007, após uma queda de publicações em 2006. No caso dos eventos, os anos em destaque são os de 2008 com dez publicações e de 2010 com 11 publicações. Entre esses dois picos de publicações, pode-se observar um decréscimo em 2009, ano em que apenas três artigos relacionados a Grounded Theory foram encontrados nos eventos da ANPAD.

Gráfico 2 – *Trajetória do número de publicações em eventos e periódicos em administração*

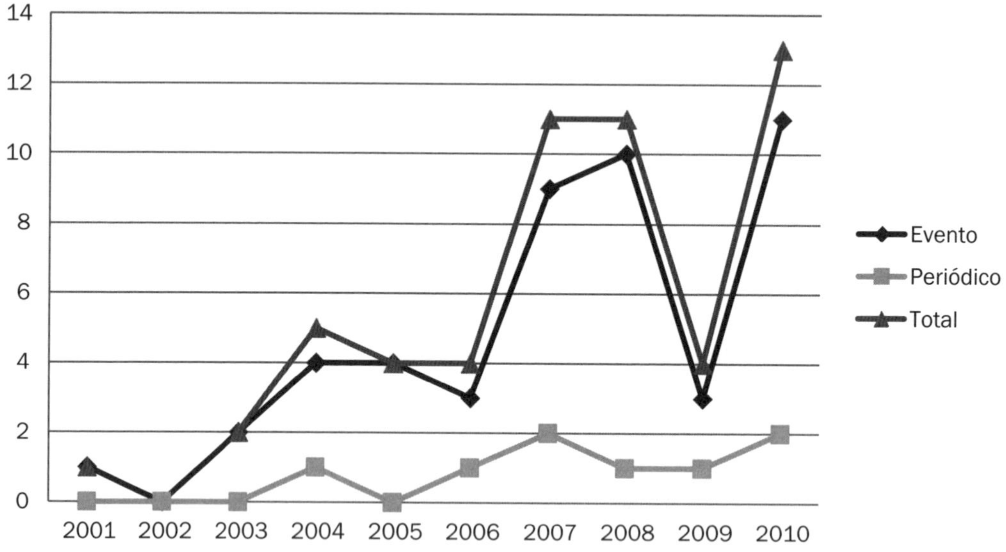

Fonte: Dados da pesquisa.

De maneira a visualizar a distribuição das publicações nos anos pesquisados e entre os eventos e periódicos pesquisados, é possível observar nas tabelas que se seguem esse detalhamento.

Dessa forma, na Tabela 3 fica evidenciada a distribuição por ano dos artigos publicados nos eventos da ANPAD. Conforme comentado no início dessa sessão, o EnANPAD foi o evento com maior número de artigos publicados e nota-se nos dados da Tabela 3 o ano de 2010 como o de maior ocorrência de artigos relacionados a Grounded Theory nesse evento. Outros anos do EnANPAD que se destacam são os de 2005 e 2007. Nos demais eventos, as publicações por edições não ultrapassam três artigos publicados, neste caso no EnAPG 2008 e EnEPQ 2007.

É preciso destacar também que em vários anos a ocorrência foi de zero devido ao fato de que muitos eventos da ANPAD acontecem em uma periodicidade de dois anos e que alguns em 2001 ainda não existiam.

Tabela 3 – *Distribuição anual dos artigos por anais de eventos em administração*

Ano	2001	2002	2003	2004	2005	2006	2007	2008	2009	2010	Total
EnANPAD	1	0	0	3	4	2	4	3	2	10	29
EnAPG	0	0	0	0	0	1	0	3	0	0	4
EnEPQ	0	0	0	0	0	0	3	0	1	0	4
EnEO	0	0	0	1	0	0	0	2	0	0	3
3Es	0	0	2	0	0	0	0	0	0	0	2
EMA	0	0	0	0	0	0	0	2	0	0	2
EnADI	0	0	0	0	0	0	1	0	0	0	1
EnGPR	0	0	0	0	0	0	1	0	0	0	1
Simpósio	0	0	0	0	0	0	0	0	0	1	1
Total	**1**	**0**	**2**	**4**	**4**	**3**	**9**	**10**	**3**	**11**	**47**

Fonte: Dados da pesquisa.

Na Tabela 4, evidencia-se a distribuição anual dos artigos publicados nos periódicos. Com pouca produção relacionada a Grounded Theory encontrada nesse meio de publicação, destaca-se o ano de 2007 com dois artigos encontrados na *O&S*, e o ano de 2010 com dois artigos no total, sendo um da BAR e outro do JISTEM.

Tabela 4 – *Distribuição anual dos artigos por periódico em administração*

Ano	2001	2002	2003	2004	2005	2006	2007	2008	2009	2010	Total
O&S	0	0	0	0	0	0	2	0	1	0	3
BAR	0	0	0	0	0	0	0	0	0	1	1
JISTEM	0	0	0	0	0	0	0	0	0	1	1
RAC	0	0	0	1	0	0	0	0	0	0	1
RAE-e	0	0	0	0	0	0	0	1	0	0	1
RAP	0	0	0	0	0	1	0	0	0	0	1
Total	**0**	**0**	**0**	**1**	**0**	**1**	**2**	**1**	**1**	**2**	**8**

Fonte: Dados da pesquisa.

Quanto aos autores que publicaram artigos referentes ao uso da Grounded Theory nos eventos e periódicos nacionais em administração, foram encontrados ao todo 94 autores responsáveis pelos 55 artigos. Os autores variam entre uma e cinco participações em artigos de eventos e de nenhuma a apenas uma participação em artigos de periódicos.

Na Tabela 5, tem-se o *ranking* dos oito autores que mais apareceram nos artigos dos eventos da ANPAD e periódicos analisados nesse trabalho. Para artigos envolvendo Grounded Theory, destaca-se a presença do Leonardo Lemos da Silveira Santos e do Rodrigo Bandeira-de-Melo com cinco participações em artigos publicados em eventos e uma em artigos publicados em periódicos, cada um, com um total de participação de 4,29% com relação ao número total de participações de todos os 94 autores encontrados. Autores de destaque ainda são Eduardo Angonesi Predebon e Marcelo de Rezende Pinto com 2,86% de participação cada um.

Tabela 5 – *Principais autores*

Autor	Evento	Periódico	Total
SANTOS, Leonardo Lemos da Silveira	5	1	6
BANDEIRA-DE-MELO, Rodrigo	5	1	6
PREDEBON, Eduardo Angonesi	4	0	4
PINTO, Marcelo de Rezende	3	1	4
CUNHA, Cristiano José Castro de Almeida	2	1	3
LINDDLE, Joyce	3	0	3
SOUSA, Paulo Daniel Batista de	3	0	3
GOMES, Ricardo Corrêa	3	0	3
Outros	92	16	108

Fonte: Dados da pesquisa.

Outro dado analisado foi a instituição de filiação dos autores encontrados. A Tabela 6 possibilita visualizar as 12 instituições que mais aparecem nos artigos publicados, dentre as 40 encontradas. Nesse sentido, tem-se a Fundação Getulio Vargas de São Paulo com 15 ocorrências, sendo 12 em eventos e três em periódicos, totalizando 9,74% de participação em relação ao todo. Destacam-se ainda a Universidade de São Paulo e a Universidade Federal do Paraná com 14 participações cada uma e a Pontifícia Universidade Católica de Minas Gerais com nove ocorrências.

Tabela 6 – *Distribuição dos artigos por instituição de afiliação*

Instituições	Evento	Periódico	Total
FGV-SP – Fundação Getulio Vargas – São Paulo	12	3	15
USP – Universidade de São Paulo	11	3	14
UFPR – Universidade Federal do Paraná	14	0	14
PUC-MG – Pontifícia Universidade Católica de Minas Gerais	5	4	9
Universidade Presbiteriana Mackenzie	5	3	8
UFLA – Universidade Federal de Lavras	8	0	8
UFMG – Universidade Federal de Minas Gerais	4	3	7
UFSC – Universidade Federal de Santa Catarina	6	1	7
PUC-RJ – Pontifícia Universidade Católica do Rio de Janeiro	3	3	6
UFPE – Universidade Federal de Pernambuco	6	0	6
UFRGS – Universidade Federal do Rio Grande do Sul	6	0	6
UFRN – Universidade Federal do Rio Grande do Norte	5	0	5
Outras	47	2	49

Fonte: Dados da pesquisa.

Com relação à abordagem adotada nos artigos de Grounded Theory em administração, buscou-se identificar as publicações teóricas, teórico-empíricas e empíricas, sendo estas relacionadas a casos de ensino em administração que faziam uso do método. Porém, nenhum artigo utilizando apenas abordagem empírica foi encontrado nas publicações em Grounded Theory.

Levando-se em consideração as abordagens encontradas, é possível notar a predominância de artigos teórico-empíricos nas publicações de 2001 a 2010 em administração.

A partir da análise da Tabela 7, é possível destacar o aumento de publicações com abordagem teórico-empírica com o passar dos anos. Principalmente no ano de 2010, a publicação com esse tipo de abordagem foi expressiva, chegando a 11 artigos, enquanto a publicação de artigos teóricos atingiu a marca de seis artigos em 2007 e 2008.

Tabela 7 – *Distribuição dos artigos por abordagem de pesquisa*

Ano	Teórica		Teórico-Empírica		Total	
	n	%	n	%	n	%
2001	1	1,82	0	0,00	1	1,82
2002	0	0,00	0	0,00	0	0,00
2003	1	1,82	1	1,82	2	3,64
2004	0	0,00	5	9,09	5	9,09
2005	0	0,00	4	7,28	4	7,28
2006	2	3,64	2	3,64	4	7,28
2007	6	10,90	5	9,09	11	19,99
2008	6	10,90	5	9,09	11	19,99
2009	2	3,64	2	3,64	4	7,28
2010	2	3,64	11	20,00	13	23,63
Total	**20**	**36,36**	**35**	**63,64**	**55**	**100**

Fonte: Dados da pesquisa.

No Gráfico 3, a categoria abordagem pode ser comparada com o meio de publicação dos artigos. Dessa forma, observa-se uma incidência maior de artigos teóricos nos eventos da ANPAD, assim como os teórico-empíricos. Essa maior incidência pode ser ainda um viés da grande disparidade entre o número de artigos publicados nos eventos (47) e o número de artigos publicados em periódicos (8).

Porém, pode-se destacar que dos 47 artigos publicados em eventos, 29 são teórico-empíricos representando 52,73% das publicações totais, enquanto que 18 (32,73%) são apenas teóricos. Já entre os oito publicados em periódicos, seis são teórico-empíricos e apenas dois são teóricos.

Gráfico 3 – *Abordagem e veículo de publicação*

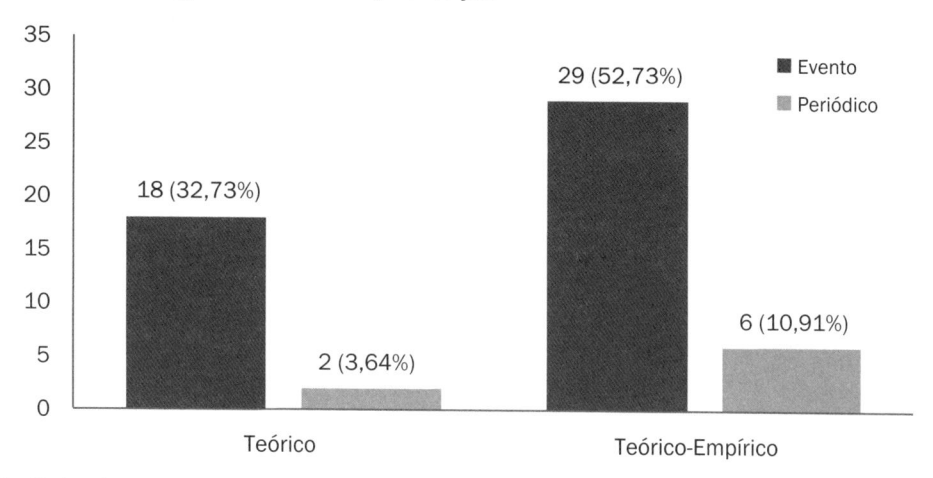

Fonte: Dados da pesquisa.

Observando as áreas temáticas de publicação da ANPAD, foi possível classificar os artigos com base nos seus temas principais de estudo, conforme Tabela 8. Dessa forma, a área de Ensino e Pesquisa em Administração e Contabilidade se destaca no número de artigos, com 16, sendo que todos esses foram publicados em eventos, representando um total de 29,08% de todas as publicações.

Tabela 8 – *Classificação dos artigos por área*

Área	Evento		Periódico		Total	
	n	%	n	%	n	%
Ensino e Pesquisa em Administração e Cont.	16	29,09	0	0,00	16	29,09
Estratégia em Organizações	5	09,09	2	3,64	7	12,73
Marketing	6	10,91	1	1,82	7	12,73
Estudos Organizacionais	5	09,09	1	1,82	6	10,91
Administração Pública	5	09,09	0	0,00	5	09,09
Gestão da Ciência, Tecnologia e Inovação	3	5,45	2	3,64	5	09,09
Gestão de Pessoas e Relações de Trabalho	3	5,45	1	1,82	4	7,27
Administração da Informação	2	3,64	1	1,82	3	5,45
Finanças	1	1,82	0	0,00	1	1,82
Gestão de Operações e Logística	1	1,82	0	0,00	1	1,82
Total	**47**	**85,44**	**8**	**14,56**	**55**	**100,00**

Fonte: Dados da pesquisa.

Destacam-se ainda a área de Estratégia em Organizações com cinco artigos em eventos e dois em periódicos e a área de Marketing com seis artigos em eventos e um em periódicos. Ambas as áreas representam um total de 12,73% dos artigos publicados relacionados à Grounded Theory cada uma.

Quanto aos artigos em periódicos, destaca-se a área de Gestão da Ciência, Tecnologia e Inovação e a área de Estratégia em Organizações com a maior publicação entre as áreas temáticas, com dois artigos cada. Contudo, a primeira apresenta um baixo número de publicações em eventos, apenas três, representando ao todo 9,09% de todas as publicações.

A distribuição dos artigos a partir das suas áreas temáticas de estudo pode também ser visualizada no Gráfico 4, que se segue. Dessa forma, fica evidenciada a maior incidência de artigos (29,09%) na área de Ensino e Pesquisa em Administração e Contabilidade, seguida das áreas de Estratégia em Organizações (12,73%), Marketing (12,73%) e Estudos Organizacionais (10,91%).

Gráfico 4 – *Distribuição de artigos por área*

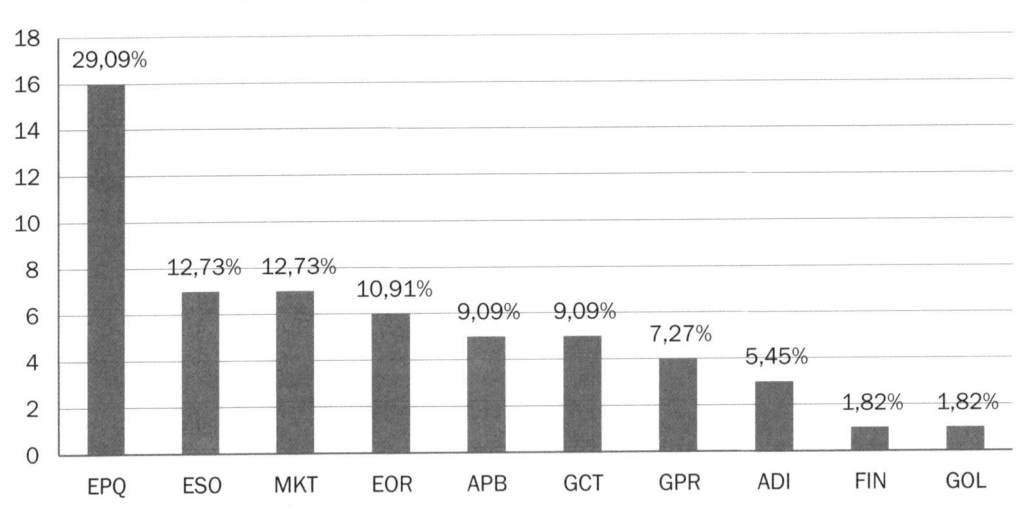

Fonte: Dados da pesquisa.

No Gráfico 5, é possível observar a distribuição dos artigos por área temática e abordagem de pesquisa (teórica ou teórico-empírica). O cruzamento dessas categorias possibilitou observar que na área de Ensino e Pesquisa em Administração e Contabilidade a maior parte dos artigos (12) é de abordagem teórica, enquanto que nas demais áreas os artigos teórico-empíricos se sobressaem.

Esses dados podem evidenciar a maior preocupação com discussões teóricas na área de Ensino e Pesquisa, enquanto nas demais áreas a maior preocupação é com a aplicação empírica do método.

Em áreas como as de Estratégia em Organizações, Finanças e Gestão de Operações e Logística, por exemplo, não foi encontrado nenhum artigo teórico. Na área de Gestão de Pessoas e Relações de Trabalho, o número de publicações com abordagem teórica foi igual ao número de publicações com abordagem teórico-empírica.

Gráfico 5 – *Distribuição dos artigos por área e abordagem*

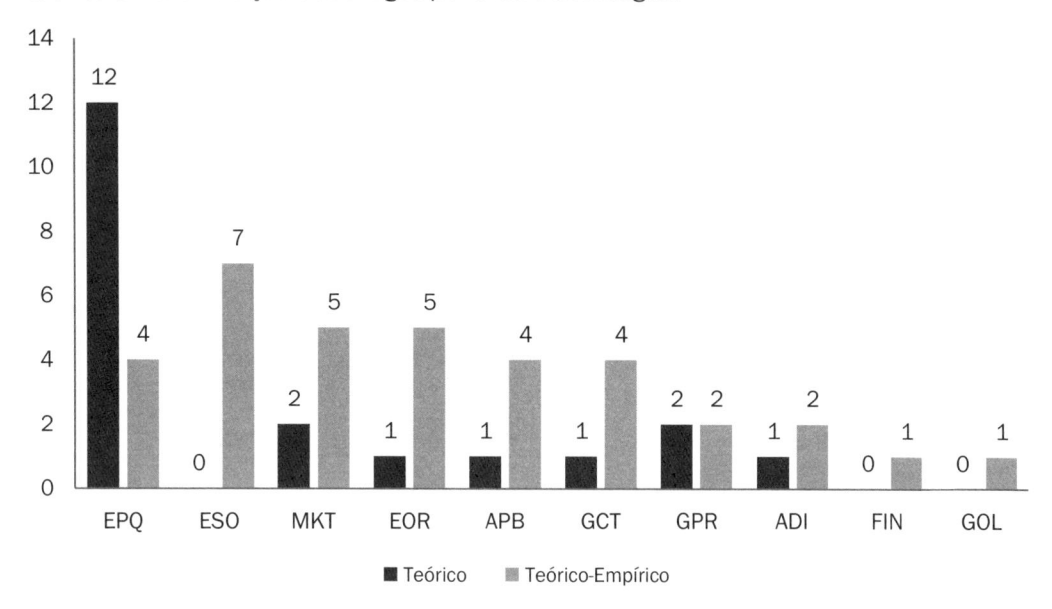

Fonte: Dados da pesquisa.

A análise dos artigos publicados em Grounded Theory buscou também identificar as principais técnicas de coleta de dados. Nesse caso, foram analisadas as técnicas de entrevista, questionário, observação, pesquisa documental, outros. E analisaram-se ainda aqueles artigos sem informação de técnica de coleta, por meio da categoria não informado.

É importante destacar que entraram nessa análise apenas os artigos de abordagem teórico-empírica, logo, os 20 artigos de Grounded Theory com abordagem teórica foram classificados como não se aplica, e por isso não entraram na análise.

Destaca-se também que nenhum artigo deixou de informar alguma técnica utilizada, portanto, na Tabela 9, as informações tanto da categoria "não se aplica para artigos teóricos" e "não informado" foram retiradas, a fim de deixar mais claro os dados da tabela.

Dessa forma, observou-se uma maior ocorrência de artigos que utilizaram a técnica de entrevista para a condução das suas pesquisas em Grounded Theory. No total, foram encontradas 32 ocorrências para essa técnica de coleta de dados, sendo o ano de 2010 com 31,25% de casos, o destaque entre os anos da pesquisa bibliométrica. Outra técnica que se destaca é a pesquisa documental com 11 ocorrências e com destaque também para o ano de 2010, com 45,46% de casos nessa técnica. É importante salientar que em muitos casos os autores utilizaram mais de uma técnica de coleta de dados.

Tabela 9 – *Classificação dos artigos por técnica de coleta de dados*

Ano	Entrevista		Questionário		Observação		Pesquisa documental		Outras	
	n	%	n	%	n	%	n	%	n	%
2001	0	0,00	0	0,00	0	0,00	0	0,00	0	0,00
2002	0	0,00	0	0,00	0	0,00	0	0,00	0	0,00
2003	1	3,12	0	0,00	0	0,00	1	9,09	0	0,00
2004	5	15,63	0	0,00	0	0,00	1	9,09	0	0,00
2005	4	12,50	0	0,00	0	0,00	1	9,09	0	0,00
2006	2	6,25	0	0,00	1	33,33	0	0,00	0	0,00
2007	5	15,63	0	0,00	1	33,33	2	18,18	0	0,00
2008	4	12,50	0	0,00	0	0,00	1	9,09	2	50,00
2009	1	3,12	1	50,00	0	0,00	0	0,00	1	25,00
2010	10	31,25	1	50,00	1	33,34	5	45,46	1	25,00
Total	**32**	**100,00**	**2**	**100,00**	**3**	**100,00**	**11**	**100,00**	**4**	**100,00**

Fonte: Dados da pesquisa.

Em se tratando da análise dos dados, a observação com relação aos artigos de abordagem teórica também se faz necessária nessa categoria de análise. Logo, os 20 artigos dessa abordagem foram classificados também como 'não se aplica' e foram deixados de fora da Tabela 10. Foram analisadas as técnicas de análise de conteúdo, análise de discurso, análise de narrativa, análise quantitativa, outras e não informado. Entendeu-se por análise quantitativa a utilização de qualquer técnica, menos ou mais sofisticada, de tratamento de dados numéricos.

Destaca-se que não foram encontrados artigos que utilizaram a técnica de análise de narrativa entre aqueles que publicaram sobre Grounded Theory. Enquanto que a técnica mais utilizada foi análise de conteúdo com 19 casos e com destaque para o ano de 2010 com 36,85% desses casos. A segunda categoria foi relacionada a outras técnicas de análise com 15 casos e destaque também para o ano de 2010. Essa categoria teve como principais ocorrências os casos de análise específica da Grounded Theory relacionado aos passos de codificação aberta, axial e seletiva.

Tabela 10 – *Classificação dos artigos por técnica de análise de dados*

Ano	Análise de Conteúdo		Análise de Discurso		Análise Quantitativa		Outras		Não informado	
	n	**%**	**n**	**%**	**n**	**%**	**n**	**%**	**n**	**%**
2001	0	0,00	0	0,00	0	0,00	0	0,00	0	0,00
2002	0	0,00	0	0,00	0	0,00	0	0,00	0	0,00
2003	1	5,26	0	0,00	0	0,00	1	6,67	0	0,00
2004	1	5,26	0	0,00	1	50,00	1	6,67	2	28,57
2005	2	10,53	0	0,00	0	0,00	1	6,67	1	14,29
2006	0	0,00	0	0,00	0	0,00	0	0,00	2	28,56
2007	3	15,79	0	0,00	0	0,00	3	20,00	0	0,00
2008	4	21,05	1	100,00	0	0,00	2	13,33	0	0,00
2009	1	5,26	0	0,00	0	0,00	0	0,00	1	14,29
2010	7	36,85	0	0,00	1	50,00	7	46,66	1	14,29
Total	**19**	**100,00**	**1**	**100,00**	**2**	**100,00**	**15**	**100,00**	**7**	**100,00**

Fonte: Dados da pesquisa.

Nas últimas duas análises, buscou-se cruzar as informações referentes às áreas temáticas em que os artigos foram enquadrados com as técnicas de coleta e análise dos dados, lembrando que os artigos teóricos (20 casos) foram excluídos dessa análise.

Na Tabela 11 destacam-se as técnicas de coleta e as áreas de classificação. Nesses dados, é possível observar a maior incidência de artigos que utilizaram entrevistas na área de Estratégia em Organizações com 21,87% dos casos encontrados com essa técnica, seguida de Marketing e Estudos Organizacionais, ambas como 15,63%. Na segunda técnica que mais apareceu nos artigos, pesquisa documental, o destaque também é para Estratégia em Organizações com 45,46% dos artigos publicados com esse tipo de coleta, seguida pela área de Estudos Organizacionais com 18,18%.

Tabela 11 – *Classificação dos artigos por técnica de coleta de dados e área*

Área Temática	Entrevista		Questionário		Observação		Pesquisa documental		Outras	
	n	%	n	%	n	%	n	%	n	%
EPQ	4	12,50	0	0,00	1	33,33	0	0,00	0	0,00
ESO	7	21,87	0	0,00	0	0,00	5	45,46	0	0,00
MKT	5	15,63	0	0,00	0	0,00	1	9,09	0	0,00
EOR	5	15,63	0	0,00	1	33,33	2	18,18	0	0,00
APB	3	9,36	0	0,00	0	0,00	0	0,00	3	75,00
GCT	4	12,50	0	0,00	0	0,00	1	9,09	0	0,00
GPR	2	6,25	0	0,00	1	33,34	0	0,00	0	0,00
ADI	1	3,13	1	50,00	0	0,00	1	9,09	0	0,00
FIN	0	0,00	1	50,00	0	0,00	0	0,00	1	25,00
GOL	1	3,13	0	0,00	0	0,00	1	9,09	0	0,00
Total	**32**	**100,00**	**2**	**100,00**	**3**	**100,00**	**11**	**100,00**	**4**	**100,00**

Fonte: Dados da pesquisa.

Quanto aos tipos de análise e as áreas de publicação, como já colocado, nenhum artigo usou a técnica de análise de narrativa, logo essa categoria ficou fora da Tabela 12, onde se podem observar os dados referentes a esse cruzamento.

Dessa forma, quanto à técnica de análise de conteúdo, a com maior representatividade, destaca-se, assim como na análise das técnicas de coleta, a área de Estratégia em Organizações com 36,84% dos casos e a área de Ensino e Pesquisa e Administração Pública com 15,79%. Já na categoria de outras técnicas o destaque foi também para a área de Estratégia em Organizações com 33,33%, seguida das áreas de Marketing e Estudos Organizacionais com 20% cada. A categoria "outros" abrange principalmente as técnicas específicas de análise da Grounded Theory, que vai além de uma análise de conteúdo, de discurso, de narrativa ou quantitativa. Esse tipo de análise apareceu mais evidente e em realce, como pode ser observado nos dados, em 15 artigos dessa pesquisa. Assim como discutido na parte teórica deste capítulo, a análise específica da Grounded Theory se refere aos processos de codificações e o de comparações constantes.

Tabela 12 – *Classificação dos artigos por técnica de análise dos dados e área*

Área Temática	Análise de Conteúdo		Análise de Discurso		Análise Quantitativa		Outras		Não informado	
	n	%	n	%	n	%	n	%	n	%
EPQ	3	15,79	0	0,00	0	0,00	1	6,67	1	14,29
ESO	7	36,84	0	0,00	0	0,00	5	33,33	0	0,00
MKT	1	5,26	0	0,00	1	50,00	3	20,00	1	14,29
EOR	1	5,26	1	100,00	0	0,00	3	20,00	1	14,29
APB	3	15,79	0	0,00	0	0,00	0	0,00	1	14,29
GCT	2	10,53	0	0,00	0	0,00	0	0,00	1	14,29
GPR	1	5,26	0	0,00	0	0,00	1	6,67	1	14,29
ADI	0	0,00	0	0,00	1	50,00	1	6,67	0	0,00
FIN	0	0,00	0	0,00	0	0,00	0	0,00	1	14,29
GOL	1	5,26	0	0,00	0	0,00	1	6,67	0	0,00
Total	**19**	**100,00**	**1**	**100,00**	**2**	**100,00**	**15**	**100,00**	**7**	**100,00**

Fonte: Dados da pesquisa.

Após a coleta e análise dos dados referentes aos artigos publicados utilizando a Grounded Theory, os autores ranqueados conforme Tabela 5 foram contatados para responder a uma entrevista sobre utilização do método, e esta análise é apresentada no tópico seguinte.

9.4 O USO DA GROUNDED THEORY NA PERSPECTIVA DE PESQUISADORES BRASILEIROS

A análise que se segue, e que finaliza esta seção, buscou levantar motivações, práticas, dificuldades, facilidades e barreiras à aplicação da Grounded Theory em pesquisas relacionadas à administração dentro do contexto brasileiro. Para atingir tal objetivo, foram entrevistados dois expoentes professores da área de administração no Brasil:

- Rodrigo Bandeira-de-Mello é pesquisador e professor adjunto de carreira na EAESP-FGV. Desenvolve atividades na docência e pesquisa desde 1996 e atualmente está afiliado à Université Paris-Dauphine Université Lyon III. Graduado em Engenharia Civil (1994), Mestre e Doutor em Engenharia de Produção (UFSC) e possui Estágio Pos-Doc na Université Paris-Dauphine;

- Marcelo de Rezende Pinto é professor-orientador do Programa de Pós-graduação em Administração (mestrado e doutorado) – PPGA PUC-Minas. Desenvolve atividades na docência e pesquisa há 10 anos, estando afiliado atualmente a dois grupos de pesquisa, um na PUC-Minas e outro na Universidade Federal de Lavras-MG. Possui graduação, mestrado e doutorado em Administração.

O Professor Bandeira-de-Mello utiliza o método desde 2000, após a defesa de seu projeto de qualificação, sendo que em 2001, ao passar um período nos EUA, teve a oportunidade de especializar-se em pesquisas qualitativas, nas quais havia um segmento voltado para a Grounded Theory. Por indicação de seu orientador de doutorado, Prof. Cristiano Cunha, da UFSC, o Professor Bandeira-de-Mello passou a adotar a Grounded Theory como método de pesquisa. Segundo seu relato, o Professor Cristiano entendia existir a necessidade de maior rigor no grupo de pesquisa que desenvolvia pesquisas qualitativas interpretativas, e como, por conta de sua formação alemã, havia tido contato com esse método, iniciou uma disciplina com este tema no programa para seus orientandos. O Professor Bandeira-de-Mello resolveu ser o primeiro a utilizar o método, recebendo então uma proposta indecente (sic): *"aprende e depois ensina a gente!"*. Os autores com os quais publica foram todos treinados por ele próprio. Atualmente, as pesquisas publicadas por ele com esse método estão relacionadas com o grupo de pesquisa na FGV sobre Estratégia Empresarial. Dentre as linhas desse grupo, está o desenvolvimento da Grounded Theory nos Estudos Organizacionais. Também tem co-orientado diversos doutorandos no Brasil (UFRN, PUC-RIO, UFPE, FGV-EAESP) e no exterior (PARIS-DAUPHINE). Atualmente, em estudos com métodos qualitativos, além da qualitativa simples, o Professor Bandeira-de--Mello tem utilizado somente Grounded Theory.

Já o Professor Rezende Pinto começou a estudar a Grounded Theory no início do seu doutorado em 2006. Motivou-se a utilizar a Grounded Theory ao verificar ser esse o método mais adequado ao seu problema de pesquisa. Além disso, achava que a área de Marketing precisava ter novas metodologias. As suas pesquisas publicadas com esse método não estão relacionadas com algum grupo de pesquisa sobre o tema e/ou o método, sendo que os autores que com ele publicam são, a exemplo dele, estudiosos do método. Atualmente, tem utilizado a etnografia em conjunto com a Grounded Theory, por acreditar que ambas podem ser complementares levando em consideração o tipo de pesquisa. Compartilha assim do pensamento de Goulding (2002), quando essa afirma que a Grounded Theory e a etnografia possuem aspectos semelhantes no que diz respeito à ênfase subjetiva da realidade construída.

Os dois professores sugerem ao pesquisador que for usar a Grounded Theory não ficar preso a modelos fechados e ter a mente aberta para encontrar resultados que inicialmente não haviam sido procurados. Além disso, e das características comuns a outros métodos de pesquisa qualitativa (curiosidade, visão ampla do campo etc.), o Professor Bandeira--de-Mello sugere ater-se a duas características fundamentais: (1) não ser ansioso e saber lidar com a incerteza; e (2) ter sensibilidade para pensar abstrata e conceitualmente. Sendo esta última muito importante para a Grounded Theory, pois como o modelo parte dos dados, o pesquisador deve ser capaz de enxergar os conceitos nos dados e construir uma hierarquia conceitualmente mais elevada.

O Professor Rezende Pinto recomenda a utilização da Grounded Theory em pesquisas de cunho interpretativistas nas quais o pesquisador percebe lacunas na literatura. Em complemento, o Professor Bandeira-de-Mello sugere a utilização sempre que haja uma pesquisa na qual a questão visa compreender como um grupo lida com determinadas restrições ou contexto e se deseja explicar como esse grupo age, reage e interage, e quais as consequências dessa ação. Ressalta ser importante que se tenha bem claro qual o grupo e o escopo da teoria a ser desenvolvida pelo método. Na Grounded Theory, tudo são dados (entrevistas, figuras, vídeos, sons, dados quantitativos etc.), tudo pode ser utilizado na análise comparativa constante que é a base do método. Novos dados são comparados às categorias existentes ou para reforçar ou especificar novas categorias e relações.

Dessa forma, os autores pesquisados apresentam em suas opiniões e experiências aquilo que abordam os demais autores da Grounded Theory, voltando-se para os aspectos da mente aberta do pesquisador quando for a campo, do significado do contexto de análise, além da definição clara dos grupos que se quer comparar e das constantes comparações e alternância de análise e coleta dos dados (STRAUSS; CORBIN, 2008; FLICK, 2004; GLASER; STRAUSS, 1967).

Na opinião do Professor Bandeira-de-Mello, na situação ou contextos onde não há uma restrição específica ou quando não se consegue identificar um grupo para o qual se deseja explicar a ação, a Grounded Theory não teria aplicação indicada. Outro item a ser considerado é do ponto de vista do pesquisador, que deve ter tempo suficiente para se dedicar ao trabalho, visto que o método é muito demandante e exige reuniões frequentes com o orientador e com o grupo de pesquisa. Sozinho, ele não conseguirá fazer. O Professor Rezende Pinto acrescenta como não indicação do método a utilização para confirmação de modelos em que já se inicia com pressupostos de pesquisa.

Ao elencar as facilidades para trabalhar com esse método, os professores citam a sua perfeita adequação para o pesquisador que gosta de estruturação, o seu rigor, que o torna ideal para quem consegue suplantar os obstáculos, além da liberdade de trabalhar com um método de pesquisa aberto e com a possibilidade de ir alterando os instrumentos de coleta de acordo com a necessidade.

Em contrapartida, ao relatar as principais dificuldades na operacionalização da Grounded Theory, os professores citam a geração de muitos dados e materiais para interpretação, o alto grau de incerteza por conta da característica aberta do método e da ausência de hipóteses, a dificuldade de treinamento do pesquisador em desenvolver sua sensibilidade teórica, a pouca experiência de outros pesquisadores com o método, a dificuldade em mostrar a contribuição da pesquisa nos campos tradicionais do conhecimento que são muito críticos com os métodos indutivos e a dificuldade em lidar com a ambiguidade e fluidez de uma pesquisa que não tem um modelo pronto e acabado para testar. Ambos recomendam, para superar, ou ao menos minimizar, estas dificuldades a condução do trabalho e realização de sessões de análises em times e dentro do grupo de pesquisa, a participação ativa do orientador nas análises, uma boa revisão do campo de conhecimento, o domínio de um *software* para auxílio na sistematização da pesquisa, manter-se em contato com outros pesquisadores e buscar ter a mente aberta para encontrar resultados interessantes da pesquisa.

No tocante aos critérios de validade e confiabilidade nesse método, ambos os professores continuam tendo opiniões convergentes e citam que a literatura apresenta alguns critérios que podem ser utilizados para contribuir para a validade e confiabilidade da Grounded Theory. O Professor Bandeira-de-Mello acrescenta que existe uma disputa até hoje, dado existirem várias versões do método: a versão ortodoxa (Glaser), a versão ortodoxo-pragmática (Strauss e Corbin), a versão construtivista (Charmaz). Em cada um deles, há dúvidas sobre sua base epistemológica e ontológica que define os critérios de qualidade. Mas em linhas gerais ele colocaria dois pontos: (a) honestidade do pesquisador em tratar os dados de maneira menos enviesada, e (b) tangibilização do processo de pesquisa para que possam ser feitas auditorias do processo de pesquisa por revisores.

Porém, a partir da revisão bibliográfica sobre a Grounded Theory, foi possível perceber uma quarta abordagem, de Clarke (2005), relacionada a uma perspectiva pós-moderna de investigação, tomando como base o interacionismo simbólico e a perspectiva discursiva de Foucault.

Os autores e obras indispensáveis para leitura quando do uso deste método indicados pelos dois professores são:

- GLASER, B.; STRAUSS, A. *The discovery of grounded theory*: *strategies for qualitative research*. New York: Aldine Transaction, 1967.

  Esse livro marca a criação da Grounded Theory, quando seus dois cofundadores decidem fazer frente à dominação dos métodos hipotético-dedutivos em Sociologia e oferecer uma estratégia rigorosa de desenvolvimento de teoria a partir dos dados por meio do método das comparações constantes. Uma obra frequente e erroneamente citada (pois muitas vezes não lida) nas pesquisas empíricas recentes como sendo abrangente o suficiente para dar conta da totalidade da forma nas quais a Grounded Theory é aplicada na prática.

- STRAUSS, A.; CORBIN, J. *Basics of qualitative research: techniques and procedures for developing grounded theory*. 2. ed. Thousand Oaks: Sage Publications, 1998.

  Essa segunda edição sedimenta e populariza a versão Straussiana da Grounded Theory (a terceira edição é de 2007). O livro apresenta um método de análise e um conjunto de técnicas para auxiliar a sensibilização teórica e a verificação da teoria em construção. Conseguiu grande notoriedade pelo seu estilo "como fazer", o qual é constantemente negado pelos autores. De fato, a leitura do livro não é suficiente para colocar a Grounded Theory em prática: é necessário interpretar as técnicas e desenvolver sua maneira de aplicá-las.

- LOCKE, K. *Grounded theory in management research*. Thousand Oaks: Sage Publications, 2001.

  Além de descrever o desenvolvimento histórico e epistemológico da Grounded Theory, a autora recupera sua aplicação nos estudos em Administração. Seu argumento principal é o de que ao longo dos anos a Grounded Theory foi aplicada na Administração de forma fragmentada e seletiva. O livro analisa sua aplicação na área e apresenta um capítulo sobre como escrever visando publicação internacional. Obra interessante, especialmente para pesquisadores em Administração.

- CHARMAZ, K. *Constructing grounded theory*: *a practical guide through qualitative analysis*. Thousand Oaks: Sage Publications, 2006.

  Esse livro critica o viés positivista da Grounded Theory. Para apresentar sua versão, a autora se baseia no pressuposto de que os elementos da Grounded Theory – codificação, memorandos, comparações, amostragem teórica etc. – são neutros. São justamente os pressupostos epistemológicos que o pesquisador traz para a pesquisa que definem a forma como esses elementos são utilizados. Categorias não são simplesmente descobertas nos dados, mas construídas. Essa nova corrente tem ganhado força. Arrisca-se dizer que ela está mais próxima da visão Straussiana, adicionando-se um viés mais interpretativista e menos comportamentalista.

- BRYANT, A.; CHARMAZ, K. (Orgs.). The SAGE *Handbook of grounded theory*. Thousand Oaks: Sage Publications, 2007.

  Em uma coletânea de 27 ensaios, as diferentes abordagens para a Grounded Theory são discutidas em seu contexto histórico e substantivo. Destacam-se as partes relacionadas à prática da pesquisa enfocando elementos específicos em profundidade, como as categorias, a reflexão, a lógica do método abdutivo, e ainda a pesquisa em equipe. A leitura dessa obra não exclui a leitura dos clássicos, mas é um importante recurso para o pesquisador. Contudo, fica clara a tendência do livro para aplicações nas ciências sociais.

Finalizando, os professores recomendam ao pesquisador que tiver interesse em usar esse método em suas pesquisas, que fique atento às armadilhas descritas e relatadas anteriormente, que avalie corretamente o custo-benefício da aprendizagem do método, que tenha tempo para pesquisar e estudar bastante e, finalmente, que leia outras pesquisas que utilizaram o método.

Coerentes com a convergência de opinião demonstrada nas entrevistas, os dois professores apresentam um mesmo discurso quando falam sobre a perspectiva do uso deste método no Brasil, mais especificamente para a área de Administração. O Professor Bandeira-de-Mello cita que desde 2003 quando fez uma primeira apresentação no EnANPAD, as demandas somente aumentaram, não somente no Brasil como também no exterior, como o caso da França onde conhece. A Grounded Theory na área de Administração está crescendo forte, seja pela sua associação a um método rigoroso, seja pela capacidade de descoberta. Confirmando, o Professor Rezende Pinto comenta que neste momento em que parece haver uma abertura para novas metodologias que fogem das amarras do positivismo, a Grounded Theory pode contribuir para auxiliar os pesquisadores em buscar novos achados para suas pesquisas.

REFERÊNCIAS

ARAÚJO, R. M.; ALOUFA, J. M.; OLIVEIRA, F. P. **Grounded theory:** uma nova perspectiva de pesquisa em administração. Natal: Qualiquanti, 2008.

BANDEIRA-DE-MELLO, R. Grounded Theory. In: GODOI, C. K.; BANDEIRA-DE-MELLO, R.; SILVA, A. B. **Pesquisa qualitativa em estudos organizacionais:** paradigmas, estratégias e métodos. São Paulo: Saraiva, 2006. p. 241-264.

_____; CUNHA, C. J. **Operacionalizando o método da Grounded Theory nas pesquisas em estratégia:** técnicas e procedimentos de análise com apoio do software Atlas/TI. Encontro de Estudos em Estratégia da ANPAD – 3E›s, I **Anais...** Curitiba/PR, 1 CDROM, 2003.

BERGER, P. L.; LUCKMANN, T. **A construção social da realidade.** Petropólis: Vozes, 1998.

BLUMER, H. **Symbolic interactionism.** London: University of California Press, 1969.

BRYANT, A. Re-grounding Grounded Theory. **Journal of Information Technology Theory and Aplication,** v. 4, nº 1, p. 25-42, 2002.

_____; CHARMAZ, K. (Ed.). **The sage handbook of grounded theory.** Thousand Oaks: Sage, 2007.

BURREL, G.; MORGAN, G. **Sociological paradigms and organizational analysis.** London: Ashgate Publishing, 1994.

CHARMAZ, K. Grounded Theory: objectivist and constructivist methods. In: DENZIN, N. K.; LINCON, Y. S. **Handbook of qualitative research.** Bevery Hills, CA: Sage, 2000. p. 509-535.

_____. **Constructing grounded theory.** London: Sage, 2006.

CLARKE, A. E. **Situational analysis:** grounded theory after the postmodern turn. Thousand Oaks, CA: Sage, 2005.

_____; FRIESE, C. Grounded theorizing using situational analysis. In: BRYANT, A.; CHARMAZ, K. **The sage handbook of grounded theory.** London: Sage, 2007. p. 363-397.

CRESWELL, J. W. **Qualitative inquiry & research design:** choosing among five approaches. 2. ed. London: Thousand Oaks, 2007.

CZARNIAWSKA, B. Social constructionism and organization studies. In: WESTWOOD, R.; CLEGG, S. **Debating organization:** point-counterpoint in organization studies. Oxford: Blackwell Publishing, 2003.

FLICK, U. **Uma introdução à pesquisa qualitativa.** Porto Alegre: Bookman, 2004.

GLASER, B. G. **Basics of grounded theory analysis:** emergence vs forcing. Mill Valley: Sociology Press, 1992.

_____; STRAUSS, A. **Awareness of dying.** Chicago: Aldine Pub. Co., 1965.

_____; _____. **The discovery of grounded theory.** New York: Gruyter, 1967.

GOULDING, C. **Grounded theory:** a pratical guide for management, business and market researchers. London: Sage, 2002.

LOCKE, K. **Grounded Theory in management research.** Thousand Oaks: Sage, 2001.

MEAD, G. H. **Mind, self and society.** Chicago: The University of Chicago Press, 1934.

MILLS, J.; BONNER, A.; FRANCIS, K. The development of constructivist Grounded Theory. **International Journal of Qualitative Methods,** v. 5, nº 1, p. 25-35, 2006.

MORSE, J. M. Sampling in Grounded Theory. In: BRYANT, A.; CHARMAZ, K. **The sage handbook of grounded theory.** London: Sage, 2007. p. 229-244.

PARTINGTON, D. Grounded Theory. In: PARTINGTON, D. **Essential skills for management research**. London: Sage, 2003. p. 136-157.

REICHERTZ, J. Abduction: the logic of discovery of Grounded Theory. In: BRYANT, A.; CHARMAZ, K. **The sage handbook of grounded theory**. London: Sage, 2007. p. 214-228.

SANTOS, L. L. S.; PINTO, M. R. **Fenomenologia, interacionismo simbólico e Grounded Theory**. In: XXXI Encontro Nacional da Associação Nacional de Pós-Graduação e Pesquisa em Administração – EnANPAD, **Anais...** Rio de Janeiro/RJ, 1 CDROM, 2007.

SCHATZMAN, L. Dimentional analysis: notes on an alternative approach to the grounding of theory and social process. In: MAINES, D. R. **Qualitative research:** social organization and social process. New York: Aldine DeGruyter, 1991. p. 303-314.

SHIBUTANI, T. Reference groups as perspectives. **American Journal of Sociology**, v. 60, p. 562-569, 1955.

STRAUSS, A. A social world perspective. In: DENZIN, N. K. **Studies in symbolic interaction**. Greenwich: Jay Press, 1978. p. 119-128.

STRAUSS, A. L. **Qualitative analysis of social scientists**. Cambridge: Cambridge Press, 1987.

_____; CORBIN, J. **Basics of qualitative research**: Grounded Theory procedures and techniques. Newbury Park, CA: Sage, 1990.

_____; _____. **Basics of qualitative research:** techniques and procedures for developing Grounded Theory**.** 2. ed. Thousand Oaks: Sage Publications, 1998.

_____; _____. **Basics of qualitative research:** techniques and procedures for developing Grounded Theory. California: Sage, 2008.

SUDDABY, R. Form the editors: what grounded theory is not. **Academy of Management Journal**, v. 49, p. 633-642, 2006.

YUNES, M. A. M.; SZYMANSKI, H. Entrevista reflexiva e Grounded Theory: estratégias metodológicas para compreensão da relisiência em famílias. **Revista Internacional de Psicologia**, v. 39, nº 3, p. 1-8, 2005.

10

Pesquisa-Ação

Janaína Seguin Franzolin, Luciano Minghini e
Mariane Lemos Lourenço

10.1 INTRODUÇÃO

Este capítulo se propõe a apresentar e analisar a estratégia de pesquisa científica voltada para a ação e a intervenção do pesquisador nas práticas de grupos sociais e organizacionais, com o objetivo de proporcionar mudança, melhorias, emancipação social e a construção colaborativa do conhecimento a partir da reflexão sobre essas práticas e mudança. Assim podem ser apresentadas a pesquisa-ação e suas derivações. Após a apresentação dos fundamentos e a análise das proposições metodológicas, apresentam-se um estudo bibliométrico das publicações brasileiras na área de administração e a análise de entrevistas com autores que utilizam este desenho de pesquisa.

Durante as décadas de 1970 e 1980, sociedade e academia tornaram-se insatisfeitas com o distanciamento percebido entre os resultados da pesquisa positivista derivada das ciências naturais, as práticas percebidas nas atividades sociais, organizações e instituições, e, ainda, os resultados desencontrados da relação entre teorias e práticas em diversos contextos sociais. Essa insatisfação provocou a academia a refletir sobre como construir o conhecimento científico a partir do estudo das práticas reais em contextos específicos e, muitas vezes, a partir do ponto de vista do sujeito envolvido na ação estudada, denominado por Schon (1983) como praticante.

Paralelamente, movimentos sociais e de direitos civis se multiplicaram ao redor do mundo para combater as mazelas da submissão de grupos sociais ou países ao crescimento tecnológico, econômico e social subdesenvolvido em instituições essenciais, como saúde, assistência social e educação (FALS BORDA, 2001; GREENWOOD; LEVIN, 2007). Dessas diferentes raízes sociais surgem diferentes esforços de pesquisa participativa em ciências sociais. Diferentes, porém complementares, esses esforços se propunham a aproximar o pesquisador, objeto e sujeito de pesquisa. E participativa porque o pesquisador busca envolver-se na situação pesquisada e com as práticas pesquisadas, ao mesmo tempo em que envolve os praticantes na reflexão sobre as práticas atuais e no aprendizado de novas práticas (FALS BORDA, 2001). O resultado seria a construção de conhecimento a partir das práticas do *mundo real* e não apenas das teorias vindas dos estudos positivistas.

A pesquisa-ação, entendida como investigação colaborativa, nasce da aproximação de várias propostas de pesquisa participativa que possuíam em comum as etapas de pesquisa propostas por Lewin ainda na década de 1940 (GREENWOOD; LEVIN, 2007). Essa aproximação define a pesquisa-ação como uma proposta de se pesquisar COM ao invés de PELO praticante, oferecendo aos participantes a riqueza da experiência e as possibilidades reflexivas que apenas longas experiências de vida em situações complexas podem oferecer.

A proposta e os resultados da pesquisa-ação provocaram as bases tradicionais da academia de ciências sociais, obrigando pesquisadores participativos a desenvolver habilidades de controle de rigor na condução da pesquisa, e na reflexão para construção teórica a partir do estudo de um contexto específico (EDEN; HUXHAM, 1996; FALS BORDA, 2001).

10.2 PESQUISA-AÇÃO: ORIGEM, TIPOLOGIAS, PERSPECTIVAS E CONDUÇÃO DE PESQUISA

Por se tratar de uma proposta de pesquisa com raízes metodológicas distintas e nem sempre relacionadas, este capítulo visa apresentar as origens, derivações, tipologias e perspectivas epistemológicas dominantes, assim como, o processo e a condução da pesquisa proposta pela pesquisa-ação.

10.2.1 Origens

French (2009) verificou que as origens da pesquisa-ação são registradas tanto nos Estados Unidos como em parte da Europa do final dos anos 1940, durante a Segunda Guerra Mundial. O autor afirma que Kurt Lewin é considerado por muitos como precursor do uso da pesquisa voltada à ação para o aprimoramento das práticas dos profissionais.

Lewin era um psicólogo social que saiu da Alemanha por causa do nazismo e refugiou-se nos Estados Unidos. Ali ele encontrou recursos suficientes para criar institutos e grupos de pesquisa sociológica de campo, com o objetivo de provocar mudanças de ordem psicossocial (BARBIER, 1985). Graças à curiosidade e ao interesse de alguns de seus alunos em comentar sobre os registros de pesquisadores de um treinamento em transformação pessoal, Kurt Lewin propôs uma forma de pesquisa de intervenção na vida social. O psicólogo atuava com o governo americano no treinamento de donas de casa para mudança dos hábitos alimentares durante a Segunda Guerra Mundial; elas deveriam passar a consumir partes do gado tradicionalmente rejeitadas como coração e rim. Lewin entendia que a dinâmica dos fenômenos sociais possui detalhes que só se revelam ao pesquisador que se compromete com essa dinâmica (BARBIER, 1985).

French (2009) relata que quando Lewin realizou o levantamento sobre os efeitos do seu treinamento nos hábitos de cozinha das famílias participantes, a pesquisa possuía características de experimento natural, ou seja, o pesquisador provocava os participantes em atividades controladas. O autor ressalta que Lewin contribuiu significativamente com a ideia de pesquisar objetos ou fenômenos mudando-os e analisando o efeito causado pelas mudanças.

Eden e Huxhan (1996) concordam com as contribuições de Lewin, mas ressalvam que durante a mesma época, Collier realizava um trabalho de melhorias das práticas de índios americanos usando um sistema de intervenção colaborativa muito próximo da proposta atual de pesquisa-ação. French (2009) cita também o trabalho do "Research for Teachers" de Buckingham, um projeto que ocorreu durante os anos 1920 para estudar objetos ou fenômenos a partir da mudança, com propostas metodológicas semelhantes às da pesquisa-ação. Greenwood e Levin (2007) vão além e referenciam contribuições vindas de trabalhos clássicos de Karl Marx sobre a emancipação do homem; John Dewey e seus estudos com alunos sobre o pensamento reflexivo e a aprendizagem; Jürgen Habermas sobre o significado no discurso; além das contribuições de Lewin para a construção da metodologia de pesquisa na ação.

Ainda na década de 1950, o Instituto Tavistock de pesquisa na Inglaterra, juntamente com o psicólogo pesquisador norueguês Thorsrud, desenvolveu um projeto de democratização do chão de fábrica a partir da proposta de "reorganização sociotécnica", usando como base teórico-metodológica o trabalho de Lewin nos Estados Unidos (GREENWOOD; LEVIN, 2007, p. 19). Os autores contam que o resultado desse trabalho conjunto realizado dentro do projeto Norueguês de Democracia Industrial, viabilizou a criação de grupos de trabalho com maior autonomia dentro da estrutura organizacional, proporcionando uma mudança significativa no pensamento racionalista predominante durante a Segunda Guerra Mundial. Na década de 1960, os estudos participativos voltam a despertar o interesse da academia dos Estados Unidos e os conceitos de reorganização sociotécnica passam a ser utilizados juntamente com a metodologia de pesquisa de intervenção para buscar altos níveis de produtividade industrial sem nenhuma conexão ideológica. No Japão, por outro lado, as ideias advindas da democracia industrial deram origem aos sistemas e círculos de controle de qualidade (GREENWOOD; LEVIN, 2007).

Com a multiplicação, o compartilhamento e derivação dos conceitos e técnicas da democratização industrial ao redor do mundo, o trabalho de pesquisa e implantação de soluções que proporcionassem reorganização sociotécnica passaram a ser domínio de muitos pesquisadores e instituições. Esses estudiosos encontravam-se mais presentes no campo, em contato direto com organizações que desejavam menos a democratização e mais propostas de mudanças para melhorar o seu desempenho e a gestão dos processos. Crescentemente, o foco das pesquisas nos conceitos e valores de democratização diminuiu ao mesmo tempo em que o trabalho dos pesquisadores e consultores se tornou mais colaborativo, ou seja, envolvendo mais os praticantes (GREENWOOD; LEVIN, 2007). O desenho de experimento natural da proposta inicial de Lewin continuou até meados da década de 1980. As análises dos consultores, recomendação de mudanças organizacionais e reestruturação de processos eram implementadas e as pessoas eram acompanhadas até que a organização alcançasse um novo estado de estabilidade, com mínima participação dos praticantes na mudança (GREENWOOD; LEVIN, 2007).

Durante as décadas de 1960, 1970 e 1980 nos países de forte industrialização, essa evolução do trabalho de pesquisadores nos processos produtivos das organizações e o acumulado de conhecimento construído a partir de uma academia essencialmente Positivista, passaram a ser questionados pela sociedade e por parte da própria academia (SCHON, 1983). Os resultados alcançados a partir da relação existente na época entre o conhecimento produzido e as práticas percebidas nas organizações não satisfaziam pesquisadores nem praticantes (FALS BORDA, 2001). A partir do final da década de 1960, percebe-se um grande aumento de movimentos sociais e de defesa dos direitos civis em regiões desindustrializadas, exploradas por interesses extrativistas, em países de economia forte ou em países prejudicados pela relação colonialista exploratória ou pela dependência econômico-tecnológica pós-colonialista (GREENWOOD; LEVIN, 2007). Essas mazelas e desigualdades, em especial na África, América Latina e Ásia, somaram à insatisfação do conhecimento produzido na academia, dando origem a vários movimentos de pesquisa participativa e movimentos de direitos civis com a finalidade de inclusão dos grupos menos favorecidos. Desses movimentos, surgiram vertentes da pesquisa-ação chamadas de Pesquisa Participativa, Pesquisa-Ação Participativa, Investigação Humana, Investigação Cooperativa e Desenvolvimento Participativo da Comunidade. Nessas propostas, o pesquisador e participante passam a interagir e este último a ter voz ativa na definição e construção da mudança. O papel dos praticantes e pesquisadores é a conquista do poder de representatividade social (THIOLLENT, 1997), como no conceito de conscientização proposto por Paulo Freire em 1970 para educação e emancipação do adulto da opressão (GREENWOOD; LEVIN, 2007).

Thiollent (1997) e Eden e Huxhan (1996) lembram que ainda durante os anos 1940 e 1950, na pesquisa com índios e estudantes nos Estados Unidos e Inglaterra, existia a preocupação dos pesquisadores em entender como os valores de trabalho em contextos muito específicos poderiam ser apreendidos e compartilhados para a proposição de mudanças e melhoria (EDEN; HUXHAM, 1996; THIOLLENT, 1997). Já nas décadas de 1970 e 1980, mediante uma crise de credibilidade do conhecimento científico (SCHON, 1983), a preocupação com o contexto aumenta e para uma parte da academia, independentemente do rigor, formalismo e sofisticação, o conhecimento precisa ser construído ou implantado a partir da inserção em um contexto social específico (THIOLLENT, 1997). O autor relata que a pesquisa-ação passa a ser vista pela academia e comunidade como uma opção radical de construção de conhecimento aproximando a academia das práticas reais e reduzindo a sensação de descolamento na relação entre a pesquisa convencional da época e essas práticas. Eden e Huxhan (1996) apontam que a pesquisa-ação passa a ser uma metodologia reconhecida academicamente e preferida entre outras alternativas disponíveis durante os anos 1970 e 1980.

10.2.2 Atualmente

Thiollent (1997, p. 33) descreve que os teóricos-críticos contribuíram para o uso da pesquisa-ação, defendendo que ela propicia uma "comunicação sem autoridade ou situação ideal de fala", onde todos os participantes se expressam sobre o desejo de mudança, o problema e as possíveis soluções. Essas características fazem dessa proposta de trabalho uma pesquisa social, o que não é bem aceito por grupos acadêmicos defensores de uma tradição positivista. Fals Borda (2001) argumenta que as preocupações práticas que se seguiram, trouxeram três grandes desafios relacionados à desconstrução científica e a reconstrução emancipatória que alguns ícones sociais como Camilo Torres na Colômbia, Paulo Freire no Brasil, Mahatma Ghandi na Índia, Lulius Nyerere na Tanzânia estavam tentando fazer. O primeiro desafio estava na relação entre ciência, conhecimento e razão. O segundo na dialética entre a teoria e prática. E o terceiro estava na tensão entre sujeito e objeto de pesquisa (FALS BORDA, 2001).

Eden e Huxhan (1996) discordam que a pesquisa-ação tenha que ser obrigatoriamente colaborativa, crítica ou emancipatória. Contudo, os autores reforçam que a boa pesquisa-ação não padece de rigor ou relevância. Thiollent (1997) reforça as variações da pesquisa-ação e classifica as diferentes iniciativas em função do envolvimento direto do pesquisador com as práticas e em função do envolvimento dos praticantes com as proposições, negociações e a implantação da mudança. French (2009) explica que atualmente a pesquisa-ação é usada em uma grande variedade de trabalhos em ciências sociais, mais especificamente em áreas como desenvolvimento organizacional, educação, saúde, e assistência social.

A revisão histórica da pesquisa-ação aqui apresentada serve para introduzir as características da pesquisa-ação diferente de uma construção metodológica unificada. Como será possível perceber em seguida, ela pode ser compreendida como um campo no qual existem diferentes formas de pensamento, concorrendo ou colaborando entre si, que historicamente desenvolveu-se quase que independentemente.

10.2.3 Variações sobre o tema

A pesquisa-ação é uma forma de estudo qualitativo com características muito específicas e que envolve o pesquisador e os membros de uma organização no trabalho de análise de um assunto que seja de genuíno interesse dos participantes em agir com base na intervenção e mudança propostas (EDEN; HUXMAN, 1996). A pesquisa-ação é mais que um desenho metodológico, é uma proposta intervencionista de pesquisa, preocupada com as práticas e praticantes inseridos em um contexto específico, requerentes por melhorias, por mudanças (COUGHLAN, 2007; THIOLLENT, 1997). Thiollent (1997) explica que se trata de uma ação deliberada visando a uma mudança no mundo real, realizada em escala restrita de um projeto mais geral e submetida a certas disciplinas metodológicas para construção de conhecimento e de sentido. O autor esclarece que é uma estratégia de condução de pesquisa aplicada, de natureza participativa, na busca de solução coletiva para determinada situação-problema dentro de um processo de mudança planejada.

Dick (2004) explica que ela pode ser considerada uma família de metodologias, as quais investigam a ação a partir da mudança, ao mesmo tempo em que reflete sobre a ação pela pesquisa. Ele comenta que na maioria das variedades de pesquisa-ação, esse estudo acontece por meio de ciclos de ação e de reflexão crítica e é na reflexão que se buscam a interpretação e a compreensão que trazem a mudança e o desenvolvimento. French (2009) esclarece que a pesquisa-ação busca encontrar soluções para problemas práticos de todo dia, envolve os praticantes na solução e os pesquisadores na construção de conhecimento. Sendo assim, ela é diferente das práticas diárias, pois ela é um processo rigoroso, sistemático e deliberado de planejamento, ação, observação e reflexão. Por isso, French (2009) acredita que seja uma ferramenta apropriada para aplicação em problemas organizacionais e de gestão.

A pesquisa-ação é uma experiência que se passa em um mundo real, onde pesquisadores são agentes de acontecimentos deliberados de caráter irreversível. Essa experiência ocorre em um contexto específico, visando à mudança efetiva de um grupo de praticantes, a partir de objetivos negociados e definidos de forma compartilhada. Ela é planejada para produzir aprendizagem, ensinamentos generalizáveis, guiar ações posteriores e permitir a reflexão sobre a continuidade. Ela impõe a aplicação de regras, disciplinas ou métodos que permitam ação, controle, avaliação e a própria aprendizagem (THIOLLENT, 1997).

No entendimento de Greenwood e Levin (2007, p. 3), a

> Pesquisa-ação é uma pesquisa social conduzida por um time que envolve pesquisadores profissionais e membros da organização, comunidade ou rede ("stakeholders") que estão procurando melhorar a situação dos participantes. A pesquisa-ação promove uma participação significativa no processo de pesquisa e ampara as ações direcionadas a uma situação mais justa, sustentável ou satisfatória para os stakeholders.

Greenwood e Levin (2007) enxergam a pesquisa-ação como uma forma de trabalho de campo, utilizando múltiplas técnicas de pesquisa voltadas para destacar as mudanças e gerar informação para a produção de conhecimento. Os autores explicam que três elementos centrais aproximam o trabalho dos diferentes pesquisadores em pesquisa-ação:

a) *ação*: de forma participativa a ação se destina a alterar a situação inicial de um grupo, organização ou comunidade para um estado mais sustentável, livre ou gerenciável;

b) *pesquisa*: todos que utilizam essa proposta seriamente acreditam na pesquisa, no valor e no poder do conhecimento, teorias, modelos, métodos e análises;

c) *participação*: a participação valoriza a democracia e o controle sobre a sua própria vida. Esses benefícios geram comprometimento de todos para o desenvolvimento do conhecimento (GREENWOOD; LEVIN, 2007, p. 7).

Para Greenwood e Levin (2007) e Thiollent (1997), a pesquisa-ação tem como objetivos: (a) assessorar os participantes a identificar seus problemas no ambiente de trabalho, encontrar e implantar possíveis soluções; (b) a verbalização igualitária dos praticantes para descrição da situação-problema e reflexão sobre sua relação com ela; (c) a intervenção a partir de conhecimentos práticos, inferências, teorias, conceitos, interações e a definição da estratégia de ação definida.

Thiollent (1997) destaca outros elementos que ajudam a explicar o conceito e funcionamento da pesquisa-ação. As situações são descritas a partir de múltiplas vozes, diferentes atores, independentemente de hierarquia e poder, se manifestam a partir de linguagem própria. As interpretações dos pesquisadores possuem raízes em teorias sociológicas, políticas, psicológicas e antropológicas. As interpretações buscam a construção de sentidos generalizantes ou particularizantes, a partir das interações entre participantes, descrições e conceitos. O conhecimento obtido das interações e inferências é utilizado nas estratégias e ações através de procedimentos deliberativos e argumentativos. Durante as interações e a ação, valores inerentes à conduta interferem nas relações e nas negociações, merecendo especial atenção e intermediação dos pesquisadores. Todas as implementações e mudanças devem ser estruturadas em conhecimentos comunicáveis e acessíveis.

Eden e Huxhan (1996) complementam as características da pesquisa-ação e do seu processo de pesquisa, explicando que as implicações da pesquisa devem ir além da geração de conhecimento e das práticas úteis para as rotinas dos participantes, promovendo a formação de teoria, de uma experiência particular, significativa ou aplicável em outros contextos. Os autores comentam que modelos, técnicas, ferramentas ou métodos não representam muito como resultado se não vierem acompanhados da teoria. Essa construção teórica é incremental (do particular para o geral em pequenos passos) e precisa de um alto nível de rigor e ordem que proporcione a reflexão sobre o conteúdo emergente a cada episódio da pesquisa na organização.

Percebe-se que a pesquisa-ação exige do pesquisador considerável nível de experiência com o ambiente de trabalho e conhecimento de várias alternativas de coleta e análise qualitativa (e, por vezes, quantitativas) das informações e resultados apresentados pelos participantes. Para que se possa contribuir com a condução desse método de pesquisa, a seguir estão resumidas as classificações, tipologias e formas de pesquisa-ação encontradas na literatura.

10.2.4 Características, classificação e tipologias da pesquisa-ação

French (2009) utiliza três modos de diferenciação ou caracterização da pesquisa-ação: a Técnica, Prática e Emancipatória. A primeira implica no teste de um quadro teórico (*framework*) predefinido e específico. A intenção da pesquisa Técnica é verificar se a proposta de intervenção é viável na prática. O pesquisador situa-se mais distante da situação-problema e dos praticantes, convergindo com a classificação proposta por Thiollent (1997) na coluna Explicação do Quadro 1 apresentado a seguir.

A pesquisa-ação Prática requer a aproximação entre pesquisador e praticante com a intenção de identificar potenciais problemas, causas implícitas e possíveis soluções ou intervenções. O pesquisador encoraja a participação e a reflexão do praticante. Além dos objetivos da pesquisa-ação Técnica, a Prática exige mais compreensão e transformação da consciência do praticante, como na coluna Aplicação do Quadro 1.

A Emancipatória, por sua vez, exige o envolvimento de todos os participantes igualmente, descartando relações hierárquicas entre praticantes e pesquisadores. O objetivo do pesquisador é reduzir a distância entre os problemas identificados e as teorias que permitem explicá-los e resolvê-los. O pesquisador é um facilitador das discussões e diálogos, busca tornar-se um membro colaborativo do grupo de praticantes, para que seja possível identificar problemas subliminares potenciais e suposições. Além das exigências das duas anteriores, essa última requer que os objetivos da pesquisa contemplem a emancipação dos participantes das repressões de tradições, coerções e autopunições (FRENCH, 2009). Essa terceira forma se aproxima da coluna Implicação do Quadro 1. Normalmente, essa forma é proposta por pesquisadores teórico-críticos e é preciso considerar quanta participação será necessária para que o processo seja realmente emancipatório (FRENCH, 2009).

Quadro 1 – *Tipologia de colaboração ação, pesquisadores e praticantes na pesquisa-ação*

Tipo de Participação	Explicação sobre a ação e os praticantes / Envolvimento dos pesquisadores	Aplicação para a ação e os praticantes / Envolvimento dos praticantes	Implicação pela ação e os praticantes / Envolvimento colaborativo
1. Integral	+	+	+
2. Aplicada	+	+	–
3. Distanciada	+	–	+
4. Informativa	+	–	–
5. Espontânea	–	–	+
6. Usuária	–	+	–
7. Militante	–	+	+
8. Ocasional	–	–	–

Fonte: Adaptado de Thiollent (1997, p. 38).

O Quadro 1 foi baseado na proposta de Thiollent (1997) para categorizar as variações de pesquisa-ação em função do nível de interferência do pesquisador sobre a situação--problema pesquisada, assim como, classifica o envolvimento do pesquisador em todas as fases da intervenção e a postura crítica e emancipatória da análise do pesquisador sobre o fenômeno estudado. Nas colunas, Thiollent (1997) classifica a Explicação como menor e Implicação como maior intervenção do pesquisador na situação-problema. Nas linhas, Thiollent (1997) classifica a postura crítica e emancipatória da análise do pesquisador sobre o fenômeno estudado. Nas colunas, Thiollent (1997) classifica a participação do pesquisador desde Integral, ou seja, o pesquisador intencionalmente atua sobre todas as fases da intervenção, buscando a emancipação dos praticantes durante a ação. Até a Ocasional, onde o pesquisador assume uma postura muito mais distante dos praticantes e das ações sobre a situação-problema.

Além das três formas de pesquisa e dos oito níveis de participação descritos acima, French (2009, p. 195-196) destaca outras características igualmente importantes:

a) *a colaboração*: acontece a partir da interação entre pesquisadores e praticantes. Os praticantes contribuem com o conhecimento do campo, do ambiente de trabalho, principalmente sobre aspectos subjetivos como história, cultura do local e contexto estudado. O pesquisador pode ser externo ou interno, é especialista na teoria e na condução da pesquisa. A colaboração pode acontecer esporádica ou continuamente e a sua natureza é determinante da forma de pesquisa (técnica, prática ou emancipatória). A colaboração pode ser descrita também como participação ou gerenciamento do processo (FRENCH, 2009, p. 195);

b) *a solução do problema*: a pesquisa-ação relaciona o problema com uma situação e arranjo específicos. A definição do problema é um dos primeiros desafios da pesquisa-ação e existem ferramentas que podem ser utilizadas para apoiar o pesquisador e praticantes como observação, entrevistas e levantamentos através de questionários (FRENCH, 2009, p. 195);

c) *a mudança*: é um dos principais objetivos da pesquisa-ação. A mudança é possível através da atuação colaborativa na situação-problema, proporcionando a construção teórica extraída da reflexão sobre a mudança (FRENCH, 2009, p. 195);

d) *o desenvolvimento da teoria*: como proposto por Eden e Huxhan (2007), é o objetivo final da pesquisa-ação, alcançado pela reflexão crítica sobre o processo de mudança, as ações e interações colaborativas, e pela interpretação dos resultados e fases do processo (EDEN; HUXHAM, 1996; FRENCH, 2009, p. 196).

Na revisão das publicações da área realizadas por Dick (2004, 2006, 2009, 2011), foi possível perceber que as classificações utilizadas pelo autor mudam conforme sua percepção sobre a mudança no foco dos trabalhos e publicações analisados. Dick (2004, 2006, 2009, 2011) divide as suas revisões pelas variações nas propostas de pesquisa-ação. As variações encontradas e que apresentam diferenças significativas da proposta comum da pesquisa-ação estão descritas a seguir.

Ciência da Ação é um trabalho mais profundo de construção do conhecimento a serviço da ação (THIOLLENT, 1997), a preocupação de pesquisadores como Chris Argyris está na "validade de implementação" como objetivo das pesquisas sobre práticas (DICK, 2004, p. 428). A ciência da ação também se concentra em temas como aprendizagem na ação e ação reflexiva dos praticantes, independentemente das questões sociais ou do processo colaborativo que caracteriza a pesquisa-ação (THIOLLENT, 1997).

Abordagens de sistemas. Dick (2004, 2006, 2011) percebe que os principais pesquisadores da ação pensam sistematicamente, se preocupam com a visão sistêmica da situação estudada, o seu contexto e com os sistemas mais abrangentes onde ocorre a pesquisa.

*Aprendizagem na a*ção tem se concentrado atualmente, assim como em suas raízes, nas habilidades e na estratégia adotada por diferentes praticantes organizacionais para transferência de conhecimento. Ou seja, o objeto de pesquisa fixa-se nas ações que permitem o aprendizado de práticas (DICK, 2004).

Pesquisa-ação na educação se concentra na mudança e melhoria do processo de ensino-aprendizagem (DICK, 2004; 2006; DICK, 2009). Dependendo da orientação epistemológica do pesquisador e participantes, a mudança propõe a emancipação dos participantes e da comunidade (THIOLLENT, 1997) com características pragmáticas, de crítica radical, ou seguindo a proposta de Freire (1970), de aprendizagem conscientizadora.

A *Pesquisa Participativa* nasceu dos movimentos civis e sociais de intervenção em comunidades carentes de assistência social, educacional ou de saúde. O interesse do pesquisador está mais concentrado na ação, os efeitos da mudança provocada pela ação e a aprendizagem ocorrida pelo conhecimento compartilhado e a investigação colaborativa. Não há tanto interesse na construção de uma teoria fundamentada nas ações e na reflexão sobre a mudança (GREENWOOD; LEVIN, 2007; THIOLLENT, 1997). Dick (2004, 2006) identifica e classifica várias pesquisas participativas voltadas à Investigação Colaborativa; aplicações Comunitárias, Rurais ou Regionais; aplicações em Desenvolvimento Participativo (mudanças que afetam diretamente questões governamentais); aplicações em Assistência Social e Saúde. Thiollent (1997) acredita que a academia internacional gradualmente tenta aproximar os objetivos e metodologia da pesquisa-ação e da pesquisa participativa. Prova disso seria estudos classificados como *Pesquisa-ação Participativa*, comenta o autor.

Diferente dos demais, a *Investigação Apreciativa* defende uma postura considerada por seus pesquisadores como mais otimista do que a pesquisa-ação (LUDEMA; COOPERRIDER; BARRETT, 2001). Segundo os autores, a Investigação Apreciativa se concentra em mudanças profundas nas normas, ideologias e paradigmas organizacionais através de propostas de inovação que encantam a todos os participantes, motivando-os a mudar. Diferente da atenção concentrada na resolução de problemas proposta pela pesquisa-ação (LUDEMA; COOPERRIDER; BARRETT, 2001). As demais aplicações encontradas por Dick (2004) partem do mesmo princípio da pesquisa-ação, variando o grau de envolvimento do pesquisador ou dos praticantes, como já discutido na Pesquisa Participativa e resumido no Quadro 1.

Desenvolvimento do profissional e da prática é o nome utilizado por Dick (2004) para uma derivação da pesquisa-ação que mistura seus objetivos e métodos com os da Aprendizagem na Ação.

Aplicações em Organizações é como Dick (2004, 2011) chama a pesquisa-ação voltada para Estudos Organizacionais. O autor comenta que esse esforço vem crescendo com a amplitude conquistada pela academia interessada em pesquisa qualitativa. Os Estudos Organizacionais também recebem contribuições de pesquisadores concentrados em mudanças ou melhorias na gestão educacional e da saúde (DICK, 2011). Dick (2004) argumenta que a pesquisa em organizações está melhorando seu rigor metodológico. A preocupação com triangulação de dados, a relação entre teoria e prática, a documentação da evolução das ações e as questões de poder, estão sendo mais bem abordadas e registradas. Eden e Huxhan (1996) dão destaque à utilidade da pesquisa-ação na implementação de melhorias reais, além da construção de teorias que podem servir de referência em diferentes contextos. Coughlan (2007) apresenta também a opção da pesquisa-ação interna, ou seja, aquela onde o pesquisador é um dos praticantes envolvidos no problema, mudança e solução.

10.2.5 Benefícios e aplicação do método

Dick (2004; 2006; 2009; 2011) revisa, comenta e recomenda vários livros sobre métodos, técnicas e ferramentas de pesquisa-ação. O extenso trabalho do autor mostra que o processo de pesquisa-ação é diverso nas possibilidades de execução, conteúdo e na essência, as etapas da pesquisa-ação pouco mudaram desde sua origem na década de 1940.

Dick (2004; 2006; 2009; 2011) tem realizado um extenso trabalho de revisão dos livros, coletâneas e pesquisas da academia americana e europeia em pesquisa-ação e suas variações (*e. g.*, pesquisa participativa ou investigação colaborativa). A partir das revisões do autor, é possível perceber que a metodologia vem mantendo seu espaço e reconhecimento entre os pesquisadores que usam desenhos qualitativos de pesquisa (DICK, 2011). O autor comenta que na área de estudo das organizações, existe maior preocupação com sistemas, pesquisa sobre ação, melhoria do desempenho, liderança, política e ética na organização. Um dos autores positivamente criticado por Dick (2011) que merece atenção daqueles que se dedicam aos projetos qualitativos de pesquisa é Chris Argyris. O autor mostra que a pesquisa-ação aparece com o mesmo rigor e relevância em trabalhos com visões epistemológicas bem subjetivas como o pós-modernismo feminista, ou ainda mais positivista, como os volumes 28(1) e 28(2) do *Journal of Management Development*, de 2009, dedicado às estratégias de gestão não modernistas.

Entre os livros e trabalhos revisados para confecção deste capítulo está o *Handbook de Pesquisa-A*ção (REASON; BRADBURY, 2001), primeira compilação de trabalhos sobre o tema, e o livro de Greenwood e Levin (2007), trabalho mais recente e completo recomendado por Dick (2009). Além desses dois livros, foram estudadas as propostas de French (2009), Macke (2010) e Thiollent (1997) utilizados como leitura inicial para a pesquisa sobre esta metodologia.

Eden e Huxhan (1996, p. 82) descrevem a construção teórica no processo de pesquisa-ação como "grounded in action", pois apresenta muitos elementos da teoria fundamentada de Glaser e Strauss (1967). Por estar fundamentado na ação colaborativa, o processo de pesquisa-ação oferece várias oportunidades de triangulação de dados (THIOLLENT, 1997) e coletas cíclicas (FRENCH, 2009). Eden e Huxhan (1996) comentam que os pesquisadores atuam na exploração desses dados de origens variadas, e se preocupa com a possibilidade de replicação e facilidade de demonstração via argumentação e análise. Além disso, a atenção dos pesquisadores pode variar entre a observação da ação, a avaliação dos participantes e as mudanças nas avaliações. Macke (2010) comenta que, além das formas de coleta, a intervenção da pesquisa-ação no ambiente também permite ao pesquisador testar hipóteses, controlar o alcance ou o direcionamento para resultados desejáveis e para isso os pesquisadores devem ajudar a gerar informações válidas e úteis para a ação e para a pesquisa. Devem também criar condições para os praticantes fazerem escolhas livres embasadas, assim como, ajudarem a desenvolver o comprometimento interno com a mudança.

French (2009, p. 189-190) conclui que existem várias razões que tornam a pesquisa-ação atrativa para gestores e praticantes da organização:

- usa ação como parte integral da pesquisa, integrando pensamento e ação;
- está concentrada nos valores profissionais do pesquisador e não em considerações metodológicas;
- permite aos praticantes pesquisar a sua própria atividade profissional;

- ajuda a melhorar a prática no local de trabalho;
- ajuda os gestores em seu desenvolvimento profissional, através do exame crítico de suas ações e crenças próprias;
- capacita os gestores em competências multidisciplinares e a trabalhar além de limitações técnicas, culturais e funcionais;
- ajuda os gestores a implementar a mudança efetivamente. Pois ela é fundamentada em relações de pesquisa nas quais os gestores envolvidos são participantes do processo de mudança. Ela busca tanto a mudança na forma de ação como o seu entendimento através da pesquisa;
- é focada no problema, específico do contexto e orientada ao futuro;
- ajuda a desenvolver um entendimento holístico da situação;
- pode ser usada uma variedade de métodos de coleta de dados que se ajustam melhor ao ambiente organizacional (FRENCH, 2009, p. 189-190).

French (2009), Greenwood e Levin (2007) e Thiollent (1997) concordam que essa mudança deve ser um projeto coletivo, uma iniciativa que deve partir da demanda dos grupos que não ocupam o topo do poder e o problema escolhido pelo grupo sofra mínima interferência na negociação das ações com os membros da estrutura formal da organização. Para isso, os autores concordam que todos os praticantes envolvidos no problema escolhido devem ser chamados para participar. Quanto maior a proposta emancipatória da mudança, maior a liberdade de expressão aos participantes. Os pesquisadores devem planejar medidas para evitar censuras ou represálias e medidas para manter todos os praticantes, participantes ou não, informados sobre o desenrolar da mudança, as ações e a pesquisa.

As propostas de French (2009), Greenwood e Levin (2007), Macke (2010) e Thiollent (1997) partem do modelo original de Lewin (seis etapas divididas em: análise, identificação do fato, conceitualização, planejamento, implementação da ação e avaliação) e foram simplificados por Greenwood e Levin (2007) em cinco etapas: definição do problema, ações comunicativas, reflexão e aprendizado mútuos, resolução do problema através da ação, criação de oportunidades de aprendizado e reflexão nas e sobre as ações. French (2009) divide o processo em quatro etapas: planejar, agir, observar e refletir. Ou ainda, fase exploratória, pesquisa aprofundada, ação e avaliação (MACKE, 2010; THIOLLENT, 1997). A pesquisa-ação seria entendida dessa forma como um processo em espiral, dividido em etapas que giram repetitivamente, tanto quanto necessário para se concluir o projeto de pesquisa, ou seja, até que os pesquisadores se satisfaçam com a intervenção. É o que French (2009) chama de ciclos de pesquisa-ação.

A proposta de French (2009), Greenwood e Levin (2007) e Thiollent (1997) inicia com a identificação do desejo dos praticantes pela mudança. Este último autor divide o problema para o pesquisador em dois: o problema institucional definido colaborativamente com os praticantes e o problema metodológico que define as características e objetivos do projeto de pesquisa e contribuição científica. Greenwood e Levin (2007) verificaram que o foco da pesquisa é escolhido colaborativamente entre os *stakeholders* locais e pesquisadores. Um grupo então é formado para discutir sobre as ideias de mudança dos praticantes até que uma preocupação comum seja identificada e seja possível caracterizar objetivamente os problemas, os praticantes envolvidos direta e indiretamente, a capacidade de ação e os tipos de ação possível. Thiollent (1997) propõe uma estrutura formal de apoio às ações dos participantes, as coletas e análises dos pesquisadores. French (2009), Greenwood e Levin (2007) e Macke (2010) explicam que os pesquisadores e praticantes membros desse grupo terão o desafio de se aproximar o suficiente para que cada um possa contribuir com a sua experiência para o início e condução das demais etapas do processo.

Greenwood e Levin (2007) realizam pesquisa-ação dentro de uma perspectiva pragmática e para eles a aproximação entre os participantes acontece naturalmente e incrementalmente através de arenas de diálogo e de aprendizado mútuo. Por meio de um relacionamento construído pelo diálogo, os autores acreditam que seja possível a colaboração nas três primeiras fases da pesquisa-ação (exploratória, planejamento e ação). Eden e Huxhan (1996) e Greenwood e Levin (2007) acreditam que a troca de experiências entre pesquisadores e praticantes e a aprendizagem derivada dessa troca proporciona a construção de novos conhecimentos. Para isso, Greenwood e Levin (2007), Macke (2010) e Thiollent (1997) recomendam a utilização de métodos, técnicas e formas de trabalhos variados e adaptados ao contexto e à situação-problema, inclusive aquelas utilizadas em outros desenhos de pesquisa como experimento, estudos de caso, levantamento e etnografia.

Antes de apresentar as etapas do processo de pesquisa-ação, apresenta-se a seguir características da pesquisa-ação em comparação com trabalhos qualitativos sob uma perspectiva positivista tradicional.

Quadro 2 – *Comparação entre pesquisa-ação e pesquisa tradicionalmente positivista*

Pesquisa-Ação	Pesquisa Positivista
Métodos desenvolvem sistemas sociais e liberam o potencial humano	Neutralidade dos métodos
Presente, passado e projeção do futuro	Transversal
Pesquisador participante	Pesquisador observador
Casos são fontes suficientes	Casos devem ser representativos da população
Unidades são artefatos humanos, propósitos humanos	Unidades existem independentes dos humanos
Desenvolver planos de ação (mudança planejada)	Predizer eventos, hipóteses ordenadas
Construção do conhecimento: conjecturas	Indução e dedução
Generalização estreita e limitada pelo contexto	Ampla e livre do contexto

Fonte: Adaptado de Eden; Huxhan (1996), Macke (2010) e Thiollent (1997).

10.2.6 As etapas do processo de pesquisa-ação

As etapas apresentadas aqui aparecem em todos os trabalhos analisados sobre a descrição do processo de pesquisa-ação, independentemente da sua perspectiva epistemológica. O trabalho de pesquisa inicia-se com a exploração da situação, aproximação entre os participantes e identificação da situação-problema.

A reflexão inicial exploratória é o ponto de partida do processo de pesquisa-ação e, como descrito anteriormente, tem objetivo de diagnosticar o estado da situação, as necessidades dos praticantes, o problema e os prováveis objetivos científicos do projeto (FRENCH, 2009; GREENWOOD; LEVIN, 2007; THIOLLENT, 1997). Nesse momento, os participantes devem reunir-se, debater, dialogar e, principalmente, refletir de forma crítica sobre suas preocupações, necessidades e o que pode ser melhorado no ambiente do trabalho. Para French (2009), essa etapa vem antes dos quatro passos do seu ciclo de pesquisa-ação. Para Macke (2010) e Thiollent (1997), esse é o primeiro e fundamental passo, enquanto que para Greenwood e Levin (2007) esta etapa se mantém através das arenas de diálogo, durante o planejamento e a ação propriamente dita.

O planejamento, ou pesquisa aprofundada, é caracterizado pela formalização de grupos de trabalho e a intensificação das reuniões do grupo principal de participantes (MACKE, 2010; THIOLLENT, 1997). Nessa fase, Thiollent (1997) recomenda a criação de um grupo permanente (participantes principais) e um de apoio com o intuito de aprofundar a discussão dos principais tópicos levantados na etapa anterior. Esses grupos coordenarão pesquisas, estudos, treinamentos e propostas de ação. French (2009), Greenwood e Levin (2007), Macke (2010) comentam que neste momento acontece uma primeira reflexão e interpretação sobre os temas, problemas, participantes e suas relações. Essas interpretações servirão ao projeto do pesquisador e aos participantes para desenho de uma estratégia de ação, um plano.

De acordo com French (2009), Macke (2010), Thiollent (1997), algumas características do planejamento da ação são a centralização das informações críticas para o processo, rotinas de coleta e análise de dados sobre a situação-problema, análise e negociação de soluções e propostas de ação, acompanhamento das ações e divulgação dos resultados. Para os pesquisadores participantes, esse é o momento da definição das hipóteses de pesquisa. As quais podem ser definidas em conjunto com os praticantes (EDEN; HUXHAM, 1996; THIOLLENT, 1997). O plano deve ser comunicado a todos os envolvidos direta e indiretamente, de forma a estimular a participação e colaboração. Além disso, ele deve ser flexível o suficiente para se adaptar aos possíveis imprevistos ou restrições (FRENCH, 2009; THIOLLENT, 1997). Para French (2009, p. 194), "o plano inicia com algo como uma ideia geral".

A perspectiva pragmática de Greenwood e Levin (2007) reforça a ideia de pesquisa aprofundada proposta por Macke (2010) e Thiollent (1997). Para Greenwood e Levin (2007), a pesquisa aprofundada se traduz em um processo de aprendizado cooperativo através de investigação e experimentação coletiva. A ideia central da pesquisa é envolver os praticantes em um processo estruturado de geração de conhecimento. Esse conhecimento é gerado a partir da experimentação sistemática, ou seja, os participantes são estimulados a aprender fazendo, descobrindo novas formas de pensar e agir para a execução da mudança proposta anteriormente. Greenwood e Levin (2007) propõem reuniões específicas de pesquisa aprofundada para planejamento e desenho da mudança. Essas reuniões integram cinco processos e podem criar opções de aprendizado para todos os participantes. Elas criam um discurso voltado para compartilhamento da interpretação dos *stakeholders* sobre a história da situação, desenvolvem uma visão comum para o futuro e o que acontecerá se o futuro não for perseguido de forma criativa, envolvem os participantes em atividades criativas, pesquisando por planos de ação para alcançar os seus objetivos desejados, facilitam a priorização de assuntos coletivos entre as opções de ação e conectam grupos de planejamento, ação e ações específicas (GREENWOOD; LEVIN, 2007, p. 137).

Para Greenwood e Levin (2007) e Thiollent (1997), o resultado esperado das reuniões de pesquisa aprofundada é um conjunto de ações e planos, os quais serão perseguidos coletivamente pelos participantes. Essas reuniões também servirão ao projeto do pesquisador e aos participantes no desenho da estratégia de ação.

A operacionalização da pesquisa aprofundada deve apresentar ao menos seis elementos, segundo Greenwood e Levin (2007):

1. criação de uma história compartilhada e comunicação desta aos demais grupos participantes;

2. criação de uma visão compartilhada sobre o futuro desejável ou solução para a situação-problema do grupo;

3. criação de uma visão do futuro provável se nada for feito;

4. Identificação de planos de ação direcionados à situação-problema;

5. criação de um processo de priorização coletiva na qual os participantes escolhem entre planos de ação alternativos;

6. iniciar as atividades de mudança concreta e estruturação de um *follow-up* que permita o compartilhamento das conquistas e aprendizados.

A ação é consequência direta do planejamento, ou seja, a condução e os resultados das ações de mudança é consequência da interação, coleta, análise de dados, definição e compreensão da estratégia de ação definida no planejamento (THIOLLENT, 1997). Elas iniciam na comunicação e negociação da estratégia escolhida entre todos os participantes (diretos e indiretos), se concentram na implementação e na difusão dos resultados parciais e finais (THIOLLENT, 1997). French (2009) explica que essa etapa é formada por um conjunto controlado e deliberado de ações que levam a uma mudança cuidadosa e reflexiva na prática. As ações são plataforma para o desenvolvimento e ações subsequentes, e, ao mesmo tempo, proporcionam uma reflexão e avaliação do planejamento realizado anteriormente (FRENCH, 2009). Essa função bidirecional da ação proporciona o aprendizado e a reflexão dos participantes sobre a mudança, assim como, a análise e teorização do pesquisador sobre a ação para construção de conhecimento (EDEN; HUXHAM, 1996; GREENWOOD; LEVIN, 2007).

A comunicação e as interações continuam importantes nessa etapa, pois as ações dependem da divulgação e compreensão do planejamento, assim como as ações críticas, quando não comunicadas, controladas ou planejadas, podem enfrentar sérias restrições materiais ou políticas (FRENCH, 2009; THIOLLENT, 1997). Thiollent (1997) reforça a importância da comunicação comentando que sem o apoio dos *stakeholders* (dirigentes da organização), a divulgação dos resultados e a geração de propostas se tornam limitadas.

A observação, reflexão e avaliação das ações implantadas são importantes para controlar a efetividade das ações junto à situação-problema e suas consequências no curto prazo, bem como para a geração de conhecimento e aprendizagem úteis para os praticantes continuarem com a mudança mais ampla e para os pesquisadores contribuírem nas construções teóricas existentes ou novas. Tal fato permitiria a tentativa de reaplicação das melhorias em outros contextos (EDEN; HUXHAM, 1996; THIOLLENT, 1997). French (2009), explica que a observação é a ponte entre a ação e a avaliação. O autor explica que os pesquisadores devem praticar a observação cuidadosa, pois a ação normalmente é restringida pela realidade, por isso, a observação deve ser planejada, flexível e estar pronta para reagir aos fatos imprevistos. Para French (2009) a avaliação é um processo de reflexão do praticante que o permite avançar nas ações e na mudança. As interações e interpretações ocorridas durante a reflexão para a avaliação devem ser acompanhadas pelos pesquisadores para evitar autocríticas, decepções, desistências, desentendimentos e punições desmotivadoras ou desnecessárias (FRENCH, 2009; GREENWOOD; LEVIN, 2007). Greenwood e Levin (2007) explicam que as arenas de comunicação e de pesquisa aprofundada também atuam na avaliação e interpretação das ações para se garantir que os participantes continuam mobilizados na busca pela mudança desejada.

É nessa fase do processo de pesquisa-ação que os pesquisadores refletirão sobre as contribuições dos praticantes, as interações, resultados e a aprendizagem de todos como recuperação e registro do conhecimento produzido (EDEN; HUXHAM, 1996; MACKE, 2010; THIOLLENT, 1997). Durante a observação e avaliação, os participantes escolhem avançar ou reiniciar o ciclo da pesquisa-ação dentro do movimento espiral identificado por French (2009), para continuidade da mudança e para a produção do relatório de pesquisa (*e. g.*, tese de doutorado, artigo ou livro).

A Figura 1 ilustra as opções de conclusão ou retomada dos ciclos de pesquisa-ação, assim como, resume as demais etapas descritas anteriormente.

Figura 1 – *Etapas e ciclos do processo de pesquisa-ação*

Fonte: Adaptada de French (2009), Greenwood; Levin (2007) e Thiollent (1997).

A seguir, tratar-se-á dos critérios para a validação científica do conhecimento construído a partir da pesquisa-ação.

10.2.7 Critérios de validação da pesquisa-ação

Os pesquisadores que utilizam esse método devem buscar o rigor na condução da pesquisa-ação por meio da avaliação entre o potencial de replicação *versus* recuperação do fenômeno estudado em um contexto específico. A relação entre replicação e recuperação parte do princípio *popperiano* de contestação (EDEN; HUXHAM, 1996; MACKE, 2010; THIOLLENT, 1997). Os autores comentam que é preciso um instrumento intelectual multidimensional para validação transcontextual da pesquisa realizada. Os pesquisadores devem também atentar para outros critérios que ajudam na condução do processo e na validação da pesquisa (MACKE, 2010; THIOLLENT, 1997):

- *participantes*: o critério de inclusão, não participação ou exclusão;
- *engajamento*: métodos e ferramentas empregados para engajar as pessoas;
- *autoridade*: reflexão sobre quem autorizou ou apoiou;

- *relacionamentos*: análise de relações entre indivíduos e entre a situação enfocada e seu ambiente;

- *aprendizagem*: registro de intervenções (ou não intervenções) acordadas, o progresso dos participantes e aprendizados gerados.

Greenwood e Levin (2007) explicam que a credibilidade e a validade, para os praticantes, encontram espaço no aparato metodológico utilizado. O importante da metodologia são os pré-requisitos de avaliação para alguém que acredita nos significados construídos através de pesquisa-ação. A credibilidade é definida por Greenwood e Levin (2007) como os argumentos e os processos necessários para que alguém acredite nos resultados da pesquisa. Os autores comentam que é possível identificar dois tipos de conhecimento com credibilidade. Primeiramente, existem conhecimentos que possuem credibilidade interna para o grupo que o gerou. As consequências diretas das mudanças organizacionais constituem um teste explícito de credibilidade. Membros de uma organização ou comunidade possuem maior propensão para acreditar em teorias construídas dentro do seu contexto específico (GREENWOOD; LEVIN, 2007). Um segundo tipo de credibilidade é a de julgamentos externos. O conhecimento capaz de convencer alguém que não participou das etapas apresentadas anteriormente, de que os resultados são dignos de confiança e crédito é considerada credibilidade externa. Esta última é considerada por Greenwood e Levin (2007) como um desafio difícil. O Quadro 3, apresentado a seguir, resume os critérios de outros autores que podem ser utilizados para a validação da pesquisa-ação realizada em um contexto específico:

Quadro 3 – *Critérios para mensuração da validade científica da pesquisa-ação*

Critério	Descrição
Validade Construtiva	• Definir os tipos e formas de mensurar as mudanças • Múltiplas fontes de evidência • Cadeia de evidência • Revisão do rascunho do relatório por pessoas-chave
Validade Interna	• Relação de causa-efeito
Validade Externa	• Generalização analítica • Expandir e generalizar teorias
Confiabilidade	• Repetição

Fonte: Adaptado de Eden; Huxhan (1996), Macke (2010) e Thiollent (1997).

Para ilustrar os conceitos apresentados até aqui e instigar reflexões acerca da pesquisa-ação no Brasil, segue uma análise bibliométrica da produção brasileira de pesquisa-ação, relacionadas aos estudos da área de administração, dos últimos dez anos (2001 a

2010) encontrados nos principais eventos e periódicos nacionais das áreas organizacionais e correlatas.

10.3 ANÁLISE BIBLIOMÉTRICA – O USO DA PESQUISA-AÇÃO EM ADMINISTRAÇÃO NO BRASIL

Atendendo a um dos objetivos deste capítulo, foi realizado um levantamento das publicações brasileiras na área da administração que utilizam a pesquisa-ação como estratégia de pesquisa entre 2001 e 2010. Executou-se um estudo bibliométrico (FRANCISCO, 2011), quantificando características de origem, histórico, autoria, área temática, abordagem de pesquisa e metodologia utilizada nos artigos dos principais eventos e periódicos nacionais das áreas organizacionais e correlatas. O objetivo desta etapa foi o de identificar como a pesquisa-ação se insere dentro dos estudos da administração.

A primeira característica levantada trata a origem do artigo, e pode ser visualizada no Gráfico 1, a seguir.

Gráfico 1 – *Origem dos artigos selecionados*

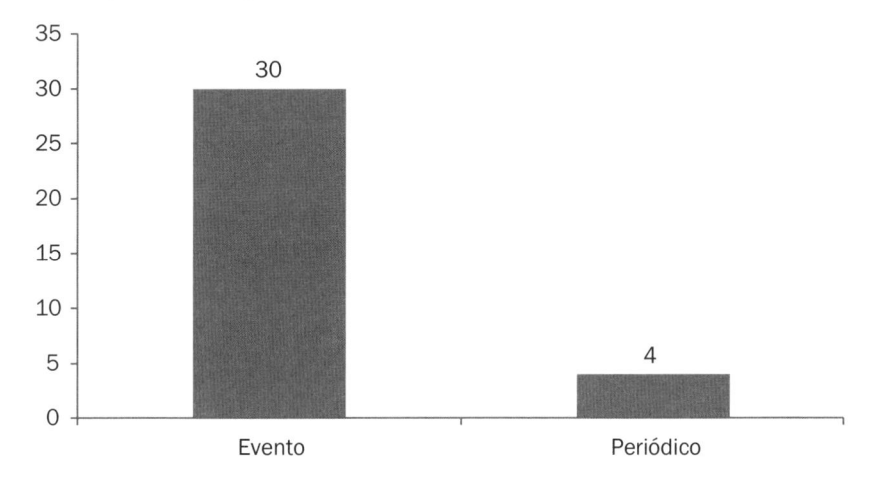

Fonte: Dados da pesquisa.

Percebe-se que a pesquisa-ação é uma metodologia pouco recorrente nos estudos dessa área, considerando o volume total de trabalhos publicados nos últimos dez anos. Foram pesquisados todos os eventos vinculados à ANPAD (Associação Nacional de Pós--Graduação e Pesquisa em Administração), bem como os periódicos de administração selecionados e foram encontrados 34 trabalhos que se utilizam dessa metodologia, sendo que a maior concentração ocorre nos eventos, somando um total de 30, e quatro trabalhos em periódicos, conforme Gráfico 1. Percebe-se um desequilíbrio entre as duas formas de apresentação dos artigos, especialmente se adotada a proposta de usar o evento como etapa de debate sobre um artigo que não está finalizado (leia-se *working paper*), o estudo está sendo apresentado para ser aperfeiçoado e, posteriormente, publicado em periódico. Na etapa seguinte deste capítulo, pesquisadores que utilizaram a pesquisa-ação como método refletem sobre essa questão. A seguir, apresentamos a distribuição dos artigos encontrados por evento e por periódico.

Tabela 1 – *Distribuição dos artigos por evento em administração*

Evento	n	%
EnANPAD – Encontro da ANPAD	25	83,3
EnEO – Encontro de Estudos Organizacionais	4	13,3
Simpósio de Gestão da Inovação Tecnológica	1	3,3
Total	**30**	**100,0**

Fonte: Dados da pesquisa.

Ao analisar a distribuição dos artigos publicados em eventos, percebe-se o EnANPAD (Encontro da Associação Nacional de Pós-Graduação e Pesquisa em Administração) como sendo o maior difusor do método, com 25 trabalhos apresentados entre 2001 e 2010, sendo uma fonte a ser considerada por aqueles que tenham interesse em estudos utilizando a pesquisa-ação como método.

Tabela 2 – *Distribuição dos artigos por periódico em administração*

Periódico	n	%
BAR – *Brazilian Administration Review*	1	25,0
Revista Produção	1	25,0
RAM – *Revista de Administração Mackenzie*	1	25,0
REAd – *Revista Eletrônica de Administração*	1	25,0
Total	**4**	**100,0**

Fonte: Dados da pesquisa.

Apenas quatro periódicos científicos de administração publicaram artigos utilizando-se da pesquisa-ação enquanto método. Duas dessas revistas, *REAd* e *RAM*, são vinculadas a universidades que se destacaram no uso da pesquisa-ação como método e são também as instituições de origem dos entrevistados da etapa seguinte deste capítulo.

No que diz respeito ao ano de publicação desses artigos, percebe-se que há aumento dos trabalhos produzidos a partir de 2004, com ápice em 2006 (sete trabalhos), conforme apresentado no Gráfico 2.

Gráfico 2 – *Trajetória do número de publicações em eventos e periódicos em administração*

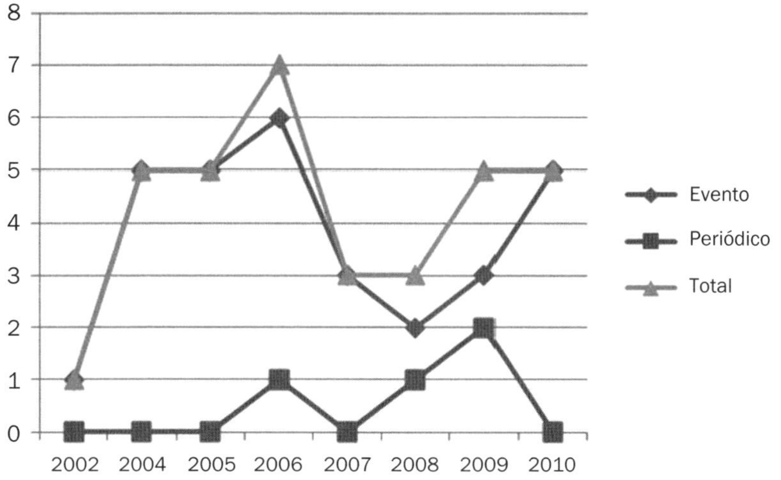

Fonte: Dados da pesquisa.

Uma futura pesquisa acerca da pesquisa-ação como método de pesquisa poderia ampliar o corte temporal de análise e realizar comparações entre a década anterior e a primeira década deste século, a fim de verificar ciclos sazonais ou relações entre o contexto sociocultural, econômico, político e tecnológico, com o uso da metodologia.

A Tabela 3 demonstra a distribuição anual dos artigos por anais de eventos em administração e o que se percebe é uma presença mais homogênea dentro do EnANPAD, podendo esse ser considerado o evento de maior relevância para a discussão da pesquisa-ação.

Tabela 3 – *Distribuição anual dos artigos por anais de eventos em administração*

Evento	2001	2002	2003	2004	2005	2006	2007	2008	2009	2010	Total
EnANPAD	0	1	0	4	5	4	3	1	3	4	25
EnEO	0	0	0	1	0	2	0	0	0	1	4
Simpósio	0	0	0	0	0	0	0	1	0	0	1
Total	**0**	**1**	**0**	**5**	**5**	**6**	**3**	**2**	**3**	**5**	**30**

Fonte: Dados da pesquisa.

Analisando a distribuição dos artigos entre os periódicos científicos selecionados, percebe-se que cada revista incluída na Tabela 4 publicou apenas um a partir do ano de 2006. Tais dados podem levar a concluir que não há uma regularidade de estudos com esse método, e que a publicação destes artigos é relativamente recente no Brasil.

Tabela 4 – *Distribuição anual dos artigos por periódicos em administração*

Periódico	2001	2002	2003	2004	2005	2006	2007	2008	2009	2010	Total
BAR	0	0	0	0	0	0	0	0	1	0	1
Produção	0	0	0	0	0	0	0	1	0	0	1
RAM	0	0	0	0	0	0	0	0	1	0	1
REAd	0	0	0	0	0	1	0	0	0	0	1
Total	0	0	0	0	0	1	0	1	2	0	4

Fonte: Dados da pesquisa.

Dentro desse contexto, uma informação que parece relevante é que não há um autor que a utilize regularmente. Veja a Tabela 5 a seguir. Do levantamento realizado, encontraram-se 83 autores e coautores envolvidos nas publicações dos 34 artigos encontrados, o que significa uma média pouco superior a dois artigos por estudo. De todos os autores listados, apenas dois – Marcos Bidart Carneiro de Novaes e Vânia Maria Jorge Nassif – aparecem em dois artigos, sendo que os demais apresentaram um trabalho, especificamente em periódicos e eventos nacionais de 2000 a 2010.

Tabela 5 – *Principais autores*

Autor	Evento	Periódico	Total	Autor	Evento	Periódico	Total
Marcos Bidart Carneiro de Novaes	1	1	2	José Carlos Marion	1	0	1
Vânia Maria Jorge Nassif	2	0	2	José Osvaldo De Sordi	1	0	1
Adelaide Maria Coelho Baeta	1	0	1	José Rogério Lopes	1	0	1
Adriel Rodrigues de Oliveira	1	0	1	Josir Cardoso Gomes	1	0	1
Albert Geiger	0	1	1	Joyce Liddle	0	1	1
Alexandre Nabil Ghobril	1	0	1	Joysinett M. da Silva	1	0	1
Aline Rodrigues Fernandes	1	0	1	June Marques Fernandes	1	0	1
Álvaro Eduardo Eiras	1	0	1	Leandro Costa Schmitz	1	0	1
Amarolinda Iara da Costa Z. Saccol	1	0	1	Lisângela da Silva Antonini	1	0	1
Amaury José Rezende	1	0	1	Lucia Maria Capanema	1	0	1
Ana Cristina de Faria	1	0	1	Luciana Paula Reis	1	0	1
Antonio Carlos Nogueira	1	0	1	Luiz Antonio Joia	1	0	1
Antonio Carlos Gil	0	1	1	Luiz Henrique de Freitas	1	0	1
Breno de Paula Andrade Cruz	1	0	1	Manuel Meireles	1	0	1
Carlos Alberto Gonçalves	1	0	1	Marcelo Tyszler	1	0	1

Autor	Evento	Periódico	Total	Autor	Evento	Periódico	Total
Carlos Alberto Pereira	1	0	1	Marcos Ricardo Pretto	0	1	1
Christiane Kleinübing Godoi	1	0	1	Maria Arlete de A. Barros	1	0	1
Cintia Manfredini	1	0	1	Maria Cecília Sobral	1	0	1
Claudia Simone Antonello	1	0	1	Mariana S. de Carvalho	1	0	1
Claudio Pitassi	1	0	1	Marilene Bertuol Guidini	1	0	1
Clerilei Aparecida Bier	1	0	1	Marisa Ignez dos Santos	1	0	1
Cristina Pereira Vecchio Balsini	1	0	1	Marlusa Gosling	1	0	1
Daniela Ferro de Oliveira	1	0	1	Miriam Borchardt	0	1	1
Diógenes de Souza Bido	1	0	1	Paulo Dimas R. de Menezes	1	0	1
Dirk Michael Boehe	1	0	1	Pedro Luiz da S.Bratkowski	1	0	1
Fabiano de Souza Valentim	1	0	1	Pedro Xavier da Penha	1	0	1
Fábio Lotti Oliva	1	0	1	Reinaldo Guerreiro	1	0	1
Fernanda da Vitória Lebarcky	1	0	1	Reynaldo Josue de Paula	1	0	1
Fernanda Sobrinho Arcanjo	1	0	1	Rezilda Rodrigues Oliveira	1	0	1
Fernando César B. Malafaia	1	0	1	Ricardo Corrêa Gomes	0	1	1
Fernando de Oliveira Vieira	1	0	1	Rodrigo Bousfield	1	0	1
Fernando Guilherme Tenório	1	0	1	Rogerio Matos Dias	1	0	1
Fu Kei Lin	1	0	1	Rosinha Machado Carrion	1	0	1
Gabriel Sperandio Milan	0	1	1	Rubens de Araujo Amaro	1	0	1
Georgia Patrícia da Silva	1	0	1	Silvana R. de Andrade	1	0	1
Giancarlo Medeiros Pereira	0	1	1	Silvia Generali da Costa	1	0	1
Glauciane da Piedade Rodrigues	1	0	1	Simone Ghisi Feuerschütte	1	0	1
Graziella Comini	1	0	1	Simone Martins	1	0	1
Helio Henkin	1	0	1	Valter de Assis Moreno Jr.	1	0	1
Hélio Janny Teixeira	1	0	1	Vanessa Padrão de V. Paiva	1	0	1
Janaína Macke	1	0	1	William dos Santos Melo	1	0	1
Jerry Adriane Pinto de Andrade	1	0	1				

Fonte: Dados da pesquisa.

Em contrapartida, quando analisadas as instituições de origem dos artigos, a distribuição já não se apresenta tão difusa. Cabe salientar que foram consideradas as instituições de origem, às quais os autores estavam vinculados na data da publicação do artigo, podendo ocorrer possíveis mudanças ao longo do tempo. Assim, as 30 instituições são apresentadas na Tabela 6, a seguir.

Tabela 6 – *Distribuição dos artigos por instituição de afiliação*

Instituição	Evento	Periódico	Total
USP – Universidade de São Paulo	10	0	10
UFMG – Universidade Federal de Minas Gerais	9	0	9
UFRGS – Universidade Federal do Rio Grande do Sul	7	1	8
UNISINOS – Universidade do Vale do Rio dos Sinos	2	2	4
Universidade Presbiteriana Mackenzie	4	0	4
FGV-RJ – Fundação Getulio Vargas do Rio de Janeiro	3	0	3
UDESC – Universidade do Estado de Santa Catarina	3	0	3
UFF – Universidade Federal Fluminense	3	0	3
UFV – Universidade Federal de Viçosa	2	1	3
IBMEC RJ	2	0	2
UFPE – Universidade Federal de Pernambuco	2	0	2
UFRJ – Universidade Federal do Rio de Janeiro	2	0	2
UNIVALI – Universidade do Vale do Itajaí	2	0	2
DETRAN-RS – Departamento de Trânsito do Rio Grande do Sul	1	0	1
Escola de Negócios Trevisan	0	1	1
FACCAMP – Faculdade Campo Limpo Paulista	1	0	1
FGV – SP – Fundação Getulio Vargas de São Paulo	1	0	1
IFMG – Instituto Federal de Minas Gerais	1	0	1
IGEA – Instituto Gaúcho de Estudos Automotivos	0	1	1
INSPER – Instituto de Ensino e Pesquisa	1	0	1
Nottingham Business School	0	1	1
PUC-RJ – Pontifícia Universidade Católica do Rio de Janeiro	1	0	1
PUC-SP – Pontifícia Universidade Católica de São Paulo	1	0	1
UFBA – Universidade Federal da Bahia	1	0	1
UFSC – Universidade Federal de Santa Catarina	1	0	1
UMA – Universidade da Madeira	1	0	1
UNINOVE – Universidade Nove de Julho	1	0	1
UCS – Universidade de Caxias do Sul	0	1	1
UNITAU – Universidade de Taubaté	1	0	1
USCS – Universidade Municipal de São Caetano do Sul	0	1	1

Fonte: Dados da pesquisa.

A Universidade de São Paulo (USP) é a instituição com maior representatividade, possuindo dez citações em estudos de pesquisa-ação, seguida da Universidade Federal de Minas Gerais (UFMG), com nove ocorrências, e da Universidade Federal do Rio Grande do Sul (UFRGS), com oito. É interessante observar que dessas três instituições, a maioria quase absoluta das citações refere-se a estudos publicados em eventos.

A próxima variável analisada verifica a abordagem utilizada nos artigos e, como não houve nenhum caso de estudo puramente empírico, a Tabela 7 apresenta apenas a distribuição anual dos trabalhos separando-os como teórico e teórico-empírico.

Tabela 7 – *Distribuição dos artigos por abordagem de pesquisa*

Ano	Teórica		Teórico-Empírica		Total	
	n	%	n	%	n	%
2001	0	0,00	0	0,00	0	0,00
2002	0	0,00	1	2,94	1	2,94
2003	0	0,00	0	0,00	0	0,00
2004	0	0,00	5	14,71	5	14,71
2005	0	0,00	5	14,71	5	14,71
2006	0	0,00	7	20,59	7	20,59
2007	0	0,00	3	8,82	3	8,82
2008	1	2,94	2	5,88	3	8,82
2009	1	2,94	4	11,76	5	14,71
2010	1	2,94	4	11,76	5	14,71
Total	**3**	**8,82**	**31**	**91,18**	**34**	**100,00**

Fonte: Dados da pesquisa.

Estudos teórico-empíricos representam aproximadamente 91% dos artigos encontrados, deixando evidente que os pesquisadores assumiram o objetivo de mudança da realidade social proposto pelo próprio método.

No Gráfico 3, é possível comparar as abordagens citadas em relação ao veículo de publicação, sendo visível que os artigos teóricos, apesar de poucos, distribuíram-se de forma equilibrada entre eventos e periódicos científicos.

Gráfico 3 – *Abordagem e veículo de publicação*

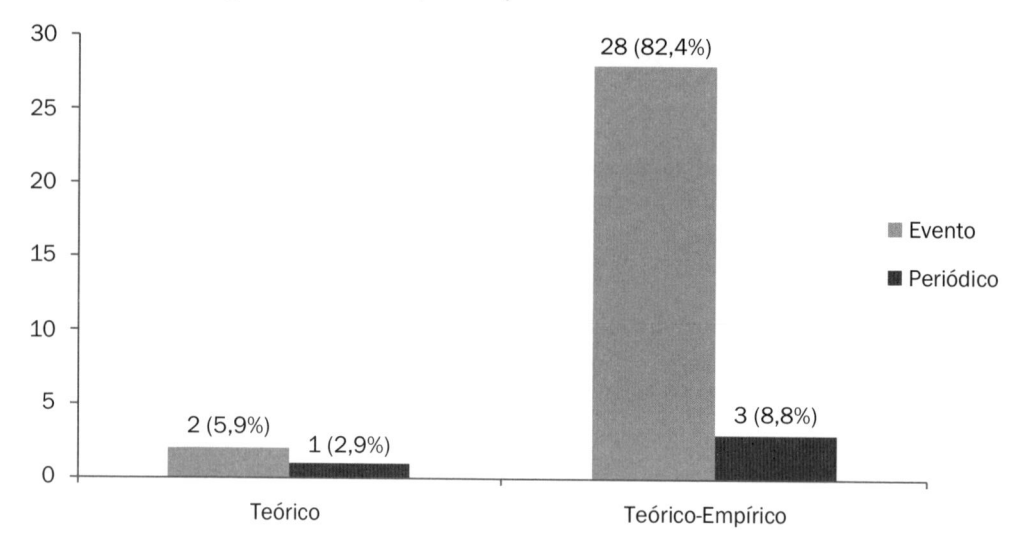

Fonte: Dados da pesquisa.

No que tange à identificação da área em que o artigo foi publicado, consideraram-se as macroáreas dos eventos da ANPAD e obteve-se a seguinte distribuição.

Tabela 8 – *Distribuição dos artigos por área*

Área	Evento		Periódico		Total	
	n	%	n	%	n	%
Ensino e Pesquisa em Administração e Cont.	5	14,71	1	2,94	6	17,65
Estudos Organizacionais	5	14,71	0	0,00	5	14,71
Gestão de Ciência, Tecnologia e Inovação	5	14,71	0	0,00	5	14,71
Estratégia em Organizações	4	11,77	0	0,00	4	11,77
Administração Pública	3	8,82	1	2,94	4	11,76
Gestão de Operações e Logística	2	5,88	1	2,94	3	8,82
Gestão de Pessoas e Relações de Trabalho	3	8,82	0	0,00	3	8,82
Finanças	2	5,88	0	0,00	2	5,88
Marketing	0	0,00	1	2,94	1	2,94
Administração da Informação	1	2,94	0	0,00	1	2,94
Total	**30**	**88,24**	**4**	**11,76**	**34**	**100,00**

Fonte: Dados da pesquisa.

Observando a Tabela 8, percebe-se que há certo equilíbrio entre as áreas no que diz respeito à publicação de trabalhos de pesquisa-ação em eventos, apenas a área de Marketing não possui artigo citando o uso do método durante o período pesquisado. Já no que diz respeito aos periódicos, Marketing, Administração Pública, Ensino e Pesquisa em Administração e Contabilidade e Gestão de Operações e Logística são as únicas áreas que publicaram com esse método, sendo apenas um artigo para cada área.

Para uma melhor visualização, o Gráfico 4 apresenta a distribuição dos artigos por áreas temáticas.

Gráfico 4 – *Distribuição de artigos por área*

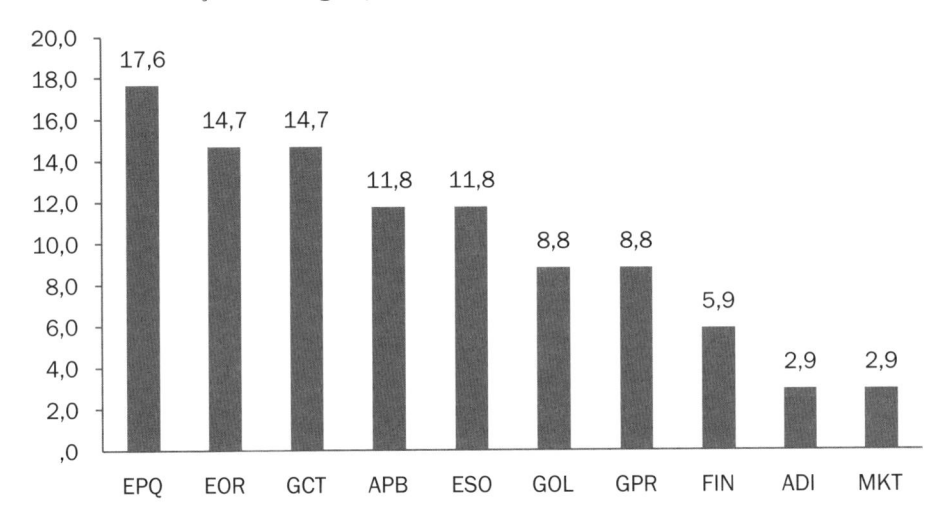

Fonte: Dados da pesquisa.

O que se percebe é que a área com maior número de publicações foi a de Ensino e Pesquisa em Administração e Contabilidade (17,6%), seguida de Gestão em Ciência, Tecnologia e Informação (14,7%) e Estudos Organizacionais, com 14,7% cada uma. Já as áreas com menor quantidade de publicações foram Administração da Informação e Marketing, ambas com 2,9% de participação. O gráfico apresentado a seguir demonstra a distribuição destes artigos considerando as áreas e a abordagem de pesquisa – teórica e teórico-empírica.

O Gráfico 5 revela que as áreas de Ensino e Pesquisa em Administração e Contabilidade e de Estudos Organizacionais atuaram em ambas as abordagens, e que a primeira foi mais representativa na abordagem teórica, o que talvez tenha relação com o próprio propósito epistemológico da área temática em apresentar reflexões e *insights* acerca do uso de metodologias na Administração.

Gráfico 5 – *Distribuição de artigos por área e abordagem*

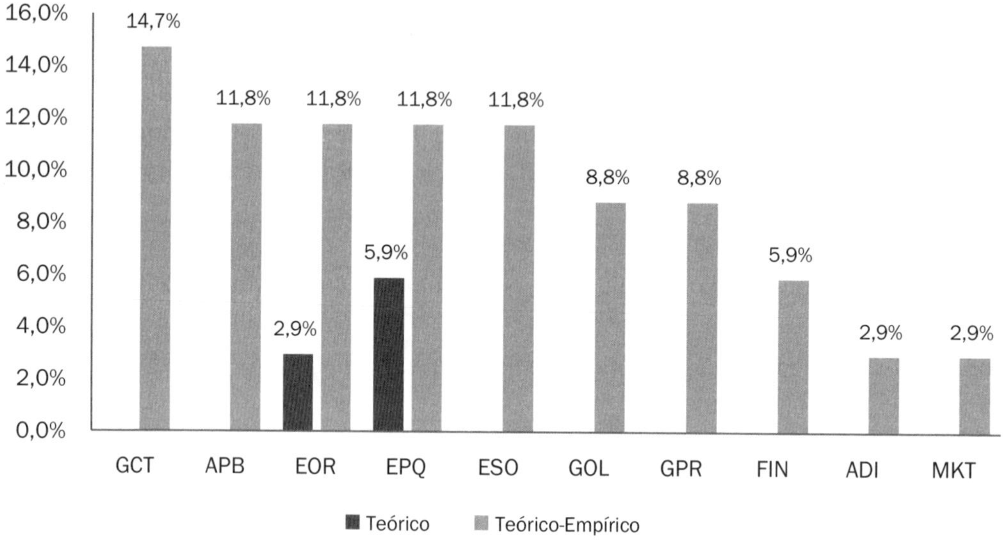

Fonte: Dados da pesquisa.

Nas Tabelas 9 e 10, a seguir, analisamos os métodos de coleta e análise dos dados dos artigos teórico-empíricos.

Tabela 9 – *Classificação dos artigos por técnica de coleta de dados*

Ano	Entrevista		Questionário		Observação		Pesquisa documental		Outras		Não informado	
	n	%	n	%	n	%	n	%	n	%	n	%
2001	0	0	0	0	0	0	0	0	0	0	0	0,00
2002	1	10	0	0	1	12,5	1	10	0	0	0	0,00
2003	0	0	0	0	0	0	0	0	0	0	0	0,00
2004	1	10	0	0	0	0	2	20	2	18	2	14,28
2005	0	0	1	50	0	0	0	0	2	18	3	21,43
2006	2	20	0	0	2	25	1	10	2	18	1	7,14
2007	1	10	1	50	1	12,5	2	20	1	10	0	0,00
2008	1	10	0	0	1	12,5	1	10	0	0	3	21,43
2009	2	20	0	0	2	25	1	10	2	18	4	28,58
2010	2	20	0	0	1	12,5	2	20	2	18	1	7,14
Total	**10**	**100**	**2**	**100**	**8**	**100,0**	**10**	**100**	**11**	**100**	**14**	**100,00**

Fonte: Dados da pesquisa.

De acordo com Thiollent (1997), a pesquisa-ação pode empregar uma estratégia mista para coleta de dados nas organizações estudadas, várias rodadas de coletas, utilizando técnicas confirmatórias ou até estratégias multimétodos (BREWER; HUNTER, 2006), por isso a contagem dos métodos de coleta não segue a soma do total de artigos pesquisados, visto que 11 artigos apresentaram mais de um método de coleta. Na avaliação dos capítulos de metodologia dos artigos pesquisados, o que se destaca na Tabela 9 e, de certa forma preocupa, é a quantidade de artigos aprovados que não detalham a forma de coleta de dados adotada, ou seja, 14 artigos deles, com destaque para os anos de 2005 (três), 2008 (três) e 2009 (quatro). A coleta a partir de entrevista e a análise documental dividem o primeiro lugar entre as formas citadas, seguidas pela coluna outros, na qual predomina o uso de grupos focais. É interessante destacar também a utilização de métodos múltiplos de pesquisa, onde em um trabalho o autor complementa o estudo de caso com a proposta da pesquisa-ação. As diferentes propostas de análises dos dados coletados foram identificadas e classificadas conforme apresentado na Tabela 10.

Tabela 10 – *Classificação dos artigos por técnica de análise de dados*

Ano	Análise de Conteúdo		Análise de Discurso		Análise Narrativa		Análise Quantitativa		Outras		Não informado	
	n	%	n	%	n	%	n	%	n	%	n	%
2001	0	0	0	0	0	0	0	0	0	0	0	0
2002	0	0	0	0	0	0	0	0	0	0	1	5
2003	0	0	0	0	0	0	0	0	0	0	0	0
2004	1	20	0	0	0	0	1	33	0	0	4	17
2005	0	0	0	0	0	0	1	33	0	0	4	17
2006	1	20	0	0	0	0	0	0	2	67	3	13
2007	0	0	0	0	0	0	1	34	0	0	2	9
2008	1	20	1	50	0	0	0	0	0	0	3	13
2009	2	40	0	0	0	0	0	0	0	0	3	13
2010	0	0	1	50	0	0	0	0	1	33	3	13
Total	5	100	2	100	0	0	3	100	3	100	23	100

Fonte: Dados da pesquisa.

Os números levantados e a análise dos capítulos de metodologia dos artigos pesquisados não demonstram preocupação dos autores com detalhes ou rigor metodológico. A grande maioria não detalha a metodologia de análise dos dados para tratamento científico do fenômeno estudado a partir da proposta de pesquisa-ação, 23 artigos não citam a metodologia. Na maioria das vezes, eles apresentam uma descrição geral da metodologia proposta pelos autores como Thiollent (1997), no lugar do detalhamento da sua metodologia utilizada. Outros autores concentram-se em detalhar como ocorreu a ação entre atores e pesquisadores sobre a situação-problema, apresentam as melhorias, mas não a forma como o problema foi identificado a partir de um método de coleta e análise dos dados.

Dos trabalhos que descrevem o método de análise dos dados coletados foram identificados cinco artigos que citam a análise de conteúdo, três que apresentam análise quantitativa, dois citam a análise do discurso e três citam outros métodos (*e. g.*, psicodrama). Entre os artigos publicados em periódicos, identificou-se um ensaio teórico sobre a metodologia, sem necessidade de apresentação de uma sessão de método de análise de dados, e apenas um artigo da BAR, que descreve o método de análise utilizado.

A próxima etapa deste capítulo traz a análise de três entrevistas realizadas com os principais autores identificados na pesquisa bibliográfica e que se destacaram pelo domínio ou pela aplicação da pesquisa-ação.

10.4 O USO DA PESQUISA-AÇÃO NA PERSPECTIVA DE PESQUISADORES BRASILEIROS

Esta seção encerra a reflexão acerca da pesquisa-ação enquanto método de pesquisa qualitativa. Nessa etapa, autores renomados na aplicação do método discutem as motivações, dificuldades e facilidades de aplicação, bem como perspectivas futuras da pesquisa-ação em pesquisas relacionadas à administração no contexto brasileiro. Três professores com experiência na aplicação do método contribuíram nessa discussão, sendo:

- Janaína Macke: Professora do Programa de Pós-graduação em Administração e do curso de graduação em Administração da Universidade de Caxias do Sul, graduada em Engenharia Civil pela Universidade Federal do Rio Grande do Sul (UFRGS), mestre em Engenharia de Produção pela Universidade Federal do Rio Grande do Sul (UFRGS) e doutora em Administração pela Universidade Federal do Rio Grande do Sul (UFRGS);

- Marcos Bidart Carneiro de Novaes: Sócio e Consultor da Potenciar Consultores, membro do corpo docente da Faculdade Tecnológica Potenciar e professor de cursos de pós-graduação. Graduado em Administração pela Faculdade Trevisan, mestre em Administração pela Universidade de São Caetano do Sul e doutor em Administração pela Universidade Presbiteriana Mackenzie;

- Vânia Maria Jorge Nassif: Professora do curso de pós-graduação em Administração da UNINOVE, graduada em psicologia pela Universidade de São Paulo (USP), mestre em Educação pela Universidade de Ribeirão Preto (UNAERP), doutora em Administração na Universidade Presbiteriana Mackenzie, pós-doutora em Administração na Fundação Getulio Vargas de São Paulo (FGV –SP) e livre-docente pela Faculdade de Economia, Administração e Contabilidade de Ribeirão Preto – USP.

Os três professores possuem familiaridade com a pesquisa-ação, pois já a utilizaram em pesquisas acadêmicas nos últimos dez anos, especialmente o pesquisador Marcos Bidart que publica artigos quase que exclusivamente utilizando-se da pesquisa-ação como método.

Na visão dos pesquisadores existem duas características comuns que proporcionaram a escolha da pesquisa-ação como método científico e investigativo: vincular a teoria à prática e uma vontade interna muito forte de visualizar uma mudança social gerada pela aplicação da pesquisa-ação. Tais características perpetuam a proposta dessa metodologia desde suas origens na década de 1960 (EDEN; HUXHAM, 1996; FALS BORDA, 2001; GREENWOOD; LEVIN, 2007). Apesar dos motivos comuns, a forma como o método foi adotado pelos pesquisadores diverge tanto quanto as diferentes facetas teóricas encontradas na revisão bibliográfica apresentada anteriormente.

Janaína Macke e Marcos Bidart buscaram a pesquisa-ação de forma específica para responder aos seus problemas de pesquisa, ou seja, foi uma escolha consciente e dirigida. Já a pesquisadora Vânia Nassif afirma que chegar a essa metodologia não foi de todo racional e sim um processo de descoberta em função da disciplina de Seminários que ministrava na graduação. Vânia buscou um método que desse respaldo à construção de conhecimento que estava ocorrendo em sala de aula e chegou ao método em leituras de Estelle Morin.[1]

De um modo geral, os autores consideram de grande valia a interação da pesquisa acadêmica com a prática profissional, salientam que a academia deveria trafegar com mais frequência entre os praticantes e justificam dizendo que o conhecimento construído e represado nas universidades não alcança as empresas ou a realidade dos praticantes, outra opinião convergente e compartilhada pela academia internacional (EDEN; HUXHAM, 1996).

Vânia Nassif, como dito anteriormente, descobriu a pesquisa-ação em meio a um estudo qualitativo sobre a construção de conhecimento em sua disciplina na graduação. Janaína Macke utilizou o método em sua dissertação de mestrado, analisando situações práticas do sistema de produção de uma indústria multinacional no Brasil. Bidart escolheu conscientemente a pesquisa-ação participando de iniciativas do programa de mestrado e doutorado que proporcionavam o uso do método. Contudo, nenhum deles estava ligado a grupos de pesquisa específicos sobre o método que permitiam ou proporcionavam o uso do método.

Quando questionados sobre o comportamento do pesquisador ao realizar pesquisa usando a pesquisa-ação, os autores foram unânimes em afirmar que, além de ser necessário aprofundar-se previamente sobre a utilização do método, o pesquisador não pode confundi-lo com consultoria. Ou seja, todos os atores praticantes devem ser envolvidos no estudo e devem partir deles as propostas de mudanças e não apenas dos proprietários ou diretores da empresa. Janaína Macke reforça a proposta social do método defendida por Fals Borda (2001), Greenwood e Lewin (2007) e Eden e Huxhan (1996):

---

[1] Estelle M. Morin é professora da HEC Montreal, diretora do Centro de Pesquisa para o Trabalho, Efetividade e Saúde Organizacional, Ph.D. em psicologia pela Université de Montréal e especialista em pesquisa de significados do trabalho. Fonte: <http://www.hec.ca/en/profs/estelle.morin.html>.

nós, enquanto pesquisadores, não impomos ideias, fazemos com que as pessoas sejam munidas de recursos cognitivos para que elas cheguem às conclusões. Fazemos dinâmicas, discussões, mostramos um livro e ela chega à conclusão que tem que fazer alguma coisa. Os *insights* são resultado da interação do grupo. Não se pode chegar com a resposta pronta, é preciso deixar isso emergir do grupo e envolver a todos.

Marcos Bidart vai além ao afirmar que deve haver, por parte do pesquisador

autenticidade e compromisso. Ser honesto sem se fazer passar pelo que eles [pesquisadores] não são. Deixar claro que você é uma pessoa de universidade e pode ajudar com conhecimento. Garantir ao grupo que eles têm liberdade política, religiosa, de modo a deixá-los confortáveis. Devolver as reflexões ao grupo em uma linguagem que eles compreendam, o pesquisador deve saber ouvir e transmitir discursos de diferentes sintaxes.

Considerando esse papel do pesquisador, os autores sugerem a utilização da pesquisa--ação em contextos e situações de problemas complexos. Macke sugere, ainda, que o problema seja passível de solução dentro da própria organização, não sendo muito distante de sua solução, isto é, "*dentro do paradigma vigente, a empresa tenha condição de migrar para um novo paradigma para poder atingir seu objetivo*". Ao mesmo tempo, a autora afirma ainda que o método pode ser usado para uma mudança além da concreta, uma mudança de pensamento, preparando a empresa para uma nova realidade. Bidart salienta também que é possível usar a pesquisa-ação tanto para ajudar um assentamento do Movimento dos Sem Terra (MST), quanto para um grupo de funcionários "*aumentar a qualidade total da empresa*". Dessa forma, recomenda o método quando

o problema de pesquisa for transformativo, de mudança de uma dada realidade na qual o pesquisador e os sujeitos da prática, aqueles que fazem o dia a dia, reflitam sobre as próprias ações e definam os objetivos de forma cíclica.

Ao mesmo tempo, os autores levantam situações onde não seria adequado o uso da pesquisa-ação enquanto metodologia de pesquisa. O principal fator impeditivo levantado pelos entrevistados diz respeito ao objetivo do estudo, como diz Bidart, "*o método deriva de um problema de pesquisa*". Eles concordam que objetivos meramente descritivos não se encaixam com a proposta do método e sugerem utilizar outros métodos. Em seguida, identificam a limitação de tempo disponível para o estudo. Macke reforça que em situações de mudanças organizacionais muito amplas e naquelas que não estejam ao alcance da capacidade dos atores envolvidos a utilização da pesquisa-ação deve ser repensada.

Nassif aborda a questão das dificuldades da aplicação do método a partir de fatores comportamentais do pesquisador. Ela argumenta que se o pesquisador não consegue estabelecer vínculos com o grupo, o trabalho pode ficar comprometido. Bidart reforça dizendo que o método envolve lidar com pessoas, seus paradoxos e ambiguidades e o pesquisador não tem total controle sobre os objetivos, já que é uma construção do próprio grupo. Por isso, todos destacaram a habilidade do pesquisador em conduzir a pesquisa,

[Bidart] Na pesquisa-ação é possível que você leia as linguagens verbais e não verbais e acesse a verdade [...]

[Nassif] A maior dificuldade é a condução, sem manipular dados, cuidar para não deixar o grupo rachar e se rachar, o que fazer com isso. [...] tem que estar de prontidão pra lidar com imprevistos.

Assim como Thiollent (1997) argumenta, é preciso desenvolver então a percepção aguçada para saber quais são os momentos nos quais intervir sem prejudicar a naturalidade da participação e da autonomia dos praticantes (na definição e implantação da ação), sem perder o foco do estudo. Em função da delimitação do tempo, o pesquisador precisa perceber também a melhor hora para encerrar as análises científicas encerrar a pesquisa e separá-la da ação. Concluindo as limitações sobre o método, Nassif comenta sobre dificuldades enfrentadas na aceitação da pesquisa-ação pela academia brasileira. Ela cita desconhecer a quantidade e preparo dos avaliadores de trabalhos científicos que usam esse método. Os demais autores convergem argumentando sobre desacordos nos critérios estabelecidos para avaliar os artigos qualitativos como um todo.

Para superar essas dificuldades, Nassif recomenda que o pesquisador leia muito a respeito do método e participe de estudos junto de pesquisadores mais experientes. Macke enfatiza a organização, a construção de um diário de campo, controle rígido do tempo e um planejamento detalhado do processo, pois *"ainda que a geração do conhecimento seja difusa o moderador deve ter um fio condutor, a pesquisa-ação pressupõe capacitação"*. Em consonância, Bidart recomenda um protocolo inicial bem planejado, descrevendo e detalhando quanto tempo deve durar a participação do pesquisador e o que pretende atingir em cada uma das etapas do estudo.

Os entrevistados reforçam a importância de critérios de validade e confiabilidade dos estudos e relacionam essa dificuldade à própria condição da pesquisa qualitativa como um todo. Bidart destaca a busca por autenticidade, plausibilidade, criticidade e reflexividade, enquanto Macke sugere seguir as regras propostas por Yin (2011), com especial atenção para a triangulação de dados, visando à generalização analítica do objeto de estudo.

Já no que diz respeito às facilidades e vantagens do uso dessa metodologia, a pesquisadora Janaína Macke salienta que a pesquisa-ação pode gerar vários benefícios para a ciência, como a produção de novos conhecimentos, *novos insights* e a possibilidade de relacionar e aplicar conceitos das mais diversas áreas de conhecimento no campo de pesquisa. Isso é complementado por Marcos Bidart, quando afirma que pesquisadores mais inquietos, que procuram ver a ação dos seus questionamentos podem lidar melhor com o método. Vânia Nassif segue caminho parecido, destaca a participação junto ao campo pesquisado, o prazer e a realização ao perceber os resultados construídos junto com os praticantes.

Os autores consideram que há boas perspectivas para a pesquisa-ação no Brasil, pois o método tem muito a oferecer na relação teoria e prática. Apesar disso, demonstram estarem conscientes de sua limitação de uso e que a própria academia é o principal fator que limita sua disseminação. Comentam que a área da administração, inclusive os institutos de pesquisa e fomento científico, premia métodos que tenham critérios rigorosos de validação com característica quantitativa que forçam o uso de métodos quantitativos, muitas vezes comprometendo a relação entre o objeto pesquisado e o método apropriado. Os autores entrevistados afirmaram que as metas de pontuação no triênio são utilizadas como ferramenta de avaliação de seus desempenhos e isso dificulta muito as tentativas de estudo utilizando pesquisa-ação, já que é um método que demanda grande dedicação do pesquisador, amplo tempo de aplicação e análise, reduzindo o potencial de produção.

COMENTÁRIOS FINAIS

A pesquisa participativa brasileira em Administração e dos últimos dez anos, representada neste capítulo pela pesquisa-ação, possui semelhanças aos estudos e debates internacionais estudados quanto a: características de forma, postura do pesquisador e as dificuldades enfrentadas com preconceitos da academia tradicionalmente positivista. Tanto a literatura revisada como os autores entrevistados trazem a preocupação com o objeto de pesquisa, a voz dos atores praticantes, a abordagem e postura do pesquisador, o que indiretamente traz uma reflexão sobre o posicionamento epistemológico do pesquisador e faz uma crítica à visão objetiva da realidade. Os autores estrangeiros pesquisados e os entrevistados convergem sobre o fato de que essa metodologia percebe os objetos de pesquisa a partir das interações sociais entre os atores e os pesquisadores. A situação-problema e as ações de mudança são discutidas, concordadas ou refutadas na negociação entre os praticantes e com apoio dos pesquisadores.

Todos os artigos revisados e pesquisadores entrevistados convergem sua atenção para o conhecimento produzido na prática, no debate sobre a prática atual do campo pesquisado e a possibilidade de melhoria dessa prática a partir da interação entre atores e pesquisadores. Essa proposta, de acordo com o estudo realizado, vai ao encontro das premissas objetivas da pesquisa em administração e pode ser suplantada pelos critérios de avaliação da academia brasileira. Por isso, todos concordam que é preciso zelar pelo rigor do método.

O que se percebe, de diferente, entre os textos internacionais e a revisão do decênio de produção brasileira é que os trabalhos internacionais possuem mais rigor e profundidade de análise qualitativa no uso do método, assim como, percebe-se mais espaço na academia internacional para construção de conhecimento a partir da pesquisa intervencionista. Desde autores mais funcionalistas como Thiollent (1997), passando por propostas construtivistas (EDEN; HUXHAM, 1996) e críticos sociais mais preocupados com o efeito emancipatório da pesquisa (FALS BORDA, 2001), dão especial atenção para o espaço de debate sobre os objetos de pesquisa, os métodos utilizados, o campo de pesquisa, o contexto e os resultados encontrados em suas diversas formas (DICK, 2009). Assim como outras vertentes de pesquisa epistemologicamente mais subjetivas, é possível perceber o esforço contínuo desses acadêmicos estrangeiros na conquista do reconhecimento e do respeito sobre o conhecimento produzido a partir dessa proposta metodológica, assim como foi possível observar o espaço conquistado até então. Desde o apoio de grandes editoras na produção de *handbooks*, a presença de revisores sobre livros e trabalhos na área, o apoio de *journals* (especializados ou não) que concedem espaço para as várias abordagens e vertentes do método.

O "saldo" que fica após a revisão sobre os dez anos de pesquisa-ação em administração no Brasil é a percepção de que a academia nacional ainda não parece acreditar suficientemente na metodologia, apesar do respeito prestado a autores como Paulo Freire. Apesar da crença e da dedicação apresentada pelos autores entrevistados, eles registram a falta de espaço acadêmico que apoie o amadurecimento da metodologia na pesquisa em administração. Outros fatos identificados durante a revisão bibliométrica e que reforçam essa percepção são: a baixa quantidade de artigos publicados no decênio (34) e a reduzida frequência de autores que repetiram o uso do método. Espera-se então que este capítulo possa contribuir para promover o amadurecimento no uso da pesquisa participativa entre os pesquisadores de administração, assim como, apoiar pesquisadores e revisores na busca pelo rigor metodológico necessário para a construção do conhecimento científico, independentemente da escolha epistemológica e metodológica.

REFERÊNCIAS

BARBIER, R. **A pesquisa-ação na instituição educativa.** Rio de Janeiro: Jorge Zahar, 1985.

BREWER, J.; HUNTER, A. **Foundations of multimethod research**: synthetisizing styles. Thousand Oaks: Sage, 2006

COUGHLAN, D. Insider action research: opportunities and challenges. **Management Research News**, v. 30, nº 5, p. 335-343, 2007.

DICK, B. Action research literature: themes and trends. **Action Research**, v. 2, nº 4. p. 425-444, 2004.

_____. Action research literature 2004-2006: themes and trends. **Action Research**, v. 4, nº 4. p. 439-458, 2006.

_____. Action research literature 2006-2008: themes and trends. **Action Research**, v. 7, nº 4. p. 423-441, 2009.

_____. Action research literature 2008-2010: themes and trends. **Action Research**, v. 9, nº 2. p. 122-143, 2011.

DICK, B.; STRINGER, E.; HUXHAM, C. Theory in action research. **Action Research**, v. 7, nº 5. p. 5-11, 2009.

EDEN, C.; HUXHAM, C. Action research for management research. **British Journal of Management**, v. 7, p. 75-86, 1996.

FALS BORDA, O. Participatory (Action) research in Social Theory: origins and challenges. In: BRADBURY, H.; REASON, P. (Ed.). **Handbook of action research**. London: Sage, 2001. p. 27-37.

FRANCISCO, E. R. RAE-Eletrônica: Exploração do Acervo à Luz da Bibliometria, Geoanálise e Redes Sociais. **Revista de Administração e Economia**, v. 51, nº 3, p. 280-306, 2011.

FREIRE, P. **Pedagogia do oprimido**. Rio de Janeiro: Edições Paz e Terra, 1970.

FRENCH, S. Action research for practising managers. **Journal of Management Development**, v. 28, nº 3. p. 187-204, 2009.

GLASER, B. G.; STRAUSS, A. L. **The discovery of Grounded Theory**: strategies for qualitative research. Chicago: Aldine, 1967.

GREENWOOD, D. J.; LEVIN, M. **Introduction to action research**: social research for social change. 2. ed. London: Sage, 2007.

LUDEMA, J. D.; COOPERRIDER, D. L.; BARRETT, F. J. Appreciative inquiry: the power of the unconditional positive question. In: BRADBURY, H.; REASON, P. (Ed.). **Handbook of action research**. London: Sage, 2001. p. 189-199.

MACKE, J. A Pesquisa-Ação como estratégia de pesquisa participativa. In: GODOI, C. K.; BANDEIRA-DE-MELLO, R.; SILVA, A. B. (Ed.). **Pesquisa qualitativa em estudos organizacionais**: paradigmas, estratégias e métodos. São Paulo: Saraiva, 2010. p. 207-240.

REASON, P.; BRADBURY, H. Introduction: Inquiry and participation in search of a world worthy of human aspiration. In: REASON, P.; BRADBURY, H. (Ed.). **Handbook of action research**. London: Sage, 2001. p. 1-14.

SCHON, D. **The reflective practitioner.** New York: Basic Books, 1983.

THIOLLENT, M. **Pesquisa-ação nas organizações**. São Paulo: Atlas, 1997.

YIN, R. K. **Qualitative research from start to finish**. New York: The Guilford Press, 2011.

11

Pesquisa Histórica

Thiago Cavalcante Nascimento, Rafael Borim-de-Souza,
Carlos Osmar Bertero e Eloy Eros da Silva Nogueira

11.1 INTRODUÇÃO

Falar de pesquisa histórica demanda alguns esclarecimentos iniciais. Não se trata de ver na história apenas uma metodologia de pesquisa, mas de ver como a história pode nos levar a perceber na realidade administrativa e organizacional aspectos e dimensões que de outra maneira nos passariam despercebidos. Todavia, a história tem seus métodos de pesquisa com os quais se constrói o saber histórico e esse aspecto tem importância num livro como este, no qual se aborda a metodologia de tipo qualitativo na administração e nas ciências sociais.

Retomando a célebre colocação de Aristóteles de que a curiosidade é o grande móvel do conhecimento (ARISTÓTELES, 1973), constatamos que o ser humano sempre foi movido pela curiosidade de saber sobre o seu passado. Se a curiosidade sobre o passado era um vetor, outro era o de deixar registrado o presente para os que vivessem posteriormente. Curiosidade sobre o que foi e desejo de registrar o que acontece foram os dois elementos que levaram o ser humano, desde a Antiguidade, a gerar o que atualmente chamamos de historiografia, ou simplesmente, e atendo-se à semântica, a escrever a história.

Administração e Estudos organizacionais têm se beneficiado e reciprocamente beneficiaram diversas ciências sociais. As contribuições e a utilização de variáveis e teorias sociológicas, econômicas, antropológicas e psicológicas têm sido uma constante desde o momento em que a área se consolidou. Mas a presença da história tem sido mais discreta e de alguma maneira subutilizada. Não é apenas a curiosidade desinteressada que pode ser o móvel do conhecimento. O conhecimento pode ser movido também pelo interesse em controlar o ambiente e direcionar a ação humana. Nessa perspectiva, a história pode desinteressadamente nos levar a ver o que foi o passado da administração, de organizações em particular e também de pessoas que foram relevantes, mas pode também buscar no passado exemplos, modelos a emular, bem como equívocos a evitar. Exemplos clássicos seriam *Plutarch: lives of the noble Grecians and Romans* (PLUTARCH, s.d.), e na literatura de história dos negócios ou história empresarial vários são os exemplos de livros escritos com o objetivo de registrar a vida e o empreendimento de determinados empresários, frequentemente conferindo a eles um caráter de exemplaridade.

11.2 FUNDAMENTOS E DESENVOLVIMENTOS RECENTES DA HISTÓRIA ENQUANTO FORMA DE CONHECIMENTO

A história, embora remonte à Antiguidade clássica, tendo como fundadores Heródoto e Tucídides é também encontrada noutras culturas. A parte da Bíblia denominada pelos cristãos de Antigo Testamento contém um número apreciável de livros que são considerados históricos, por conterem a narrativa de determinado período da vida e do itinerário do povo judeu. Mas, ao longo dos séculos, a história foi sendo alterada como forma de conhecimento, passando a constituir preocupação de teólogos, filósofos e mais recentemente de epistemólogos e de acadêmicos voltados a metodologias de pesquisas. Atualmente, há razoável divergência sobre o que seria a história. Ela pode ser vista desde um relato que a aproximaria da literatura e particularmente do gênero ensaio, até aqueles que a veem como ciência de rigor, próxima de uma ciência positiva, fazendo uso de técnicas de pesquisa que deveriam assegurar na medida do possível a comprovação empírica.

O escopo da história sofreu profundas alterações. Nas suas origens clássicas, a historiografia detinha-se sobre homens e situações ilustres e sobre a vida de povos e nações que teriam sido vistos como relevantes. Tal abordagem limitou a história a dimensões públicas e militares. Atualmente, o escopo da história transcendeu o público e o político, não se limitando a homens considerados ilustres, mas passou a abarcar a história da cultura, dos costumes, das artes, da economia, das mulheres etc. e chegou até o domínio da vida privada. Mais ainda, por influência do pós-modernismo, desenvolve-se atualmente uma abordagem batizada de micro-história, que abdica naturalmente de tudo que possa querer conferir um sentido temporalmente mais amplo à história (GINZBURG, 1987; ALMEIDA; OLIVEIRA, 2009). Assim se detém na descrição e análise, não necessariamente objetiva, de fatos e episódios não necessariamente considerados relevantes da perspectiva da historiografia tradicional.

11.2.1 A história tradicional

A periodização da história como sendo tradicional é uma arbitrariedade desses autores. Portanto, é conveniente que se estabeleçam os limites do que se pretende como tradicional. Amplamente definido, consideraremos como tradicional a abordagem da história e a maneira de produzir história que existiu desde os primórdios da historiografia até o aparecimento das ciências sociais e do impacto que estas exerceram sobre a história.

A historiografia ocidental originada na Antiguidade Clássica sofreu o impacto do cristianismo já nos primeiros séculos de nossa era. A obra decisiva *A Cidade de Deus* (SANTO AGOSTINHO, 2012) foi escrita por Santo Agostinho em 410. O momento é particularmente difícil para os cristãos romanos. Roma havia sido saqueada pelos godos e não faltaram os que alegaram estarem os romanos sendo punidos pelo abandono do politeísmo romano em favor do cristianismo, àquela altura já proclamada como religião oficial do Império Romano.

Agostinho adota não somente uma postura de defesa do cristianismo, mas propõe o que se poderia chamar de uma teologia da história, onde procura conferir significado à existência humana. A história deixa de ser vista como uma arbitrária sucessão de impérios e imperadores, de batalhas com vencedores e vencidos, para ser entendida como um caminhar da humanidade segundo o que estabelecia a doutrina judaica e o cristianismo. Na verdade, a teologia da história de Agostinho é uma adequação dos fatos e do desenrolar da história humana como entendidos no contexto do que se chama o drama da salvação. A humanidade é marcada por uma desobediência substantiva à vontade divina, o pecado original, que introduziu no mundo a dor, a morte e o sofrimento. A oportunidade de salvação ou de redenção é oferecida por Deus com o envio de seu filho e consequentemente surge então a dualidade das duas cidades. A cidade do homem e a cidade de Deus. A primeira é aquela em que os seus habitantes estão voltados às glórias, riquezas, prazeres e sucesso deste mundo. A outra cidade, a de Deus, é onde os habitantes adotaram o cristianismo e buscam a santidade, definida pelos padrões da nova religião.

O impacto da Cidade de Deus não pode ser minimizado porque contém elementos que serviriam numa vertente secularizada a muitos dos conceitos que se desenvolveram na modernidade. Talvez o mais importante deles seja o conceito de progresso. Na verdade, a teologia agostiniana da história implica em progresso onde a humanidade pode caminhar do pecado e da ruptura com Deus em direção à santidade. O progresso, ou seja, a aquisição de virtudes cristãs que conduzam à santidade é uma possibilidade. O que aqui está contido é o próprio conceito de perfectibilidade do ser humano. E mais amplamente a ideia de progresso, ou seja, de que o tempo é o local, onde se pode caminhar em direção a uma mudança que aperfeiçoe o ser humano. A ideia de progresso desabrochará com toda a sua força muitos séculos depois no Iluminismo e posteriormente influenciará todo o pensamento do século XIX e metade do século XX. Mas suas raízes são religiosas e a obra de Santo Agostinho é o ponto inicial de construção de um significado da história humana que contém um caminhar progressista.

Na sequência, há a monumental obra de J. B. Bossuet, *Discours sur l'histoire Universelle* (BOSSUET, 1875), escrita em 1681 como texto para a educação do delfim, de quem era preceptor. O trabalho de Bossuet sistematiza, ainda numa perspectiva judaico-cristã, a história da humanidade, sistematizando-a em épocas, episódios religiosos importantes e terminando com a descrição sobre os grandes impérios que até então existiram. Embora o trabalho de Bossuet possa ser considerado em grande medida uma obra teológica, pois considera a doutrina judaico-cristã como dotada de veracidade indiscutível, e sirva de fundamento a parte de sua sistematização, é inegável que o texto contém elementos importantes para o evoluir da filosofia da história.

O século XIX conteve desenvolvimentos e transformações decisivas para a história e podemos dizer que nele se encerra o período que aqui designamos de tradicional para a história dando início a uma nova fase no desenvolvimento da história que se estende desde então até os nossos dias. Mas, antes que o século XIX se encerrasse, foram produzidos textos e concepções de filosofia da história que marcam até o presente as interpretações que se fazem do itinerário da humanidade. Merece especial destaque a filosofia da história de G.W. Hegel (HEGEL, 2009). Escrita no período final da vida do filósofo Hegel não separa a filosofia da história de sua filosofia. O idealismo hegeliano é apontado como o ápice do idealismo filosófico alemão. Dessa maneira, a história não é outra coisa senão a realização no tempo do Espírito (Geist) Absoluto. E a história é o local onde se realiza a dialética que pode ser colocada, muito simplificadamente, como o encontro e a superação dos contrários em função de uma síntese entendida como dotada de superioridade face à tese e a antítese que a originaram. O hegelianismo estende sua influência por todo o pensamento do século XIX e chega aos nossos dias. O discípulo mais conhecido de Hegel foi Karl Marx, que utilizou a dialética do mestre, mas materializando-a. O que move a história não é mais a realização do Espírito absoluto, mas a luta de classes que é movida por fatores exclusivamente econômicos. Essa luta levará ao final da história que seria a sociedade comunista.

Ainda no século XIX, mas não mais na tradição germânica, temos o positivismo de Auguste Comte. A epistemologia do positivismo serve também como matriz para a sua filosofia da história. Se o conhecimento passou por três etapas, a teológica, a metafísica e a positiva, igualmente a história da humanidade pode ser entendida como progredindo ao longo de três atitudes ou posições que contêm as mesmas características epistemológicas das três formas de conhecimento. A concepção da história de Auguste Comte é herdeira do Iluminismo e de seu conceito de progresso. Denota igualmente confiança absoluta na razão e na construção de um império da racionalidade como o fim da história humana. O apanágio de tal concepção é a Religião da Humanidade, forma de solidariedade humana que deixará para trás, como formas mais recuadas, as religiões tradicionais e mesmo as formas de conhecimento denominadas metafísicas.

As três filosofias da história aqui enumeradas, o hegelianismo, o marxismo e o positivismo, são inegavelmente herdeiras da tradição Iluminista do século XVIII e como tal são fundamentalmente otimistas com relação ao evolver da humanidade e preconizam um final da história sempre feliz. Essas concepções passaram já no século passado por pesadas críticas, mas mesmo no século XIX há notas de pessimismo, embora discretas e não constituindo o pensamento dominante. Caberia menção a Spengler (SPENGLER, 1922) e sua profecia anticlimática da decadência do Ocidente. Desnecessário lembrar que o pensamento dos três filósofos acima mencionados era claramente etnocêntrico. O ocidente, e mais especificamente a Europa, era o centro e referência, considerando o evoluir da história ocidental, mais especificamente europeia, como o itinerário a ser tomado como exemplar e a ser seguido pelo restante da humanidade, necessariamente, mais retardada ao trilhar a senda do progresso. No início do século XXI, quando se fala em aumento de importância da Ásia e se fala num mundo globalizado, mas pós-americano, seria conveniente relembrar as advertências de Spengler.

11.2.2 O impacto das ciências sociais – linguística, paleontologia e arqueologia

A segunda metade do século XVIII e o século seguinte marcam o aparecimento das ciências sociais, também chamadas de ciências humanas e menos frequentemente de ciências do espírito (*Geisteswissenschaften*). A história pode ser considerada como passível de incorporação a esse grupo de ciências. Todavia, isso não é unânime. Muitos discordarão e defenderão que a história deve permanecer isolada das ciências sociais e dos debates que epistemologicamente se travam em torno da natureza, da metodologia e do alcance dessas ciências.

O fato decisivo é que a historiografia não teve mais condições, após o aparecimento das ciências sociais de ignorá-las na construção do relato histórico. A simples delimitação de objetos das diversas ciências sociais abria, por si só, novas perspectivas para a história. Se considerarmos o objeto da sociologia, porque não expandir a história social? Se o objeto for a economia, por que não expandir a história econômica e assim por diante? Portanto, as ciências sociais não só expandiram o objeto do relato histórico como trouxeram para a história variáveis e indagações surgidas no âmbito das diversas ciências sociais.

A alteração no estatuto da história enquanto área de conhecimento humano passou por grandes alterações também em função da expansão europeia. O século XIX é o momento em que o imperialismo europeu conhece um ponto alto. Não teve então o seu início, uma vez que Espanha, Portugal e Holanda precederam os grandes impérios coloniais inglês e francês do século XIX. A Revolução Industrial fez com que a busca de colônias, especialmente na África e na Ásia, fosse não somente para buscar matérias-primas e insumos importantes para a industrialização (minérios e petróleo), mas também por razões geopolíticas. O interesse pelo passado de alguns povos incluídos no círculo colonial se aguçou. Foi o caso do Oriente Médio. O desenvolvimento da arqueologia esteve inegavelmente ligado ao imperialismo em sua fase inicial, bem como o interesse pelas línguas daqueles povos, especialmente por aquelas que já tinham a condição de línguas mortas. Outro fruto não pequeno do imperialismo foi o aumento do acervo dos grandes museus europeus. Vide o acervo até hoje encontrado no Museu Britânico, no Louvre, no Museu Vaticano e no Museu de Berlim.

A paleontologia permitiu mergulhos no passado até então impensáveis, e a interdisciplinaridade, que leva à possibilidade de datação de fósseis e de matérias que estavam soterrados, levou a que se aprofundasse não apenas a história, mas abriu nova fase para ampliar o conhecimento da pré-história.

11.2.3 A história e as ciências sociais enquanto ciências positivas: a École des Annales

O século XIX foi particularmente rico para o desenvolvimento da história. Além da influência vinda da filosofia da história, que teve no século XIX três grandes momentos com o hegelianismo, o marxismo e o positivismo, há ainda o aporte e a influência das nascentes ciências sociais. Essa influência se fez sentir não só pela criação de possibilidades de histórias específicas, econômica, literária, social etc., mas pelo uso de conceitos, teorias e metodologias desenvolvidas pelas novas ciências. O impacto se fez sentir na transição entre os séculos XIX e XX, mas nenhuma "escola" foi tão marcada pela influência das ciências sociais como a École *des Annales*.

O movimento rumo a um novo tipo de história foi iniciado em 1929 por meio de uma atuação mais expressiva de dois professores da Universidade de Estraburgo, Marc Bloch e Lucien Febvre. Coube a esses pesquisadores a responsabilidade de lançar a revista *Annales d'Histoire Économique et Sociale.*

A publicação do primeiro número desse periódico simbolizou a abertura da história, enquanto disciplina, para temáticas e métodos advindos de outras ciências humanas, o que ocorreu pela introdução de novos problemas de pesquisa, novos métodos de investigação e novas abordagens para analisar o que era até então conhecido como pesquisa histórica (CASTRO, 1997).

Essa nova historiografia intentava ampliar o domínio historiográfico ao disseminar a compreensão da história como o estudo do homem no tempo pela redefinição de conceitos fundamentais, tais como o que viria a ser um documento, um fato histórico e a própria noção de tempo. Os pesquisadores que se filiaram aos propósitos da nova história acabaram por entrar em consenso quanto a alguns ideais e diretrizes, os quais, de acordo com Burke (1997), podem ser resumidos nos seguintes itens:

- a substituição da tradicional narrativa de acontecimentos por uma história-problema;

- a história de todas as atividades humanas e não apenas das atividades políticas;

- a colaboração de e com outras disciplinas: Geografia, Sociologia, Psicologia, Economia, Linguística e Antropologia Social, ou seja, com as ciências sociais de modo geral;

- a introdução de diversos aspectos da vida social nos estudos da história: a vida diária, o povo, as coisas, bens produzidos pela humanidade, bens consumidos pela humanidade, a civilização material, as representações coletivas e a história sociocultural;

- ênfase na história econômica, demográfica e social, salientando os aspectos sociais pela priorização de estudos regionalizados, coletivos e comparativos em detrimento das análises episódicas e individuais;

- a descoberta e a utilização de novas fontes: a tradição oral e os vestígios arqueológicos.

Esse grupo de pesquisadores passou a ser conhecido como grupo dos *Annales.* Posteriormente, foram considerados como os representantes da nova história, uma vez que por eles alcançou-se espaço social para o acontecimento da *Revolução Francesa Historiográfica,* movimento que reivindicava a necessidade de se conceder menos relevância aos acontecimentos ilustres, aos heróis e à própria cronologia dos fatos (BURKE, 1997).

A partir dessa revolução, o fato histórico não era mais concebido como um mero objeto dado, mas sim como algo construído pelo historiador. Os documentos passaram a assumir uma representatividade mais ampliada para a pesquisa histórica, uma vez que já não eram aceitos como contribuições objetivas e imparciais. De maneira interessante, a ausência de documentos a respeito de um determinado evento histórico já era considerada como significativa. Isso porque para a nova história os documentos representavam o fruto de uma sociedade que manipulava a legitimação documental como forma de perpetuação das relações de dominação e poder (BARBOZA, 2002; CALDAS, 2004; MARCOVITCH, 2005).

Os principais problemas para os adeptos a nova história estavam vinculados às fontes e aos métodos: "quando os historiadores começaram a fazer novos tipos de perguntas sobre o passado, para escolher novos objetos de pesquisa, tiveram de buscar novos tipos de fontes, para suplementar os documentos oficiais" (BURKE, 2002, p. 25).

Esses historiadores defendem a noção de história dominada pelo presente, ou seja, toda história se transforma em história contemporânea. Por mais distantes temporalmente que estejam os fenômenos estudados, eles se ligam a necessidades e situações contemporâneas específicas, ou seja, é por essas conexões que o passado tem sua ressonância no presente.

Para Curado (2001), Martins (2001), e Schwarcz (2001) as principais características dessa historiografia renovada são:

- uma narrativa composta por digressões e remissões;
- a eventual análise de longos períodos temporais (*longue durée*) ou de períodos históricos mais alargados e de estruturas sociais que se modificavam de maneira mais espaçada;
- uma investigação mais flexível, voltada para o campo social, econômico e cultural;
- maior relevância concedida para a interpretação de estruturas duradouras.

Segundo Falcon (1997, p. 75), a nova história tornou possível "a abertura para concepções novas e variadas a respeito de temas pouco frequentados pela historiografia: os poderes, os saberes enquanto poderes, as instituições que não fossem necessariamente políticas e as práticas discursivas". Portanto, poder e política passaram ao domínio das representações sociais e de seus respectivos vínculos com as práticas sociais, por meio dos quais questões acerca do simbólico (simbolismo, formas simbólicas, poder simbólico) das representações coletivas, dos imaginários sociais e das práticas discursivas relacionadas ao poder ganharam relevância (COSTA; BARROS; MARTINS, 2010).

Essa guinada histórica em temas afins às ciências sociais, tais como poder e política, pôde ser observada primeiramente pela ótica do relativismo histórico-cultural, fundamentado em correntes subjetivistas que começaram a receber maior notoriedade em meados do século XX, tais como o interacionismo simbólico, a etnometodologia e a fenomenologia (BURRELL; MORGAN, 1979). Tal relativismo alicerça-se no pressuposto de que diferentes culturas em diferentes momentos históricos representam diferentes significados e visões de mundo, o que torna imprescindível que o pesquisador social reconheça a posição de destaque que a história assume para a explicação dos fenômenos sociais (BARRET; SRIVASTVAL, 1991).

Outro fato que contribuiu para a ascensão e perpetuação da nova história foi a aproximação entre os historiadores e os cientistas sociais, a qual se deu em decorrência da tentativa de se superar o universalismo positivista. Para a operacionalização de pesquisas orientadas por perspectivas epistemológicas e ontológicas mais refinadas, se fazia necessário que os cientistas sociais tivessem acesso a dados históricos para suas teorizações sociológicas e que os historiadores pudessem utilizar as teorias e os conceitos sociológicos em prol da elaboração de análises históricas mais acuradas (TUCHMAN, 1994; BURKE, 2005).

A *École des Annales* levou a uma expansão do escopo da história, como já se apontou neste texto, permitindo que ela não mais se restringisse ao espaço público, mas adentrasse a vida privada, os costumes, a família, o gênero e as dimensões sociais, econômicas e culturais da história. Aproximou a história das ciências sociais a ponto de propor a história como uma ciência social. Nesse aspecto é que a École tende a buscar de alguma maneira a apresentação da história como uma ciência positiva. Entende-se por isso que as afirmações do historiador têm que ser comprovadas e que sua base de dados são documentos, depoimentos, achados arqueológicos e paleontológicos, e nos dias atuais, uma quantidade de informações que podem ser fornecidas por outras ciências e não necessariamente apenas pelas ciências sociais. O dado fundamental para que a ciência seja positiva é a comprovação que a *École des Annales* sempre buscou. A esse respeito nada mais significativo que a obra de F. Braudel, particularmente a sua história econômica (BRAUDEL, 1979).

11.2.4   Tendências recentes: o impacto da pós-modernidade

Mas na atualidade a história não pode escapar a movimentos epistemológicos reflexivos que questionavam aspectos da positividade da ciência, em especial a sua objetividade. Adotando uma postura de rigor, pode-se afirmar que a história não poderia jamais aspirar à condição de ciência positiva porque simplesmente o passado, que é o seu objeto, passou e dele não temos mais do que vestígios e indícios. Abre-se então a via para que o fato histórico seja esvaziado de objetividade e passe a ser uma elaboração, feita no presente, pelo historiador. Portanto a história pode ser também entendida como uma ciência interpretativa onde o passado, que já não mais existe, é reconstruído pelo historiador. Essa abordagem implica reconhecer epistemologicamente a primazia do sujeito sobre o objeto no processo cognitivo e também acaba por retirar necessariamente a história do universo das ciências sociais que se pretendem objetivas e positivas. Enfatiza-se que ciência positiva não significa necessariamente uma ciência que adote metodologia quantitativa. As diversas abordagens qualitativas são também entendidas como instrumentos para uma ciência positiva na medida em que se proponham ser instrumentos de comprovação.

Enquanto interpretação, a história não pode fechar-se à hermenêutica e deixa de ser necessariamente científica. O relato histórico passa a ter mais as características de um ensaio do que de um relatório científico, onde achados são apresentados com as "comprovações" respectivas. O interesse pelo passado é em certa medida ditado pelos problemas presentes e reflete as preocupações e indagações do historiador enquanto sujeito que elabora o conhecimento histórico.

E sobre o impacto do tempo presente não se pode deixar de considerar as imensas transformações ocorridas no final do século passado. O ano de 1989 pode ser visto como o bicentenário da Revolução Francesa e também como a celebração final da vitória da burguesia. O socialismo ruiu repentina e inesperadamente. As consequências do desmoronamento do socialismo então existente foi também uma negação do sonho Iluminista. Ainda vivemos a perplexidade de uma ordem mundial que se reconstrói, mas é ainda opaca e fugidia em seus novos delineamentos. Houve uma euforia ocidental e capitalista que levou à proclamação do "fim da história" (FUKUYAMA, 1992). Tal triunfalismo hoje está definitivamente arquivado, uma vez que a história não dá mostras de se ter concluído e o capitalismo passa a enfrentar novas e sérias crises no seu próprio centro.

E não se podem separar essas transformações do pós-modernismo. O movimento de ideias que o constituem está longe da homogeneidade. Espalha-se também dos dois lados do Atlântico Norte. Mas contém traços de um discreto ceticismo que foi o resultado de muitas promessas não realizadas e cruéis desilusões que se abateram sobre a humanidade ao longo do século passado, tão bem analisadas por Eric Hobsbawm (HOBSBAWM, 2010). O ceticismo do pós-modernismo se manifesta no seu desdém pelo que chamou de grandes narrativas. Essas seriam os grandes sistemas interpretativos da história, desde a teologia da história, passando pelas diversas abordagens dadas à história pela filosofia e incluindo as tentativas de busca da "longue durée" da *École des Annales*. A caracterização do que seria a história de uma perspectiva pós-moderna é transcrita seguir:

> O que caracteriza fundamentalmente a pós-modernidade é a reviravolta linguística ou redescritiva. Para Lyotard é o fim das metanarrativas, das grandes interpretações gerais, substituídas pela pequena narrativa e afirmações metafóricas sobre a realidade. [...] [...] É um pós-empirismo histórico. A historiografia ocidental tornou-se antiessencialista, antifactualista, acientífica. A linguagem constrói o real e tudo é texto. Como o romance a história constrói um mundo textual autônomo, que não tem realidade extra textual demonstrável. Os textos históricos e literários são autorreferenciais, pois retóricos. A historiografia não é mais síntese, consciência superior da história universal. [...] [...] A história trata de descontinuidades, defasagens, diferenças, sem sentido evolutivo ou teleológico. A genealogia foucaltiana substituiu a metafísica da origem, acusada de totalitária. Há um retorno do indivíduo, com suas preferências, sentimentos, leituras, estratégias, modos de fazer e sentir próprios, em um contexto de massificação das preferências, leituras e modos de agir (REIS, 2012, p. 88-89).

Uma expressão típica das tendências pós-modernas é a micro-história. Embora essa seja de difícil caracterização, pois sobre ela os próprios historiadores divergem (BARROS, 2007), ela pode ser entendida como sendo o abandono deliberado da busca de longos ciclos interpretativos. De preferência, aproxima-se de eventos singulares, de personagens comuns e não necessariamente de indivíduos que por diversas razões se tenham notabilizado, e analisa sempre fatos e pessoas de maneira detida. Já se comparou o micro-historiador ao usuário do microscópio, em oposição aos filósofos da história e alguns historiadores da *École des Annales*, que utilizariam o telescópio. Mas o olhar micro está em busca de coisas mais amplas. O micro-historiador procura ver através de pessoas, fatos e situações que foram deixados à margem pela história até então, algo que os transcenda. Como exemplo podemos nos referir a um clássico da micro-história, *O Queijo e os Vermes* (GINZBURG, 1987). A partir de detida análise de um processo da Inquisição, na cidade de Modena no século XVI, aberto para investigar as ideias julgadas heréticas de um moleiro, o historiador descortina a existência de um universo de cultura popular. O conteúdo dessa cultura era inteiramente diverso da visão de mundo do catolicismo romano que a historiografia tradicional apresentava como dominante.

Outro exemplo pode ser tomado de um ensaio de micro-história recente por um historiador brasileiro (FAUSTO, 2009). O autor se detém sobre o processo que levou a júri popular um negro, Arias de Oliveira, suspeito de ter brutalmente assassinado o casal proprietário e dois empregados do restaurante chinês, então localizado no centro de São Paulo. A partir desse crime, perpetrado em 1938 e que mobilizou a opinião pública, o historiador analisa relações entre raças, a relação entre imigrantes e a sociedade paulista, a emergência de teorizações psiquiátricas no processo criminal e finalmente as ambiguidades do preconceito com relação aos negros. Enquanto a opinião pública se indignava com o réu, delirava diante de outro negro, Leônidas da Silva, o centroavante da seleção brasileira que brilhara na Copa do Mundo realizada na França em 1939 e que se celebrizou com o cognome de Diamante Negro. O réu foi duas vezes absolvido, no primeiro julgamento e no recurso levado a efeito pelo Ministério Público.

O itinerário da história ao longo dos séculos mostra uma grande capacidade de reinventar-se. Ela transformou-se, ampliou seu universo de indagações e continua a fazê-lo. Certamente, o mundo da administração não permaneceu imune à história. Várias manifestações já ocorreram, como será visto a seguir. Curiosidade sobre o passado de empresas, empresários e sobre a evolução administrativa e organizacional do Estado nação na modernidade. É possível estender à história quando voltada para a administração as mesmas perspectivas que a caracterizaram ao longo de seu desenvolvimento. Pode-se buscar na história empresarial empreendedores e empresas que pelo seu desempenho, originalidade e inovação podem ser apresentados como exemplares. Traços de busca de significado pela análise comparada de empresas e setores também podem ser esclarecidos. E o resgate histórico pode igualmente permitir um olhar crítico sobre o passado administrativo e organizacional.

11.2.5 A história e sua aplicação em pesquisas qualitativas

Faz-se necessário esclarecer que o interesse da pesquisa organizacional pela história ocorre por meio de diferentes perspectivas epistemológicas, o que permite certa fragmentação e heterogeneidade no emprego da análise histórica em campo (CLARK; ROWLISON, 2004; USDIKEN; KIESER, 2004). É possível observar o desenvolvimento de pesquisas com características essencialmente objetivas, como as relacionadas com a história corporativa, dos negócios e com a análise das estratégias organizacionais. Por outro lado, há os estudos vinculados a uma identidade mais subjetiva que se preocupa em investigar os discursos e o poder por uma ótica similar à de Foucault (BOOTH; ROWLISON, 2006; CHANDLER, 1962; MINTZBERG; WATERS, 1982).

Com o intuito de contribuir para o entendimento dessa diversidade epistemológica, Usdiken e Kieser (2004) propuseram três diferentes posicionamentos que qualificam o pesquisador organizacional engajado na perspectiva histórica: o suplementarista, o integracionista e o reorientacionista.

O pesquisador suplementarista recorre à perspectiva histórica apenas se necessita sustentar algum argumento teórico previamente construído. Para a perspectiva histórica suplementarista, a história é admitida como um potencial de confirmação e de refino das teorias gerais, seleção das variáveis e geração de hipóteses. Tal perspectiva assume que existem princípios organizacionais que transcendem o espaço e o tempo e que os dados históricos podem testar a capacidade de generalização e utilidade de uma teoria (GOLDMAN, 1994; SAUERBRONN; FARIA, 2006; USDIKEN; KIESER, 2004). Nessa categorização, a história nunca é analisada em sua plenitude e as verdades dos fatos são aceitas como aquelas predeterminadas por explicações que originariamente foram concebidas em liberdade do crivo da análise histórica (COSTA; BARROS; MARTINS, 2010).

O pesquisador integracionista reconhece que os eventos passados influenciam os acontecimentos contemporâneos sendo úteis para a identificação e seleção de oportunidades atuais. Essa perspectiva enriquece a teorização organizacional, uma vez que promove análises da realidade histórica a partir da integração dos conhecimentos advindos de diversas ciências sociais com a própria história analisada e com as formas particulares de organização e processos. O estudo das organizações por meio de uma perspectiva histórica integracionista é classificado como humanístico e científico por defender que a metodologia e a narrativa historiográficas são fundamentais para que o pesquisador organizacional possa ter sucesso em seu intento, ou seja, teorizar sobre a realidade organizacional (SAUERBRONN; FARIA, 2006; USDIKEN; KIESER, 2004).

O reorientacionismo concede um caráter mais radical para a história junto aos estudos das organizações. Os pesquisadores reorientacionistas buscam uma redefinição epistemológica que questiona o conhecimento científico enquanto legitimador de um saber social historicamente demarcado (USDIKEN; KIESER, 2004). Por uma abordagem mais crítica, os reorientacionistas defendem um afastamento das aspirações das ciências sociais que estejam vinculadas aos modelos das ciências naturais, pois, de acordo com eles, tais anseios reificam o pesquisador histórico em suas análises sobre as diversas realidades organizacionais (COSTA; BARROS; MARTINS, 2010).

Em uma tentativa de inter-relacionar essas três qualificações da pesquisa organizacional por meio de um engajamento histórico, admoesta-se que a história para a postura suplementarista constitui-se como um campo de teste ou de complemento na construção e sustentação das teorias gerais, ou seja, no suplementarismo o passado é admitido como uma variável, uma vez que, para essa perspectiva, as regularidades causais podem ser encontradas na história. Para o integracionismo, a história representa o modo de se ter conhecimento a episódios passados específicos e particulares, os quais, pelas experiências agregadas, apresentam-se como possíveis exemplos de como se atuar no presente. O posicionamento reorientacionista, além de desafiar o caráter a-histórico das pesquisas organizacionais, questiona os propósitos suplementaristas e integracionistas, pois se encontrariam profundamente enraizados em uma visão tradicionalista e limitadora da história (COSTA; BARROS; MARTINS, 2010; GOLDMAN, 1994; SAUERBRONN; FARIA, 2009; USDIKEN; KIESER, 2004).

Compreendida a categorização da pesquisa histórica para os estudos organizacionais, passa-se em sequência para a explicação da metodologia de aplicação desse procedimento de investigação junto à administração.

11.2.6 Pesquisa histórica em administração

A abordagem histórica nos estudos das áreas da administração, negócios e organizações tem se desenvolvido sob diferentes construtos teórico-analíticos que fundamentam os métodos usados para atender essa abordagem.

Além disso, a análise histórica pode ser coordenada com diversas perspectivas teóricas (ex.: teorias culturalistas, de ecologia populacional, estruturalistas, práticas discursivas etc.), adquirindo variados papéis e participações teóricas e metodológicas nas pesquisas, demonstrando a sua diversidade e potencialidade.

Mesmo circunscrevendo e elegendo a história como objeto da busca do conhecimento, isso compreende um espectro amplo que abraça muitos focos afins ou pertencentes a essas áreas, tais como: história das empresas, das estratégias, dos negócios, do pensamento administrativo, dos discursos gerenciais, da economia, das condições de trabalho, dos costumes e práticas, entre outras.

A pesquisa em administração com delineamento ou orientação histórica recebe influencia e contribuições de várias disciplinas e áreas do conhecimento, mas destacamos três cujas contribuições são evidentes para o desenvolvimento metodológico, quais sejam: a economia, a sociologia e a história.

Ao longo deste capítulo propositalmente trata-se a pesquisa histórica em administração numa visão compreensiva, procurando abranger os estudos de gestão, os estudos organizacionais e a história empresarial, como se suas afinidades nos permitissem tratá-los como constituindo um conjunto para o propósito deste capítulo. A literatura especializada vem trazendo as reflexões a respeito do posicionamento recíproco desses campos, e há indicadores de estreitamento de diálogo e de cooperação (KIPPING; ÜSDIKEN, 2007).

As Contribuições da Economia

As contribuições, para a pesquisa histórica em administração e áreas afins, provenientes da economia são inúmeras, mas as principais se dão através da história econômica e se concentram inicialmente na história empresarial. Como disciplina e campo de conhecimento, Hidy (1968) explica que a História Empresarial foi estabelecida pelo Professor Norman Scott Brien Gras (1886-1956) na Universidade de Harvard, em 1927. Seu escopo amplo abrangeria a história das empresas, de suas atividades, dos empreendimentos e negócios, de empreendedores, das regulações e leis a que estão submetidas, das governanças, das relações trabalhistas e de suas relações som a sociedade. Gras fez do estudo da evolução do capitalismo e suas relações com as empresas um dos seus mais caros projetos. Suas análises o conduziram a uma visão teórica diferente de outros proeminentes estudiosos como Marx, Sombart e outros.

Desenvolveu metodologia orientada para a elaboração e comparação analítica de casos – geralmente resultantes de pesquisa histórica baseada principalmente em análise documental – usada inclusive para seu programa de ensino (GRAS, 2007). Seu propósito era compreender, através da história empresarial, os processos de mudança do capitalismo privado ao longo das décadas. Sua análise histórica propôs a tese inédita de que há estreita relação entre os estágios do capitalismo e as configurações sistêmicas das atividades e organizações empresariais. Cada fase do capitalismo estaria associada a um tipo dominante de organização empresarial e a um tipo dominante de prática empresarial.

Duas décadas após a iniciativa do Prof. Gras, na mesma instituição, outro grupo começou um programa paralelo de pesquisa, focado em estudos de empreendedorismo, tendo como uma das linhas centrais as pesquisas históricas (COLE, 1999). Lideraram esse grupo Arthur Cole e Joseph Schumpeter, e dele participaram muitos pesquisadores importantes da área.

Nos anos seguintes, Alfred Chandler Jr. fez pesquisas históricas, analisando comparativamente dados de diversas empresas o que representou uma ampliação do campo empírico da história empresarial. Por exemplo, examinou a história de algumas grandes empresas e concluiu que a estrutura organizacional e os processos administrativos se desenvolvem como resposta para implementação da estratégia da empresa. Tratou-se da clássica colocação de Chandler de que a estratégia precede e determina a estrutura e os processos. Prosseguindo, analisou as inovações ocorridas, mas não se limitando às tecnológicas; procurando identificar também as mudanças administrativas e organizacionais em áreas funcionais da administração empresarial, como finanças, contabilidade, vendas etc.

Concluiu que a expansão bem-sucedida, ao longo do século XIX e início do século XX, das ferrovias e de outras indústrias, levando ao surgimento de grandes corporações, foi o resultado não só de inovações tecnológicas, mas especialmente de inovações organizacionais e administrativas. Essas inovações consistiram na criação de unidades ou departamentos especializados no interior das empresas, as áreas funcionais, e também o desenvolvimento de níveis intermediários (*middle management*) de gestão (CHANDLER, 1993).

Foram essas inovações que permitiram se lidasse eficientemente com o crescimento da produção, da oferta e da demanda, permitindo aumentos de escala. Chegar-se assim à produção em massa só possível com organizações capazes de lidar não só com produção, mas também com distribuição e logística. Tratou-se de produzir e comercializar em massa. O conhecido resultado dessas transformações foi o aumento da escala (volume produzido, redução de custos, e transferência desta redução aos preços) tornando os produtos acessíveis a um número crescente de consumidores.

Esse círculo virtuoso apontado por Chandler não teria sido possível sem o componente decisivo, que foi a profissionalização da administração. O termo cunhado por ele para descrever o capitalismo norte-americano foi *Managerial Capitalism,* literalmente um capitalismo de *managers,* ou seja, de administradores profissionais que tinham o poder de gerir a empresa, todavia sem que fossem proprietários.

Essa evolução criou condições para a integração entre as empresas fabris e as de distribuição e de varejo, dando origem às grandes corporações. A imagem que representaria suas conclusões seria "A mão visível da configuração e da atuação gerencial e organizacional", que seria um fator de maior poder explicativo do que "A mão invisível do mercado" para compreender a relação entre empresas e o contexto socioeconômico (CHANDLER, 1994; MCCRAW, 1998). As teses de Chandler, e a metodologia que desenvolveu, vêm exercendo grande influência e suscitando debates, novas pesquisas e posicionamentos divergentes (JONES; ZEITLIN, 2007).

Lamoreaux, Raff e Temin (2002) questionam as conclusões de Chandler, a metodologia adotada e as bases que compõem sua teoria. Dentre os pontos por eles apontados como vulnerabilidades, destacamos dois: (a) as crenças implícitas nos pressupostos que acabam por orientar a análise. Assim, temos (a.1) a teleologia dos processos de mudança; (a.2) a noção de mudança evolutiva linear, ou seja, significar o presente como estágio final de um processo evolucionário; (b) a falta de referencial teórico para tratar e analisar os dados (obtidos por observação e aproveitamento analítico de fontes documentais, tais como registros de séries estatísticas e registros empresariais e outros) – o que o levou a não considerar outras causas (por exemplo, a existência de barreiras protetoras a essas empresas), além da efetividade gerencial e do ganho de eficiência em escala, para explicar a história das empresas.

Consideram que Chandler trouxe importante explicação para entender as mudanças, ao longo da história, dos fluxos de insumos, produção, logística e distribuição através das organizações e suas implicações para a economia norte-americana. Entretanto, com seus estudos, Lamoreaux, Raff e Temin (2002) chegam a conclusões diferentes e teorizam a existência de mecanismos de coordenação endógenos do contexto que influenciam o evolver das oportunidades e das condições de operação. Essa visão não elege a eficiência da atuação gerencial e os ganhos de escala como fatores de grande poder explicativo (nem a emergência das grandes corporações ou dos grandes negócios; ou uma suposta revolução mercadológica).

Para eles, há, a qualquer momento, diversidade de mecanismos em operação e heterogeneidade nas formas com que os atores sociais vão ajustando suas práticas observando as correspondentes mudanças nas circunstâncias sociais e econômicas. Esses fatores explicariam melhor as condições empresariais e sua relação com o contexto. Seu trabalho apresenta uma série de exemplos desses tipos de mecanismos e da heterogeneidade das práticas empresariais.

Esses estudos e debates apontam as ricas contribuições que a história empresarial pode trazer tanto no plano metodológico, quanto na esfera das teorias substantivas relacionadas às organizações e às estratégias, em geral.

As Contribuições da Sociologia

As contribuições provenientes da sociologia em sua interface com a história também são inúmeras. Apontamos apenas dois por motivo de espaço, mas, de forma alguma, sem desmerecer o valor das obras e pesquisadores não citados.

Max Weber (1864-1920) exerce influência poderosa para as pesquisas históricas em administração. Sua visão unitária de ciências humanas, reunindo e integrando a busca de compreensão com a busca por explicação, provoca debates e instiga as reflexões nas práticas de conceber e fazer ciência. Sua base teórica adotava a causalidade múltipla dos fenômenos sociais, não atribuindo aos fatores econômicos mais importância do que deveríamos atribuir aos fatores culturais e materiais. Desenvolveu método sociológico que tinha a ação e o significado como conceitos básicos, e o tipo ideal e a noção de processos como recursos analíticos. Suas teorias propunham a ação como comportamento a que se atribui significado; uma tipologia das ações sociais; a existência de processos históricos gerais de racionalização, entre outras proposições. A linha central de sua metodologia seria hermenêutica, pois tratava de significados. Sua análise buscava perceber, interpretar, explicar e compreender relações, organizações, estruturas e contextos sociais (WEBER, 2009; 2011a; 2011b; 2012a, 2012b).

As obras[1] de Norberto Elias (1897; 1990), consideradas a partir de sua natureza sociológica, trouxeram importantes contribuições para o estudo do fenômeno social e influenciaram as teorias de método para pesquisa histórica. Seu foco era a relação entre conhecimento, poder, comportamento e emoção, numa perspectiva histórica. Seu posicionamento divergia das abordagens que davam ênfase à primazia da estrutura sobre o indivíduo. O quadro teórico de base para a metodologia que aplicou trazia, entre outros, dois conceitos inovadores: o processo social e a rede social como unidades de análise (HEINICH, 2000; LOYAL; QUILLEY, 2011; ELIAS, 2000).

As Contribuições da História

Embora não se possa incluí-lo como um historiador que tenha contribuído para a história da administração o legado e a importância de Fernand Braudel (1902-1985) não podem deixar de ser registrados. Como importante membro da segunda geração da École des Annales, sua inestimável contribuição abrangeu os mais variados campos da história. Seu texto *Civilization et Capitalisme* é um marco na história econômica e dele podemos extrair o seu conceito de *longue durée*, segundo o qual a história e o historiador não podem se fixar em eventos ou episódios, sejam fatos ou indivíduos, mas devem buscar relações mais amplas e que permitam, de alguma forma, conferir significação ao fluir da história.

Não há registro de que Alfred D. Chandler tenha tido familiaridade com a obra de Braudel, mas inegavelmente seus livros *Strategy and Structure* e *Scale and Scope* podem ser entendidos como buscando um significado de *longue durée* no encontro de tendências de longo prazo e no relacionamento entre eventos e variáveis. Ele soube combinar dados e recursos analíticos para abrir uma nova perspectiva. Em seu estudo, ao método e conhecimento econômico clássico ele aliou uma cuidadosa descrição relacionando os eventos econômicos com aspectos sociais do cotidiano. Não priorizou teorias ou análises econômicas, e os tratamentos estatísticos pretendiam mais ilustrar do que se constituir na principal ferramenta de análise.

Considerava muito limitada a abordagem clássica dos estudos históricos, pois se caracterizavam pela apreciação de eventos e/ou de curtos períodos de tempo. Ele estendeu o período de tempo a ser investigado e deliberadamente procurou avaliar as relações

---

[1] Ele demonstrou que o autocontrole das pessoas é progressivamente imposto pela rede de conexões sociais, que mantêm correspondência com o desenvolvimento da autopercepção psicológica, base do processo social que denominou civilizatório. Em seu estudo, traçou uma relação entre condições e ocorrências históricas em determinada sociedade e os hábitos de seus membros: no caso, os padrões de comportamento (ex.: sexuais, funções do corpo, violência) foram sendo alterados com a mudança no sentido de vergonha e nojo na composição de preferência de uma etiqueta socialmente aceitável.

existentes desses elementos com o clima, a geografia, a tecnologia, as movimentações humanas e outros aspectos até então não valorizados (BRAUDEL, 2011).

Sua obra inovou em termos de método e em termos teóricos. Divergindo de Adam Smith, Marx e de outros teóricos mais recentes, procurou em sua obra demonstrar que o Estado, na economia capitalista, não age efetivamente em favor de uma economia de livre mercado, mas, sim, em favor de uma economia de composição monopolista. Além disso, identificou na economia capitalista estruturas correlacionadas a ciclos sequenciados de longa duração e a cidades centrais para as atividades econômicas em cada um desses ciclos (ex.: Veneza; Gênova; Antuérpia; Amsterdam; Londres) (LOPES, 2011).

Todas essas contribuições, entretanto, não ingressam igualmente nos muitos ramos de pesquisa histórica voltada à administração e às organizações. Segundo Booth e Rowlinson (2006), a história empresarial, vista como uma abordagem que combina a pesquisa histórica com foco em tema ou área de interesse da administração em geral, consistiria no estudo sistemático da história de determinada organização empresarial ou de um setor empresarial. Uma grande parte desse tipo de pesquisa tem valorizado metodologia pautada pela análise de dados documentais e pelo estudo de caso, com apreciação em profundidade e longitudinal – exemplo: registros empresariais e contábeis, atas e comunicações escritas, periódicos, bancos e registros estatísticos, publicidade e outros. Devido à influência da história econômica, há segmento significativo dessas pesquisas que se desenvolve prioritariamente com base em documentação da própria organização ou do setor empresarial, mas há outra parte delas que trabalha também com dados a respeito do contexto socioeconômico e com outros tipos de fontes além dos documentos escritos.

Um segundo ramo de pesquisa histórica voltada à administração e às organizações, não menos frequente, seria aquele cuja metodologia opera principalmente com narrativas que relatam a origem, a existência, os episódios e a história de determinada empresa ou de determinado setor empresarial. Muitas vezes, essas narrativas vêm combinadas com cronologias e fontes documentais, buscando enriquecer o potencial demonstrativo e analítico da pesquisa.

Um terceiro ramo seria dos estudos cuja metodologia se pauta pela pesquisa histórica comparada e ampliam o campo empírico, de modo a poder tratar as transformações sociais, culturais e econômicas e as situações e eventos complexos e sua relação com as mudanças e com a história empresarial.

Estreitamente interligadas entre si, a história do empreendedorismo e a história dos negócios poderiam ter suas metodologias principais classificadas de modo equivalente à retratada aqui para a história empresarial.

Entretanto, a história da gestão e a história organizacional possuem aspectos que ultrapassam os considerados nesses ramos, pois seus objetos, dentre outros, incluem o estudo da história das ideias e das práticas de gestão e o estudo histórico do papel e funções dos gestores e das organizações. Outra variação metodológica, além das anteriores, procuraria lidar com esses tipos de unidades de análise – ideias e práticas – ao longo do tempo. Ela compreenderia derivações ou subdivisões cujos métodos combinariam, com diferentes graus de prioridade, o grau que proporcionam os estudos linguísticos, o que proporcionam os estudos de práticas sociais e as teorias que consideram ou não os contextos sociais e ambientais.

11.2.7 Exemplos metodológicos para a pesquisa histórica em administração

A pesquisa histórica é um híbrido extremamente complexo de abordagens metodológicas combinadas com as diversas ciências sociais que a partir do século XIX influenciaram a história. Como já mencionado neste capítulo, a elaboração da história passou de um tradicional relato, literalmente de uma historiografia, para a tentativa de agregar interpretações e significados com a utilização da teologia, da filosofia e finalmente das mais recentes ciências sociais. Acrescentem-se, ainda, as contribuições da linguística, da arqueologia e da paleontologia. O resultado é que a história atualmente é, entre outras coisas, um excelente exemplo de interdisciplinaridade.

Os diversos autores e pesquisadores que têm se ocupado em incorporar a história aos conhecimentos e à pesquisa em assuntos administrativos e organizacionais têm sido exemplo dessa diversidade metodológica e de interdisciplinaridade. Objetivando apresentar ao leitor alguns exemplos de autores que propuseram métodos e procedimentos para lidar com dados para utilização da história em estudos administrativos, relatam-se a seguir alguns trabalhos que foram considerados importantes para todos os que se ocuparem na construção de uma historiografia administrativa e organizacional.

Devido à sua importância e frequência de uso nas pesquisas históricas, seria oportuno um breve comentário sobre a análise de dados documentais. A abordagem qualitativa usando documentos segue diretrizes diferentes quando comparadas a pesquisa histórica empresarial e a pesquisa histórica em estudos organizacionais. Para a primeira é normalmente esperado que se faça uma apreciação extensiva, ou seja, a mais ampla e a maior quantidade possível dos dados documentais, enquanto na segunda seria aceitável uma apreciação intensiva, ou seja, de uma quantidade limitada de dados documentais selecionados, segundo certos critérios. Além disso, a história empresarial se preocuparia menos do que a pesquisa histórica sobre estudos organizacionais com a elaboração e justificativa da metodologia usada. Contudo, na história empresarial a periodização, bem como a ordenação cronológica dos dados, é um constante problema que recebe grande atenção. A ordenação e a periodização são quase sempre obtidas a partir dos próprios dados e não a partir de teorias preexistentes, sendo uma posição bem diferente da pesquisa histórica em estudos organizacionais, cujo tratamento da periodização usualmente subordina-se a generalizações e teorias de natureza macro-histórica.

Rowlinson (2004) propõe, portanto, que uma revisão de certos preconceitos sobre a natureza e diretrizes da análise de dados documentais poderia reduzir as diferenças entre a pesquisa em história empresarial e historia organizacional. Dentre esses conceitos equivocados sobre esse tipo de análise, ele aponta: (a) a história consiste de um repositório de fatos que podem ser usados para confirmar ou refutar teorias organizacionais; (b) a análise histórica de documentos de uma organização não interfere com sua dinâmica; (c) os documentos de uma organização já estão guardados e ordenados antes de o pesquisador conhecê-los; (d) a análise documental não constitui propriamente um método de pesquisa empírica, pois, ao invés de ser diretamente gerada no curso da investigação, ela é meramente uma coleta de dados históricos; (e) a validade e confiabilidade dos dados documentais devem ser questionadas – mais que outras fontes –, pois esses dados foram gerados e processados com a finalidade de legitimar a organização; (f) história é simplesmente a memória organizacional compartilhada pelos membros dessa organização. Para cada um deles, nesse seu artigo, o autor argumenta e procura demonstrar as condições para serem superados.

Greiner (1997) valoriza o histórico nos estudos organizacionais. Afirma que o futuro de uma organização será menos determinado pela atuação das forças que lhe são externas do que pela sua própria história. Sua tese encontra analogia nos pesquisadores de comportamento, que explicam que os eventos e experiência anteriores prevalecem sobre os fatores que atualmente se tem diante de si na determinação do comportamento. Da mesma forma, para compreender as organizações e prever sua trajetória e atuação, deveríamos compreender sua história e como ela explica e influencia seu presente e seu porvir.

Para Kieser (1994), a pesquisa e a análise histórica podem beneficiar os estudos organizacionais porque permitem:

- analisar as estruturas, não como resultantes de forças determinísticas, mas como frutos de decisões tomadas pelos atores sociais;

- cotejar trajetórias, percursos, tendências e preferências, e identificar e superar preconceitos analíticos;

- estudar conjuntamente estruturas, comportamentos e o contexto compreendendo o processo de desenvolvimento cultural e social e a interdependência desses fatores.

Em interessante artigo, Sauerbronn e Faria (2009) vislumbram que a adoção da análise histórica pode:

- fornecer uma importante perspectiva de pesquisa interpretativa;

- apresentar grande capacidade de analisar episódios e casos particulares – diferentemente de análises de séries temporais ou experimentação;

- transcender uma descrição do que aconteceu e buscar a complexidade das causas que movem os eventos humanos.

Como exemplifica Vizeu (2010, p. 41), a história organizacional e gerencial atualmente privilegia a

> consideração multifacetada da cultura, que se estabelece enquanto rede de significações a partir de diferentes esferas de análise social (indivíduos, grupos, organizações e nações) e de todo o conjunto de fatores de manifestação social (simbólicos, econômicos, políticos, tecnológicos etc.).

Para ele, a pesquisa histórica nesses campos está se transformando, acatando orientações de tendências recentes na historiografia, como a valorização de fontes alternativas e não apenas os documentos oficiais. Merece ainda destaque a utilização da história oral e o reconhecimento do caráter subjetivo, abrindo caminho para uma história interpretativa do passado.

A história oral, seja como técnica de investigação, seja como método, tem concorrido pelo alargamento dos recursos para as análises históricas em administração (ICHIKAWA; SANTOS, 2003). Relatos de testemunhos e de experiências têm se tornado fonte cada vez mais aceita nesses tipos de pesquisa. Segundo Gomes e Santana (2010, p. 14), a história oral "se refere a uma história do presente e tem como pressuposto o passado como continuidade de hoje" – o passado inscrito no curso do presente.

Pesquisas desse tipo têm sido conduzidas com análises longitudinais e análises diacrônicas. Sauerbronn e Faria (2009) sugerem que o estudo longitudinal pode se desenvolver com enfoque histórico, de modo a alinhar a seleção e avaliação das fontes e dos tipos de dados e evidências históricas com a seleção e avaliação de construto e variáveis, para a construção de teorias.

A análise diacrônica foca a evolução de algo no tempo, ou seja, como esse algo mudou ao longo da história. Ela pode ser usada para estudar a mudança dos efeitos de certas variáveis independentes e assim propor uma explicação para a mudança na variável dependente, ou ainda ser usada para prever mudanças no estado dessa variável dependente.

Langley, Nakabadse e Swailes (2006), por exemplo, propõem uma metodologia para análise histórica. Seu *design* busca identificar padrões que possam ser comparados e revelem trajetórias e relações entre fatores atribuídos ao objeto de estudo. A base do processo de identificação dos padrões reside na aplicação do método de análise de conteúdo sob abordagem qualitativa. Esses padrões, organizados em categorias, podem compor um quadro a ser aplicado como recurso de análise histórica de dados.[2]

A pesquisa histórica longitudinal, para eles, pode proporcionar elementos para se interpretar os fatores e os eventos, suas relações recíprocas e sua inserção em dimensão temporal e espacial. Desse quadro pode-se constatar (a) sucessão ou concorrência de eventos e/ou fatores, (b) a existência de padrões ou referências sugerindo ciclos, recorrências, etapas, posicionamentos e/ou regionalidades, (c) ajustes, resistências e adaptações e outros indicadores de um processo de transformação, entre outros aspectos. A composição de séries constitui apenas uma das opções de tratamento de dados nesse tipo de pesquisa.

Pettigrew (1990) apresenta metodologia para se conduzir pesquisa longitudinal teórico-empírica a respeito de mudança. Seu importante trabalho[3] oferece delineamento que constitui referência na área e pode, respeitados os necessários ajustes, servir de base para pesquisas longitudinais e históricas com objeto e propósito semelhantes ou equivalentes.

Sua plataforma teórica de partida propunha estudar conjuntamente contexto, conteúdo e processo de mudança com suas interconexões através do tempo. Seu foco tem

[2]   Eles denominaram seu método de Análise longitudinal de textos. Com seu uso, encontraram padrões de ações estratégicas na indústria farmacêutica e compuseram um quadro de 23 categorias finais que serviu como ferramenta para analisar as mudanças e os processos ao longo do tempo deste setor industrial.

[3]   A pesquisa se prolongou por vários anos, sob o patrocínio do Centro para Estudos de Mudança e Estratégias Corporativas da Universidade de Warwick, das organizações que atendiam e compunham o Sistema Britânico Nacional de Saúde. Ela reuniu um time multidisciplinar em tempo integral de experientes pesquisadores, que estudaram competitividade, estratégias e mudanças e as relações entre contexto, estrutura, práticas e recursos. Contexto entendido como interno e externo à organização.

como objetivo estudar o processo social, ou seja, a própria mudança em curso. Aspira a questionar as abordagens que teorizam a mudança como uma relação linear e racional que permite planejamento e a descrevem como uma sucessão ordenada de ações conduzindo aos fins declarados e articulando os atores altruística e mecanicamente para eles. O quadro a seguir sintetiza as ideias do autor:

Quadro 1 – *Ordem, diretrizes, objetivos e procedimentos em estudos longitudinais de mudança*

Ordem	Diretrizes	Objetivos e procedimentos
1	A importância do pressuposto do fato social imerso no contexto: a mudança sendo investigada no contexto da interconexão entre diferentes níveis de análise.	Estudar um curto período de tempo pode sugerir mudança unidirecional; mas estudar um período mais longo e ampliando níveis de análise pode revelar padrões multidirecionais, e, também, diferenças na intensidade e velocidade de mudanças inter-relacionadas quando vistas simultaneamente em vários níveis.
2	A importância da noção de tempo: a mudança sendo investigada no conjunto passado-presente-futuro, em sua interconexão temporal.	História pode ser vista não como uma cronologia ou um conjunto de eventos discretos, mas ela pode ser estudada nas múltiplas correlações que temporariamente se estabelecem, nas trajetórias e atalhos concorrentes, nas configurações que abrangem probabilidades, potencialidades e incertezas.
3	A necessidade de explorar a relação entre contexto e ação: como a ação é resultante do contexto e como o contexto é resultante da ação.	Ver contexto não como o ambiente fonte de inúmeros estímulos, mas como estruturas e processos simultânea e essencialmente imbricados, onde a interpretação dos atores – percebendo, compreendendo, aprendendo e recordando – ajuda a determinar o processo. Assim, os processos são constrangidos pelos contextos e moldam os contextos.
4	A potencialidade da análise holística: a causação da mudança muito provavelmente não é linear, nem singular. Avaliar a mudança multifacetadamente.	Não só identificar os fatores que concorrem para propor causação, mas explorar relações não lineares e estudar como essas relações – em suas interconexões e convergências e dinamismos – ajudam a entendê-los mais profunda e extensamente.

Fonte: Elaborado pelos autores com base na interpretação de Pettigrew (1990).

Todavia, Pettigrew discorda dessa abordagem da mudança como sendo basicamente um processo racional e de certa maneira ordenado em que os atores vão se adequando aos objetivos novos que emergem com a mudança. O que ele busca é, por assim dizer, a *realidade* da mudança, ou seja, como efetivamente ela se dá. E o resultado é que ele se propõe investigar os modos contraditórios e conflituosos, complexos e erráticos através dos quais a mudança efetivamente ocorre. O que acontece é que há comportamentos, propósitos e racionalidades que concorrem entre si, chegando a ser conflitantes. Dessa maneira, Pettigrew afastou-se dos modelos de pesquisa anteriores, que considerava anistóricos, aprocessuais e acontextuais. Esses investigavam a mudança, elegiam eventos como unidade de análise e os definiam como uma série discreta de episódios relacionados com fatores antecedentes que explicariam a substância, o significado e a forma desses episódios. Esses elementos compunham um quadro análogo a uma série de fotografias estáticas, mas incapazes de revelar o sequenciamento e a dinâmica das mudanças e a maneira como de fato ocorrem.

A base teórica escolhida por Pettigrew foi o contextualismo,[4] e sua metodologia procura ver o fenômeno, ao longo do tempo, vertical e horizontalmente e em diversos níveis de análise. Verticalmente se refere à interdependência entre diferentes níveis de análise (por exemplo: o impacto de alterações socioeconômicas do ambiente externo sobre o contexto intraorganizacional e os comportamentos e interesses dos grupos de pessoas). Horizontalmente se refere à interdependência e inter-relação numa perspectiva temporal (ex.: antes, durante e depois).

Pettigrew (1990) propõe cinco aspectos principais no desenvolvimento do método[5] para pesquisas longitudinais em organizações.

1 – Em pesquisa longitudinal, tempo é um fator central à teoria do método.

Definição de um quadro teórico de referência para o desenvolvimento metodológico em atendimento ao objeto e ao problema de pesquisa, que inclua a conceituação do tempo e sua inserção no método de pesquisa.

2 – Elaboração de uma visão estratégica, passível de constante reformulação, que oriente as decisões que conduzem as escolhas e o delineamento: do método, dos casos e das fontes ao longo do processo de pesquisa longitudinal.

Há planejamento e intenção no processo de escolha e obtenção de acesso aos espaços de pesquisa. Seja de curto ou de longo prazo, espera-se que cada projeto tenha regras que possam explicar as escolhas feitas pelos pesquisadores. Por exemplo, a relação entre espaços de investigação, tópicos a serem estudados e foco do problema, pode revelar qual está influenciando e moldando quem, e ocorrer simultaneamente com a delimitação do domínio desse trabalho. A visão estratégica pode admitir maior ou menor sensibilidade às condições encontradas no curso da pesquisa longitudinal, justificando que, ao lado da prévia preparação, propósitos, regras condutoras e planejamento, haja aprendizado, adaptação dos métodos, aproveitamento de oportunidades e atenção com o emergente.

---

[4] Refere-se à abordagem da Filosofia que prioriza o contexto em que ocorrem a ação, a comunicação e a interação, e que elas somente podem ser entendidas com relação ao seu contexto. Um dos mais proeminentes defensores dessa abordagem foi Stephen Pepper, filósofo americano que escreveu a obra World Hypothesis (1942), em que demonstra a falibilidade da crença positivista de que é possível acessar dados da realidade sem interpretá-los.

[5] Em sua pesquisa, Pettigrew adotou um delineamento de estudo comparativo de casos, cotejando empresas do mesmo setor industrial, e também entre empresas de setores diferentes e até comparando os próprios setores. A análise foi combinadamente retrospectiva e com dados obtidos em tempo real.

3 – Configuração de um conjunto tático de ações que orientem o nível de envolvimento entre as pessoas e concorram positivamente para o acesso aos dados.

Pesquisas de longo prazo demandam habilidades adicionais às esperadas para as de curto prazo. É necessário cuidar da conquista e manutenção da credibilidade, da confiabilidade e do respeito recíprocos, uma vez que se pode estar lidando com um leque amplo de fontes e um grande número de pessoas, internas e externas às organizações ou aos casos, de níveis, papéis e posições diferentes. A observação e a verificação na obtenção e tratamento inicial dos dados são recorrentes, e na pesquisa longitudinal são processos iterativos. Temas, trajetórias e padrões inicialmente identificados podem não ser confirmados nas etapas seguintes da pesquisa. A unidade de análise pode sugerir que se façam entrevistas em profundidade, análise documental, observação e etnografia.

4 – Determinação do tipo e modo dos resultados do processo de pesquisa quanto à forma de apresentação, tanto para os resultados intermediários como para o relato final.

A orientação indutiva na pesquisa longitudinal faz com que ela se mova das observações empíricas, para o tratamento analítico, e retorne para verificação e reanálise – em movimentos dedutivos e indutivos –, em direção a teorizações mais abstratas e generalizáveis. Resultados obtidos ao longo desses procedimentos integram o processo social que coordena, reconfigura e vitaliza as pessoas e as ideias envolvidas nesse empreendimento. Tanto esses resultados intermediários quanto o final podem variar em tipo, forma e amplitude. Pettigrew sugere quatro variações básicas de resultados de pesquisa possíveis e as relaciona com o tempo do processo de pesquisa longitudinal, considerando uma linha do tempo que segue de t1 a tm:

Quadro 2 – *Variedade de resultados de pesquisa de trabalhos de estudo de caso comparativo longitudinal*

Tempo no processo de pesquisa	t1	Variedades de resultados
T(1)	.	Caso como cronologia analítica
T(2)	.	Caso diagnóstico
T(3)	.	Caso teórico ou interpretativo
T(4)	.	Explicação e compreensão metaníveis de análise obtida pelo estudo comparativo de casos.
	tn	

Fonte: Com base em Pettigrew (1990, p. 280).

5 – Combinação de estratégias e procedimentos para tratar a correspondência entre a realidade e o entendimento obtido com a pesquisa longitudinal.

Um dos principais desafios dos pesquisadores é lidar com a complexidade do mundo real, capturá-la e lhe dar sentido. A enorme quantidade de dados coletada em estudos que aspirem a conceituações indutivas requerem orientações e procedimentos que concorram para não se "morrer por asfixia pelo excesso de dados" e para facilitar a formulação de conhecimento em processos de pesquisa longitudinal. Aqui a tática de alternar ciclos de expansão e contração da complexidade e da simplificação pode contribuir para o crescimento da apreciação e do entendimento da riqueza do objeto de estudo. A finalidade maior é a construção de teoria. A documentação e o registro sistemático das análises realizadas nos movimentos dedutivos e indutivos que aliam o empírico às formulações conceituais, através das teorias do método e dos quadros referenciais teórico-empíricos, instrumentam e explicitam a trajetória em direção ao nível de teorização.

Dias e Becker (2010, p. 9-10) apontam oito dificuldades/desafios que refletem os principais dilemas dos pesquisadores ao optarem pelas pesquisas que adotam essa configuração. Com base nos autores revisados em suas pesquisas, as recomendações dos autores para superar tais situações no uso e aplicação da abordagem histórico-longitudinal, estão sumariadas a seguir:

Quadro 3 – *Recomendações para uso e aplicação da abordagem histórico-longitudinal*

Dificuldade	Recomendações para Uso e Aplicação
Como resgatar o histórico da organização?	Construir uma narrativa cronológica da trajetória organizacional, evitando reduções e apresentando os diferentes pontos de vista; solicitar a opinião dos participantes fazendo-os reportarem-se às diversas etapas da trajetória organizacional; usar questões "por que" e "como" sobre a relação dos eventos ao longo do tempo; identificar padrões de comportamento, ações e decisões que sejam o reflexo das diferentes estratégias adotadas pela organização nos diferentes períodos da sua trajetória.
2. Grande volume de informações a tratar	É preciso evitar um mergulho em uma massa disforme de dados; recomenda-se converter dados disformes em um modelo inteligível e reutilizável por outros; concentrar-se nas pessoas, nos depoimentos, nos documentos e em situações mais representativas, que trazem maior contribuição para a pesquisa; focar nas pessoas que ocupam cargos estratégicos e consequentemente estão em melhores condições de descrever as competências da organização; do material coletado, selecionar o que é relevante para cada período. Se necessário, decidir o que vai para a lata do lixo.
3. Definir os marcos históricos e relacioná-los com os dados coletados	Por meio do recorte longitudinal, é possível demarcar uma sucessão de períodos, proporcionando o entendimento da evolução do fenômeno estudado; buscar nas narrativas e/ou pesquisa documental elementos que permitam identificar os marcos históricos da organização; construir uma lista de eventos que influenciaram decisivamente na formação da estratégia organizacional ao longo de sua trajetória; identificar categorias que reduzam a complexidade dos dados; a decomposição dos dados em períodos sucessivos permite explicitar como ações dentro de um determinado período levaram a mudanças que afetaram os períodos seguintes.
4. Como combinar dados históricos com dados atuais	O pesquisador tem que estar atento às informações fornecidas, pois o resgate do passado é feito no momento atual; dados passados são mais sintéticos e concentrados nos eventos marcantes; dados presentes são mais ricos em detalhes e podem conter ruído; o pesquisador deve ter habilidade para descartar o que não é útil para a pesquisa.

Dificuldade	Recomendações para Uso e Aplicação
5. Confiar somente na memória dos entrevistados?	O estudo de caso conta com fontes de evidência adicionais à pesquisa histórica (entrevistas em série e observação direta) que contribuem para a credibilidade; triangulação de dados com informações documentais para corrigir distorções e falhas da memória identificadas nas entrevistas; cruzar entrevistas com dados provenientes da pesquisa documental (jornais, revistas, publicações especializadas do setor, atas de reunião e outros documentos internos, trabalhos científicos desenvolvidos por funcionários ou sócios etc.) permitindo reconstituir com fidelidade a trajetória da empresa; discernir entre o vivido e o recordado, entre experiência e memória, entre o que se passou e o que se recorda daquilo que se passou; Entrevistas devem ser tratadas como qualquer documento histórico, submetidas a contraprovas e análises; para discernir entre narração e imaginação, é preciso cercar-se de fatos comprovados, identificar o que faz sentido, bem como as lacunas e divergências.
6. O que fazer quando documentos oficiais fornecem dados imprecisos	Interpretar criticamente todas as narrativas e documentos a que tiver acesso, sob pena de se deixar levar pela memória dita oficial, frequentemente carregada de vieses político-ideológicos; investigar as diferenças entre a memória oficial e a memória coletiva, focando nas contradições entre depoimentos e documentos; fazer triangulação de informação documental não só da empresa estudada, mas de periódicos especializados que evidenciem as estratégias adotadas pelas empresas do segmento ao longo do tempo e relatórios financeiros oficiais que evidenciem os impactos dessas estratégias na *performance* da empresa estudada e do setor.
7. As fontes de dados apontam diferentes versões para a trajetória da organização	Fatos e versões andam juntos; é tarefa do pesquisador a confrontação crítica das narrações e entender as representações; ouvir mais de uma testemunha da situação; uma entrevista é sempre uma versão da realidade; é preciso compreender os significados que os indivíduos e grupos sociais conferem às experiências que têm; negligenciar essa dimensão é revelar-se ingênuo e positivista; reconhecer que existem várias versões e que nem todas as versões são verdadeiras, livres de manipulação, inexatidão ou erro; elaborar um mosaico que forme um todo coerente, a menos que as diferenças entre elas sejam irreconciliáveis.
8. Como proceder com a transcrição das entrevistas	Transcrições impecavelmente neutras podem ser ilegíveis ou inúteis; se a entrevista é rica em símbolos e sentidos, transcrever exatamente o que foi dito, inclusive "o entrevistado tosse", mas sem dizer se aquela tosse significa ironia, hesitação ou nervosismo produz um resultado carente de significado e que não necessariamente se traduz em fidelidade e credibilidade à pesquisa.

Fonte: Dias e Becker (2010, p. 9-10).

Langley (1999), com preocupação semelhante à de Pettigrew, para tratar os dados de modo a que – do que foi originalmente coletado, de um estado bruto e disforme, ainda que rico em sua variedade – progressivamente se gere um novo corpo de dados e, na sequência, permita a formulação de conceitos, relações e teorias, sugere um método de tratamento dos dados que reúne os procedimentos listados no quadro a seguir.

Quadro 4 – *Utilização de dados para produtos diversos*

Ordem	Procedimentos estratégicos	Objetivos
1	Narrativa histórica	Construir a história cronológica, mas sem reduzir ou simplificar os dados, trazendo ao máximo a heterogeneidade.
2	Classificação	Identificar padrões e semelhanças e dessemelhanças, de modo a construir categorias e classes em tipologias.
3	Decomposição temporal dos dados	Estudar o arranjo dos dados, inicialmente numa perspectiva linear e sequencial, para levantar blocos de dados, interconexão entre eles, periodizações.

Fonte: Elaborado pelos autores a partir de Langley (1999).

A pesquisa histórica em administração e em organizações é um campo rico em produção e com um vasto potencial de apreciação das variações metodológicas e de seus fundamentos. Os métodos e técnicas empregados devem corresponder ao objeto e aos propósitos da pesquisa histórica, à abordagem e quadro teórico de referência, bem como à teoria de método. Há muitas abordagens possíveis, que, combinadas com diferentes objetos e focos, explicam por que a pesquisa histórica em administração abarca tão diversas áreas de estudo e reúne contribuições multidisciplinares. Smith e Lux (1993), por exemplo, ao analisarem artigos que adotaram a análise histórica, encontraram quatro categorias principais:

Quadro 5 – *Categorias multidisciplinares possíveis na pesquisa histórica*

Ordem	Unidade de análise	Teor do objeto	Base para análise
1	Evento	Registro ou crônica	Descrição de fatos
2	Tendência ou correlação	Estudo de mudanças e não mudanças	Análises comparativas
3	Causas	Interdependência e causalidade	Estudo de causalidade e testes
4	Método	Modo de conhecer	Estudo metodológico

Fonte: Elaborado pelos autores a partir de Smith; Lux (1993).

Atualmente, poucos parecem acreditar que os métodos históricos comparativos possuam um único modelo básico para identificar padrões de causalidade ou de inferência por técnicas descritivas. De fato, esses métodos estão empregando diferentes estratégias e modelos de análise de relação de causa e efeito. Essas estratégias propõem metodologias para (a) se fazer estudo comparativo de casos, (b) se analisarem processos (sociais) ao invés de casos individuais, (c) identificar fatores causais necessários ou suficientes em determinada relação, entre outras. Elas ainda pretendem apreciar processos complexos temporais, incluindo as sequências de dependências de trajetórias. Podem ser considerados recursos que vão além dos modelos de análises estatísticas tão largamente usados nas pesquisas em ciências sociais (MAHONEY; RUESCHE-MEYER, 2003, p. 337-372; MAHONEY, 2004).

Uma das abordagens centrais, nesse campo, trabalha com metodologia que, mais do que a história econômica, enfatiza os elementos microeconômicos e os processos de mudança e de geração de mudanças. Análises quantitativas e qualitativas são adotadas, e, cada vez mais, recursos provenientes da sociologia, da antropologia e da psicologia se tornam frequentes nas pesquisas históricas.

Não se teve a pretensão, neste capítulo, de realizar um levantamento exaustivo do estado da arte nesses campos ou dos tipos de métodos adotados para a análise histórica em administração. Espera-se que a visão geral e sintética aqui apresentada possa concorrer para os debates e os estudos a seu respeito, bem como para o sucesso da construção de uma agenda de pesquisa que fomente a interação produtiva entre os estudos de gestão, os estudos organizacionais e a história empresarial.

11.3 ANÁLISE BIBLIOMÉTRICA – O USO DA PESQUISA HISTÓRICA EM ADMINISTRAÇÃO NO BRASIL

Dada a natureza deste capítulo, realizou-se levantamento bibliométrico, a fim de verificar a incidência da pesquisa histórica em nossa produção científica recente. A realização desse procedimento possibilitou a identificação de 215 trabalhos publicados no período de 2001 a 2010 onde se afirma a utilização de variantes do método histórico, conforme pode ser verificado no Gráfico 1, a seguir:

Gráfico 1 – *Origem dos artigos selecionados*

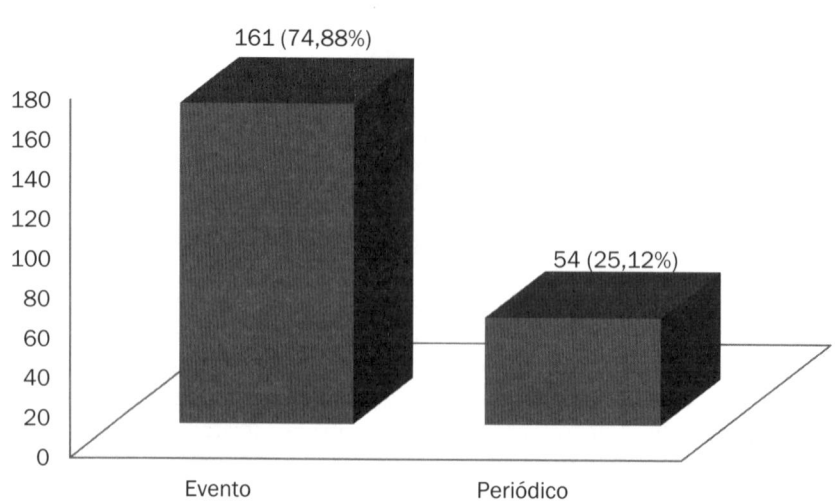

Fonte: Dados da pesquisa.

Com base nos dados, é possível verificar maior inserção de artigos que afirmam ter utilizado variações do método histórico em eventos. Essa inserção de 74,88% dos trabalhos em anais de eventos pode indicar que um volume significativo de trabalhos não é redirecionado para publicação em formato permanente após a apresentação e discussão dos mesmos.

A Tabela 1 apresenta a distribuição dos artigos publicados em anais de eventos, possibilitando melhor compreensão acerca da aderência do tema em cada um dos eventos da Associação Nacional de Pós-Graduação e Pesquisa em Administração (ANPAD).

Tabela 1 – *Distribuição dos artigos por evento em administração*

Eventos	n	%
EnANPAD – Encontro da ANPAD	75	46,58
EnEO – Encontro de Estudos Organizacionais	26	16,15
EnAPG – Encontro de Administração Pública e Governança	16	9,94
3Es – Encontro de Estudos em Estratégia	13	8,07
EnEPQ – Encontro de Ensino e Pesquisa em Administração e Contabilidade	11	6,83
EnGPR – Encontro de Gestão de Pessoas e Relações de Trabalho	8	4,97
EMA – Encontro de Marketing	7	4,35
Simpósio de Gestão da Inovação Tecnológica	5	3,11
EnADI – Encontro de Administração da Informação	0	0,00
Total	**161**	**100,00**

Fonte: Dados da pesquisa.

De acordo com os dados apresentados na Tabela 1, constata-se que pouco mais de 46% dos artigos publicados, em anais de eventos, ocorreram no encontro anual da ANPAD. Outro evento de destaque em relação ao número de trabalhos discutidos foi o Encontro de Estudos Organizacionais (EnEO), totalizando 26 trabalhos e 16,25% da participação total. Destaca-se que eventos relacionados à discussão da Administração da Informação e Gestão da Inovação Tecnológica apresentam um número significativamente baixo de trabalhos apresentados.

O procedimento de análise realizado nos artigos publicados em eventos também foi realizado para os trabalhos publicados em produção permanente e podem ser verificados a partir das informações apresentadas na Tabela 2.

Tabela 2 – *Distribuição dos artigos por periódico em administração*

Periódicos	n	%
RAP – *Revista de Administração Pública*	10	18,51
O&S – *Organizações & Sociedade*	7	12,97
REAd – *Revista Eletrônica de Administração*	7	12,97
Ensaios FEE	6	11,11
RAE – *Revista de Administração de Empresas*	6	11,11
Revista Contabilidade & Finanças	6	11,11
Cadernos EBAPE.BR	3	5,55
RAC – *Revista de Administração Contemporânea*	3	5,55
Organizações Rurais & Agroindustriais	2	3,70
Produção	2	3,70
RAM – *Revista de Administração Mackenzie*	1	1,86
RAUSP – *Revista de Administração da USP*	1	1,86
Total	**54**	**100,00**

Fonte: Dados da pesquisa.

Artigos publicados em periódicos com dupla revisão anônima constam da Tabela 2, onde se verifica que o periódico com maior número de trabalhos foi a *Revista de Administração Pública* (RAP), representando pouco mais de 18% do total.

Os dados apresentados na Tabela 2, ainda, evidenciam que os periódicos *O&S, REAd, Ensaios FEE, RAE* e *Revista de Contabilidade e Finanças* apresentam praticamente o mesmo número de artigos publicados no período. Juntas, essas revistas representam 59,27% do total dos trabalhos.

Ainda é possível destacar o elevado número de artigos publicados na *Revista de Contabilidade e Finanças*, que não possuem evento específico na ANPAD, apesar de existir área temática específica para Finanças no evento anual da associação. Os artigos publicados nesse periódico versam, basicamente, sobre a história das finanças e da contabilidade.

O gráfico a seguir apresenta a evolução dos trabalhos publicados em periódicos e anais de eventos, possibilitando melhor visualização da tendência de crescimento do método, principalmente nos eventos analisados.

Gráfico 2 – *Trajetória do número de publicação em eventos e periódicos em administração*

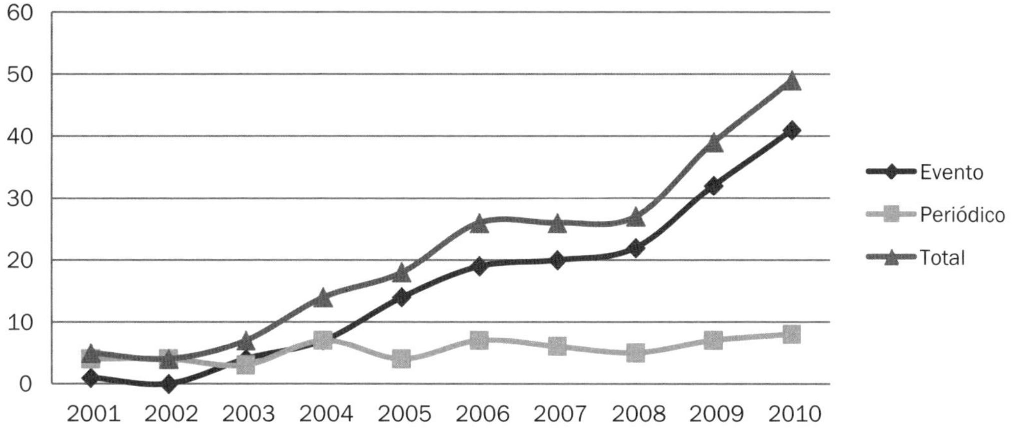

Fonte: Dados da pesquisa.

O Gráfico 2 indica que a tendência ao crescimento de publicações utilizando o método histórico é decorrente do incremento de trabalhos apresentados em anais de eventos, dada a estabilidade dos artigos publicados em periódicos.

As Tabelas 3 e 4 permitem melhor compreensão devido ao detalhamento de informações.

Tabela 3 – *Distribuição dos artigos em anais de eventos científicos em administração*

Ano	2001	2002	2003	2004	2005	2006	2007	2008	2009	2010	Total
EnANPAD	1	0	3	4	8	6	11	9	17	16	75
EnEO	0	0	0	1	0	8	0	7	0	10	26
EnAPG	0	0	0	2	0	2	0	3	0	9	16
3Es	0	0	1	0	6	0	2	0	4	0	13
EnEPQ	0	0	0	0	0	0	5	0	6	0	11
EnGPR	0	0	0	0	0	0	3	0	5	0	8
EMA	0	0	0	0	0	2	0	3	0	2	7
Simpósio	0	0	0	0	0	1	0	0	0	4	5
EnADI	0	0	0	0	0	0	0	0	0	0	0
Total	**1**	**0**	**4**	**7**	**14**	**19**	**21**	**22**	**32**	**41**	**161**

Fonte: Dados da pesquisa.

A Tabela 3 indica que o EnANPAD apresenta o maior número de artigos publicados nos últimos quatro anos do corte temporal realizado. Essa tendência de predomínio em número de artigos publicados só não é maior em decorrência de o EnEO apresentar, no ano de 2006, número levemente superior. No geral, os dados corroboram as informações já apresentadas na Tabela 1 e fornecem uma visualização anual detalhada da inserção das variantes do método histórico nos eventos pesquisados.

Tabela 4 – *Distribuição dos artigos por periódico em administração*

Ano	2001	2002	2003	2004	2005	2006	2007	2008	2009	2010	Total
RAP	0	0	0	0	0	3	1	1	3	2	10
O&S	0	0	0	2	0	0	2	2	0	1	7
REAd	3	0	0	1	3	0	0	0	0	0	7
Ensaios FEE	0	2	0	1	0	0	0	0	3	0	6
RAE	0	0	0	0	0	3	1	0	0	2	6
Revista Contab. & Fin.	0	1	1	1	1	0	1	1	0	0	6
Cadernos EBAPE.BR	0	0	0	0	0	0	0	0	1	2	3
RAC	0	0	0	2	0	0	0	0	0	1	3
Org. Rurais & Agroin.	1	0	1	0	0	0	0	0	0	0	2
Produção	0	1	0	0	0	1	0	0	0	0	2
RAM	0	0	0	0	0	0	0	1	0	0	1
RAUSP	0	0	1	0	0	0	0	0	0	0	1
Total	**4**	**4**	**3**	**7**	**4**	**7**	**5**	**5**	**7**	**8**	**54**

Fonte: Dados da pesquisa.

A Tabela 4 segue os mesmos direcionamentos da Tabela 3, no sentido de possibilitar melhor compreensão acerca da inserção das variantes do método histórico nos periódicos selecionados para a realização do estudo.

Os dados disponibilizados na Tabela 4 evidenciam que mesmo possuindo um total de dez artigos publicados no período, a RAP concentrou as publicações sobre o tema nos últimos cinco anos do intervalo temporal utilizado, diferentemente da REAd, por exemplo, que apresenta um cenário oposto, no qual não houve publicações sobre o tema nos últimos cinco anos.

O levantamento bibliométrico permitiu a classificação dos principais autores em função do número de artigos publicados em autoria ou coautoria no período (vide Tabela 5).

Tabela 5 – *Principais autores*

Autor	Evento	Periódico	Total
CARRIERI, Alexandre de Pádua	7	1	8
FLECK, Denise Lima	6	1	7
VIZEU, Fabio	5	2	7
DINIZ, Ana Paula Rodrigues	6	0	6
DOURADO, Débora Coutinho Paschoal	4	1	5
SARAIVA, Luiz Alex Silva	4	1	5
FISCHER, Tânia Maria Diederichs	4	1	5
PIMENTEL, Thiago Duarte	3	2	5
COSTA, Alessandra de Sá Mello da	3	1	4
LEITE DA SILVA, Alfredo Rodrigues	3	1	4
BATISTA-DOS-SANTOS, Ana Cristina	4	0	4
PAULA, Ana Paula Paes de	3	1	4
IPIRANGA, Ana Silvia Rocha	2	2	4
WAIANDT, Claudiani	3	1	4
BISPO, Danielle de Araújo	3	1	4
ICHIKAWA, Elisa Yoshie	3	1	4
LOPES, Fernanda Tarabal	4	0	4
MARTINS, Paulo Emílio Matos	3	1	4
Outros	305	98	403

Fonte: Dados da pesquisa.

O autor primeiramente classificado foi Alexandre de Pádua Carrierri, com oito trabalhos no período. Apesar desse destaque, Denise Lima Fleck e Fabio Vizeu apresentam sete trabalhos publicados no período. Se levadas em consideração apenas as informações referentes a eventos Alexandre Carrieri e Denise Fleck apresentam o mesmo número de trabalhos publicados. Quando os artigos publicados em periódicos pelos autores são analisados, novamente Carrieri se destaca, mas com o mesmo número de trabalhos publicados por Fábio Vizeu.

De forma complementar, a Tabela 5 permitiu identificar um total de 349 autores e coautores respondendo pelos 215 artigos analisados. As instituições de afiliação desses autores, quando da publicação dos artigos, constam da Tabela 6.

Tabela 6 – *Distribuição dos artigos por instituição de afiliação*

Instituições	Evento	Periódico	Total
UFMG – Universidade Federal de Minas Gerais	56	15	71
FGV-RJ – Fundação Getulio Vargas do Rio de Janeiro	23	16	39
UFPE – Universidade Federal de Pernambuco	19	6	25
UFLA – Universidade Federal de Lavras	18	5	23
UFBA – Universidade Federal da Bahia	15	7	22
UFRGS – Universidade Federal do Rio Grande do Sul	16	6	22
UFRJ – Universidade Federal do Rio de Janeiro	18	1	19
UFSC – Universidade Federal de Santa Catarina	14	4	18
USP – Universidade de São Paulo	8	10	18
UFES – Universidade Federal do Espírito Santo	16	0	16
FGV-SP – Fundação Getulio Vargas de São Paulo	12	3	15
UP – Universidade Positivo	12	3	15
UNIVALI – Universidade do Vale do Itajaí	12	1	13
Outras	115	38	153

Fonte: Dados da pesquisa.

Os dados apresentados na Tabela 6 levam em consideração que os totais apresentados não se relacionam ao número total de artigos de cada instituição porque um artigo pode ter a coautoria de pessoas de instituições diferentes. Dessa forma, as frequências apresentadas dizem respeito aos autores de cada instituição, havendo repetição em casos de autores que obtiveram mais de uma publicação. Dessa maneira, é possível visualizar quais as instituições que mais trabalharam com pesquisa histórica. A instituição que surge em primeiro lugar é a (UFMG) Universidade Federal de Minas Gerais, bem adiante da segunda classificada.

A seguir, por meio da Tabela 7, é possível verificar a distribuição dos artigos por abordagem de pesquisa, utilizando-se o ano-base de referência.

Tabela 7 – *Distribuição dos artigos por abordagem de pesquisa*

Ano	Teórica		Teórico-Empírica		Caso de Ensino		Total	
	n	%	n	%	n	%	n	%
2001	3	1,40	2	0,93	0	0,00	5	2,33
2002	4	1,86	0	0,00	0	0,00	4	1,86
2003	4	1,86	3	1,40	0	0,00	7	3,26
2004	7	3,25	7	3,25	0	0,00	14	6,50
2005	5	2,33	13	6,05	0	0,00	18	8,38
2006	9	4,19	17	7,90	0	0,00	26	12,09
2007	11	5,11	15	6,98	0	0,00	26	12,09
2008	8	3,72	19	8,84	0	0,00	27	12,56
2009	10	4,65	25	11,63	4	1,86	39	18,14
2010	18	8,37	30	13,95	1	0,47	49	22,79
Total	**79**	**36,74**	**131**	**60,93**	**5**	**2,33**	**215**	**100,00**

Fonte: Dados da pesquisa.

De acordo com a Tabela 7, a maior parte dos trabalhos publicados no período pode ser classificada como teórico-empíricos. No entanto, o número de artigos seguindo uma abordagem teórica também é elevado, com 79 trabalhos publicados. Casos de ensino que fizeram uso de alguma variante do método foram encontrados nos dois últimos anos do corte temporal realizado e totalizaram cinco trabalhos.

Ainda é possível verificar um acentuado crescimento de artigos publicados nas duas abordagens de destaque a partir de 2006. Se compararmos 2006 e 2010, verificamos que o número de trabalhos teóricos e teórico-empíricos praticamente dobra e os casos de ensino permanecem estáveis.

O Gráfico 3 possibilita se visualize o número de trabalhos publicados por abordagem e veículo de publicação.

O Gráfico 3 mostra que o total de trabalhos teóricos publicados em periódicos é superior ao número de trabalhos publicados em periódicos com abordagem teórico-empírica, o que comportaria duas explicações. A primeira seria a preferência de editores e revisores por ensaios teóricos. A segunda simplesmente indicaria menor produção científica de trabalhos teórico-empíricos. Não houve casos de ensino publicados em periódicos, e a diferença entre trabalhos teórico-empíricos publicados em eventos e revistas é significativamente maior do que a diferença apresentada por trabalhos teóricos nos mesmos veículos de publicação.

Gráfico 3 – *Abordagem e veículo de publicação*

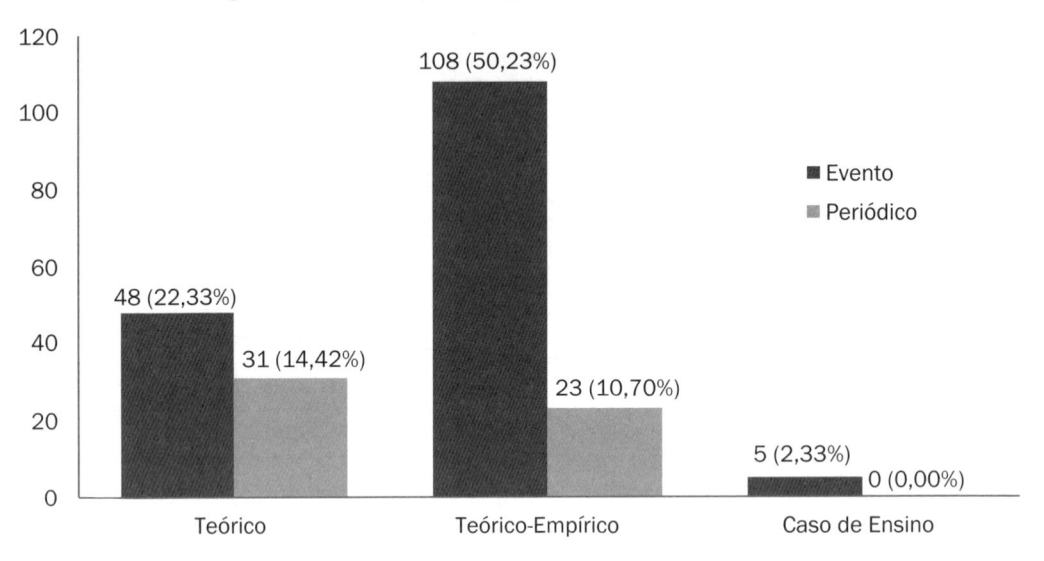

Fonte: Dados da pesquisa.

A Tabela 8 apresenta a classificação dos artigos por área temática, aprofundando a compreensão dos dados obtidos.

Tabela 8 – *Classificação dos artigos por área temática*

Área	Evento		Periódico		Total	
	n	%	n	%	n	%
Estudos Organizacionais	57	26,51	14	6,50	71	33,01
Administração Pública	24	11,16	10	4,65	34	15,81
Estratégia em Organizações	24	11,16	5	2,32	29	13,48
Ensino e Pesquisa em Administração e Cont.	25	11,62	4	1,86	29	13,48
Gestão de Pessoas e Relações de Trabalho	17	7,91	4	1,86	21	9,77
Gestão da Ciência, Tecnologia e Inovação	5	2,32	10	4,65	15	6,97
Marketing	6	2,80	1	0,47	7	3,27
Finanças	1	0,47	6	2,80	7	3,27
Gestão de Operações e Logística	0	0,00	1	0,47	1	0,47
Administração da Informação	1	0,47	0	0,00	1	0,47
Total	**160**	**74,42**	**55**	**25,58**	**215**	**100,00**

Fonte: Dados da pesquisa.

Tomando como referência as áreas temáticas da ANPAD, verifica-se predominância da área de Estudos Organizacionais, apresentando aproximadamente um terço dos trabalhos publicados com uma diferença de 18% sobre a área de Administração Pública, classificada em segundo lugar. Em seguida, temos Estratégia em Organizações e Ensino e Pesquisa em Administração e Contabilidade. Essas diferenças podem ser visualizadas no Gráfico 4.

Gráfico 4 – *Distribuição dos artigos por área*

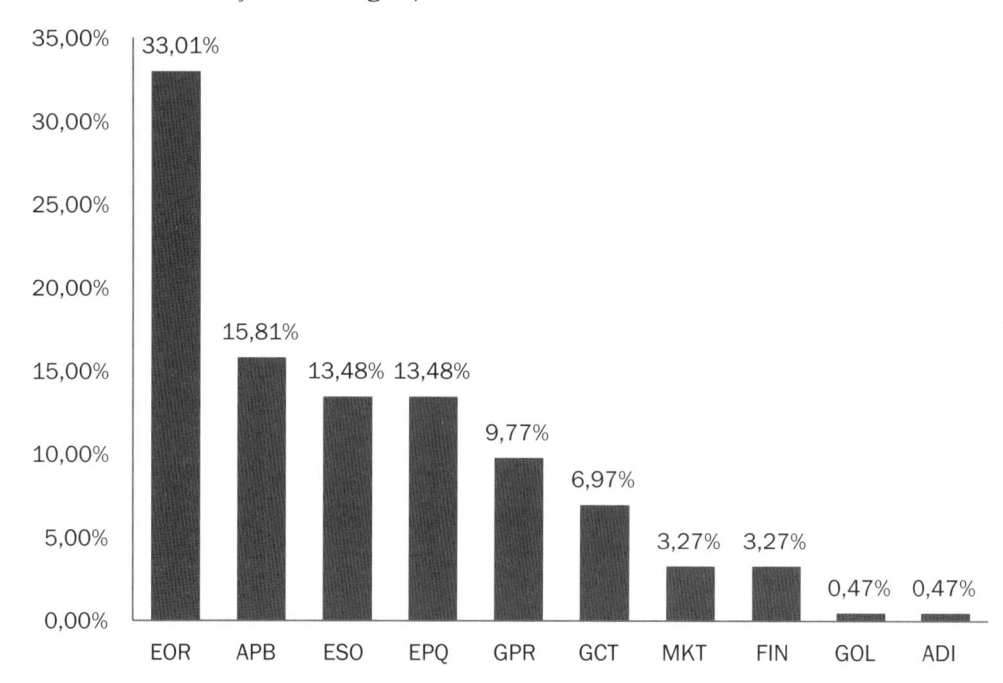

Fonte: Dados da pesquisa.

O Gráfico 4 indica que Marketing, Finanças, Gestão de Operações e Logística e Administração da Informação ainda apresentam incipiente produção usando pesquisa histórica.

Ainda foi possível verificar o comportamento dos dados referentes às áreas dos artigos e à abordagem metodológica utilizada (vide Gráfico 5).

Gráfico 5 – *Distribuição dos artigos por área temática e abordagem*

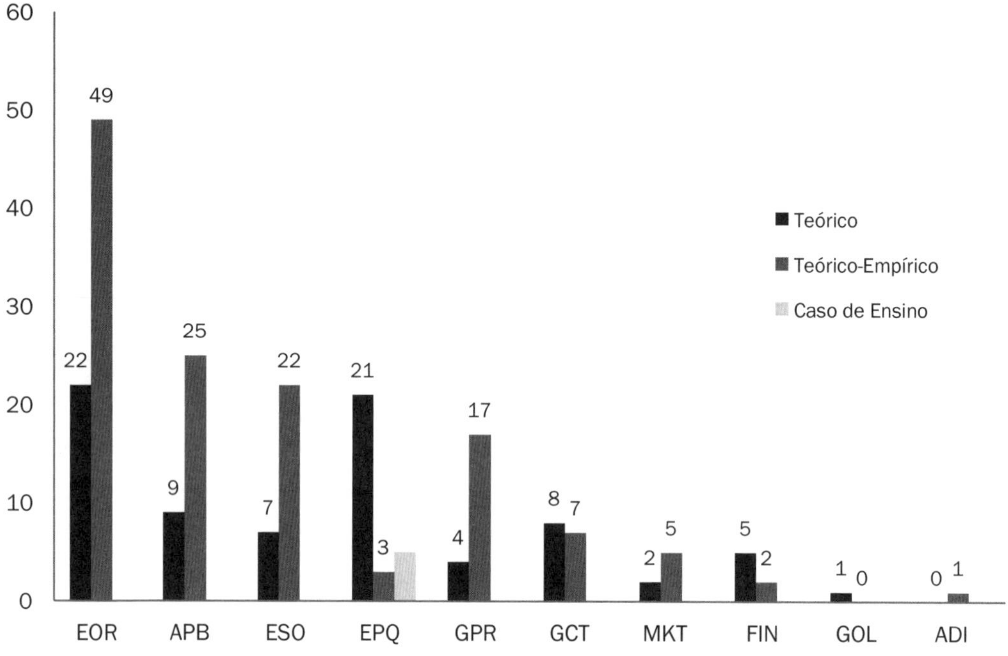

Dentre as informações apresentadas no Gráfico 5, destaca-se o número de trabalhos publicados seguindo uma abordagem teórica nas áreas de Estudos Organizacionais e Ensino e Pesquisa em Administração e Contabilidade. Por meio desse gráfico, fica evidente que apesar de o número total de artigos publicados na área de Estudos Organizacionais ser significativamente maior do que o da área de Ensino e Pesquisa em Administração e Contabilidade, o total de artigos teóricos publicados nesta área é semelhante.

Outra informação relevante é a de que em quatro áreas o total de artigos teóricos publicados foi superior ao de artigos seguindo uma orientação teórico-empírica: Ensino e Pesquisa em Administração e Contabilidade, Gestão de Ciência e Tecnologia, Finanças e Gestão de Operações e Logística, cujo único trabalho publicado diagnosticado foi classificado dessa forma.

Quando analisadas as técnicas de coleta de dados utilizadas pelos pesquisadores, verifica-se que o método histórico faz uso de forma acentuada de relatos orais por meio de entrevistas (vide Tabela 9).

Tabela 9 – *Classificação dos artigos por técnica de coleta de dados*

Ano	Entrevista		Questionário		Observação		Pesquisa documental		Outras		Não Informado	
	n	%	n	%	n	%	n	%	n	%	n	%
2001	2	1,98	0	0,00	0	0,00	2	3,70	0	0,00	0	0,00
2002	0	0,00	0	0,00	0	0,00	0	0,00	0	0,00	0	0,00
2003	1	0,99	0	0,00	0	0,00	2	3,70	1	6,25	0	0,00
2004	5	4,95	0	0,00	1	12,50	3	5,56	2	12,50	1	16,67
2005	10	9,90	0	0,00	0	0,00	7	12,96	1	6,25	1	16,67
2006	14	13,86	1	25,00	1	12,50	7	12,96	1	6,25	0	0,00
2007	12	11,88	2	50,00	1	12,50	7	12,96	2	12,50	0	0,00
2008	14	13,86	0	0,00	0	0,00	5	9,26	2	12,50	2	33,33
2009	22	21,78	0	0,00	2	25,00	8	14,81	1	6,25	0	0,00
2010	21	20,79	1	25,00	3	37,50	13	24,07	6	37,50	2	33,33
Total	**101**	**100,00**	**4**	**100,00**	**8**	**100,00**	**54**	**100,00**	**16**	**100,00**	**6**	**100,00**

Fonte: Dados da pesquisa.

Conforme expõe a Tabela 9, a técnica de coleta de dados de maior utilização por parte dos pesquisadores com publicações nos eventos e periódicos analisados neste estudo é a entrevista.

Outra forma de coleta utilizada é a pesquisa documental usada para elaborações de natureza historiográfica. As demais técnicas não são significativas.

Tabela 10 – *Classificação dos artigos por técnica de análise de dados*

Ano	Análise de Conteúdo		Análise de Discurso		Análise de Narrativa		Análise Quantitativa		Outras		Não Informado	
	n	%	n	%	n	%	n	%	n	%	n	%
2001	0	0,00	0	0,00	0	0,00	0	0,00	0	0,00	2	5,13
2002	0	0,00	0	0,00	0	0,00	0	0,00	0	0,00	0	0,00
2003	1	2,44	0	0,00	0	0,00	0	0,00	2	15,38	0	0,00
2004	0	0,00	2	6,90	1	4,00	0	0,00	1	7,69	3	7,69
2005	6	14,63	2	6,90	3	12,00	0	0,00	0	0,00	2	5,13
2006	5	12,20	1	3,45	6	24,00	1	33,33	2	15,38	6	15,38
2007	6	14,63	3	10,34	3	12,00	1	33,33	2	15,38	3	7,69
2008	7	17,07	6	20,69	1	4,00	0	0,00	2	15,38	5	12,82
2009	6	14,63	8	27,59	7	28,00	0	0,00	0	0,00	7	17,95
2010	10	24,39	7	24,14	4	16,00	1	33,33	4	30,77	11	28,21
Total	**41**	**100,00**	**29**	**100,00**	**25**	**100,00**	**3**	**100,00**	**13**	**100,00**	**39**	**100,00**

Fonte: Dados da pesquisa.

A Tabela 10 apresenta as técnicas de análise de dados utilizadas pelos pesquisadores, sendo a mais utilizada a análise de conteúdo, seguida da análise de discurso e da análise de narrativa. Outra informação de destaque é o elevado número de trabalhos que não informaram a técnica de análise utilizada.

Retomando as discussões sobre procedimento de coleta de dados utilizados, a Tabela 11 apresenta um cruzamento entre esta variável e a área temática nas quais os artigos foram publicados.

Tabela 11 – *Classificação dos artigos por técnica de coleta de dados e área*

Área	Entrevista		Questionário		Observação		Pesquisa documental		Outras		Não Informado	
	n	%	n	%	n	%	n	%	n	%	n	%
EOR	46	45,54	0	0,00	3	37,50	14	25,93	1	6,25	1	16,67
APB	9	8,91	2	50,00	0	0,00	14	25,93	4	25,00	3	50,00
ESO	19	18,81	1	25,00	1	12,50	13	24,07	3	18,75	0	0,00
EPQ	3	2,97	0	0,00	0	0,00	0	0,00	0	0,00	0	0,00
GPR	15	14,85	1	25,00	3	37,50	7	12,96	4	25,00	1	16,67
GCT	6	5,94	0	0,00	0	0,00	3	5,56	1	6,25	1	16,67
MKT	2	1,98	0	0,00	0	0,00	0	0,00	3	18,75	0	0,00
FIN	0	0,00	0	0,00	0	0,00	2	3,70	0	0,00	0	0,00
GOL	0	0,00	0	0,00	0	0,00	0	0,00	0	0,00	0	0,00
ADI	1	0,99	0	0,00	1	12,50	1	1,85	0	0,00	0	0,00
Total	101	100,00	4	100,00	8	100,00	54	100,00	16	100,00	6	100,00

Fonte: Dados da pesquisa.

De acordo com os dados da Tabela 11, verifica-se que o total de trabalhos utilizando entrevistas na área de Estudos Organizacionais é significativamente maior do que o das demais áreas, representando 45,54% de todos os trabalhos que fizeram uso da técnica de entrevista. Isso não se repete quando se analisa a pesquisa documental, segundo método de maior utilização, que permanece estável para Administração Pública e apenas com um trabalho a menos para Estratégia em Organizações.

É interessante observar que ainda temos o predomínio da entrevista como forma preferida para a obtenção de informação. Seria uma expectativa normal a de que análise documental ocupasse o primeiro lugar. Na verdade, os grandes e clássicos trabalhos realizados na área de administração usando metodologia histórica se apoiaram preferencialmente em análise de documentos. Dessa maneira, pode-se dizer que a História Oral ocupa lugar de destaque entre nós.

Por fim, a última tabela desta seção apresenta a classificação dos artigos por área temática e técnica de análise de dados utilizada.

Tabela 12 – *Classificação dos artigos por área temática e técnica de análise dos dados*

Área	Análise de Conteúdo		Análise de Discurso		Análise de Narrativa		Análise Quantitativa		Outras		Não Informado	
	n	%	n	%	n	%	n	%	n	%	n	%
EOR	16	39,02	17	58,62	9	36,00	0	0,00	1	7,69	9	23,08
APB	8	19,51	1	3,45	1	4,00	1	33,33	3	23,08	13	33,33
ESO	8	19,51	3	10,34	4	16,00	1	33,33	2	15,38	7	17,95
EPQ	0	0,00	0	0,00	1	4,00	0	0,00	0	0,00	2	5,13
GPR	6	14,63	6	20,69	6	24,00	1	33,33	2	15,38	4	10,26
GCT	3	7,32	0	0,00	4	16,00	0	0,00	1	7,69	2	5,13
MKT	0	0,00	2	6,90	0	0,00	0	0,00	3	23,08	0	0,00
FIN	0	0,00	0	0,00	0	0,00	0	0,00	1	7,69	1	2,56
GOL	0	0,00	0	0,00	0	0,00	0	0,00	0	0,00	0	0,00
ADI	0	0,00	0	0,00	0	0,00	0	0,00	0	0,00	1	2,56
Total	**41**	**100,00**	**29**	**100,00**	**25**	**100,00**	**3**	**100,00**	**13**	**100,00**	**39**	**100,00**

Fonte: Dados da pesquisa.

A Tabela 12 evidencia que a principal técnica de análise de dados utilizada na área de Estudos Organizacionais é a análise de discurso, com 17 trabalhos que representam 58,62% de todos os trabalhos utilizando esta técnica de análise. Há de se destacar que também foram identificados 16 trabalhos na área de Estudos Organizacionais utilizando a técnica de análise de conteúdo, sugerindo que estas são as principais técnicas de análise utilizadas pelos pesquisadores da área.

A próxima seção apresenta duas entrevistas realizadas com pesquisadores que utilizam o método histórico em seus trabalhos, onde se exploram tópicos como dificuldades na utilização do método, principais vantagens e técnicas de análise mais adequadas.

11.4 O USO DA PESQUISA HISTÓRICA NA PERSPECTIVA DE PESQUISADORES BRASILEIROS

A última seção deste capítulo versa sobre o uso da pesquisa histórica enquanto procedimento qualitativo de pesquisa na perspectiva de pesquisadores brasileiros conceituados no tema, conforme informações da pesquisa bibliométrica realizada. Em síntese, esta seção objetiva explorar as razões, práticas, principais potencialidades na aplicação do método e uma série de outras questões que podem contribuir para a compreensão da pesquisa histórica enquanto método de pesquisa e guiar pesquisadores e alunos interessados na aplicação do mesmo. Tendo isso em vista, contamos com a participação dos seguintes pesquisadores:

- Alexandre de Pádua Carrieri, professor titular da Universidade Federal de Minas Gerais (UFMG), graduado em Zootecnia pela Universidade de São Paulo (USP), mestre em Administração pela Universidade Federal de Lavras (UFLA) e doutor em Administração pela Universidade Federal de Minas Gerais (UFMG).

- Elisa Yoshie Ichikawa, professora da Universidade Estadual de Maringá (UEM), graduada em Administração pela Universidade Estadual de Londrina (UEL), mestre em Administração pela Universidade Federal de Santa Catarina (UFSC) e doutora em Engenharia de Produção pela mesma instituição.

- Denise Lima Fleck, professora associada da Universidade Federal do Rio de Janeiro (UFRJ), graduada em Engenharia Elétrica pela Pontifícia Universidade Católica do Rio de Janeiro (PUC-Rio), mestre em Administração pelo Instituto Coppead de Administração da Universidade Federal do Rio de Janeiro e doutora pela McGill University (Canadá).

Os professores em evidência estão filiados a diferentes grupos de pesquisa no Brasil. O professor Carrieri desenvolve seus estudos no Núcleo de Pesquisa em Estudos Organizacionais e Sociedade (NEOS) e atua em atividades de ensino e pesquisa desde 1987. De acordo com o professor Carrieri, o NEOS conta com uma linha de pesquisa denominada *"Estudos Organizacionais, História, Memória e Identidade Cultural"*, no qual se estuda a gestão

a partir do entendimento das organizações como um conjunto de discursos e narrativas, compreendendo a(s) lógica(s) e as visões de mundo subjacentes às construções discursivas e à forma como elas se manifestam ou contribuem para a conformação objetiva de uma determinada realidade social, histórica e cultural.

Para o professor, a utilização destas narrativas possibilita aos pesquisadores uma imagem histórica das experiências do passado, evocando *"recursos simbólicos e técnicos, por meio dos quais a gestão pode ser debatida"*.

A professora Ichikawa tem como base de sua produção acadêmica a participação no Grupo de Estudos Organizacionais da Universidade Estadual de Maringá, atuando em atividades de ensino e pesquisa há 19 anos. Por fim, a professora Denise Fleck, desde 1990 atuando como docente e pesquisadora, afirmou que criou uma linha de pesquisa sobre o tema Crescimento organizacional e longevidade saudável das organizações, a qual vem realizando consistentemente pesquisa que utiliza o método histórico. A professora ainda destacou sua participação no projeto *Managing Innovation in the New Economy* (MINE) liderado por pesquisadores da *Université de Montréal* e da *Universidade du Québec à Montréal* (UQAM), como um projeto de destaque em sua afiliação internacional.

A utilização do método histórico por parte dos professores em questão se deu por diferentes motivações. O professor Carrieri afirmou sempre haver considerado o *"tema história muito importante"* ao ponto de cursar disciplinas sobre o tema em sua graduação. Na visão do professor, a história *"sempre deve ser conhecida para podermos pensar sobre nossa atuação"* em relação aos problemas que nos cercam. Por sua vez, a professora Ichikawa afirmou que o principal fator que a motivou a utilizar esse método de pesquisa foi sua *"identificação com os pressupostos do método"*. Já a professora Denise Fleck, argumentou que em sua experiência *"o método emerge da natureza da pesquisa que se pretende realizar"* e que, em seu caso, o método histórico tem relação com o seguinte questionamento: *"Por que algumas organizações experimentam sucesso sustentado ao longo de suas existências, enquanto outras acabam declinando e muitas vezes desaparecem?"*. Tendo isso em vista, a professora realiza estudos de natureza *"descritiva e explicativa, onde a descrição da trajetória das organizações estudadas oferece o pano de fundo e a matéria-prima para a conjectura de explicações sobre o destino das mesmas"*. Dessa forma, Denise Fleck desenvolveu, ao longo de sua experiência, um método específico *"na área de Estratégia que procura entender fenômenos de natureza estratégica que são de longa duração"*, chamado pela professora de *"History-based longitudinal case studies for Strategy research"*. Neste contexto, a professora Denise Fleck demonstra

> interesse em verificar se há e quais são as características que são da natureza das organizações e que podem conduzir a seu sucesso ou fracasso e mais: ambiciono desenvolver teoria atemporal a respeito do sucesso e fracasso das organizações. De maneira geral, historiadores não objetivam desenvolver teoria atemporal.

Quando questionadas sobre o tempo de utilização do método, as professoras Elisa Ichikawa e Denise Fleck, coincidentemente, destacaram que a utilização do método histórico já ocorre por volta de 15 anos. A professora Fleck ainda destacou que ao longo desse período já foram desenvolvidos mais de 30 estudos sobre organizações diversas, como subsidiárias de multinacionais, empresas públicas que se tornaram privadas, organizações não governamentais, entre outras. Sobre a mesma temática, o professor Carrieri afirmou utilizar o método desde o seu curso de graduação, com destaque para seu curso de mestrado no qual o professor utilizou a perspectiva francesa da Nova História, voltada para a compreensão da construção/desconstrução de sistemas produtivos locais no âmbito rural. Dentre os entrevistados, apenas a professora Denise Fleck afirmou que os autores que publicaram trabalhos com ela, empregando o método histórico, não possuíam experiência no uso do método.

O comportamento dos pesquisadores em relação à realização de pesquisas empregando o método histórico também foi tema de discussão com os professores, destacando-se os posicionamentos apresentados pelos professores Alexandre Carrieri e Elisa Ichikawa. Para o professor Carrieri, o pesquisador deve ter em perspectiva a montagem de *"um quebra cabeça não linear"* no qual as múltiplas possibilidades de ver o objeto em estudo através do método histórico possibilita a investigação por meio de olhares diversos, ou seja, diferentes formas de visualização de ocorrências passadas, tendo em vista a subjetividade dos indivíduos. Por sua vez, a professora Elisa Ichikawa destaca a necessidade de o pesquisador estar pautado em princípios éticos e ter empatia com os participantes.

Os professores também foram questionados sobre o contexto (fenômeno, problema, campo, tipo de abordagem, coleta e análise de dados) em que o uso do método histórico seria recomendado. De acordo com o professor Carrieri, o método histórico pode ajudar em todos os contextos de pesquisa, pois: *"há sempre uma história a ser contada, uma his-*

tória que está na memória das pessoas". Deve o pesquisador, assim, ficar atento ao que os sujeitos nos têm a dizer, de forma a interagir com a pesquisa e posicionando o entrevistado e seu relato histórico em uma perspectiva maior do que a de uma mera fonte de dados que deverá suprir o pesquisador com as respostas que deseja ouvir. Já a professora Ichikawa acredita que o método histórico pode ser utilizado *"em qualquer situação em que seja necessário ouvir a versão do sujeito com mais riqueza de detalhes"*. O posicionamento da professora Ichikawa, bem como o do professor Carrieri, demonstram a percepção dos mesmos sobre a capacidade do método em obter informações em profundidade acerca do fenômeno que se procura investigar. Seguindo essa linha de raciocínio, a professora Denise Fleck afirma que a escolha do método deve estar diretamente alinhada com as questões de pesquisa que se pretende investigar e que, em decorrência disso, *"se as questões são de natureza 'por que' e 'como' e se o pesquisador pretende formular ricas respostas (múltiplos níveis de análise, denso contexto, identificação de mecanismos de permanência e mudança etc.), então a abordagem histórica pode ser interessante"*.

Questionados sobre as situações ou contextos nos quais o uso do método histórico não seria recomendado, destaca-se a fala da professora Denise Fleck, que defende que *"a abordagem pode não ser interessante se o pesquisador não se sentir à vontade para retratar, compreender e tratar a complexidade inerente ao fenômeno estudado"*. Já a professora Ichikawa argumenta que em estudos nos quais se tem interesse em ouvir a versão do sujeito com maior riqueza de detalhes pode não ser conveniente utilizar o método histórico.

Para uma melhor compreensão e utilização do método histórico, os professores em questão também citaram alguns autores de referência. Para o professor Carrieri, a leitura da autora Ecleia Bosi é fundamental, enquanto a professora Ichikawa destacou Weber, Schutz e Gadamer como leituras importantes e, por fim, a professora Denise Fleck sugere a leitura de historiadores como Alfred Chandler como importantes para o uso do método histórico.

As principais dificuldades que podem ser enfrentadas pelos pesquisadores quando da operacionalização do método também foi tema de arguição. Para o professor Carrieri, a principal dificuldade que o pesquisador pode enfrentar é a falta de preparo *"para escutar os outros"*, ou seja, *"estar preparado para vasculhar baús de lembranças, de documentos"*. A professora Ichikawa apresenta posicionamento semelhante ao afirmar que a operacionalização do método histórico *"requer sempre um nível de maturidade e experiência prévia"* por parte do pesquisador. Por fim, a professora Denise Fleck citou dois elementos que, segundo ela, não seriam, necessariamente, dificuldades do uso do método, mas sim especificidades do mesmo, sendo estes: coleta de dados e análise. Para a professora,

> a coleta de dados é abrangente em termos de fontes de informação, período de tempo coberto, tópicos de interesse. Em uma primeira fase o pesquisador busca acesso a tudo que parece poder ser de interesse para a pesquisa. Com o tempo, torna-se um exímio 'detetive' em busca de evidências. A partir de um determinado ponto, o pesquisador desenvolve sensibilidade para avaliar a importância relativa de evidências adicionais, dado que estas começam a adicionar pouco valor à massa de dados coletados. No que tange à análise, esta também pode ser abrangente envolvendo tanto tratamentos quantitativos como qualitativos dos mais diversos.

Entre os principais elementos para superação dessas dificuldades, foram citados pelos professores: treinamento, uso sempre que possível do método, reflexividade, persistência, paciência, grande curiosidade e criatividade.

Em relação às facilidades para trabalhar com o método histórico, a professora Denise Fleck credita a natureza humana à disposição dos indivíduos em relatar suas experiências vividas, enquanto o professor Carrieri citou *"a riqueza das entrevistas, o conhecimento da história, dos processos, da memória"* como pontos de destaque para a utilização do método histórico.

Sobre os critérios de validade e confiabilidade na utilização do método, encontraram-se visões diversas entre os professores entrevistados. O professor Carrieri apontou não ver problemas em relação à validade e confiabilidade, uma vez que a base do método é a história, obtida por meio de documentos e relatos. A professora Ichikawa destaca que *"o pesquisador tem que fazer uma descrição densa para mostrar o caminho percorrido"*, mas salienta que em sua visão esses critérios não são importantes para a pesquisa qualitativa. Já a professora Denise Fleck destaca que:

> diversos procedimentos são recomendados. Por exemplo: protocolo de coleta de dados, triangulação de fontes de informação, constituição de tabela de fatos e dados relativos a todos os níveis de análise envolvidos, iteração (coleta-análise-coleta), múltiplos pesquisadores realizando a análise. Usamos também o procedimento que chamo de 'de olho no adjetivo' quando tratamos textos escritos e falas. É nosso procedimento rotineiro buscar mais dados para melhor validar adjetivos por meio de evidências factuais. Em não sendo possível identificar fatos, os adjetivos são candidatos a serem eliminados para evitar possíveis problemas de validade.

Para um pesquisador com interesse em usar esse método, foram dadas algumas recomendações. Para o professor Carrieri, o pesquisador deve *"ter tempo, tempo para coletar entrevistas para vislumbrar o quebra-cabeça. Tempo de estudar os documentos"*. Para a professora Ichikawa, *"ter sensibilidade é importante. Algumas pessoas não têm essa característica. Ter um referencial teórico forte também é importante, pois a interpretação das narrativas requer esse tipo de aprofundamento"*. A professora Denise Fleck menciona que *"o pesquisador deve ter persistência, paciência, grande curiosidade e criatividade"*.

No que diz respeito à utilização de outros métodos, a professora Ichikawa destacou que utiliza outros procedimentos de pesquisa, mas todos de natureza qualitativa. Já o professor Carrieri destacou:

> Gosto de usar vários métodos. Sempre é bom lembrar as palavras do prof. Pedro Lincoln que diz que não devemos estar à mercê do método. E sim utilizar este como forma de chegar a realidade, ao objeto pesquisado. Assim, poder lançar mão de vários métodos para se conhecer melhor o que se está estudando: histórias orais, de vida, documentos, fotografias.

Isso seria de vital importância para que o objeto em estudo possa ser explorado adequadamente.

Encerrando as discussões, os professores foram questionados sobre a perspectiva de uso desse método no Brasil na área de Administração. O professor Carrieri destacou duas perspectivas que considera importante. *"Uma possibilidade é de se conhecer melhor o desenvolvimento da gestão aqui no Brasil, sua história, seus caminhos. Outra perspectiva é conhecer mais sobre os objetos estudados para podermos pensar melhor sobre o hoje como reflexo do passado."* Por sua vez, a professora Ichikawa destacou que cada vez mais a pesquisa histórica vem, no Brasil, se enriquecendo e amadurecendo. Por fim, a professora Denise Fleck vê um cenário *"bastante otimista", tendo em vista a percepção* de que *"é altamente factível empregar uma abordagem histórica para estudar a realidade brasileira de organizações e negócios".*

REFERÊNCIAS

AGOSTINHO (Santo). **A Cidade de Deus.** Petrópolis: Vozes de Bolso, Parte I e II, Dois Volumes, 2012.

ALMEIDA, C. M. C. de; OLIVEIRA, M. O. **Exercícios de micro-história.** Rio de Janeiro: Editora FGV, 2009.

ARISTÓTELES. **Metafísica.** São Paulo: Abril, 1973. (Coleção Os Pensadores).

BARBOZA, J. J. História oral e hermenêutica. **Primeira Versão,** ano I, nº 105, ago. 2002.

BARRET, F. J.; SRIVASTAL, S. History as a model of inquiry in organizational life: a role of human cosmognoy. **Human Relations,** v.44, n.3, p. 231-254, 1991.

BARROS, J. D. Sobre a feitura da micro-história. **Revista OPSIS,** v. 7, nº 9, jul./dez. 2007.

BOOTH, C.; ROWLINSON, M. Management and organizational history: prospects. **Management & Organizational History,** v. I (1), p. 5-30, 2006.

BOSSUET, J. B. **Discours sur l'histoire universelle.** Paris: Bernardin Bechet Libraire, 1875.

BRAUDEL, F. **Escritos sobre a história.** São Paulo: Perspectiva, 2011.

_____. **Civilisation et capitalisme.** Paris: Librairie Armand Collin, 1979.

BURRELL, G.; MORGAN, G. **Sociological paradigms and organizational analysis.** London: Heinemann, 1979.

BURKE, P. **História e teoria social.** São Paulo: Unesp, 2002.

_____. **A escola dos annales:** 1929-1989. São Paulo: Unesp, 1997.

_____. **History and social theory.** 2. ed. New York: Cornell University Press, 2005.

CALDAS, A. L. O historicismo e a escola dos annales. **Primeira Versão.** Porto Velho, a. I, nº 183, jan. 2004.

CASTRO, H. História Social. In: CARDOSO, C. F.; VAINFAS, R. **Domínios da história:** ensaios de teoria e metodologia. Rio de Janeiro: Campus, 1997.

CHANDLER, A. D. **Strategy and structure:** chapters in the history of American Industrial Enterprise. Cambridge: Mass MIT Press, 1962.

CHANDLER JR., A. **The visible hand:** the managerial revolution in American Business. Cambridge: Harvard University Press, 1993.

_____. **Scale and scope:** the dynamics of industrial capitalism. Cambridge: Harvard University Press, 1994.

CLARK, P.; ROWLISON, M. The treatment of history in organization studies: towards an 'historic turn'? **Business History,** v. 46, nº 3, p. 331-352, 2004.

COLE, A. **Business enterprise in its social setting.** Iuniverse. 1999.

COSTA, A. S. M. da; BARROS, D. F.; MARTINS, P. E. M. Perspectiva histórica em administração: novos objetos, novos problemas, novas abordagens. **Revista de Administração de Empresas,** v. 50, nº 3, p. 288-299, 2010.

CURADO, I. Pesquisa historiográfica em administração: uma proposta mercadológica. In: Encontro Nacional da Associação Nacional dos Programas de Pós-Graduação em Administração – EnANPAD, XXV **Anais...** Campinas/SP, 1 CDROM, 2001.

DIAS, J. L.; BECKER, G. V. Desvendando a 'black box': utilização da perspectiva historico-longitudinal em pesquisa na administração. In: Encontro Nacional da Associação Nacional dos Programas de Pós-Graduação em Administração – EnANPAD, XXIV **Anais...** Rio de Janeiro/RJ, 1 CDROM, 2010.

ELIAS, N. **The civilizing process**: sociogenetic and psychogenetic investigation. Oxford: Blackwell. 2000.

FALCON, F. J. C. História e poder. In: CARDOSO, C. F.; VAINFAS, R. **Domínios da história:** ensaios sobre teoria e metodologia. Rio de Janeiro: Elsevier, 1997.

FAUSTO, B. **O crime do restaurante chinês**: carnaval, futebol e justiça na São Paulo dos anos 30. São Paulo: Companhia das Letras, 2009.

FUKUYAMA, F. **O fim da história e o último homem.** Rio de Janeiro: Rocco, 1992.

GINZBURG, C. **O queijo e os vermes**. São Paulo: Companhia das Letras, 1987.

GOLDER. P. N. Historical method in Marketing research with new evidence on long term market share stability. **Journal of Marketing Research**, v. XXXVII, May 2000, p. 156-172.

GOLDMAN, P. Searching for history in organizational theory: comment on Kieser. **Organization Science,** v. 5, n⁰ 4, p. 621-623, 1994.

GOMES, A. F.; SANTANA, W. G. P. A história oral na análise organizacional: a possível e promissora conversa entre a história e a administração. **Cadernos EBAPE BR,** v. 8, n⁰ 1, p. 4-18, 2010.

GRAS, N. B. **The early English customs system**: a documentary study of the institutional and ecnomical history. Kesisnger, 2007.

GREINER, L. E. Evolution and revolution as organizations grow: a company's past has clues for management that are critical to future success. **Family Business Review.** v. 10, n⁰ 4, p. 397-411, 1997.

HEGEL, G. W. F. **The philosophy of history**. Amazon Book Store, Kindle Edition, 2009.

HEINICH, N. **A sociologia de Norbert Elias**. Bauru: Edusc. 2000.

HIDY, R. W. History. **International Encyclopedia of the Social Sciences.** 1968. Disponível em: <http://www.encyclopedia.com/topic/history.aspx#1-1G2:3045000517-full>. Acesso em: 8 jul. 2012.

HOBSBAWM, E. J. **A era dos extremos**. São Paulo: Companhia das Letras, 2010.

ICHIKAWA, E. Y.; SANTOS, L. W. dos. Vozes da história: contribuições da história oral à pesquisa organizacional. In: Encontro Nacional da Associação Nacional dos Programas de Pós-Graduação em Administração – EnANPAD, XXVII **Anais...** Atibaia/SP, 1 CDROM, 2003.

JONES, G.; ZEITLIN, J. Introduction. In: JONES, G.; ZEITLIN, J. (Ed.) **The Oxford Handbook of Business History**. New York: Oxford University Press, 2007. p. 1-6.

KIESER, A. Why organization theory needs historical analyses – and how this should be performed. **Organization Science**, v. 5, n⁰ 4, p. 608-620, 1994.

KIPPING, M.; ÜSDIKEN, B. Business history and management Studies. In: JONES, G.; ZEITLIN, J. (Eds.). **The Oxford handbook of business history.** New York: Oxford University Press, 2007. p. 96-119.

LAMOREAUX, N. R.; RAFF, D. M. G.; TEMIN, P. Beyond markets and hierarchies: toward a new synthesis of American business history. **NBER Working Paper Serie. National Bureau of Economic Research.** July 2002.

LANGLEY, A.; NAKABADSE, N.; SWAILES, S. Longitudinal textual analyses: an innovative method for analyzing how realized strategies evolve. **Qualitative Research in Organizations and Management: An International Journal,** v. 2, n⁰ 2, p. 104-125, 2006.

_____. Strategies for theorizing from process data. **Academic of Management Review,** v. 24, n⁰ 4, p. 691-710, 1999.

LOPES, M. A. **Fernand Braudel:** tempo e história. Rio de Janeiro: FGV. 2011.

LOYAL, S.; QUILLEY, S. **The sociology of Norbert Elias**. Cambridge: Cambridge University Press, 2011.

MAHONEY, J. Comparative historical Methodology. **Annual Review of Sociology**, 30, 30, p. 81-101, 2004.

_____; RUESCHEMEYER, D. **Comparative historical analysis in the Social Science.** Cambridge: Cambridge University Press, 2003.

MARCOVITCH, J. **Pioneiros & empreendedores**: a saga do desenvolvimento no Brasil. São Paulo: Edusp, 2005.

MARTINS, P. E. M. **A reinvenção do sertão**: a estratégia organizacional de Canudos. Rio de Janeiro: FGV, 2001.

McCRAW, T. K. **Alfred Chandler:** ensaios para uma teoria histórica da grande empresa. Rio de Janeiro: FGV, 1998.

MINTZBERG, H.; WATERS, J. A. Tracking strategy in an entrepreneurial firm. **Academy of Management Journal,** v. 25, nº 3, p. 465-499, 1982.

PETTIGREW, A. M. Longitudinal field research on change: theory and practice. **Organization Science**, v. 1, nº 3, Special Issue, p. 267-292, 1990.

PLUTARCH, (PLUTARCO). **Lives of the Noble Grecians and Romans.** Disponível em: <www.amazon.com.>. Acesso em: 8 jul. 2012.

REIS, J. C. **Teoria e história**: tempo histórico, história do pensamento histórico ocidental e pensamento brasileiro. Rio de Janeiro: FGV, 2012.

ROWLINSON, M. Historical analysis of company documents. In: CASSEL, C.; SYMON, G. (Ed.). **Essential guide to qualitative methods in organizational research**. London: Sage, 2004.

SAUERBRONN, F. F.; FARIA, A. A utilização do método histórico em pesquisa acadêmica de marketing. **Revista Eletrônica de Estratégias e Negócios (E&N)**, v. 2, nº 2, p. 77-95, 2009.

SCHWARCZ, L. M. Prefácio. In: BLOCH, M. **Apologia da história ou o ofício do historiador.** Rio de Janeiro: Jorge Zahar, 2001. p. 7-12.

SMITH, R. A.; LUX, D. S. Historical Method in consumer research: developing causal explanation of change. **Journal of Consumer Research,** v. 19, nº 4, p. 595-610, 1993.

SPENGLER, O. **The Decline of the West-perspectives of world history.** Londres: George Allen & Unwuin Ltd, 1922.

TUCHMAN, G. Historical Social Science: methodologies, methods, and meanings. In: DENZIN, N.; LINCOLN, Y. (Ed.). **Handbook of Qualitative Research.** London: Sage, 1994. p. 306-323.

USDIKEN, B.; KIESER, A. Introduction: history in organization studies. **Business History**, v. 46, nº 3, p. 321-330, 2004.

VIZEU, F. Potencialidades da análise histórica nos estudos organizacionais brasileiros. **Revista de Administração de Empresas,** v. 50, nº 1, p. 37-47, 2010.

_____. Recontando a velha história: reflexões sobre a gênese do management. **Revista de Administração Contemporânea**, v. 14, nº 5, p. 780-797, 2010.

WEBER, M. **Economia e sociedade.** Brasília: Editora da UNB, 2009.

_____. **Ensaios sobre a teoria das ciências sociais.** São Paulo: Centauro, 2011a.

_____. **Conceitos básicos de sociologia.** São Paulo: Centauro, 2011b.

_____. **A ética protestante e o espírito do capitalismo.** São Paulo: Martin Clairet. 2012a.

_____. **Ciência e política:** duas vocações. São Paulo: Martin Clairet, 2012b.

ZALD, M. N. History, sociology, and theories of organization. **CSST working paper #6 and CRSO Working Paper #357**. July 1988.

12

Estudo de Caso

Diego Maganhotto Coraiola, Josué Alexandre Sander,
Nicole Maccali e *Sergio Bulgacov*

12.1 INTRODUÇÃO

O estudo de caso pode ser considerado a principal estratégia metodológica para o desenvolvimento de pesquisas acadêmicas na área de administração. Dentre os principais motivos para a grande expressividade na quantidade de trabalhos que empregam essa perspectiva, considera-se que se trata de metodologia adequada para a abordagem de problemas práticos e recomendada para a problemática inerente aos campos de conhecimento aplicado (MERRIAM, 2009). Além disso, os estudos de caso também são bastante utilizados pelo fato de oferecer mecanismos de exploração e análise de unidades sociais complexas, que envolvem grande gama de variáveis inter-relacionadas, principalmente nos casos em que existe certa dificuldade em estabelecer clara separação entre a unidade de interesse para o estudo e o contexto no qual essa unidade se encontra inserida (YIN, 2011).

Outros estudos atribuem essa grande disseminação à maior facilidade em se utilizar essa abordagem ao invés de outras estratégias de pesquisa (BREWERTON; MILLWARD, 2001). Ainda que a falácia dessa afirmação esteja sendo progressivamente reconhecida, ela não deixa de ter certa razão em ser mantida, como aponta o trabalho de Alves-Mazzotti (2006), a maior parte das pesquisas caracterizadas como estudos de caso não emprega efetivamente essa estratégia, autointitulando-se como tal em razão de a coleta de dados ter sido realizada em um único local, sobre uma única unidade ou somente com alguns poucos respondentes, mas sem apresentar quaisquer referências interpretativas ao contexto ou à história do caso e desconectados dos conhecimentos produzidos pela comunidade acadêmica (ALVES-MAZZOTI, 2006).

Nesse sentido, considera-se que qualquer pesquisador que deseje empregar essa abordagem metodológica ao invés de outra, deverá dispor do mesmo nível de dedicação e empenho que seria demandado no caso dos outros métodos disponíveis para a realização de pesquisas científicas. Em razão de suas próprias características, o estudo de caso é uma técnica complexa que envolve o levantamento e análise de grandes quantidades de informação e abrange o estudo de uma série de variáveis que possuem relação em função do caso sob análise. Ademais, envolvem adequada compreensão do contexto no qual o caso está inserido e das relações mantidas entre eles.

Vale ressaltar que é importante reconhecer que existem diferentes abordagens para a condução de um estudo de caso. Assim como no caso de outros métodos de pesquisa, a perspectiva adotada pelos autores reflete posicionamentos ontológicos e epistemológicos, que redundam em abordagens distintas e específicas, ainda que reunidas todas sob o mesmo conceito de estudo de caso. Considerando os principais trabalhos citados na literatura, é possível separar duas principais vertentes (BYRNE, 2009): o modelo nomotético, representado pelos trabalhos de Yin (2005) e Eisenhardt (1989), que discutem o estudo de caso a partir da orientação positivista; e o modelo ideográfico, ilustrado pelo trabalho de Stake (1998), que tende a valorizar uma postura mais interpretativista.

As implicações dessas diferentes orientações epistemológicas para as pesquisas baseadas em estudos de caso podem ser visualizadas a partir da análise de Piekkari, Welch e Paavilainen (2009). Segundo os autores, a escolha por uma ou outra perspectiva acarreta também outras definições metodológicas, apresentadas a seguir:

- *teorização*: definida pela escolha quanto à compreensão de determinado fenômeno independentemente do contexto no qual está inserido, chamado de explicação orientada para variáveis, ou a partir e em razão do próprio contexto, no caso das explicações baseadas em casos (RAGIN, 1992);

- *seleção de casos*: envolve a opção por uma lógica de replicação de estudos e fortalecimento de teorias com base em vários casos ou a busca pelo conhecimento e exploração aprofundada da riqueza de um único caso;

- *fontes de dados*: configura-se na busca por dados oriundos de diferentes fontes, com o objetivo de encontrar os elementos convergentes entre elas, ou na exploração da diversidade das informações, das múltiplas interpretações e significados que elas possuem; e

- *delimitação do caso*: caracteriza-se pela opção em desenvolver pesquisa baseada em teoria, que busca estabelecer logo de início as fronteiras do fenômeno a ser analisado, ou por adoção de perspectiva que valoriza a flexibilidade do estudo de caso e compreende o processo como coevolução entre a dinâmica de exploração do caso e a questão de pesquisa.

Decorrente das distintas visões de realidade que embasam aquelas abordagens é possível dizer que ambas as vertentes buscam legitimar suas propostas com base em modelos científicos diferenciados. A estratégia empregada por Yin (2005) se apoia na estrutura dos experimentos realizados pelas ciências da natureza para embasar sua proposta de visualizar o estudo de caso como estratégia de pesquisa distinta e não acessória a outros métodos existentes. O cerne do argumento do autor consiste em defender que a lógica dos estudos de caso é a mesma dos experimentos, pois ambos não pretendem generalizações estatísticas para todos os demais casos similares, mas tão somente generalizações analíticas, confirmando ou refutando premissas e argumentos teóricos.

Por sua vez, apesar de o trabalho de Stake (1998, 2006) envolver o mesmo propósito de afirmação da abordagem perante a comunidade acadêmica, esse autor emprega via alternativa, localizando o estudo de caso no contexto de abordagens de pesquisa com viés mais interpretativo, para as quais existe certa valorização da especificidade, da marginalidade e do caráter distintivo intrínseco a determinado fenômeno. Para Stake (1998, 2006), o estudo de caso não é um método, mas uma escolha do que vai ser estudado com interesse em casos individuais. O caso é uma unidade específica, com um sistema delimitado cujas partes são integradas. Assim, o estudo de caso interpretativista caracteriza-se pelo interesse em casos individuais em sua complexidade, possui uma lógica indutiva e é guiado para a compreensão dos processos sociais.

A existência de diferentes vertentes e posicionamentos distintos entre os autores não é, em si mesma, um problema, mas demanda competência de cada pesquisador em conhecer profundamente a estratégia que irá adotar e os autores que deverão embasar seu trabalho, a fim de não incorrer em incoerências. Todo trabalho de pesquisa precisa observar sempre a manutenção da coerência interna e externa. A coerência interna implica no alinhamento entre as proposições, a teoria, o método e a epistemologia do trabalho, enquanto a coerência externa pressupõe que o trabalho aborde temática de reconhecido interesse pela comunidade científica e que seja desenvolvido de acordo com as normas, procedimentos e critérios estabelecidos pela comunidade como mais adequados para cada caso específico de estudo (YIN, 2011; MERRIAN, 2009).

Com base no exposto, este capítulo possui como objetivo apresentar o método do estudo de caso, analisar seu emprego e frequência de aplicação nas pesquisas da área de administração e elaborar orientações quanto aos cuidados que devem ser considerados para sua utilização adequada. De modo a organizar didaticamente a apresentação, inicialmente são apresentados os principais conceitos e questões envolvidas na realização de estudos de casos, são distinguidas as duas principais perspectivas de emprego da metodologia e então se analisa passo a passo cada uma das etapas de pesquisa, desde a formulação do problema até a análise dos resultados. Na sequência, são apresentados os resultados de levantamento bibliográfico realizado com base nos artigos publicados nos últimos dez anos (2001 a 2010) em diversos congressos e periódicos da área. Por fim, são sintetizadas as experiências e recomendações para o emprego do método obtidas por meio de entrevistas com pesquisadores representativos nessa abordagem. A seguir, apresentam-se os principais conceitos do método estudo de caso.

12.2 PRINCIPAIS CONCEITOS DO ESTUDO DE CASO

Conforme apresentado anteriormente, a literatura não é consensual a respeito do entendimento quanto ao que seja estudo de caso, mas também pouca definição existe em relação à própria definição do que seja o "caso". Segundo Ragin (1992), a ideia de caso remete a objetos de pesquisa que, por um lado, são tão similares entre si, que possibilitam a realização de comparações entre eles e a geração de conhecimentos relativos à sua condição de exemplares de fenômeno mais amplo e, por outro lado, são tão diferentes de outros objetos de estudo a ponto de permitir sua delimitação e a identificação de condições e características pertinentes exclusivamente a determinado conjunto limitado de casos.

Outra questão relevante reside no processo de decisão de quais casos devem ser estudados, pois a definição do caso, ou casos, que serão objeto de estudo da pesquisa está fundamentalmente associada às próprias definições ontológicas e epistemológicas do pesquisador. A análise de determinado caso pode ter sentido em determinada situação, de acordo com a visão de mundo e as perspectivas teóricas e metodológicas adotadas em certa pesquisa específica, mas não ser de grande importância em outro contexto de pesquisa em que figuram orientações teóricas diferentes. Além disso, considera-se que os próprios casos não se mantêm "os mesmos", na medida em que se altera a lente epistemológica do pesquisador (STAKE, 1998).

Quando se analisa determinado caso em particular, considera-se que seja sempre específico e não geral. O caso é um sistema, constitui-se em um conjunto delimitado de partes que atua de certo modo padronizado e exerce determinada função (STAKE, 1998). As fronteiras do caso são estabelecidas a partir de alguns parâmetros ou fatores que podem compreender elementos temporais e espaciais, mas também características pessoais e organizacionais. No entanto, para consistir efetivamente em um caso para ser estudado, não basta que sejam satisfeitas as condições de singularidade, escopo e complexidade, é necessário ainda que exista: um "quadro analítico" definido, também chamado "sujeito" do estudo de caso, que implica que o caso seja um caso de algo ou alguma coisa; e que seja especificado o "objeto" do estudo, ou seja, que esse fenômeno ou universo de eventos do qual o caso é uma instância seja adequadamente explicitado e teorizado (THOMAS, 2011).

Partindo do caso para o conceito de estudo de caso, há de se diferenciar entre duas modalidades básicas: os estudos de caso formulados para fins didáticos, também conhecidos como casos de ensino, e os estudos de caso enquanto relatório-produto de determinada pesquisa acadêmica, o qual é foco de exposição neste capítulo. Ainda que na área de administração sejam extensivamente utilizadas ambas as modalidades de casos, elas são bastante diferentes em suas finalidades e metodologias. Enquanto os estudos de caso se propõem a apresentação de interpretação completa e acurada sobre determinado fenômeno em geral ou característica em particular, os casos de ensino têm como propósito promover o aprendizado a partir da apresentação de uma situação-problema que precisa ser solucionada criativamente pelos alunos por meio da exploração de conceitos e teorias próprios à área (STAKE, 1998; YIN, 2005).

Para Yin (2005), o estudo de caso deve ser definido como uma estratégia completa de pesquisa, diferenciada das outras existentes nas ciências sociais. Na visão do autor, enquanto ferramenta de pesquisa, o estudo de caso vai além de outras técnicas e abordagens com as quais normalmente é confundido, como a etnografia, a observação participante e mesmo os métodos qualitativos em geral. Os argumentos apresentados para defender essa posição consideram que: (1) trata-se de fenômeno contemporâneo inserido em determinado contexto; (2) não há clara separação entre o contexto e o caso de interesse para estudo; (3) comporta uma série de variáveis de interesse para a pesquisa; (4) envolve múltiplas fontes de evidências; e (5) está ancorado em modelo hipotético-dedutivo que orienta a coleta e análise de dados.

Independentemente da aceitação da posição do autor, considera-se que o caráter distintivo do estudo de caso seja derivado da aplicação à qual ele se propõe, do compromisso assumido em relação à realização de análise holística e aprofundada da especificidade de determinado caso – seu caráter especial, peculiar e individual – em toda a complexidade por ele apresentada no contexto da realidade concreta (GODOY, 2006; SIMONS, 2009). Diferente do tipo de pesquisa extensiva, que procura analisar algumas poucas variáveis distribuídas por uma série de casos similares, o estudo de caso segue uma lógica intensiva e pretende a exploração de conjunto de vários fatores e seus relacionamentos em um único ou alguns poucos casos selecionados (RAGIN; BECKER, 1992).

Os estudos de caso são utilizados com diferentes propósitos. Dentre os principais objetivos apontados para a escolha do método de estudo de caso, é possível indicar: o desenvolvimento de descrição detalhada de um caso específico, a pretensão de se realizar a testagem e verificação de uma teoria estabelecida, e ainda o interesse em gerar uma nova teoria sobre determinado fenômeno organizacional (EISENHARDT, 1989). No caso da aplicação da abordagem em Estudos Organizacionais, indica-se sua vantagem quando o foco é a compreensão da dinâmica da vida organizacional: das práticas, processos, interações e significados associados à existência e funcionamento das organizações, a partir da análise do contexto no qual estão inseridas (HARTLEY, 1994).

Convergente com essa definição, Yin (2005) estabelece que os estudos de caso são preferidos quando a questão de pesquisa envolve a investigação do processo como se efetivou determinado fenômeno ou do porquê de ele ser de determinada maneira e não de outra, quando o pesquisador não controla os acontecimentos que está estudando, como é o caso dos experimentos, e ainda quando o interesse é o estudo de fenômenos contemporâneos, por oposição a outros de caráter histórico. Vale enfatizar que a opção pelo estudo de caso emerge do interesse em se compreender fenômenos sociais complexos e não da disponibilidade de determinado tipo de dado para a pesquisa. Os estudos de caso podem ser realizados com dados coletados a partir de fontes primárias ou secundárias, tenham eles caráter quantitativo, qualitativo ou misto, e sejam analisados a partir de perspectiva qualitativa, quantitativa ou mesmo multimetodológica (YIN, 2005).

Uma ressalva importante de ser feita é a separação entre o caso que se pretende estudar e a unidade de análise do estudo. Existem situações em que a unidade de análise identifica-se com o caso estudado, tanto quando se fala de estudos de caso único quanto de múltiplos casos, mas isso não é regra geral. Em diversas outras situações, o interesse do pesquisador está voltado para o estudo de unidades de análise que constituem parte, ou estão incorporadas aos casos, como no caso do interesse em entender a experiência de executivos expatriados de determinada organização. Quando o foco da pesquisa é o caso enquanto unidade de análise, fala-se em projetos holísticos. De outra forma, são estudos de caso incorporados aos projetos cuja preocupação está voltada à compreensão de unidades de análise constituintes dos casos selecionados para estudo (YIN, 2005). O que torna esta última modalidade diferente de um estudo comparativo é que a unidade de análise torna-se significativa e ganha sua integridade e importância a partir do caso do qual ela faz parte (THOMAS, 2011). Para se utilizar o mesmo exemplo, estudar a experiência de expatriação comparativamente não precisa necessariamente considerar a análise das organizações às quais estão vinculados os executivos, mas na medida em que isso é feito a partir da estratégia de estudo de caso incorporado, faz-se necessário considerar a influência exercida pelo caso, a organização ou determinado projeto de expatriação, naquela experiência individual.

12.2.1 Classificações ou tipologias

Existem diversas tipologias definidas a fim de separar qualitativamente os tipos de pesquisa constituídos como estudos de caso. Ainda que não seja o objetivo deste capítulo discorrer extensivamente sobre elas, é interessante notar que o emprego de uma ou outra classificação possui forte relação com a perspectiva adotada pelos autores quanto ao significado do que seja um estudo de caso. Isso não impede, no entanto, a possibilidade de se utilizar mais de uma categoria para fins de planejar adequadamente a análise que se pretende desenvolver, desde que não implique conflito ou redundância.

Com o objetivo de sintetizar as possibilidades de delineamento de estudos de caso, Stake (1998) apresenta uma proposta de tipologia que engloba três categorias distintas: os estudos de caso intrínsecos; os estudos de caso instrumentais; e os estudos de caso coletivos. Essa classificação possui como base a ideia de um *continuum* que se desloca de um extremo no qual a pesquisa busca a compreensão completa de determinado caso em suas características específicas e peculiares até outro extremo no qual o interesse do pesquisador se dirige a determinado fenômeno, situação ou elemento partilhado por uma série de casos.

Os estudos intrínsecos se caracterizam pelo interesse primordial do pesquisador nas características exclusivas específicas ao caso, pela preocupação de restringir-se à compreensão do próprio caso ao invés de concentrar-se em um conceito ou teoria. Diferentemente dos intrínsecos, nos estudos instrumentais a principal preocupação é com determinado conjunto de proposições teóricas. Nesse tipo de pesquisa, o caso constitui instrumento para o teste e para o avanço de questões teóricas e conceituais, sendo escolhido em função de seu caráter típico ou do potencial para suscitar possibilidades analíticas. Já o estudo de caso coletivo pode ser entendido como extensão do estudo de caso instrumental. A diferença é que ao invés de realizados com um caso único eles envolvem casos múltiplos. Nessa situação, a importância do caso em si é ainda menor e eles serão selecionados com base em suas diferenças e similaridades conforme a contribuição que isso possa trazer para a compreensão da teorização sobre certo fenômeno ou condição geral de um grupo ou população de casos. Vale observar que essas categorias são casos-limite e que a diferenciação entre elas é mais analítica do que funcional.

Outra tipologia utilizada para classificar os estudos de caso é apresentada por Yin (2005). Na visão do autor, a diferença entre os estudos de caso é estabelecida com base no propósito do pesquisador em utilizá-lo como estratégia para explorar determinado fenômeno, no caso de situações ainda pouco conhecidas na literatura, para descrever seu funcionamento, seus contornos e processos principais, ou, ainda, para tentar explicar as causas de sua existência e funcionamento. O autor ainda diferencia os projetos de estudos de caso com base no nível de complexidade envolvido, simples ou complexos, a partir da quantidade de casos analisados, podendo ser de caso único ou de casos múltiplos, e com base na unidade de análise estudada, que pode ser de tipo holístico ou incorporado (YIN, 2005).

Um terceiro sistema de tipificação é apresentado por Thomas (2001). Construído a partir de análise exaustiva das várias classificações à disposição na literatura, esse sistema se mostra de particular interesse, posto que procura englobar as demais tipologias existentes. A vantagem em se adotar a proposta do autor consiste no fato de ela estar assentada em estrutura processual didática que ilustra os vários elementos metodológicos considerados quando da elaboração de um estudo de caso. Na visão de Thomas (2011), os estudos de caso podem ser classificados a partir de quatro estratos de análise ou classificação: o sujeito e objeto da pesquisa, o propósito do estudo, a abordagem e métodos empregados, e o processo operacional do trabalho. A relação entre esses elementos pode ser visualizada na Figura 1.

Figura 1 – *Componentes metodológicos do estudo de caso*

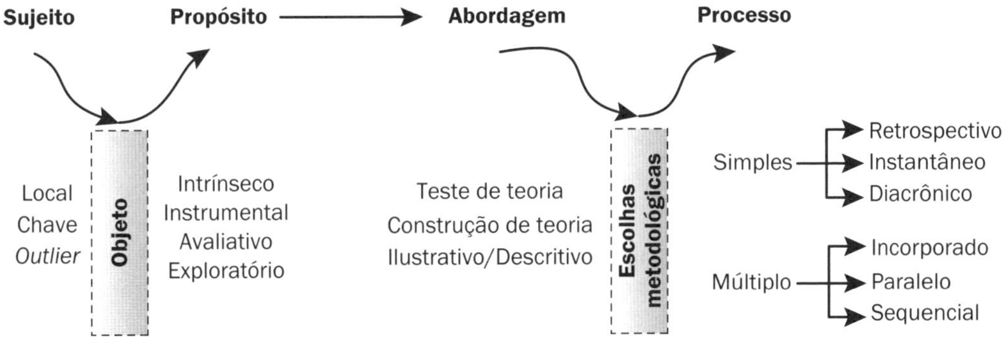

Fonte: Thomas (2011, p. 518).

Os sujeitos da pesquisa podem ser de três tipos básicos: local, quando o caso é definido a partir do conhecimento ou familiaridade do pesquisador; chave, quando é selecionado em função de suas características intrínsecas, enquanto caso-chave para a compreensão de determinado fenômeno; e, ainda, periférico ou *outlier*, em razão da sua diferença com relação a outros casos, de seu caráter divergente ou marginal. O objeto, que na terminologia do autor (THOMAS, 2011) corresponde à estrutura teórica a partir da qual o caso é analisado, é compreendido como função do propósito ou das intenções do pesquisador. Nesse sentido, o motivo pelo qual se busca desenvolver um estudo de caso pode ser intrínseco ou instrumental (STAKE, 1998), avaliativo (MERRIAM, 1998) ou exploratório (GEORGE; BENNETT, 2005), ou se pode propor a realizar mais de um deles ao mesmo tempo.

Em termos de abordagem, Thomas (2011) sugere que os estudos de caso podem ser teóricos ou ilustrativos, de acordo com o interesse em testar teorias estabelecidas, promover a construção de novas teorias ou ainda descrever ou ilustrar determinados casos específicos. Para qualquer um desses intentos, uma grande variedade de métodos pode ser empregada. Por fim, restam as resoluções do pesquisador quanto à operacionalização da pesquisa. A primeira decisão envolve a opção pela realização de estudo de caso simples ou múltiplo (STAKE, 2006; YIN, 2005). Definido isso, considera-se a temporalidade da análise: retrospectiva quando se trata de fenômeno passado, instantânea quando o caso envolve período de tempo definido, ou ainda, diacrônica, quando se busca compreender a mudança com o passar do tempo. Nos casos múltiplos, a definição pode ser: incorporado, quando se realiza comparação entre fatores incorporados aos casos; paralelo, quando os fenômenos analisados são simultâneos; e sequencial, quando a ocorrência dos casos é sequencial ou consecutiva.

Ainda que o propósito inicial de Thomas (2011) tenha sido criar uma base comum para classificar estudos desenvolvidos, a maneira didática com que apresenta a organização dos componentes metodológicos dos estudos de caso permite que seja também utilizada para orientar a construção de novas pesquisas. Nesse sentido, vale a ressalva de que a definição dos quatro conjuntos de componentes metodológicos não é feita durante o processo de pesquisa, mas constitui parte essencial do planejamento do estudo, ainda que possa ser alterada e ajustada de acordo com possíveis mudanças e necessidades encontradas pelo pesquisador. Seguindo-se o modelo apresentado na Figura 1, durante a fase de planejamento da pesquisa, recomenda-se ao pesquisador especificar: o sujeito e objeto da pesquisa, o propósito do estudo, a abordagem e métodos empregados e o processo operacional do trabalho.

12.2.2 Seleção, critérios e aplicação

Uma pesquisa tem início com o problema ou questão de pesquisa, ou seja, aquilo que o pesquisador pretende estudar ou compreender na realidade social ou organizacional formalmente declarada ou ainda incipiente e pouco estruturada. Associada a essa questão de pesquisa, existe uma série de elementos ou construções teóricas que podem apresentar-se mais ou menos explícitas e concatenadas na mente do pesquisador. Fato é que qualquer atividade de pesquisa possui como fundamento alguma "teoria" ou perspectiva quanto à natureza da realidade e do fenômeno que pretende estudar (BRUYNE; HERMAN; SCHOUTHEETE, 1977).

Nesse sentido, a problemática da construção teórica formal anterior ou posterior à entrada do pesquisador em campo torna-se secundária, dependente daquela visão de mundo inicial, da problemática e do fenômeno que interessam ao pesquisador estudar. Nos casos em que a visão de mundo é mais objetivista, existe a tendência de se privilegiar uma construção teórica formal antecipadamente, que defina as variáveis a serem analisadas e o seu relacionamento. As perguntas tendem a ser construídas a partir de dúvidas quanto a "Qual" ou "O Que" e os objetos de estudo são normalmente conhecidos e mensuráveis. Em visões mais subjetivistas, a tendência é que a construção teórica seja menos estruturada e as categorias de análise sejam somente definidas em termos gerais. As análises buscam responder a perguntas relativas a "Como" ou "Por que" e os objetos estudados tendem a apresentar características distintivas, específicas ou ainda pouco estudadas (EISENHARDT, 1989; STAKE, 2006; YIN, 2011).

Isso pode ser observado a partir da perspectiva defendida pelos principais teóricos dos estudos de caso. A proposta de estudo de caso defendida por Yin (2005) e outros é não somente favorável à formulação teórica inicial anterior à realização de qualquer coleta de dados, como defende que seja o elemento que distingue essa estratégia dos outros métodos disponíveis, como a etnografia ou a Grounded Theory. Por sua vez, pesquisadores como Stake (1998) defendem que, sendo o interesse maior na escolha do estudo de caso a possibilidade de se analisar em profundidade determinado caso em suas especificidades e características distintivas, preocupações preliminares com a construção de teorias ou com as possibilidades de generalização a partir do caso deveriam ser mantidas em segundo plano.

Para se efetuar a adequação dos projetos aos procedimentos recomendados na literatura, vale observar os critérios apresentados por Yin (2005) para o desenvolvimento de pesquisas de qualidade. De acordo com o autor, a qualidade dos estudos pode ser verificada a partir de um conjunto de premissas ou verificações comuns a diversos outros métodos, ainda que sejam mais frequentes em abordagens quantitativas, e envolvem saber se: as medidas utilizadas são adequadas para mensurar os conceitos pesquisados (validade de construto), as inferências causais não são espúrias (validade interna), possui definido o escopo ou domínio para o qual podem ser generalizados os resultados (validade externa), e se existe a possibilidade de reprodutibilidade da pesquisa, ou possibilidade de a pesquisa ser realizada novamente por outros pesquisadores e estes chegarem às mesmas conclusões.

Na visão de Stake (1998), a utilização de critério como a oportunidade de aprendizado oferecida pelo caso é muitas vezes mais importante do que qualquer outro critério de representatividade, tornando-se mais interessante aprender a partir da atipicidade de determinado caso do que de sua exemplaridade. Essas considerações reforçam as recomendações de Pettigrew (1990), que orienta que a escolha seja feita buscando-se a seleção de casos extremos ou que se encontram nos polos de determinado contínuo de tipificação, uma vez que estes tendem a permitir a observação do processo ou fenômeno de interesse de modo mais cristalino. Alinhado com esses autores, Flyvbjerg (2006) aponta que casos extremos ou atípicos são mais desejáveis quando o objetivo do estudo envolve obter o máximo possível de informação sobre determinado problema ou fenômeno.

Mesmo em se tratando de estudos de caso coletivos, Stake (1998, 2006) recomenda que a busca de características que permitam realizar levantamentos não seja o fator prioritário, mas que sejam levados em consideração também fatores como equilíbrio e diversidade de casos. Diferente dessa perspectiva, o interesse maior apresentado por Yin (2005) no que se refere à seleção dos casos está relacionado com a possibilidade de realizar comparações entre casos e a partir disso gerar conhecimento teórico válido. Nesse sentido, o autor afirma que "tentar usar até mesmo um projeto de 'caso duplo' seja, portanto, objetivo mais valioso do que fazer um estudo de caso único" (YIN, 2005, p. 39). Essa posição também é assumida por Eisenhardt e Graebner (2007), que consideram as vantagens do contraste entre os casos para o propósito de construção de teorias.

Quando o interesse é a construção de teorias, Eisenhardt (1989) sugere a utilização do critério de amostragem teórica (GLASER; STRAUSS, 1967), que define que a escolha dos casos seja feita a partir do interesse em replicar estudos realizados anteriormente, seja com o objetivo de ampliar o escopo de aplicabilidade de determinada teoria emergente, para preencher algum *gap* teórico ou incluir nova categoria analítica, ou ainda, visando ilustrar ou exemplificar empiricamente determinados casos e situações típicas previstas na literatura. A autora reforça, nesse sentido, que apesar da possibilidade de os casos serem selecionados a partir de procedimentos estatísticos (veja-se, por exemplo, SEAWRIGHT; GERRING, 2008), não se trata de critério necessário, ou mesmo desejado, quando os objetivos envolvem a construção de teorias a partir de estudos de caso.

Associado à definição de quais casos estudar, é preciso estabelecer também a quantidade de casos que serão escolhidos para estudo quando tratar-se de pesquisa multicasos. O critério apresentado por Yin (2005) envolve considerar os interesses do pesquisador em dois tipos de replicação: a replicação literal ou possibilidade de determinado caso selecionado gerar resultados semelhantes ao outro; e a replicação teórica ou capacidade de determinado caso gerar resultados contrastantes em função de alguns motivos identificáveis. Nesse sentido, a decisão pela quantidade de casos seria produto do número de replicações que o pesquisador gostaria de gerar: (1) quanto maior o número de replicações, maior se espera a certeza sobre os resultados obtidos; (2) quanto menor o nível de variabilidade entre os casos, ou menores as variações promovidas pelas condições externas nos fenômenos estudados, menor a quantidade de casos necessária para a pesquisa.

Um quadro síntese (Quadro 1) englobando a forma de seleção dos casos e os motivos envolvidos nas suas escolhas foi desenvolvido por Flyvbjerg (2006). Segundo o autor, algumas vertentes defendem a seleção dos casos a partir do seu potencial de representatividade de determinada população, buscando a seleção dos casos a partir de procedimentos de amostragem. Em outra categoria se inserem os analistas que consideram como critério o acesso privilegiado e a profundidade do conhecimento gerado sobre determinado caso específico, recomendando que a escolha dos casos seja feita com vistas à riqueza de informações fornecida por eles. Vale dizer que as estratégias de seleção dos casos não são mutuamente exclusivas e podem ser combinadas de acordo com as demandas da pesquisa e o interesse do pesquisador.

Uma vez definido o tipo de estudo de caso que se pretende desenvolver e estabelecida a quantidade de casos e de unidades de análise da pesquisa, é possível dar início à pesquisa propriamente dita. Considerando a necessidade de se desenvolver a pesquisa de maneira lógica e estruturada, é recomendável a elaboração de um protocolo de estudo de caso ou de uma estrutura coordenada de etapas e atividades necessárias para que sejam concatenadas as primeiras definições do trabalho com as atividades subsequentes de coleta de dados, procedimentos de análise e elaboração do relatório de pesquisa que ainda precisam ser adequadamente desenvolvidas. Para uma descrição detalhada desse protocolo, sugere-se consultar o trabalho de Yin (2005, 2011). No caso de o propósito principal envolver a construção teórica a partir de estudos de caso, o artigo de Eisenhardt (1989) apresenta um quadro-roteiro com as etapas que podem ser seguidas.

Quadro 1 – *Estratégias de seleção e amostragem de casos*

Tipo de Seleção	Propósito
A. Seleção aleatória	Para evitar erros sistemáticos na amostra. O tamanho da amostra é essencial para a generalização dos resultados.
1. Amostra aleatória	Para gerar amostra representativa que possibilita generalizar para toda a população de casos.
2. Amostra estratificada	Para promover generalizações para certos grupos específicos selecionados da população.
B. Seleção Orientada pela Informação	Para maximizar a utilidade da informação a partir de alguns poucos casos e de casos únicos. A seleção dos casos está baseada nas expectativas em relação às informações que esses casos podem oferecer para a pesquisa.
1. Casos Extremos ou Marginais	Para obter informações sobre casos incomuns ou não usuais, aqueles que podem ser especialmente problemáticos ou especialmente bons num sentido mais específico.
2. Casos com Máxima Variação	Para obter informações a respeito da importância de várias circunstâncias para os processos e resultados do caso (ex.: três a quatro casos diferentes em relação a uma única dimensão: tamanho, forma de organização, localização, orçamento).
3. Casos Críticos	Para obter informações que possibilitem deduções lógicas do tipo: "Se isso (não) é válido para este caso, então ele (não) se aplica também a todos os outros casos."
4. Casos Paradigmáticos	Para desenvolver uma metáfora ou estabelecer uma perspectiva teórica para a área de conhecimento compreendida pelo caso.

Fonte: Flyvbjerg (2006, p. 230).

Nesse ponto específico, vale ressalvar que as etapas da pesquisa nunca são claramente estabelecidas e delimitadas como a exposição didática que aqui se apresenta e a estrutura de orientação provida pelo protocolo poderia sugerir. E mesmo nos casos de expectativa quanto à impossibilidade de alterar algumas definições nucleares que embasam a pesquisa, alguns autores sugerem que o reconhecimento e a delimitação final do caso estudado serão realizados somente nas últimas etapas de descrição do caso e apresentação dos resultados. Conforme Ragin (1992, p. 6),

> Pesquisadores provavelmente não irão saber o que seus casos são até que a investigação, incluindo a tarefa de escrever os resultados, esteja praticamente concluída. O que é um caso vai se unir de forma gradual, e às vezes cataliticamente, e a realização final da natureza do caso pode ser a parte mais importante da interação entre as ideias e as evidências (tradução livre).

Mesmo assim, sugere-se a elaboração do protocolo de pesquisa como forma de planejamento das linhas gerais para a realização dos procedimentos de coleta de dados. O desenvolvimento de estudos de caso leva em consideração a exploração de uma série de elementos ou categorias a ele relacionadas, tanto mais importantes em seus detalhes quanto for a intenção do pesquisador em ressaltar o caráter único e distintivo do caso que pretende explorar. Dentre as principais dimensões ou características analisadas quando da realização de estudos de caso, é possível indicar (STAKE, 1998, p. 90): a natureza do caso, o contexto histórico, o contexto físico, demais contextos como econômico, político, legal e estético, outros casos por meio dos quais esse caso pode ser reconhecido, e os informantes por meio dos quais o caso se tornou conhecido.

Existem três princípios que precisam ser considerados na etapa de coleta de dados que podem contribuir para o aumento da qualidade dos estudos de caso. Em primeiro lugar, recomenda-se que sejam utilizadas várias fontes distintas de evidências. Dentre as fontes mais comuns para coleta de dados, é possível indicar: registros de arquivos, documentos em geral, entrevistas formais e informais, observação direta, observação participante e também artefatos físicos. Além disso, na medida em que esses dados são coletados, sugere-se que o pesquisador desenvolva um banco de dados com o objetivo de realizar o armazenamento e a organização das informações. Por fim, em paralelo com a análise dos dados, faz-se necessário promover o encadeamento ou concatenação entre as evidências e as conclusões a que se chegou por meio da pesquisa (YIN, 2005).

Em razão do objetivo de exploração aprofundada do caso sob análise, normalmente são empregadas diversas técnicas de coleta e análise de dados. Essas técnicas podem ser usadas tanto de maneira complementar quanto concorrente, de acordo com os objetivos do pesquisador e as características do objeto de pesquisa. O emprego da abordagem de complementaridade normalmente se faz em razão da natureza dos dados necessários para se analisar determinado fenômeno. Nas situações em que a intenção da pesquisa envolve análise do objeto a partir de múltiplas perspectivas, ou quando a complexidade do caso demanda que a pesquisa seja realizada em variadas fontes, as diferentes naturezas dos dados reclamam também diferentes procedimentos de coleta e análise, demandando que sejam analisados de modo complementar (EISENHARDT, 1989; EISENHARDT; GRAEBNER, 2007).

Por sua vez, a lógica concorrencial pressupõe que sejam coletados dados sobre determinado objeto por meio de diferentes técnicas e que esses dados sejam comparados entre si com a intenção de verificar a existência de correspondência entre eles. Na medida em que os dados coletados a partir da aplicação de uma primeira técnica sejam convergentes àqueles resultantes da utilização de uma segunda técnica, pode-se considerar maior validade dos resultados da pesquisa (YIN, 2005). Essa lógica de comparação entre diversas fontes de dados a fim de validar as informações coletadas e posteriormente os resultados e conclusões da pesquisa é normalmente apresentada com base no conceito de triangulação de dados.

A noção de triangulação supõe a existência de convergência entre os dados coletados sobre determinado fenômeno ou objeto de pesquisa a partir de duas ou mais fontes de dados diferentes. Seu entendimento como forma de maximizar a validade da pesquisa empírica tem suas origens identificadas no trabalho de Campbell e Fiske (1959), mas é a partir da publicação do livro de Denzin (1970) que esse termo passa a comportar outros três significados. Além da ideia de comparação de dados oriundos de fontes diferenciadas, ou das mesmas fontes em diferentes momentos e locais, conhecida como triangulação de dados, o conceito passa a abranger também a triangulação de pesquisadores, a triangulação de teorias e a triangulação de metodologias.

A etapa de análise dos dados tem início em paralelo com a atividade de coleta e organização dos dados e consiste em processo iterativo de comparação dos dados oriundos das múltiplas fontes e destes com o quadro teórico que embasa a realização do estudo. Como forma de realizar a análise de modo sistemático, Yin (2005) recomenda o desenvolvimento de estratégia analítica geral, que pode ser derivada do conjunto de proposições teóricas que orientam a pesquisa, da definição e teste de explicações concorrentes, ou ainda, para os casos em que não seja possível empregar nenhuma das alternativas anteriores, o desenvolvimento de estrutura descritiva do caso. Além dessas estratégias gerais, o autor apresenta também cinco técnicas de análise específicas: a adequação ao padrão, a construção da explanação, a análise de séries temporais, os modelos lógicos, e a síntese de casos cruzados.

A operação de comparação entre os casos envolve uma série de dificuldades tanto para as pesquisas de viés mais qualitativo quanto para aquelas mais propensas à utilização de medidas quantitativas. Apesar de tratar-se de mecanismo conceitual altamente valorizado nas ciências sociais, em qualquer dos casos a preocupação com a comparabilidade necessariamente implicará em redução na profundidade no estudo de caso único. Isto pode ocorrer principalmente no caso em que generalizações são elaboradas com base nas diferenças entre dois casos, ao invés do emprego de caso único, com fins de ilustrar a ocorrência de determinado fenômeno (STAKE, 1998).

Uma vez finalizadas as análises, cabe ao pesquisador a elaboração do relatório de pesquisa, que envolve a descrição compreensiva do caso produto da pesquisa e também leva o nome de estudo de caso. A lógica que perpassa a elaboração do relatório é decorrente dos propósitos do pesquisador com a pesquisa. Nesse sentido, pode se optar por dois caminhos: privilegiar a abordagem que busca sintetizar os detalhes específicos dos casos estudados, destacando suas características semelhantes e os elementos que permitem definir generalidades entre eles; ou optar pela elaboração de uma narrativa compreensiva, de descrição rica e aprofundada da multiplicidade de interpretações, eventos e detalhes que constituem a essência do caso estudado (EISENHARDT; GRAEBNER, 2007; FLYVBJERG, 2006; STAKE, 1998; YIN, 2005).

Alguns autores consideram que, em se tratando de casos únicos, a demanda pela apresentação detalhada das informações do caso e do referencial teórico no qual ele está embasado ou o qual pretende construir pode ser facilmente atendida. No entanto, o equilíbrio entre esses dois conjuntos de informação torna-se mais complicado quando se trata de análise envolvendo múltiplos casos. A necessidade de apresentar a riqueza dos dados empíricos coletados entra em conflito com o requisito de apresentação do percurso de construção teórica quando se considera o espaço disponível para veiculação dos resultados da pesquisa nos principais periódicos da área. Nesse sentido, recomenda-se lançar mão de esquemas, quadros e tabelas que sumariem as evidências encontradas para cada etapa da pesquisa e com referência a cada construto teórico desenvolvido (EISENHARDT; GRAEBNER, 2007).

Embora haja o esforço de alguns autores (YIN, 2005) em diferenciar os estudos de caso de outras estratégias de pesquisa, principalmente qualitativas, alguns dos critérios empregados para orientar a elaboração dos relatórios de pesquisa e contribuir para a validação do estudo realizado são tomados de empréstimo a elas.[1] Assim como em outras estratégias como a etnografia, recomenda-se que o relatório final consista em uma descrição densa (*thickdescription* no original de Geertz de 1973) do caso estudado, capaz de envolver os leitores. No caso da criação de teorias, o pano de fundo que sustenta o processo de elaboração e apresentação teórica é fornecido pela Grounded Theory (EISENHARDT, 1989; EISENHARDT; GRAEBNER, 2007). Além disso, considera-se como propósito último dessa construção narrativa a promoção do desenvolvimento de experiências vicárias com base no material apresentado (GEERTZ, 1975; SPIEGELBERG, 1975; STAKE, 1998).

Diferente dessa visão, que reflete vínculos com epistemologia mais próxima à dimensão do sujeito e que, por isso mesmo, pressupõe a impossibilidade de neutralidade axiológica do pesquisador (WEBER, 1977), os trabalhos que recorrem à abordagem promovida por Yin (2005), tendem a considerar não somente a necessidade de as análises contemplarem o máximo possível de evidências, mas também que estas sejam apresentadas separadas de qualquer influência por parte da interpretação do pesquisador. No caso da elaboração do relatório final, o autor se manifesta favorável quanto à forma de os casos serem relatados ser diferente quando se tratem de narrativas de casos únicos ou múltiplos, nas situações em que a escrita segue modelo de perguntas e respostas, quando a abordagem escolhida envolver análise cruzada dos casos, ou ainda quando o caso fizer parte de pesquisa mais ampla com abordagem multimetodológica.

Tanto nos casos em que a pesquisa se orienta por viés mais positivista, quanto naqueles em que a base é mais interpretativista, faz-se necessário considerar seriamente questões de rigor e relevância tanto no desenho da pesquisa quanto no relatório de pesquisa. Ainda que sejam conhecidas as dificuldades associadas a essas definições, principalmente em se tratando de pesquisas qualitativas, alguns critérios orientadores para a construção do *design* de pesquisa foram sinteticamente apresentados em passagens anteriores. No entanto, há de se observar também a importância do processo de comunicação do estudo para a audiência do trabalho. Para a demonstração do rigor e da relevância dos estudos de caso, sugere-se seguir três estratégias comuns na literatura (GIBBERT; RUIGROK, 2010):

- apresentar as ações concretas de pesquisa realizadas ao invés de buscar demonstrar como o estudo atende a determinado critério metodológico específico;

---

[1] Essa consideração visa confrontar a perspectiva predominante nos trabalhos em Administração que compreende o estudo de caso como método ou estratégia de pesquisa equivalente a outros métodos como a Etnografia e a Grounded Theory, desconsiderando para esta finalidade o posicionamento defendido pela perspectiva da metodologia baseada em casos (*case-method research*) conforme argumentam Byrne e Ragin (2009).

- valorizar mais o rigor envolvido na coerência do trabalho e na construção das categorias (validade interna e validade de construto) do que na confiabilidade dos resultados e possibilidade de generalização (validade externa); e

- por fim, relatar o desdobramento da pesquisa em campo com destaque para os problemas encontrados, os acontecimentos inesperados e as estratégias emergentes desenvolvidas para garantir a validade do trabalho.

Independentemente dessas considerações gerais acerca dos conceitos e abordagens mais adequadas para a realização de estudos de caso, percebe-se que qualquer pesquisa baseada nessa metodologia dependerá de acesso facilitado para a realização de coleta de dados que precisa ser extensiva a ponto de gerar a riqueza de detalhes e profundidade das análises requeridas pela abordagem. Nesse sentido, reitera-se a indispensabilidade da criação e consolidação de estrutura de grupos de pesquisa dedicados ao desenvolvimento de estudos de longo prazo, centrados em determinadas temáticas ou fenômenos organizacionais (GODOY, 2006), de modo a tornar possível a produção de conhecimentos consistentes e comparáveis sobre uma variedade de casos que fundamente os avanços na construção de teorias na área de administração.

A seguir, apresenta-se um levantamento bibliométrico da utilização do estudo de caso como metodologia nas publicações brasileiras nos principais eventos e periódicos da área de administração dos últimos dez anos (2001-2010).

12.3 ANÁLISE BIBLIOMÉTRICA – O USO DO ESTUDO DE CASO EM ADMINISTRAÇÃO NO BRASIL

O estudo de caso é um dos métodos mais utilizados em pesquisas qualitativas no Brasil nas pesquisas em administração. Conforme pesquisa realizada em eventos da ANPAD e periódicos selecionados da área de administração (com conceitos A1, A2, B1 e B2), foram encontrados 2.407 artigos, sendo 1.697 em eventos e 710 em periódicos. As buscas foram realizadas com base no título, resumo e palavra-chave dos artigos. A seguir, apresenta-se de forma detalhada os resultados do levantamento bibliométrico realizado entre os anos de 2001 e 2010, totalizando dez anos de uso do método estudo de caso em pesquisa de administração no Brasil. O Gráfico 1 permite visualizar a distribuição entre evento e periódico.

Gráfico 1 – *Origem dos artigos selecionados*

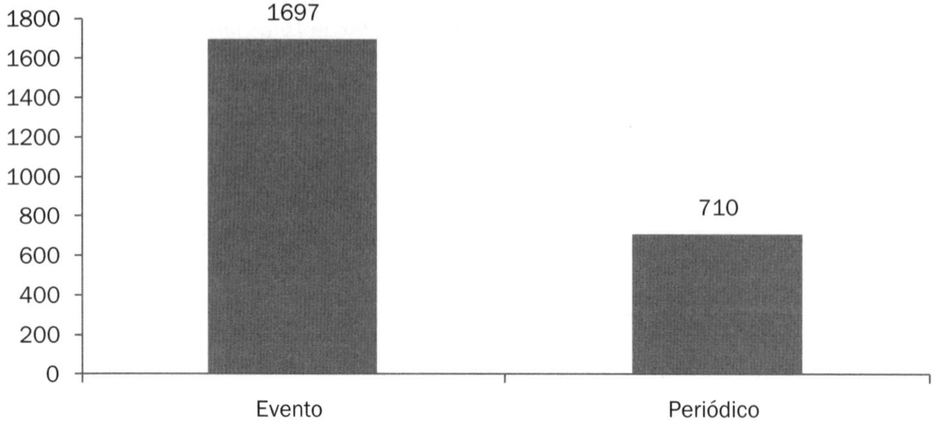

Fonte: Dados da pesquisa.

Conforme o gráfico, pode-se verificar a concentração dos artigos publicados em eventos, representando mais de 70% do total das publicações.

Conforme apresentado na Tabela 1, a publicação dos artigos que utilizam a metodologia de estudo de caso em eventos está concentrada no EnANPAD (1077/63,46%), o que pode ser explicado pela relevância e tamanho do evento para os pesquisadores em administração no país. Outros eventos que apresentaram elevada produção são o Simpósio (167/9,84%) e o EnEO (122/7,19%).

Tabela 1 – *Distribuição dos artigos por evento em administração*

Evento	n	%
EnANPAD – Encontro da ANPAD	1077	63,46
Simpósio de Gestão da Inovação Tecnológica	167	9,84
EnEO – Encontro de Estudos Organizacionais	122	7,19
3 ES – Encontro de Estudos em Estratégia	90	5,30
EnAPG – Encontro de Administração Pública e Governança	84	4,95
EnADI – Encontro de Administração da Informação	51	3,01
EnGPR – Encontro de Gestão de Pessoas e Relações de Trabalho	45	2,65
EMA – Encontro de Marketing	37	2,18
EnEPQ – Encontro de Ensino e Pesquisa em Administração e Contabilidade	24	1,41
Total	**1697**	**100,00**

Fonte: Dados da pesquisa.

Diferente do que ocorreu na análise dos eventos, a publicação em periódicos tem uma distribuição mais equilibrada, como demonstra a Tabela 2. Essa distribuição pode ser percebida pelo fato de três periódicos possuírem mais de 10% dos trabalhos publicados com a metodologia de estudo de caso: REAd (103/14,51%), Gestão & Produção (83/11,69%) e Produção (71/10,00%).

Tabela 2 – *Distribuição dos artigos por periódico em administração*

Periódico	n	%
REAd – *Revista Eletrônica de Administração*	103	14,51
Gestão & Produção	83	11,69
Produção	71	10,00
RAP – *Revista de Administração Pública*	58	8,17
RAC – *Revista de Administração Contemporânea*	45	6,34
Organizações Rurais & Agroindustriais	42	5,92
Cadernos EBAPE.BR	41	5,77
O&S – *Organizações & Sociedade*	40	5,63
RAM – *Revista de Administração Mackenzie*	38	5,35
RAUSP – *Revista de Administração da USP*	35	4,93
Revista de Gestão da Tecnologia e Sistemas de Informação	27	3,80
RAE – *Revista de Administração de Empresas*	23	3,24
RAEe – *Revista de Administração de Empresas Eletrônica*	23	3,24
Revista Contabilidade & Finanças	23	3,24
BASE – *Revista de Administração e Contabilidade da Unisinos*	18	2,54
BAR – *Brazilian Administration Review*	16	2,25
RACe – *Revista de Administração Contemporânea Eletrônica*	10	1,41
Revista Portuguesa e Brasileira de Gestão	9	1,27
Ensaios FEE	5	0,70
Total	**710**	**100,00**

Fonte: Dados da pesquisa.

No Gráfico 2, apresenta-se a evolução do número de artigos publicados em eventos e periódicos ao longo da década analisada. Conforme demonstrado, existe um rápido crescimento entre os anos 2001 e 2006 e uma relativa estabilização após esse período. Um dos motivos que auxiliaram o crescimento da publicação foi a criação de novos eventos e periódicos ao longo desta década. Porém, também é importante perceber o crescimento do volume de publicação nos eventos e periódicos já existentes, que poderá ser analisada nas Tabelas 3 e 4.

Gráfico 2 – *Trajetória do número de publicação em eventos e periódicos em administração*

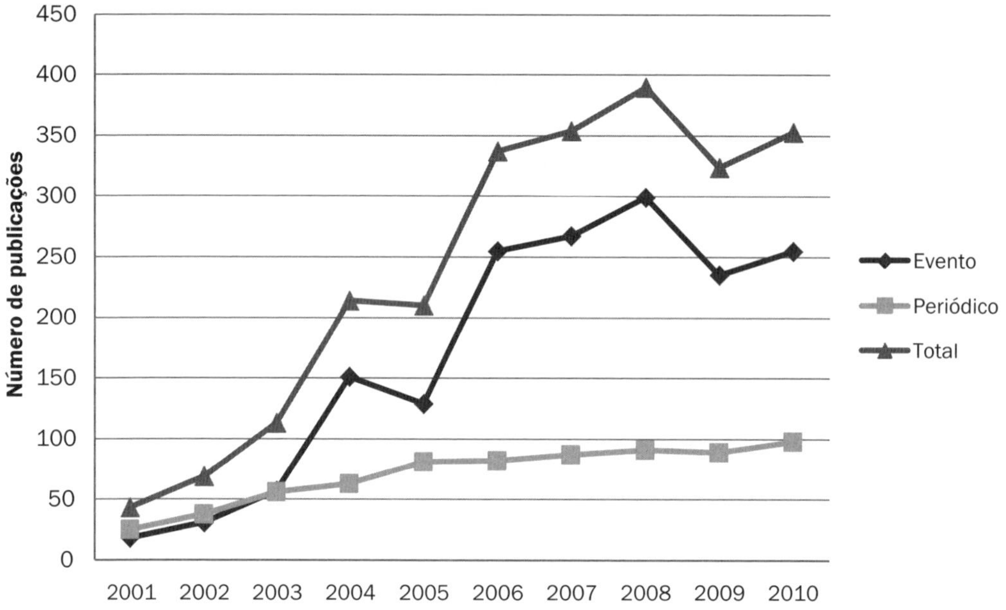

Fonte: Dados da pesquisa.

A Tabela 3 apresenta o número de artigos publicados em cada um dos anos analisados. O número de artigos publicados no EnANPAD apresentou evolução entre o ano de 2001 e 2007, passando de 18 artigos para 171, passando após esse período por uma pequena queda no número de artigos publicados, fechando o ano de 2010 com 146 artigos. O EnANPAD é o único evento que ocorre anualmente, nos outros eventos as edições são realizadas a cada dois anos. Dentre os eventos temáticos da ANPAD, o Simpósio apresentou o maior número de artigos publicados que utilizaram a metodologia de estudo de caso. Os eventos com menor número de artigos que utilizam estudo de caso são o EnEPQ, com 24 artigos em duas edições (2007 e 2009) e o EMA com 37 artigos em quatro edições (2004, 2006, 2008 e 2010).

Tabela 3 – *Distribuição anual dos artigos por anais de eventos em administração*

Evento	2001	2002	2003	2004	2005	2006	2007	2008	2009	2010	Total
EnANPAD	18	27	41	109	114	139	171	160	152	146	1077
Simpósio	0	0	0	0	0	76	0	63	0	28	167
EnEO	0	4	0	34	0	8	0	36	0	40	122
3 ES	0	0	16	0	15	0	28	0	31	0	90
EnAPG	0	0	0	6	0	22	0	24	0	32	84
EnADI	0	0	0	0	0	0	33	0	18	0	51
EnGPR	0	0	0	0	0	0	20	0	25	0	45
EMA	0	0	0	2	0	10	0	16	0	9	37
EnEPQ	0	0	0	0	0	0	15	0	9	0	24
Total	**18**	**31**	**57**	**151**	**129**	**255**	**267**	**299**	**235**	**255**	**1697**

Fonte: Dados da pesquisa.

A Tabela 4 demonstra a distribuição dos artigos que utilizam a metodologia de estudo de caso entre periódicos e anos, demonstrando a aceitação desta metodologia nos diversos periódicos analisados. O elevado número de publicações também demonstra a popularidade dessa abordagem entre os pesquisadores. O número de artigos apresentou crescimento ao longo dos anos. Percebe-se um rápido crescimento de 2001 a 2005 e um crescimento suave após o ano de 2006.

Tabela 4 – *Distribuição anual dos artigos por periódico em administração*

Periódico	2001	2002	2003	2004	2005	2006	2007	2008	2009	2010	Total
REAd	6	7	18	16	11	7	12	9	9	8	103
G&P	2	5	7	6	10	12	10	8	8	15	83
Produção	2	3	7	5	8	9	8	8	7	14	71
RAP	2	7	5	8	4	6	3	7	12	4	58
RAC	2	2	3	1	2	5	3	8	7	12	45
Org. Rurais & Agroin.	1	4	3	4	4	4	6	3	5	8	42
Cadernos EBAPE.BR	0	0	0	2	8	2	4	7	10	8	41
O&S	5	4	0	3	5	5	8	3	5	2	40
RAM	0	1	3	2	7	6	5	8	3	3	38
RAUSP	4	0	2	3	4	5	7	5	1	4	35
JISTEM	0	0	0	1	3	5	5	2	3	8	27
RAE	1	1	1	2	2	3	3	3	6	1	23
RAE-e	0	3	4	5	3	4	0	3	1	0	23
RC&F	0	0	3	4	4	3	3	2	3	1	23
BASE	0	0	0	1	4	3	1	3	4	2	18
BAR	0	0	0	0	2	3	2	4	2	3	16
RAC-e	0	0	0	0	0	0	5	4	1	0	10
Rev Port Bras Gestão	0	0	0	0	0	0	2	2	2	3	9
EnsaiosFEE	0	1	0	0	0	0	0	2	0	2	5
Total	**25**	**38**	**56**	**63**	**81**	**82**	**87**	**91**	**89**	**98**	**710**

Fonte: Dados da pesquisa.

A produção de artigos que utilizam a abordagem de estudo de caso é fruto da contribuição de mais de 3.770 autores. Portanto ainda que tenhamos uma série de autores que publicaram um elevado número de artigos ao longo do período analisado, não encontramos nenhuma grande concentração de pesquisa em termos de pesquisadores. O principal autor, Alexandre de Pádua Carrieri, é responsável pela autoria ou coautoria de 17 artigos, representando 0,71% do total. Considerando apenas os trabalhos apresentados em eventos, a principal autora é Vânia de Fátima Barros Estivalete, com 12 publicações. No que se refere aos artigos publicados em periódicos, a maior produção é do pesquisador Miguel Afonso Sellitto, com 14 artigos. Na Tabela 5, são apresentados os autores com 11 publicações ou mais.

Tabela 5 – *Principais autores*

Autor	Evento	Periódico	Total
CARRIERI, Alexandre de Pádua	8	9	17
SEGATTO, Andréa Paula	9	6	15
JOIA, Luiz Antonio	8	6	14
ESTIVALETE, Vania de Fátima Barros	12	2	14
SELLITTO, Miguel Afonso	0	14	14
MACEDO-SOARES, T. Diana L. V. A. de	3	10	13
CARVALHO, Marly Monteiro de	0	12	12
GRISCI, Carmem Ligia Iochins	4	8	12
TESTA, Mauricio Gregianin	9	3	12
BALDI, Mariana	6	5	11
BITENCOURT, Cláudia Cristina	6	5	11
MACHADO, André Gustavo Carvalho	9	2	11
TEIXEIRA, Rivanda Meira	8	3	11

Fonte: Dados da pesquisa.

Os diferentes autores que publicaram artigos utilizando a metodologia de estudo de caso representam diversas instituições. A instituição com maior número de citações foi a Universidade de São Paulo, responsável por 159 ocorrências, seguida da Universidade Federal do Rio Grande do Sul, com 118 citações e Fundação Getulio Vargas de São Paulo, com 81 citações. O número de artigos considerados como "não informado" é decorrente do fato de as bases de dados dos eventos mais recentes não informarem o vínculo institucional do autor nas informações de busca e no arquivo do artigo.

Tabela 6 – *Distribuição dos artigos por instituição de afiliação*

Instituição	Evento	Periódico	Total
USP – Universidade de São Paulo	71	88	159
UFRGS – Universidade Federal do Rio Grande do Sul	67	51	118
FGV-SP – Fundação Getulio Vargas (SP)	56	25	81
UNISINOS – Universidade do Vale do Rio dos Sinos	47	32	79
UFMG – Universidade Federal de Minas Gerais	49	16	65
UFPE – Universidade Federal de Pernambuco	29	22	51
UFPR – Universidade Federal do Paraná	28	14	42
UFRJ – Universidade Federal do Rio de Janeiro	29	12	41
UFBA – Universidade Federal da Bahia	23	17	40
UFLA – Universidade Federal de Lavras	24	15	39
UFSC – Universidade Federal de Santa Catarina	18	20	38
NI – Não Informado	662	12	674
Outros	594	386	980

Fonte: Dados da pesquisa.

Os artigos analisados foram diferenciados em três abordagens distintas: abordagem teórica, abordagem empírica ou abordagem teórico-empírica, conforme tabela a seguir.

Tabela 7 – *Distribuição dos artigos por abordagem de pesquisa*

Ano	Teórico-empírica		Teórica		Empírica		Total	
	n	%	n	%	n	%	n	%
2001	43	1,79	0	0,00	0	0,00	43	1,79
2002	68	2,83	1	0,04	0	0,00	69	2,87
2003	113	4,69	0	0,00	0	0,00	113	4,69
2004	214	8,90	0	0,00	0	0,00	214	8,90
2005	207	8,60	3	0,12	0	0,00	210	8,72
2006	334	13,88	3	0,12	0	0,00	337	14,00
2007	346	14,37	3	0,12	5	0,21	354	14,70
2008	385	15,99	5	0,21	0	0,00	390	16,20
2009	320	13,29	2	0,09	2	0,09	324	13,47
2010	345	14,33	5	0,21	3	0,12	353	14,66
Total	**2375**	**98,67**	**22**	**0,91**	**10**	**0,42**	**2407**	**100,00**

Fonte: Dados da pesquisa.

A análise, apresentada na Tabela 7, demonstrou uma clara predominância de artigos teórico-empíricos, com o total de 2.375 trabalhos (98,67%) decorrente da característica da metodologia do estudo de caso, que visa auxiliar na compreensão de fenômenos empíricos no seu contexto real. Os trabalhos de cunho teórico, que buscam debater o uso e aplicação da metodologia, são representados por 22 artigos (0,91%), enquanto dez trabalhos (0,42%) são de natureza estritamente empírica.

O Gráfico 3 apresenta a distribuição das abordagens entre os diferentes veículos de publicação (evento ou periódico). Assim como os dados gerais da análise específica também demonstra uma grande concentração de artigos teórico-empíricos em periódicos e eventos.

Gráfico 3 – *Abordagem e veículo de publicação*

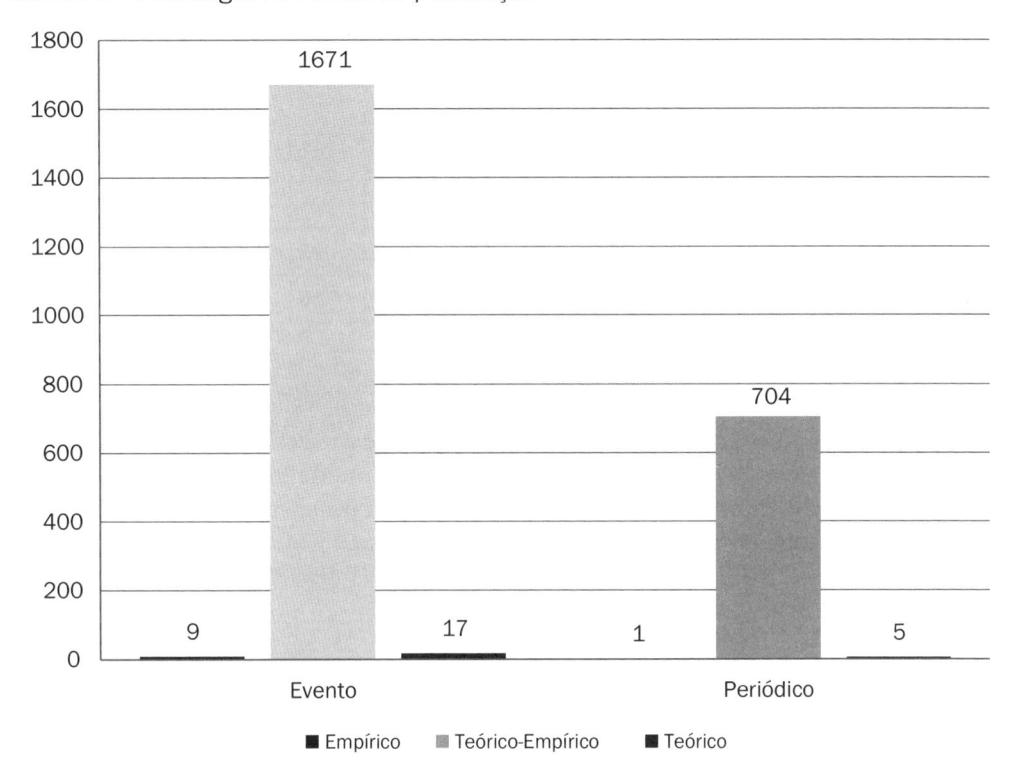

Fonte: Dados da pesquisa.

A área que mais publica artigos utilizando a metodologia de estudo de caso é a de Estratégia em Organizações, com 455 artigos (18,91% do total). A seguir, destacam-se as áreas de Estudos Organizacionais com 352 artigos (14,62%) e Gestão da Ciência, Tecnologia e Inovação com 339 trabalhos (14,09%). A área que apresentou o menor número de publicações utilizando a metodologia é a de Finanças, com 39 publicações (1,62%), indicando que provavelmente essa metodologia, de cunho qualitativo, careça de legitimidade ou pertinência nessa área predominantemente quantitativa.

Tabela 8 – *Classificação dos artigos por área*

Área	Evento		Periódico		Total	
	n	%	n	%	n	%
Estratégia em Organizações	308	12,80	147	6,11	455	18,91
Estudos Organizacionais	271	11,26	81	3,36	352	14,62
Gestão de Ciência, Tecnologia e Inovação	257	10,68	82	3,41	339	14,09
Gestão de Pessoas e Relações de Trabalho	181	7,52	80	3,32	261	10,84
Administração Pública	193	8,02	43	1,79	236	9,81
Administração da Informação	166	6,90	65	2,70	231	9,60
Gestão de Operações e Logística	80	3,32	111	4,61	191	7,93
Marketing	82	3,41	26	1,08	108	4,49
Ensino e Pesquisa em Administração e Cont.	81	3,36	25	1,04	106	4,40
Contabilidade	62	2,57	27	1,12	89	3,69
Finanças	16	0,66	23	0,96	39	1,62
Total	**1697**	**70,50**	**710**	**29,50**	**2407**	**100,00**

Fonte: Dados da pesquisa.

O Gráfico 4 apresenta a distribuição percentual dos artigos por área temática, demonstrando que além da área de Finanças, as áreas de Contabilidade, Ensino e Pesquisa em Administração e Contabilidade e Marketing também possuem um baixo número de publicações que utilizam a metodologia de estudo de caso.

Gráfico 4 – *Distribuição dos artigos por área*

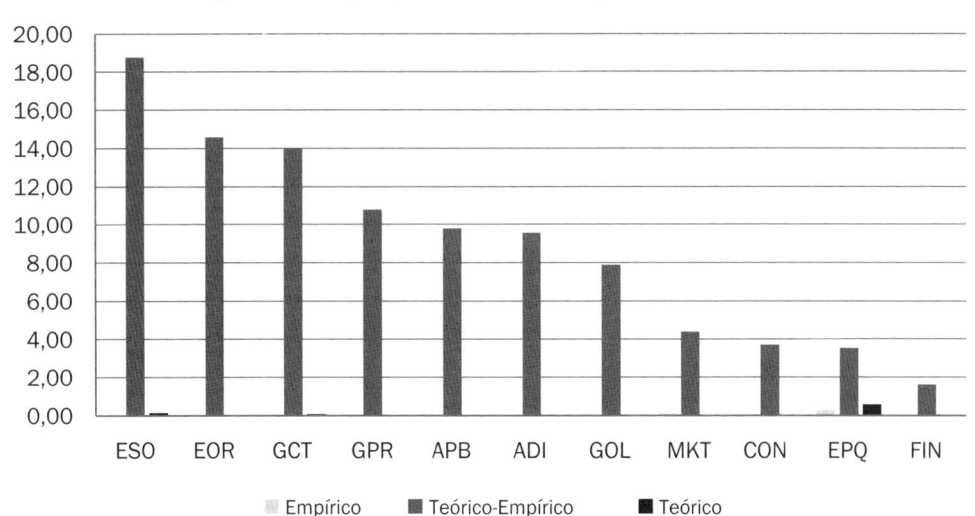

Fonte: Dados da pesquisa.

O Gráfico 5 assemelha-se ao apresentado anteriormente na distribuição geral dos artigos publicados, porém ele demonstra uma concentração importante de trabalhos com abordagem teórica na área de Ensino e Pesquisa em Administração e Contabilidade, demonstrando que os eventos dessa área têm servido como espaço para o debate e aprimoramento da metodologia de estudo de caso nos estudos de administração.

Gráfico 5 – *Distribuição dos artigos por área e abordagem*

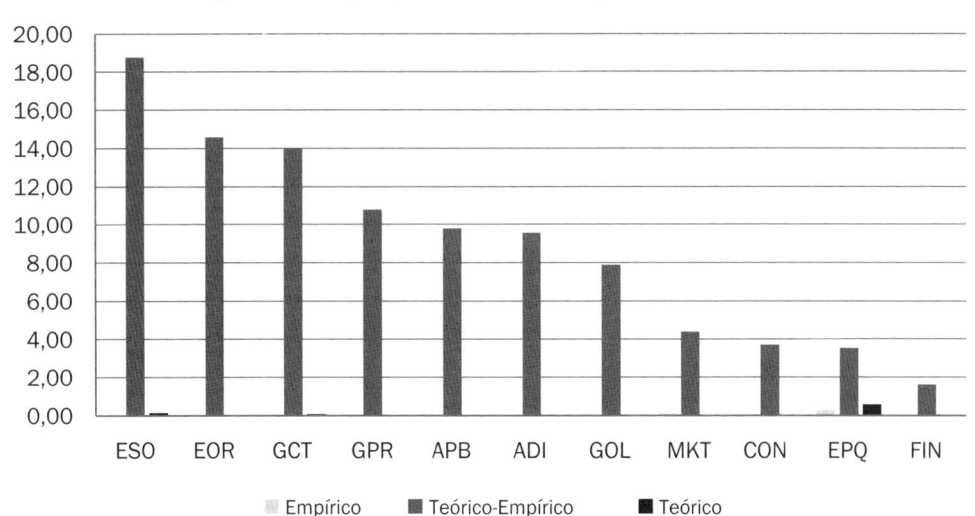

Fonte: Dados da pesquisa.

A pesquisa também analisou quais foram as técnicas de coleta de dados utilizadas pelos pesquisadores nos estudos de caso. A análise demonstra que, conforme recomendam as publicações sobre a metodologia de estudo de caso, os pesquisadores têm empregado mais de uma fonte de coleta de dados. Excluindo-se os artigos que não informaram a técnica utilizada, temos uma média de 1,89 técnica de coleta por artigo pesquisado. A Tabela 9 apresenta a evolução das técnicas utilizadas ao longo dos anos, sendo possível perceber uma redução do número de artigos que não informam a técnica de coleta utilizada nos últimos anos de análise, demonstrando uma maior preocupação dos autores em explicitar a metodologia utilizada. Os principais métodos utilizados foram as entrevistas (1.696 artigos) e pesquisa documental (1.296 artigos). Foram considerados como outras as técnicas de coleta que não se enquadravam nas categorias inicialmente estabelecidas; alguns exemplos são: elaboração de cenários prospectivos, intervenção fotográfica e mapeamento de processos.

Tabela 9 – *Classificação dos artigos por técnica de coleta de dados*

Ano	Entrevista		Questionário		Observação		Pesquisa documental		Outras		Não informado	
	n	%	n	%	n	%	n	%	n	%	n	%
2001	24	1,42	6	1,20	13	2,10	17	1,31	1	1,32	15	7,61%
2002	39	2,30	7	1,40	13	2,10	30	2,31	3	3,95	18	9,14
2003	73	4,30	16	3,20	21	3,40	52	4,01	9	11,84	22	11,17
2004	151	8,90	54	10,80	52	8,41	107	8,26	9	11,84	16	8,12
2005	145	8,55	37	7,40	59	9,55	112	8,64	11	14,47	23	11,68
2006	244	14,39	66	13,20	81	13,11	187	14,43	9	11,84	27	13,71
2007	242	14,27	89	17,80	86	13,92	188	14,51	4	5,26	33	16,75
2008	292	17,22	83	16,60	104	16,83	221	17,05	14	18,42	11	5,58
2009	240	14,15	70	14,00	89	14,40	170	13,12	8	10,53	15	7,61
2010	246	14,50	72	14,40	100	16,18	212	16,36	8	10,53	17	8,63
Total	**1696**	**100,00**	**500**	**100,00**	**618**	**100,00**	**1296**	**100,00**	**76**	**100,00**	**197**	**100,00**

Fonte: Dados da pesquisa.

Após avaliar as técnicas de coleta dos dados, são descritas as técnicas de análise dos dados desses artigos. A Tabela 10 apresenta as principais técnicas utilizadas pelos pesquisadores com estudo de caso. O dado considerado mais relevante dessa análise é o fato de que 1.130 (47%) artigos não informaram a técnica utilizada para tratar os dados coletados, informação esta que é fundamental para que o leitor possa compreender o processo de construção de sentido a partir dos dados coletados. Dentre as técnicas classificadas, a mais utilizada foi a análise de conteúdo (550 artigos), usualmente utilizada em conjunto com a técnica de entrevista, que é a técnica de coleta de dados mais empregada. Também percebe-se a elevada utilização de métodos quantitativos (401 artigos), demonstrando que de fato o estudo de caso é utilizado tanto sob uma perspectiva de análise qualitativa quanto quantitativa.

Tabela 10 – *Classificação dos artigos por técnica de análise de dados*

Ano	Análise de Conteúdo		Análise de Discurso		Análise Narrativa		Análise Quantitativa		Outras		Não informado	
	n	%	n	%	n	%	n	%	n	%	n	%
2001	3	0,55	1	1,56	0	0,00	7	1,75	4	1,23	30	2,65
2002	6	1,09	2	3,13	0	0,00	10	2,49	9	2,78	42	3,72
2003	14	2,55	1	1,56	0	0,00	18	4,49	13	4,01	71	6,28
2004	54	9,82	8	12,50	0	0,00	29	7,23	30	9,26	104	9,20
2005	37	6,73	5	7,81	2	22,22	38	9,48	43	13,27	95	8,41
2006	68	12,36	10	15,63	0	0,00	49	12,22	46	14,20	178	15,75
2007	72	13,09	7	10,94	1	11,11	76	18,95	46	14,20	168	14,87
2008	108	19,64	12	18,75	2	22,22	60	14,96	50	15,43	167	14,77
2009	86	15,63	7	10,94	1	11,11	50	12,47	34	10,49	145	12,83
2010	102	18,54	11	17,18	3	33,34	64	15,96	49	15,13	130	11,50
Total	**550**	**100,00**	**64**	**100,00**	**9**	**100,00**	**401**	**100,00**	**324**	**100,00**	**1130**	**100,00**

Fonte: Dados da pesquisa.

A Tabela 11 relaciona as técnicas de coleta de dados utilizadas com as áreas as quais as publicações estão vinculadas. A área que mais utilizou o método de entrevista foi a de Estudos Organizacionais, sendo que 295 artigos utilizaram este método de coleta. Outra técnica que apresenta um uso relevante pelos Estudos Organizacionais é a de observação, com 132 dos artigos utilizando esta técnica. O menor uso da técnica de entrevista como coleta de dados é encontrado nas áreas de Finanças (sete artigos) e Ensino e Pesquisa em Administração e Contabilidade (27 artigos). O maior uso da técnica de pesquisa documental é empregado pelos pesquisadores da área de Estratégia em Organizações, utilizada em 279 artigos. A maior utilização proporcional de questionários é encontrada nas áreas de Gestão de Pessoas e Relações de Trabalho (82 artigos), Administração da Informação (60 artigos) e Ensino e Pesquisa em Administração e Contabilidade (27 artigos). As áreas que menos informam as técnicas de coleta de dados utilizadas são Gestão de Operações e Logística (35 artigos), Estratégia em Organizações (29 artigos) e Administração Pública (28 artigos).

Tabela 11 – *Classificação dos artigos por técnica de coleta de dados e área*

Área	Entrevista		Questionário		Observação		Pesquisa documental		Outras		Não informado	
	n	%	n	%	n	%	n	%	n	%	n	%
ADI	166	9,79	60	12,00	61	9,87	118	9,10	12	15,79	21	10,66
APB	145	8,55	53	10,60	42	6,80	138	10,65	6	7,89	28	14,21
CON	37	2,18	18	3,60	15	2,43	50	3,86	5	6,58	17	8,63
EOR	295	17,39	64	12,80	132	21,36	189	14,58	6	7,89	16	8,12
EPQ	27	1,59	27	5,40	16	2,59	30	2,31	7	9,21	10	5,08
ESO	357	21,05	79	15,80	117	18,93	279	21,53	8	10,53	29	14,72
FIN	7	0,41	5	1,00	4	0,65	20	1,54	4	5,26	12	6,09
GCT	269	15,86	66	13,20	86	13,92	199	15,35	7	9,21	21	10,66
GOL	118	6,96	28	5,60	52	8,41	86	6,64	6	7,89	35	17,77
GPR	195	11,50	82	16,40	71	11,49	136	10,49	8	10,53	5	2,54
MKT	80	4,72	18	3,60	22	3,56	51	3,94	7	9,21	3	1,52
Total	**1696**	**100,00**	**500**	**100,00**	**618**	**100,00**	**1296**	**100,00**	**76**	**100,00**	**197**	**100,00**

Fonte: Dados da pesquisa.

Ao comparar a técnica de análise utilizada com as áreas nas quais os artigos foram publicados, a relação entre artigos que não informaram a técnica de análise utilizada e o total de artigos publicados no tema fica elevada na maioria das áreas, destacando-se as áreas de Contabilidade, Gestão de Operações e Logística, Administração Pública e Gestão de Ciência, Tecnologia e Inovação como as que menos informam a técnica de análise utilizada. Por outro lado, as áreas de Gestão de Pessoas e Relações de Trabalho, Ensino e Pesquisa em Administração e Contabilidade e Estudos Organizacionais são, respectivamente, as com proporcionalmente menor quantidade de artigos que não informaram a técnica de análise utilizada. Duas dessas áreas são as que mais utilizaram a técnica de análise de conteúdo: Estudos Organizacionais e Estudos em Estratégia. A análise do discurso é encontrada principalmente em artigos da área de Estudos Organizacionais, que representam 42% da utilização dessa técnica, enquanto a técnica de análise de narrativa foi empregada principalmente por artigos da área de Gestão de Pessoas e Relações de Trabalho e Estudos Organizacionais.

Tabela 12 – *Classificação dos artigos por técnica de análise de dados e área temática*

Área	Análise de Conteúdo		Análise de Discurso		Análise de Narrativa		Análise Quantitativa		Outras		Não informado	
	n	%	n	%	N	%	n	%	n	%	n	%
ADI	55	10,00	2	3,13	1	11,11	50	12,47	28	8,64	107	9,47
APB	38	6,91	4	6,25	0	0,00	47	11,72	17	5,25	139	12,30
CON	10	1,82	0	0,00	0	0,00	16	3,99	10	3,09	55	4,87
EOR	116	21,09	27	42,19	3	33,33	41	10,22	52	16,05	131	11,59
EPQ	18	3,27	1	1,56	0	0,00	29	7,23	8	2,47	32	2,83
ESO	116	21,09	5	7,81	1	11,11	53	13,22	89	27,47	209	18,50
FIN	2	0,36	0	0,00	0	0,00	17	4,24	5	1,54	17	1,50
GCT	73	13,27	8	12,50	1	11,11	30	7,48	40	12,35	195	17,26
GOL	22	4,00	1	1,56	0	0,00	35	8,73	17	5,25	116	10,27
GPR	83	15,09	10	15,63	3	33,33	68	16,96	39	12,04	78	6,90
MKT	17	3,09	6	9,38	0	0,00	15	3,74	19	5,86	51	4,51
Total	**550**	**100,00**	**64**	**100,00**	**9**	**100,00**	**401**	**100,00**	**324**	**100,00**	**1130**	**100,00**

Fonte: Dados da pesquisa.

A seguir, as percepções de pesquisadores representativos na utilização do estudo de caso como método de pesquisa, identificados no levantamento bibliométrico, obtidas por meio de entrevistas.

12.4 O USO DO ESTUDO DE CASO NA PERSPECTIVA DE PESQUISADORES BRASILEIROS

Com o objetivo de verificar as experiências e recomendações para o emprego do método, foram realizadas entrevistas com pesquisadores representativos na utilização do estudo de caso em suas investigações. Os entrevistados foram escolhidos conforme seu número de publicações nos últimos dez anos (ver Tabela 5). Foram entrevistados:

- **Alexandre de Pádua Carrieri**, graduado em zootecnia pela Universidade de São Paulo (USP), mestrado em Administração pela Universidade Federal de Lavras (UFLA) e doutorado em Administração pela Universidade Federal de Minas Gerais (UFMG). Atualmente, professor da UFMG e coordenador do Núcleo de Estudos Organizacionais e Sociedade (NEOS);

- **Claudia Cristina Bitencourt**, graduada em Administração de Empresas pela Pontifícia Universidade Católica do Rio Grande do Sul (PUC-RS), mestrado e doutorado em Administração pela Universidade Federal do Rio Grande do Sul (UFRGS). Atualmente, professora da Universidade do Vale do Rio dos Sinos (UNISINOS);

- **Rivanda Meira Teixeira**, graduada em Administração pela Universidade Federal de Sergipe (UFS), mestrado em Administração pela Universidade Federal do Rio de Janeiro (COPPEAD/UFRJ) e doutorado em Administração pela *Cranfield University* – Inglaterra. Atualmente, professora e coordenadora do mestrado em Administração da Universidade Federal do Sergipe (UFS).

Os três entrevistados utilizaram o método estudo de caso em suas pesquisas nos últimos 20 anos e justificam a sua escolha pelo objetivo de suas pesquisas, nas quais buscam conhecer as realidades organizacionais de forma mais aprofundada. Para os entrevistados, os pesquisadores devem buscar dados com qualidade e profundidade, despendendo tempo, disposição e dedicação na coleta de dados. Segundo Bitencourt, a lógica do estudo de caso é entender como as organizações estão se apropriando das teorias, das discussões, reflexões na prática e também poder analisar e avaliar melhor a percepção dos diferentes atores envolvidos nos processos organizacionais.

A escolha do método para Carrieri

> é um caminho que fazemos, que escolhemos. Conforme o Prof. Dr. Pedro Lincoln, o método pode nos prender e enrijecer. Devemos pensar nele como um caminho a ser escolhido, mas um caminho com possibilidades de criação, de mudanças, de rumos, de possibilidades para conhecer determinada realidade.

Para Bitencourt, a escolha pelo estudo de caso é devida a sua possibilidade investigativa de poder apurar os fatos a partir de determinado momento com profundidade. Segundo Carrieri,

> alguns autores gostam de usar os estudos de casos para explicar ligações causais em intervenções ou situações da vida real; para descrever um contexto de vida real; avaliar uma intervenção em curso e explorar situações nas quais a intervenção não tem clareza no conjunto de resultados.

Os entrevistados possuem opiniões semelhantes no que se relaciona às situações e contextos em que o método estudo de caso não é recomendado. Para os entrevistados, o método não é recomendado quando o objetivo do estudo for generalização de uma situação e quando o caso não for representativo ou quando, segundo Bitencourt, a escolha do método for baseada na opção por um estudo em uma única empresa por se tratar de uma pesquisa mais *"simples/fácil"*. Para Teixeira, o estudo de caso também não é recomendado quando não é possível a realização de entrevistas em profundidade com as pessoas-chaves da situação em estudo, ou seja, acesso às pessoas com o conhecimento e vivência no fenômeno pesquisado.

Os entrevistados consideram indispensável a leitura de autores como Roberto K. Yin, Norman Denzin, Yvonna Lincon, Kathleen Eisenhardt, Sharan Merriam e Sylvia Vergara quando um pesquisador pretender utilizar o método. Para Teixeira e Bitencourt, essa seria uma das principais recomendações para utilização do estudo de caso: entender teoricamente o método. Evidencia-se com a fala dos entrevistados a necessidade de um conhecimento prévio da aplicação do método que pode ser obtido por meio de leituras dos principais autores da área, conforme recomendado pelos entrevistados.

No que tange a operacionalização do método, para os entrevistados, as principais dificuldades são o tempo de pesquisa (que em um estudo de caso tende a ser um tempo maior devido a profundidade dos dados a serem coletados), a experiência do(s) pesquisador(es), o acesso às "pessoas certas" (pessoas na organização que participam ou participaram da situação analisada e que possuem informações importantes) e a análise dos dados (que precisa ser realizada de forma sistemática e aprofundada).

Quando questionado sobre recomendações para superar essas dificuldades, Carrieri parafraseou

> Oliveira (1988) e Bourdieu (2000) que nos dizem que, enquanto pesquisadores em uma disciplina social (mesmo aplicada como a Administração), devemos buscar nos concentrar em três principais faculdades: o olhar, o ouvir e o escrever. Ao entrar em um Estudo de Caso devemos disciplinar o olhar, refratando a realidade. Para esses autores é necessário estar consciente desse olhar, mas também estar sensível aos eventos não previstos, por isso os estranhamentos. Em seguida, ao ouvir, o pesquisador deve se preocupar em estabelecer uma interação dialógica com os sujeitos.

Ainda segundo Carrieri,

> Há de se reconhecer a subjetividade dos sujeitos. Antes de serem fontes de dados, fontes de informação, de conhecimento, são os "Outros". Agar (1980) e André (2007) chamam a atenção para as descrições e análises (pesquisas) que mostram como o mundo social investigado faz sentido sob a perspectiva do Outro e não do observador/pesquisador. Para esses autores, o pesquisador deveria "ultrapassar seus próprios métodos e valores, admitindo outras maneiras de conceber e recriar o mundo" (ANDRÉ, 2007, p. 45). Abandonando, ou melhor, buscando abandonar os próprios valores na interpretação dos fatos observados, o pesquisador estaria tentando capturar a maneira como os sujeitos, esses Outros no mundo, percebem os seus contextos e lhes dão significados. Por fim, o ato de escrever é anotar, registrar, historiar, narrar, descrever. Para Certeau (1994, p. 199), escrever é uma "atividade concreta que consiste, sobre um espaço próprio, a página, construir um texto que tem poder sobre uma exterioridade da qual ele foi previamente isolado". Para ele há três elementos importantes: uma página em branco, um texto e o movimento que mudará a realidade social que lhe deu origem, tornando-a estável, passível de leitura. Através desses elementos organiza-se um lugar, um *locus* social, uma sociedade, sem, contudo conseguir representar o real.

Bitencourt recomenda cuidados com a questão do sigilo dos entrevistados, com a proteção de suas identidades e enfatiza também a utilização de critérios de validação dos estudos. Para a entrevistada,

> [o pesquisador precisa] se preocupar muito com a questão da evidência porque o Estudo de Caso tende a ser um estudo mais subjetivo. O pesquisador tem que ter muito cuidado para não fazer referências dos dados que está coletando, então ele precisa trabalhar com evidências – tem que ser um estudo reflexivo, mas sem perder esse caráter de ter as evidências. Precisa fazer uso de critérios, como por exemplo, a triangulação de dados, validação com especialistas, enfim, critérios de validação como qualquer outro estudo. Aparentemente ele pode parecer um estudo mais simples, mas ele para ser bem executado, requer bastante dedicação do pesquisador e experiência também nesse sentido.

Já Carrieri, quando perguntado sobre a validade e confiabilidade do estudo de caso, propõe uma importante reflexão: o entrevistado questiona se ainda

> Estaremos ainda presos a isso? Precisaremos validar a pesquisa qualitativa, assim como o estudo de caso? Por quê? Pois para alguns isto não é pesquisa? Em que sentido, não seria pesquisa? Não podemos generalizar? Mas o que é ciência? Por que queremos ter uma ciência universal? Para quem serve homogeneizar a realidade social? Pasteurizar os contextos? E a confiabilidade? A pergunta mais interessante poderia ser: Que ciência administrativa queremos? E por que ela deveria ser igual para todos?

Essa reflexão se estende para além da pergunta direcionada ao pesquisador e incorpora também o questionamento quanto à legitimidade do método e à necessidade de justificar-se a realização de pesquisas qualitativas por meio da demonstração de que seus métodos são válidos e confiáveis tanto quanto aqueles das ciências naturais. Desse ponto em diante, é possível abrirem-se duas discussões distintas, mas paralelas: sobre a legitimidade e aceitação do método na comunidade de Administração e sobre a validade e confiabilidade dos procedimentos e medidas empregados nas pesquisas realizadas utilizando-se o estudo de caso. Em relação ao primeiro ponto, acredita-se que frente à ampla disseminação do estudo de caso na academia brasileira, seja possível considerar que se trate de abordagem legítima, mais frequentemente utilizada em certas áreas do que em outras, conforme demonstrou o levantamento bibliométrico, embora se possa crer que os estudos de caso único sejam ainda motivo de certa desconfiança por uma parcela de pesquisadores que se imagina cada vez menor. Um dos fatores responsáveis por manter presentes essas preocupações é a superficialidade com que parte das pesquisas é realizada, visto que a maior parte dessas pesquisas caracterizadas como estudos de caso não empregam efetivamente esse método (ALVES-MAZZOTTI, 2006). A segunda questão, relativa à validade e confiabilidade das medidas, instrumentos e procedimentos de pesquisa envolvidos nos estudos de caso, está mais atrelada aos cuidados particulares do pesquisador quando da realização da pesquisa do que ao método em si. Eles envolvem geralmente a preocupação e interesse em demonstrar rigor e sistematicidade no desenvolvimento da pesquisa (GIBBERT; RUIGROK, 2010). Dessa maneira, são comuns a apresentação didática do percurso metodológico e também a descrição densa do contexto de pesquisa, além do emprego de determinados critérios, próprios da tradição interpretativa de pesquisas qualitativas, envolvidos em expedientes legítimos conforme denotam os conceitos de triangulação, transferibilidade, experiência vicária, entre outros (DENZIN; LINCOLN, 2000; GLASER; STRAUSS, 1967; STAKE, 2006).

Para os entrevistados, o futuro do método ainda é bastante promissor e tende-se a um aumento nas pesquisas que o utilizem. Segundo Carrieri, o Estudo de Caso será sempre utilizado por pesquisadores que desejam conhecer realidades micro/meso:

Como nos dizem Fischer, França e Santana (1993, p. 21) a gestão das organizações não é um tema que se pode 'dominar enquanto objeto de análise, mas, no máximo, inferir e configurar' (FISCHER; FRANÇA; SANTANA, 1993, p. 21) para tentar melhor compreender as realidades socio-históricas (Carrieri).

Conforme os dados levantados na pesquisa bibliográfica, o método tem ampla aceitação na academia brasileira, porém ainda carece de maior rigor na sua aplicação, especialmente na descrição de como o método foi aplicado na pesquisa. Acredita-se que o método continue sendo utilizado pelos pesquisadores, especialmente por possibilitar conhecer de maneira aprofundada o objeto que está sendo analisado. Recomenda-se, conforme proposto pelos entrevistados, que os pesquisadores que pretendem utilizar o método de estudo de caso leiam os trabalhos e recomendações de autores como Roberto K. Yin, Norman Denzin, Yvonna Lincon, Kathleen Eisenhardt, Sharan Merriam e Sylvia Vergara, entre outros. Ao utilizarem o método de estudo de caso com o devido rigor metodológico, os pesquisadores auxiliarão na construção do conhecimento em administração.

REFERÊNCIAS

ALVES-MAZZOTTI, A. J. Usos e abusos dos Estudos de Caso. **Cadernos de Pesquisa**, v. 36, nº 129, 637-651, 2006.

BREWERTON, P.; MILLWARD, L. **Organizational research methods**: a guide for students and researchers. London: Sage, 2001.

BRUYNE, P.; HERMAN, J.; SCHOUTHEETE, M. **Dinâmica da pesquisa nas ciências sociais**: os polos das práticas metodológicas. Rio de Janeiro: F. Alves, 1977.

BYRNE, D. S. Case-Based methods: why we need them; what they are; how to do them. In: BYRNE, D. S.; RAGIN, C. C. (Ed.). **The sage handbook of case-based methods**. London: Sage, 2009. p. 1-10.

CAMPBELL, D. T.; FISKE, D. W. Convergent and discriminant validation by the multitrait-multimethod matrix. **Psychol Bull**, v. 56, nº 2, p. 81-105, 1959.

DENZIN, N. K. **The research act in sociology**: a theoretical introduction to sociological methods. London: Butterworths, 1970.

_____; LINCOLN, Y. S. (Ed.). **Handbook of Qualitative Research**. 2. ed. London: Sage, 2000.

EISENHARDT, K. M. Building theories from Case Study research. **Academy of Management Review**, v. 14, nº 4, p. 532-550, 1989.

EISENHARDT, K. M.; GRAEBNER, M. E. Theory building from cases: opportunities and challenges. **Academy of Management Journal**, v. 50, nº 1, p. 25-32, 2007.

FLYVBJERG, B. Five misunderstandings about Case-Study research. **Qualitative Inquiry**, v. 12, nº 2, p. 219-245, 2006.

GEERTZ, C. **The interpretation of cultures**: selected essays. London: Hutchinson, 1975.

GEORGE, A. L.; BENNETT, A. **Case studies and theory development in the social sciences**. Cambridge, Mass: MIT Press, 2005.

GIBBERT, M.; RUIGROK, W. The "What" and "How" of Case Study rigor: three strategies based on published work. **Organizational Research Methods**, v. 13, nº 4, p. 710-737, 2010.

GLASER, B. G.; STRAUSS, A. L. **The discovery of grounded theory**: strategies for qualitative research. Chicago: Aldine, 1967.

GODOY, A. S. Estudo de Caso qualitativo. In: GODOI, C. K.; BANDEIRA-DE-MELLO, R.; SILVA, A. B. de (Ed.). **Pesquisa qualitativa em estudos organizacionais**: paradigmas, estratégias e métodos. São Paulo: Saraiva, 2006. p. 115-146.

HARTLEY, J. F. Case Studies in organizational research. In: CASSELL, C.; SYMON, G. (Ed.). **Qualitative methods in organizational research**: a practical guide. London, Thousand Oaks: Sage, 1994. p. 208-229.

MERRIAM, S. B. **Case study research in education**: a qualitative approach. San Francisco: Jossey-Bass, 1998.

_____. **Qualitative research**: a guide to design and implementation. San Francisco: Jossey-Bass, 2009.

PETTIGREW, A. M. Longitudinal field research on change: theory and practice. **Organization Science**, v. 1, nº 3, p. 267-292, 1990.

PIEKKARI, R.; WELCH, C.; PAAVILAINEN, E. The Case Study as disciplinary convention. **Organizational Research Methods**, v. 12, nº 3, p. 567-589, 2009.

RAGIN, C. C. Introduction: cases of "What is a Case?". In: RAGIN, C. C.; BECKER, H. S. (Eds.). **What is a case?**: exploring the foundations of social inquiry. Cambridge: Cambridge University Press, 1992. p. 1-17.

RAGIN, C. C.; BECKER, H. S. **What is a case?**: exploring the foundations of social inquiry. Cambridge: Cambridge University Press, 1992.

SEAWRIGHT, J.; GERRING, J. Case selection techniques in Case Study research. **Political Research Quarterly**, v. 61, nº 2, p. 294-308, 2008.

SIMONS, H. **Case study research in practice**. London: Sage, 2009.

SPIEGELBERG, H. **Doing phenomenology**: essays on and in phenomenology. The Hague: Nijhoff, 1975.

STAKE, R. E. Case studies. In: DENZIN, N. K.; LINCOLN; Y. S. (Ed.). **Strategies of qualitative inquiry**. Thousand Oaks: Sage, 1998. p. 86-109.

_____ **Multiple case study analysis**. New York: The Guilford Press, 2006.

THOMAS, G. A Typology for the Case Study in Social Science following a review of definition, discourse, and structure. **Qualitative Inquiry**, v. 17, nº 6, p. 511-521, 2011.

WEBER, M. **Sobre a teoria das ciências sociais**. 2. ed. Lisboa: Presença, 1977.

YIN, R. K. **Case study research**: design and methods. 4. ed. Los Angeles: Sage, 2011.

_____. **Estudo de caso**: planejamento e métodos. Porto Alegre: Bookman, 2005.

13

Resultados Gerais
e Desafios

Adriana Roseli Wünsch Takahashi e *Elder Semprebom*

Este capítulo apresenta os dados bibliométricos gerais considerando todos os métodos investigados. A Tabela 1 demonstra como os 2.895 artigos selecionados estão distribuídos entre eventos e periódicos, por método:

Tabela 1 – *Distribuição dos artigos por método em eventos e periódicos*

Método	Evento		Periódico		Total	
	n	%	n	%	n	%
Estudo de Caso	1697	58,62	710	24,52	2407	83,14
Pesquisa Histórica	161	5,56	54	1,87	215	7,43
Etnografia	82	2,83	20	0,69	102	3,52
Fenomenologia	59	2,04	13	0,45	72	2,49
Grounded Theory	47	1,62	8	0,28	55	1,90
Pesquisa-Ação	30	1,04	4	0,14	34	1,18
Etnometodologia	7	0,24	3	0,10	10	0,34
Total	**2083**	**71,95**	**812**	**28,05**	**2895**	**100,00**

Fonte: Dados da pesquisa.

Pode-se observar que quase 72% dos artigos qualitativos na última década no Brasil foram publicados em eventos, ressaltando-se que a análise em periódicos restringiu-se àqueles com classificação Qualis CAPES 2011 entre A1 e B2, totalizando assim 19 periódicos. Cruzando os dados, verifica-se que a maior participação vem dos estudos de caso, que no total representam 83,14% das publicações, sendo 58,62% destes em eventos e 24,52% em periódicos. Algumas observações a partir desses números podem ser feitas: (a) o número de publicações em periódicos permanece baixo em relação aos eventos; (b) os estudos qualitativos se concentram no método de estudo de caso. Parece ser tímida a utilização de métodos variados em pesquisa qualitativa além do estudo de caso, pois os outros seis métodos juntos somam apenas 16,86% do total. Enquanto parece existir uma consolidação da utilização de estudos de caso na academia nacional, atingindo uma fase de maturidade quanto a sua inserção, outros métodos são ainda incipientes em pesquisas em administração e parecem estar em sua infância. Dentre os desafios futuros, está a busca pela diversificação metodológica nas pesquisas qualitativas nacionais, e, para isso, recomenda-se a produção e difusão de conhecimento teórico e teórico-empírico destes outros métodos.

Na Tabela 2, expõe-se o número de artigos publicados por evento em administração considerando cada um dos métodos:

Tabela 2 – *Distribuição dos artigos por eventos em administração e métodos*

Evento*	Fenomeno-logia	Etnografia	Etnometo-dologia	Grounded Theory	Pesquisa-Ação	Pesquisa Histórica	Estudo de Caso	Total
EnANPAD	44	47	4	29	25	75	1077	1301
EnEO	6	13	3	3	4	26	122	177
Simpósio	1	0	0	1	1	5	167	175
3Es	1	0	0	2	0	13	90	106
EnAPG	1	1	0	4	0	16	84	106
EMA	6	12	0	2	0	7	37	64
EnGPR	0	4	0	1	0	8	45	58
EnADI	0	2	0	1	0	0	51	54
EnEPQ	0	3	0	4	0	11	24	42
Total	**59**	**82**	**7**	**47**	**30**	**161**	**1697**	**2083**

Fonte: Dados da pesquisa.

* As siglas utilizadas correspondem aos eventos descritos no Capítulo 5 de metodologia.

O EnANPAD consolida-se como o principal canal de difusão de publicações dos artigos que utilizam os métodos citados (1.301). Trata-se de um evento anual, tradicional na academia brasileira, e com a maior capacidade de publicação de pesquisas, o que torna seu resultado compreensível. Os outros eventos da ANPAD, que ocorrem a cada dois anos, começaram no decorrer da década analisada. O EnEO, que ficou em segundo lugar com 177 publicações (8,5%), iniciou no ano de 2000 e teve cinco eventos analisados, metade do número de eventos do EnANPAD. O Simpósio com 8,4% das publicações, que já existia mas passou a integrar os eventos da ANPAD em 2006, teve três eventos analisados. O 3E's representa 5,09%, assim como o EnAPG, e ambos tiveram quatro eventos analisados. Os outros eventos tiveram menos de 5% de representação, sendo que o EMA iniciou em 2004 e teve quatro eventos até 2010. O EnGPR, o EnADI e o EnEPQ iniciaram em 2007 e tiveram dois eventos analisados em cada um. Ou seja, 26 eventos bianuais da ANPAD publicaram 37,54% artigos com os métodos acima citados, enquanto dez EnANPAD's publicaram 62,46%. Sem considerar o EnANPAD, interessante observar que o EnEO e o EMA são os eventos que mais publicaram com fenomenologia e etnografia. Todos os eventos tiveram publicação utilizando a Grounded Theory, e etnometodologia e pesquisa-ação foram os que tiveram menor utilização e difusão.

Na Tabela 3, os artigos são analisados em relação à publicação por periódico e métodos.

Tabela 3 – *Distribuição dos artigos por periódico em administração e métodos*

Periódico*	Fenome-nologia	Etnografia	Etnometo-dologia	Grounded Theory	Pesquisa--Ação	Pesquisa Histórica	Estudo de Caso	Total
REAd	1	3	0	0	1	7	103	115
Gestão&Prod	0	0	0	0	0	0	83	83
Produção	0	0	0	0	1	2	71	74
RAP	1	0	0	1	0	10	58	70
O&S	2	2	1	3	0	7	40	55
RAC	0	2	0	1	0	3	45	51
Cad.EBAPE	1	0	0	0	0	3	41	45
ORA	0	0	0	0	0	2	42	44
RAM	0	3	0	0	1	1	38	43
RAE	3	6	1	0	0	6	23	39
RAUSP	1	0	0	0	0	1	35	37
RCF	1	0	0	0	0	6	23	30
RAE-e	1	4	0	1	0	0	23	29
JISTEM	0	0	0	1	0	0	27	28
BAR	2	0	0	1	1	0	16	20
BASE	0	0	0	0	0	0	18	18
RAC-e	0	0	1	0	0	0	10	11
Ensaios FEE	0	0	0	0	0	6	5	11
RPBGestão	0	0	0	0	0	0	9	9
Total	**13**	**20**	**3**	**8**	**4**	**54**	**710**	**812**

Fonte: Dados da pesquisa.

* As siglas utilizadas correspondem aos 19 periódicos analisados e descritos no capítulo de metodologia.

Dentre os periódicos pode-se observar uma distribuição maior dos artigos em relação à distribuição dos artigos em eventos. A REAd é a revista que mais publicou artigos qualitativos com os métodos considerados, representa 14,16%, e a RPBGestão é a que menos publicou (1,11%). Revistas como a de *Gestão & Produção* e *Produção* ficaram em segundo e terceiro lugar, devido a publicações de artigos predominantemente com estudos de caso. Além desse método, os que mais surgiram nas publicações em periódicos foram pesquisa histórica e etnografia. A *O&S* foi a revista que apresentou maior diversificação de métodos, tendo publicado pesquisas que utilizaram seis dos sete considerados, seguida da RAE, que publicou artigos com cinco deles. A seguir, descreve-se a distribuição dos artigos por eventos em administração anualmente dentro do período em questão, de 2001 a 2010.

Tabela 4 – *Distribuição anual dos artigos por evento em administração*

Evento	Fenome- nologia	Etno- grafia	Etnome- todologia	Grounded Theory	Pesquisa- -Ação	Pesquisa Histórica	Estudo de Caso	Total
2001	0	1	0	1	0	1	18	21
2002	1	2	0	0	1	0	31	35
2003	0	1	0	2	0	4	57	64
2004	8	4	1	4	5	7	151	180
2005	6	5	0	4	5	14	129	163
2006	7	10	1	3	6	19	255	301
2007	5	7	1	9	3	21	267	313
2008	10	28	2	10	2	22	299	373
2009	8	16	0	3	3	32	235	297
2010	14	8	2	11	5	41	255	336
Total	**59**	**82**	**7**	**47**	**30**	**161**	**1697**	**2083**

Fonte: Dados da pesquisa.

A pesquisa qualitativa ganha força e expressão na produção nacional ao longo dos anos. Em 2001, foram identificados somente 21 artigos. Em 2003, esse número já tinha triplicado, chegando a 336 em 2010, ou seja, aumentou 16 vezes em dez anos. Vale ressaltar que foram analisados os artigos com esses métodos e não o total de artigos. Portanto, esse crescimento refere-se a esse contexto e não ao crescimento geral da produção científica nacional. Tal aumento é em grande parte justificado pelo crescimento dos estudos de caso, que passou de 18 para 255, totalizando 1697, embora tenha atingido este número já em 2006, com posterior crescimento e decréscimo, voltando para 255 publicações em 2010.

Em vários anos, houve publicação com todos os métodos: 2004, 2006, 2007, 2008, e 2010. O ano que apresentou um pico de publicações foi o de 2008 com 373 artigos, e o método que apresentou um crescimento significativo e constante foi o de pesquisa histórica.

Tabela 5 – *Distribuição anual dos artigos em periódicos em administração*

Periódico/ Ano	Fenome- nologia	Etnogra- fia	Etnometo- dologia	Grounded Theory	Pesquisa- -Ação	Pesquisa Histórica	Estudo de Caso	Total
2001	1	1	0	0	0	4	25	31
2002	1	2	0	0	0	4	38	45
2003	0	2	0	0	0	3	56	61
2004	1	3	0	1	0	7	63	75
2005	0	3	1	0	0	4	81	89
2006	2	2	1	1	1	7	82	96
2007	1	0	1	2	0	5	87	96
2008	2	2	0	1	1	5	91	102
2009	3	2	0	1	2	7	89	104
2010	2	3	0	2	0	8	98	113
Total	**13**	**20**	**3**	**8**	**4**	**54**	**710**	**812**

Fonte: Dados da pesquisa.

A análise da Tabela 5 permite visualizar a distribuição anual nos periódicos em administração. Se nos eventos o crescimento na década foi de 16 vezes, nos periódicos foi de pouco mais de três vezes, embora tenha sido constante. Seja pela dificuldade de publicar em revistas, por restrições em quantidade de periódicos disponíveis em relação a eventos, pela preferência de publicação somente em eventos, ou ainda outro motivo, fato é que a produção nacional não parece ter se concentrado em publicações ditas "terminais", que são aquelas que passam por um crivo e refinamento maior no processo de avaliação e melhorias. Um caminho futuro para a melhoria da qualidade da produção nacional parece ser a intensificação da canalização de artigos apresentados em eventos para periódicos, o que implica desafios tanto para os editores quanto para os autores. Porém, é preciso considerar que, possivelmente, vários desses artigos foram publicados em revistas com classificação abaixo de B2, ou mesmo internacionais.

A Tabela 6 demonstra como as publicações em eventos e periódicos estão divididas por abordagem de pesquisa (teórica, teórico-empírica e empírica) e método.

Tabela 6 – *Abordagem dos artigos por método*

Método	Teórica		Teórico-empírica		Empírica		Total	
	n	%	N	%	n	%	n	%
Estudo de Caso	22	0,77	2375	82,04	10	0,35	2407	83,16
Pesquisa Histórica	79	2,73	131	4,53	5	0,17	215	7,43
Etnografia	36	1,24	66	2,28	0	0,00	102	3,52
Fenomenologia	23	0,79	49	1,69	0	0,00	72	2,48
Grounded Theory	20	0,69	35	1,21	0	0,00	55	1,90
Pesquisa-Ação	3	0,10	31	1,07	0	0,00	34	1,17
Etnometodologia	5	0,17	5	0,17	0	0,00	10	0,34
Total	**188**	**6,49**	**2.692**	**92,99**	**15**	**0,52**	**2.895**	**100,00**

Fonte: Dados da pesquisa.

Verifica-se que há predominância absoluta da abordagem teórico-empírica, sendo esta responsável por quase 93% do total de artigos selecionados. Proporcionalmente, etnometodologia é o único método em que há o mesmo número de artigos teóricos e teórico-empíricos. Apesar de o estudo de caso ser o método mais empregado, com 2407 publicações, somente 22 deles (0,77%) são teóricos. Um desafio relevante seria o de compreender melhor e avaliar como os estudos de caso estão sendo conduzidos. Se esse é o método mais utilizado e, por sua vez, o que tem menos produção teórica proporcional (supõem-se reflexões e contribuições sobre o método), parece ser necessário investigar o que a academia nacional tem assumido como estudo de caso e como poderia avançar no conhecimento metodológico. Por outro lado, se os outros métodos são pouco utilizados mas têm um certo equilíbrio entre artigos teóricos e teórico-empíricos, em média de um para dois, cabe investigar por que estão sendo pouco aplicados bem como por que eles não têm apresentado o mesmo crescimento e aderência. Como outros métodos coerentes com a pesquisa qualitativa podem contribuir com a mesma no cenário acadêmico nacional em administração nos próximos anos parecer ser outro desafio futuro aos pesquisadores do campo.

Sobre a área temática das publicações, conforme critérios da ANPAD no período da pesquisa, a Tabela 7 apresenta os resultados.

Tabela 7 – *Distribuição de área e métodos*

Área*	Fenome-nologia	Etnogra-fia	Etnome-todologia	Grounded Theory	Pesquisa--Ação	Pesquisa Histórica	Estudo de Caso	Total
ESO	7	3	0	7	4	29	455	505
EOR	24	38	5	6	5	71	352	501
GCT	3	3	0	5	5	15	339	370
GPR	4	13	2	4	3	21	261	308
APB	4	0	0	5	4	34	236	283
ADI	1	3	1	3	1	1	231	241
GOL	0	0	0	1	3	1	191	196
EPQ	11	7	2	16	6	29	106	177
MKT	15	35	0	7	1	7	108	173
COM	0	0	0	0	0	0	89	89
FIN	3	0	0	1	2	7	39	52
Total	**72**	**102**	**10**	**55**	**34**	**215**	**2.407**	**2.895**

Fonte: Dados da pesquisa.

* As siglas utilizadas para as áreas de pesquisa em administração e seu respectivo significado estão descritos no Capítulo 5 de metodologia.

As áreas temáticas com maior número de publicações em eventos e periódicos são: Estratégia em Organizações (17,4%) e Estudos Organizacionais (17,3%). Em todas as áreas, a maior participação é do estudo de caso, sendo as áreas aqui citadas as que mais têm artigos com o método. A área de Estudos Organizacionais agrega ainda a maior parte dos artigos em fenomenologia (33%), etnografia (37%), etnometodologia (50%) e pesquisa histórica (33%). Já a área de Ensino e Pesquisa em Administração e Contabilidade conta com a maioria das publicações sobre Grounded Theory (29%) e pesquisa-ação (17%).

Tabela 8 – *Distribuição dos artigos por instituição de afiliação em eventos e periódicos*

Instituição	Evento	Periódico	Total
UFRGS – Universidade Federal do Rio Grande do Sul	149	70	219
USP – Universidade de São Paulo (FEA/USP)	105	106	211
UFMG – Universidade Federal de Minas Gerais	132	41	173
FGV-SP – Fundação Getulio Vargas de São Paulo	96	37	133
UFPE – Universidade Federal de Pernambuco	93	30	123
UFLA – Universidade Federal de Lavras	62	24	86
UNISINOS – Universidade do Vale do Rio dos Sinos	51	34	85
UFBA – Universidade Federal da Bahia	49	24	73
UFSC – Universidade Federal de Santa Catarina	47	25	72
UFRJ – Universidade Federal do Rio de Janeiro	49	13	62
UFPR – Universidade Federal do Paraná	46	14	60
FGV-RJ – Fundação Getulio Vargas do Rio de Janeiro	30	18	48
Universidade Presbiteriana Mackenzie	17	9	26
PUC-RJ – Pontifícia Universidade Católica do Rio de Janeiro	19	5	24
UFES – Universidade Federal do Espírito Santo	21	0	21
UNIVALI – Universidade do Vale do Itajaí	14	1	15
UP – Universidade Positivo	12	3	15
PUC-MG – Pontifícia Universidade Católica de Minas Gerais	8	6	14
UFPB – Universidade Federal da Paraíba	12	0	12
UFF – Universidade Federal Fluminense	9	2	11
Não Informado*	662	12	674
Outras	115	38	153

Fonte: Dados da pesquisa.

* Não informado: inserir justificativa.

A análise das instituições de filiação dos autores conta com uma limitação, uma vez que não foi possível identificá-las em todos os artigos que usaram estudos de caso. Isso se deve ao fato de que na base de dados disponibilizada pela ANPAD, a filiação do autor não está explicitada nos artigos e resumos disponibilizados no evento EnANPAD de 2005, assim como nos outros eventos organizados a partir do ano de 2006. Também não foi possível localizar a filiação dos autores de alguns dos artigos publicados nos seguintes periódicos: *Organizações Rurais e Agroindustriais* (sete artigos), *Organizações & Sociedade* (dois artigos) e *RAC eletrônica* (três artigos). Devido à grande quantidade de artigos em estudo de caso, não foi possível consultar o Sistema Lattes para identificar a filiação de cada autor no período da publicação.

Considerando as instituições identificadas, aquelas com menos de dez citações foram excluídas da Tabela 8. Aquelas com mais de 100 citações foram, respectivamente, a Universidade Federal do Rio Grande do Sul, a Universidade de São Paulo, a Universidade Federal de Minas Gerais, a Fundação Getulio Vargas-SP e a Universidade Federal de Pernambuco. Vale ressaltar que há um significativo estrato de artigos com outras instituições diversas além destas, e que estes são resultados parciais.

Em relação à técnica de coleta de dados dos artigos, os dados bibliométricos constam na Tabela 9.

Tabela 9 – *Distribuição dos artigos por método e técnica de coleta de dados*

Método	Entrevista		Observação		Questionário		Pesquisa documental		Outros		Não informado	
	n	%	n	%	n	%	n	%	n	%	n	%
Fenomen.	42	2,17	12	1,69	4	0,78	9	0,65	8	6,61	0	0,00
Etnograf.	53	2,73	59	8,30	1	0,19	11	0,79	4	3,31	0	0,00
Etnomet.	4	0,21	3	0,42	2	0,39	2	0,14	2	1,65	0	0,00
Grounded	32	1,65	3	0,42	2	0,39	11	0,79	4	3,31	0	0,00
PesqAção	10	0,52	8	1,12	2	0,39	10	0,72	11	9,09	14	6,45
PesqHist.	101	5,21	8	1,12	4	0,78	54	3,88	16	13,22	6	2,76
EstCaso	1696	87,51	618	86,93	500	97,08	1296	93,03	76	62,81	197	90,79
Total	**1938**	**100,00**	**711**	**100,00**	**515**	**100,00**	**1393**	**100,00**	**121**	**100,00**	**217**	**100,00**

Fonte: Dados da pesquisa.

A técnica de coleta de dados mais utilizada nos 2.692 artigos teórico-empíricos foi a de entrevista com 1.938 ocorrências (72%), seguida de pesquisa documental (52%), observação (26%) e questionário (19%). Em 121 (4,5%) artigos pesquisados, outras técnicas menos tradicionais foram utilizadas, e em 8% as técnicas não foram informadas. Para todas as técnicas consideradas, há maior incidência do uso em estudo de caso. A entrevista é o principal meio de coleta de dados para fenomenologia, etnometodologia, Grounded Theory, pesquisa histórica e estudo de caso. Já para etnografia, a principal técnica foi a de observação. Para pesquisa histórica, as técnicas mais utilizadas foram "outras", seguidas de pesquisa documental e entrevista.

Os resultados levantados sobre a técnica de análise dos dados dos artigos teórico--empíricos estão na Tabela 10.

Tabela 10 – *Distribuição dos artigos por método e técnica de análise de dados*

Método	Análise de Conteúdo		Análise de Discurso		Análise de Narrativa		Análise Quantitativa		Outros		Não informado	
	n	%	n	%	n	%	n	%	n	%	n	%
Fenomen.	10	1,54	5	3,79	3	6,82	2	0,48	19	5,03	11	0,91
Etnograf.	26	3,99	31	23,48	6	13,64	1	0,24	1	0,26	1	0,08
Etnomet.	0	0,00	0	0,00	1	2,27	1	0,24	3	0,79	0	0,00
Grounded	19	2,92	1	0,76	0	0,00	2	0,48	15	3,97	7	0,58
PesqAção	5	0,77	2	1,52	0	0,00	3	0,73	3	0,79	23	1,90
PesqHist.	41	6,30	29	21,97	25	56,82	3	0,73	13	3,44	39	3,22
EstCaso	550	84,48	64	48,48	9	20,45	401	97,10	324	85,72	1130	93,31
Total	**651**	**100,00**	**132**	**100,00**	**44**	**100,00**	**413**	**100,00**	**378**	**100,00**	**1211**	**100,00**

Fonte: Dados da pesquisa.

Dentre as quatro técnicas mais tradicionais de análise de dados em pesquisa qualitativa, a análise de conteúdo é a mais empregada. Em 2.692 artigos, 24,18% anunciaram utilizar esta técnica. Essa é a principal técnica para fenomenologia, Grounded Theory, pesquisa-ação, pesquisa histórica e estudos de caso. Vale ressaltar que fenomenologia, Grounded Theory e Pesquisa Histórica contam ainda com uma significativa utilização de outras técnicas, além das quatro consideradas. Em seguida, vem a análise quantitativa (15,34%), a análise de discurso (4,91%) e a análise de narrativa (1,63%). Uma análise mais refinada somente dessa categoria poderia esclarecer o que os artigos estão denominando como análise quantitativa e por que ela aparece com certa intensidade em pesquisas qualitativas, muito embora a técnica de coleta e de análise não se restrinjam exclusivamente a uma determinada abordagem de pesquisa. Para etnografia, a principal técnica é a análise de discurso.

Dois resultados chamam a atenção nessa tabela. O primeiro é a presença de 413 trabalhos usando análise quantitativa. Um estudo mais detalhado desses artigos poderia esclarecer o que está se denominando como análise quantitativa e por que ela aparece com certa intensidade em pesquisas qualitativas. Cabe ressaltar que o uso dessa técnica não se restringe exclusivamente a pesquisas quantitativas, havendo uma diferença entre técnicas de coleta e análise de dados (qualitativas e quantitativas) e configuração ou abordagem de pesquisa (qualitativa, quantitativa ou mista).

O segundo resultado preocupante é a significativa quantidade de artigos que não informaram a técnica de análise de dados utilizada, muito embora possam ter utilizado uma delas e não tenham anunciado no resumo ou palavras-chave ou seção de metodologia. A próxima tabela expressa esses dados por método considerando somente as técnicas de análise de dados classificadas como "outras" e "não informado", em relação ao total de artigos teórico-empíricos por método.

Tabela 11 – *Técnica de análise de dados diversas e não informadas por método*

Métodos	Total	Não informado		Outras	
	n	n	%	n	%
Fenomenologia	49	11	22,44	19	38,77
Etnografia	66	1	1,51	1	1,51
Etnometodologia	5	0	0,00	3	60,00
Grounded Theory	35	7	20,00	15	42,86
Pesquisa Ação	31	23	74,19	3	9,68
Pesquisa Histórica	131	39	29,77	13	9,92
Estudo de Caso	2.375	1.130	47,58	324	13,64
Total	**2.692**	**1.211**	**44,98**	**378**	**14,04**

Fonte: Dados da pesquisa.

Dentre os 2.692 artigos teórico-empíricos, 378 (14,04%) utilizaram outras técnicas para analisar os dados além das consideradas como tradicionais. Porém, 1.211 artigos (44,98%) não informaram a técnica utilizada, informação relevante em qualquer tipo de pesquisa. Somente em estudos de caso, 1.130 deles (47,58%) não a explicitaram nas informações pesquisadas. Em pesquisa-ação, 74,19% não informaram esses dados, embora isso talvez possa ser devido às características de uso do método. O mesmo é válido para fenomenologia, etnometodologia e Grounded Theory, onde 38,77%, 60% e 42,86%, respectivamente, utilizaram outras técnicas. Fica novamente como desafio futuro compreender as razões pelas quais tantos artigos não explicitam como analisaram seus dados. Para isso, também faz-se necessária uma análise mais refinada desse segmento de artigos, principalmente em estudos de caso, que é o método mais utilizado na década analisada.

Esse é o retrato da pesquisa qualitativa em administração no Brasil que foi possível obter com os dados encontrados, considerando as limitações já apontadas. Apesar de a aplicação dos sete métodos ter sido crescente ao longo dos dez anos analisados, de 21 para 336 em eventos e de 31 para 113 em periódicos, muitas dúvidas permanecem sobre como eles estão realmente sendo utilizados. Novas pesquisas são necessárias sobre esse tema para que se possa ampliar o uso de métodos diversos nos próximos anos, para compreender quais são as limitações das pesquisas realizadas e como lidar com elas, e para ampliar o entendimento dos caminhos e cuidados necessários para a consolidação da pesquisa qualitativa, tal como aqui foi tratada.

As entrevistas com os 18 autores que têm utilizado tais métodos forneceram informações e sugestões relevantes para aqueles interessados em sua adoção na condução de novas pesquisas. Cada entrevistado pôde expressar de forma particular, com base em sua experiência e conhecimentos, suas convicções, dificuldades, sucessos e falhas na operacionalização dos métodos, expressões estas de uma riqueza significativa para todos os estudiosos em pesquisa qualitativa. Porém, tanto a metodologia enquanto estudo dos métodos, quanto a aplicação como mecanismo de aprendizagem, são necessárias para a superação das dificuldades e lacunas identificadas e para a melhoria constante da produção acadêmica nacional em administração.

PARTE III

Posfácio – Contraponto e Reflexões

14

A Ética e o Pesquisador Qualitativo: Pistas Antigas e Atuais

João Marcelo Crubellate

O argumento central que defenderei aqui consiste da ideia de que a pesquisa qualitativa encontra na própria pessoa do pesquisador sua mais evidente condição de possibilidade e seu limite. Tal argumento desdobra-se em considerações de ordem técnica e, igualmente, em considerações éticas, estas últimas constituindo meu foco de interesse neste texto.

Ao escrever a introdução de um de seus livros, Strauss e Corbin (2008) sugerem que a pesquisa qualitativa é – além de um conjunto de técnicas e procedimentos metodológicos – um modo, quiçá até artístico, de enxergar o mundo. Lançando mão de um argumento eclético, eles sugerem também, na mesma introdução, que tal modo de enxergar nunca é mais do que uma aproximação da realidade, uma aproximação criativa, porém sempre inacabada. Ora, essa é uma posição evidentemente rara entre pesquisadores qualitativos, de fato rara em qualquer esfera da ciência contemporânea, geralmente mais cética em seus pressupostos fundamentais. Ela me será útil na rápida trajetória que me levará à discussão do meu argumento central, acima enunciado, partindo de algumas pistas gregas.

Com a menção ao ecletismo da posição de Strauss e Corbin, refiro-me à antiga doutrina, assim denominada, que se desenvolveu a partir dos embates entre estoicos e céticos em torno do problema do conhecimento. O ecletismo se opunha ao argumento cético extremo que negava tanto a existência da verdade quanto a validade definitiva de qualquer critério de estabelecimento do verdadeiro, enquanto sustentava – pelo menos alguns dos seus representantes – um *ceticismo moderado*, que aceitava a primeira premissa – a existência da verdade – e mantinha a negação à segunda – não há critério absoluto, acessível ao ser humano, para estabelecer a verdade (vide REALE; ANTISERI, 2007).

O ceticismo, por sua vez, talvez tenha sido – e ainda seja – uma das principais forças (juntamente com a convicção) a pôr em movimento o pensamento humano. Não tanto as correntes céticas do pensamento, mas a dúvida quanto à verdade e quanto à possibilidade de desvelar o verdadeiro nos estreitos limites do entendimento humano aparece, em várias épocas e contextos, como sendo problema de especial importância, e estimulou diferentes sistemas de pensamento a se desenvolverem em torno de possíveis soluções. Sua implicação para a questão da ética se estabelece de modo direto, porquanto toca no delicado problema da definição de algum critério orientador das escolhas e das ações e que seja minimamente legítimo e aceitável, ao mesmo tempo em que se nega qualquer referência absoluta ao verdadeiro.

Já a doutrina estoica foi, de certo, uma das primeiras a lidar exaustivamente com esses problemas e ela o fez lançando mão de noções que, em conjunto, nos remetem à categoria da pessoa, ou, à subjetividade, como quero defini-la, e que é nosso ponto estruturante aqui. Dessas noções, destaque-se a representação (*fantasia*) que, para os estoicos, segundo ensina Brun (1986, p. 38), é *"uma impressão que reproduz aquilo donde provém e não pode exprimir aquilo de que não provenha"*. Desse modo, a noção de representação cumpria, para o estoico, a função de explicar a possibilidade de conhecimento, ao transpor (num sentido próximo ao que desempenha, hoje, a noção de percepção) a imagem do objeto real para a alma do sujeito que conhece. A representação estoica é mesmo entendida como produzindo uma marca na alma (HANKINSON, 2006, p. 67), uma afecção (*pathos*) cujo motor é um objeto real e externo; ela é, enquanto afecção, um movimento ou modificação da alma, diz Brun, reproduzindo as palavras de Sexto Empírico, oponente cético do estoicismo (BRUN, 1986, p. 39).

Porém, antes que a precipitação induza o leitor a outras conclusões distintas daquelas às quais eu pretendo conduzi-lo, deixe-me acrescentar que para esses mesmos estoicos a noção de afecção não é puramente passiva. Antes, ela nomina *"uma espécie de disposição concordante... uma modificação que implica um movimento interior, uma espécie de resposta a um apelo"* (BRUN, 1986, p. 40), uma tendência, portanto, que se encontra na alma e que é colocada em movimento. Na pessoa, consequentemente, está já presente um dos princípios do conhecimento, sendo o segundo princípio o assentimento à impressão provocada, na alma, pelo objeto externo, e é por esse modelo que o estoico vai concluir que tal assentimento *"é uma adesão ao verdadeiro"* (BRUN, 1986, p. 42), donde se depreende que, para ele, conhecer é – pelo menos em parte – uma atividade da alma humana, isto é, que ocorre na alma humana e para a qual a própria alma contribui. Falando de Zenon, o estoico, Cícero (apud HANKINSON, 2006, p. 72) concluiu que *"a essas coisas, que são impressões e que são recebidas como que pelos sentidos, ele acrescenta o assentimento da mente, o qual ele defende que está localizado dentro de nós e que é voluntário"*.

Entretanto, era notório para o próprio estoico que o assentimento podia ser errôneo e, conforme afirma Bréhier (1978), essa questão não pôde ser respondida adequadamente pelos estoicos, pelo menos foi essa a opinião predominante entre os céticos. Como conclui Hankinson (2006), faltava nos estoicos a origem da garantia de que a representação, ou impressão, não erra. De modo ainda mais claro, ele afirma:

> Não surpreende que Sexto [Empírico] reclame que as noções de impressão cataléptica e de objeto real [pontos centrais da noção estoica de representação] sejam definidas uma mediante a outra, não nos permitindo nenhum ponto de apoio independente em uma ou outra (HANKINSON, 2006, p. 83).

Retenhamos a afirmação da pessoa como princípio de acesso à verdade e a insuficiência do ensino estoico para entender como é possível isentar-se do erro na apreensão do verdadeiro. Tais pontos iriam reverberar em várias correntes posteriores do pensamento. Os céticos, por exemplo, iriam estabelecer a noção de probabilidade para falar do conhecimento possível em meio às aparências e à possibilidade do erro (vide REALE; ANTISERI, 2007); o pensamento cristão (de Santo Agostinho a Kierkegaard) iria encontrar na revelação e na própria doutrina da encarnação do divino um ponto seguro para superar o vácuo deixado pelo ensino estoico. Na própria origem do racionalismo moderno – com Descartes – essa subjetividade permanece com os mesmos traços estruturais que penso ser evidente no pensamento estoico. E isso não é de se estranhar, porquanto já o pensamento estoico, como nos informa Brun (1986, p. 44), *"implica um nominalismo que afirma que só o indivíduo [homem ou coisa] possui realidade enquanto os conceitos são apenas palavras"*.

Isso nos remete diretamente à noção de pesquisa qualitativa, entendida exatamente como o tipo de método – ou talvez seja melhor dizer, tipo de discurso – que se propõe a estabelecer conhecimento sem o concurso da mediação de símbolos formais, senão limitando-se ao sistema simbólico de mediação mais tipicamente humano, qual seja, a própria linguagem (tentando até mesmo, por vezes, superá-la, como se dá, por exemplo, nos mais recentes dilemas enfrentados pelas perspectivas práticas em ciências sociais e humanas, dentre eles, os problemas da estratégia como prática, ou aqueles das análises organizacionais do ponto de vista do discurso etc.). Mas detendo-me ainda um pouco mais nos antigos, concluo que a inspiração estoica não é outra senão aquela preocupação – cara a quase todas as correntes do pensamento grego – com a formação do homem para o bem, ponto central no qual desde sempre tocam o problema da verdade e o do bem agir – este, como se sabe, o coração da ética. Desse ponto de vista é que a ética, nessa tradição antiga, é eminentemente humanista na sua concepção e expressa, como diz Bréhier (acerca dos cínicos), uma confiança *"quase ilimitada na educação"* (BRÉHIER, 1978, p. 15). É a tradição do cuidado de si, da ética como transformação de si, sobre a qual me amparo, a partir daqui, para pensar a pesquisa qualitativa.

A se dar crédito a uma das principais expressões contemporâneas da filosofia do cuidado de si – o pensamento de Michel Foucault – a ética precisa ser entendida como a prática refletida (e responsável) da liberdade (FOUCAULT, 2006, p. 267). Com isso, o pensador francês inscreveu novamente a ética na órbita da conduta e da prática, a prática de um sujeito que toma a si mesmo como objeto de reflexão e, consequentemente, objeto a ser moldado, mediante a árdua tarefa de desvelar no mundo a pessoa que convém ser – devir. Trata-se, aqui, de uma relação de si consigo mesmo, como diz Frédéric Gros no posfácio ao último curso de Foucault no *Collège de France* (GROS, 2011), ou mesmo de um princípio de agitação (como ensina CANDIOTTO, 2010) que está a considerável distância daquelas tradições – a estoica e a cristã – da alma estruturada e desde sempre preparada para conhecer a verdade, mas que – como aquelas tradições – também não pode ser reduzida a um mero subjetivismo, seja em relação ao problema da verdade, seja em relação à questão da ética. Trata-se, em um e outro caso, de entendê-las como questões cujo sentido último só pode ser acessado pelo homem no âmbito do seu desdobramento existencial, nas escolhas, decisões e ações que se têm que tomar e realizar quando se tem que existir concretamente.

No sentido foucaultiano (ainda que nisso ele não tenha sido inovador), a ética não corresponderia, de modo algum, à obediência a códigos e regras enquanto exigências cuja origem é externa ao sujeito. Ao contrário, ela é a transformação de si para, mediante a liberdade, assumir responsabilidade pelos próprios atos e escolhas – isto é, nas suas implicações e consequências sobre outros indivíduos e, especialmente, nas suas implicações para consigo mesmo, para com um *Eu* que pode e convém devir.

Com base nos estoicos (FOUCAULT, 2006) e, finalmente, com base nos cínicos e nos cristãos (FOUCAULT, 2011), o problema da verdade – na sua interface com a ética – será reconstruído num sentido estritamente existencial, porquanto o pensador francês irá se referir ao verdadeiro enquanto encarnação, uma ascética, verdadeira forma de vida, uma *"'verdadeira vida' [que] só pode se manifestar como 'vida outra'"*, como dirá Gros, a propósito da coragem da verdade (GROS, 2011, p. 313).

Nesse ponto eu gostaria de inscrever o problema que, para mim e em se tratando de ética, é crucial para a pesquisa qualitativa, e que consiste – ou reside – na pessoa do pesquisador. Antes das questões evidentemente técnicas que configuram o fazer da pesquisa qualitativa, e antes mesmo do aparato de controle formal que, circunscrevendo a pesquisa científica – e também a pesquisa qualitativa, consequentemente – acredita vesti-la de suficientes liames éticos, trata-se aqui de defender que a ética concerne, em primeiro plano, ao sujeito, sem o que tudo o mais perde muito do seu valor. Trata-se aqui também de concluir que, ou o pesquisador qualitativo toma o agir eticamente como um desafio pessoal, uma preocupação sua e que irá afetá-lo tão profundamente quanto a própria constituição de si mesmo enquanto sujeito no mundo, ou nenhum código, nenhum conselho de ética, nenhum conjunto de regras, poderá conduzi-lo a se portar eticamente na pesquisa. Pelo menos, não o fará nos níveis em que a pesquisa científica exige, por seus atributos e por suas potenciais consequências (especialmente, no caso da pesquisa qualitativa, por lidar quase sempre e direta e imediatamente com a pessoa humana como fonte direta de dados – e como mencionei há pouco, com a referência às pesquisas em organizações e estratégia a partir da noção de prática, esse imediatismo da pesquisa qualitativa quer, por vezes, superar até mesmo a mediação da linguagem).

Sem supor a completa inutilidade daquele aparato de controle – ao qual se reduz hoje, no âmbito da pesquisa, a noção de ética –, defendo que tudo isso dependa do próprio pesquisador, de sua consciência quanto às condições que o fazem sujeito-pesquisador e às consequências dessas condições. Só desse modo ele, ou ela, pode julgar apropriadamente a pertinência dessas condições e com elas – a partir delas – dar origem, em possibilidade pelo menos, a novas condições que possam ser consideradas mais apropriadas, de algum ponto de vista que seja.

O fato, entretanto, é que a atual tendência institucional que reduz a noção de ética em pesquisa ao atendimento de regras exaradas de conselhos acadêmicos, ao cumprimento de protocolos ou obtenção de documentos comprobatórios de assentimento esclarecido por parte de entrevistados, induz sutilmente a que se descuide do verdadeiro cerne do problema ético – e sua única via de solução – que é a formação do homem. Certamente, essa formação não precisa passar, evidentemente, pelo estudo das diversas correntes do pensamento em ética, o que até poderia configurar uma solução ingênua e mesmo tecnicista, em moldes parecidos com aqueles dos códigos e conselhos de ética. Aliás, todas essas tentativas – cuja validade, em algum grau, não pode ser negada – não escapam a um problema de fundo comum à nossa época, qual seja, elas tendem a tecnificar a ética, isto é, tomá-la dentro dos estreitos limites do cálculo, do planejamento e do ordenamento formal. O controle e ordenamento da ética – sua *maquinação* (*vide* DUARTE, 2010) – implica colocar o próprio homem, que deveria ser agente de si mesmo por meio de suas ações, dentro daqueles mesmos e estreitos limites do cálculo, transformando-o em *funcionário da técnica* (*vide* DUARTE, 2010 e também GALIMBERTI, 2006) e à ética em um novo aparato para a legitimação de um fazer cuja finalidade não é o homem, o ser humano, mas uma outra qualquer.

Segue-se que, desse ponto de vista, os problemas éticos tradicionais da pesquisa qualitativa (uma breve lista desses problemas pode ser obtida, por exemplo, no texto de Flick, 2009, p. 52-56) não tocam a raiz da questão. Nenhum deles é, de fato, o problema central: esse não é outro senão o próprio pesquisador qualitativo. Do modo como hoje ela é colocada, a ética em pesquisa cumpre, mais do que qualquer outra coisa, o propósito de tomar o próprio pesquisador, ou cientista, como objeto de um novo discurso (mais até, objeto de uma nova técnica social) e garantir uma execução minimamente respeitosa da pesquisa científica em relação aos próprios objetos dessas pesquisas, sejam humanos, sejam não humanos. Instaura-se, então, uma interessante contradição, porquanto se tenta esquadrinhar e prever relações que – principalmente nos casos de pesquisa qualitativa – são em princípio infinitamente variáveis. É como desejar que uma máquina expresse respeito – mas isso se dará apenas dentro dos estreitos limites de uma definição computacional do que seja respeito. Talvez não seja sem propósitos que a ética em pesquisa, hoje, se assemelhe tanto à ética dos manuais de administração empresarial!

Apenas a título de um exemplo do perigo sutilmente contido no deslocamento do problema da ética em pesquisa, deixando-se de lado o sujeito-pesquisador e preocupando-se apenas com a sua prática esquadrinhada e ordenada por normas de conduta, note-se o reducionismo da noção de dignidade em uma das orientações emitidas por Flick (2009, p. 54): "*a dignidade e os direitos dos participantes estão ligados ao consentimento conferido pelo participante*". O problema só não é maior porque o próprio autor, na sequência de seu texto, alerta seu leitor para que não tome suas recomendações como suficientes para resolver o que ele chamou de dilemas éticos, senão que eles sejam entendidos como orientações gerais para tratamento do problema.

Ao se considerar a ética como um princípio de constituição, mediante a liberdade refletida, dos sujeitos, desafia-se algumas das práticas mais corriqueiras no processo de formação de pesquisadores. São desafiados, por exemplo, os prazos de formação acadêmica, cada vez mais exíguos, a concepção tecnicista de educação pós-graduada, que se traduz – no que concerne à pesquisa científica – na crença de que seja suficiente, para a formação do cientista, a apreensão de técnicas de pesquisa e de produção de textos, sem desenvolvimento de capacidade de reflexão e crítica, a exacerbada preocupação com a utilidade imediata dos resultados da pesquisa (quase sempre em termos economicamente orientados ou em termos de números de patentes obtidas, ou pelo menos em termos do número de artigos científicos publicados em consequência da realização da pesquisa, ou da tese). Se a pesquisa qualitativa tenta acessar e compreender aspectos da vida e cultura humana no seu fazer concreto, até cotidiano, a via para isso só pode ser encontrada naquela mesma concretude, à qual, consequentemente, o pesquisador precisa se expor.

Há também nisso um risco ético? Talvez. O princípio fundamental da ética do sujeito – e também seu limite – é a responsabilidade do sujeito por si e, em consequência, pelos outros. Esse princípio, que implica a maioridade ou o esclarecimento (noção consagrada no pensamento moderno pela filosofia kantiana, e cara ao pensamento foucaultiano) não configura, de certo, um projeto de fácil realização e isento de desafios, mas é a via necessária para garantir – sem o reducionismo das alternativas tecnicistas hoje predominantes – que a pesquisa qualitativa seja realizada sem que os sujeitos que pesquisam e os sujeitos que são abrangidos pelas pesquisas terminem convertidos em objeto dos discursos metodológicos, ou do próprio discurso das ciências humanas e sociais.

Trata-se, finalmente, de uma ética que se propõe a resguardar, contra os riscos da técnica moderna e do império dos resultados, a verdade da pessoa humana. O primeiro desafio se encontra exatamente aí: no resgate da legitimidade daquelas questões – a da liberdade, a da subjetividade, a do sentido da existência, dentre tantas outras – que remetem diretamente à presença do humano no mundo, em uma época em que se quer que tudo – mesmo nossas reflexões – caibam em uma planilha contábil, com o devido registro do seu valor de mercado.

REFERÊNCIAS

BRÉHIER, É. **História da filosofia**: período helenístico e romano. São Paulo: Mestre Jou, 1978.

BRUN, J. **Ocistocismo**. Lisboa: Edições 70, 1986.

CANDIOTTO, C. **Foucault e a crítica da verdade**. Curitiba: Champagnat, 2010.

DUARTE, A. **Vidas em risco**. Rio de Janeiro: Forense Universitária, 2010.

FLICK, U. **Introdução à pesquisa qualitativa**. 3. ed. Porto Alegre: Bookman, 2009.

FOUCAULT, M. **A coragem da verdade**. São Paulo: Editora WMF Martins Fontes, 2011.

_____. **Ética, sexualidade, política**: ditos & escritos V. Rio de Janeiro: Forense Universitária, 2006.

GALIMBERTI, U. **Psiche e techne**: o homem na idade da técnica. São Paulo: Paulus, 2006.

GROS, F. Situação do curso. In: FOUCAULT, M. **A coragem da verdade**. São Paulo: Editora WMF Martins Fontes, 2011. p. 301-316.

HANKINSON, R. Epistemologia estoica. In: INWOOD, Brad (Org.) **Os estoicos**. São Paulo: Odysseus, 2006. p. 65-94.

REALE, G.; ANTISERI, D. **História da filosofia**: filosofia pagã antiga. 3. ed. São Paulo: Paulus, 2007.

STRAUSS, A.; CORBIN, J. **Pesquisa qualitativa**. 2. ed. Porto Alegre: Bookman, 2008.

15

De Volta à Variedade do Método: uma Reflexão Geral sobre Pesquisa Qualitativa

Pedro Lincoln Carneiro Leão de Mattos

Tenho, neste posfácio, a oportunidade de viver a própria intenção de contribuir com o trabalho dos pesquisadores, que é a do livro. Por isso, ensaio, a seguir, estimular o apetite investigador do leitor sobre metodologia de pesquisa, oferecendo-lhe uma reflexão e, eventualmente, uma direção para seu cultivo acadêmico – pois é preciso ter direção em seus esforços na carreira. Primeiro, quero, brevemente, referir-me ao viés da "pesquisa qualitativa" para, depois, propor uma apreciação geral sobre ela.

I

Um pressuposto de muitos estudos sobre "metodologia qualitativa" é a questão da diferenciação ideal da "pesquisa qualitativa" em relação à "pesquisa quantitativa" – tendo sido esta denominação gerada no âmbito daquela. Não é um bom vetor. Põe o trabalho metodológico no rumo dos procedimentos (redução a números ou sua recusa) e sobrecarrega a análise epistemológica para fundamentar a tal diferenciação. O resultado disso não é apenas o aprofundamento do que é próprio e único desse tipo de pesquisa, é tornar mais difícil superar o maniqueísmo metodológico, como se houvesse algo de mau ou falso "do outro lado". Ironicamente, o paradigma positivista sobreviverá no verso da "pesquisa qualitativa", mesmo que como fantasma de um método sepultado. Na própria fundamentação epistemológica daquela pesquisa, a afirmação do pesquisador com pleno direito de redefinir **agora** o que é objetividade na pesquisa científica implica reconhecer-se, ele e seu método, **plenamente dentro de uma historicidade**. Séculos (ou milênios) atrás, parâmetros de certeza e método foram criados por honestos pesquisadores (filósofos ou não) como produto de seus próprios momentos históricos que, irreversíveis no tempo, participaram do momento seguinte mas nele desapareceram. Os séculos do saber clássico valem hoje por sua marca histórica e nos fazem entender-nos, assim como outros, na idade média, definidos pela ideia de estabilidade que a modernidade pós-renascimento europeu, apenas trocou por certezas definitivas sobre esse mundo. Inclusive com a própria filosofia hegeliano-marxista da história e as tentativas políticas, no século XX, de encerrá-la em plenitude, aprendemos que somos históricos e é preciso seguir criando a história, inclusive destinos para nós próprios. Sob esta análise histórica (KUMAR, 2006) não há nada de estranho, de excepcional, e nem de "pós" na pós-modernidade.

II

Esta perspectiva ampla transporta a questão metodológica para outro nível e introduz um tema especial para este texto, prolongando o que acima se disse inspirar este livro. É ele: **"pesquisa qualitativa" significa um estágio no processo de libertação da pesquisa social em relação à ciência natural empírica.** É um difícil processo de libertação – apoiando-se a analogia na força da expressão de Weber, que se sentia preso na "gaiola de ferro" do positivismo reinante em seu tempo (MITZMAN, 2002, p. 219). Tal processo já dura um século e é um estágio que dá sinais de saturação.

Qual seria a "vinculação" que agora estaria dando lugar a esforços de "libertação", e como chegamos a ela? A fase moderna desse longo processo começa na crença profundamente arraigada no ocidente sobre **a unidade possível e desejável do conhecimento, representado, afinal, pela ciência**. Vamos, nos próximos parágrafos, tomar esse ponto como núcleo da argumentação: se a ciência não pode ser vista como uma unidade histórico-cumulativa – e longamente tentou-se tê-la como tal –, é possível interpretar as vicissitudes de quase um século das linhas de pesquisa de que trata este livro como parte de um processo de difração que, tomando o século XIX como referência, melhor seria dito estágio de um processo de libertação.

No modelo teocrático da alta Idade Média, a filosofia de "serva da teologia" passou, com o Renascimento, nos séculos XV e XVI, a instância superior vinculante dos estudos pós-elementares, o *trivium* (gramática, lógica e retórica) e o *quadrivium* (aritmética, geometria, música e astronomia) e assim permaneceu até o pleno advento da ciência moderna. Mas o conhecimento culto incluía também as letras e as artes – que chamaríamos hoje a grande literatura ou as humanidades. Aquele era o ambiente da própria física antes do espetacular desenvolvimento, ocorrido no século XVIII, do método observacional-empírico (modelos, observação sistemática, teste empírico). Ali se desenvolveram a química e a física modernas, base de toda a Revolução Industrial subsequente. O ideal da unidade do conhecimento pôde apresentar-se como ideia orientadora da reforma da Universidade de Berlim, por Wilhelm von Humboldt, em 1810, mitologicamente tido como o modelo básico das grandes universidades de pesquisa científica dos países industrialmente desenvolvidos, hoje. Enfim, o que aconteceu já na primeira metade do século XIX é que as ciências empírico-observacionais, que logo incluiriam a biologia, passaram a ter a hegemonia do prestígio social e político.

Foi nessa época que os esforços anteriores de filósofos sociais como Adam Smith e Saint Simon, em fins do século XVIII, para fundar um conhecimento amplo sobre a economia e a sociedade modernas, foram retomados por outro filósofo social, preocupado com o lugar da cultura no novo concerto do conhecimento: Auguste Comte. Ele concebeu uma "física social" (que depois chamou "sociologia") que seria a grande ciência positiva, enfeixando e culminando todas as demais e incorporando o método e a certeza objetiva das ciências empírico-observacionais. Comte, filósofo da ciência, expressava **o ideal iluminista de unidade e plenitude do conhecimento**. Foi espelhando-se naquelas ciências que Durkheim veio em seguida como o grande formulador metodológico da sociologia positiva. Para Comte e seus seguidores, na Europa e no Novo Mundo, a humanidade entraria em nova era, o novo conhecimento redentor tomaria o lugar da religião e da filosofia metafísica anteriores. Sempre, a unidade do conhecimento. Do seu lado, aliás, a filosofia empírico-positivista, mesmo na versão crítica e arejada de um Karl Popper, nunca abriu mão do dogma da unidade da ciência, situando-se a contenda na definição de que produção de conhecimento poderia ser dita ou não, "ciência". O próprio Weber, a grande alternativa metodológica ao positivismo, reivindicou as "ciências da cultura", peculiares, mas também candidatas a um lugar sob a mesma tenda da ciência.

Herdamos o seguinte: o conhecimento ocidental, esteio e articulador da sociedade moderna, é **uno**. Ele é racional, objetivo, e chamado "ciência". Fora dele, só a filosofia (agora contando com a filosofia analítica, quase uma ciência filosófica da ciência), os conhecimentos práticos e artesanais – claramente limitados – e as artes, inclusive a literatura, que permaneceriam como reduto da liberdade criativa do espírito humano. Mas isso já seriam outras coisas, a elas não se aplicavam as intenções de utilidade social e econômica e de verdade (certeza), únicas do conhecimento cientifico – nunca foram chamadas "ciência". Ao contrário, no espaço dessa se desenvolveram, e dele nunca aceitaram estar fora, as diversas tradições disciplinares, da antropologia à economia, da história à psicologia (e até a "metapsicologia", de Freud), que aos poucos aceitaram a alcunha de "**ciências sociais**". E o preço? O preço que se autoimpuseram foi o "juramento" paradigmático de terem a prática das ciências (agora) clássicas como perpétua referência de qualidade. Legitimamente, diferenciar-se-iam. Mas isso implicava dizer, metodologicamente, "em quê". Partia-se, implicitamente, de um paradigma de pesquisa, subjacente, mesmo para rejeitá-lo em alguma medida. No caso das ciências sociais mais próximas da sociologia, aquele paradigma foi a sociologia positiva, firmada sob a estrutura da observação individualizada (fato) e assim computável (potencialmente gerando números) para generalização. Legitimação científica, para as ciências sociais, passava por intensa discussão metodológica. Schwartzman (2008, p. 4) observa com propriedade que sempre houve nelas *uma discussão aparentemente interminável sobre métodos, com os quais as ciências naturais normalmente não se preocupam*. O século XX assistiu a um progressivo e intenso intercâmbio de práticas "alternativas" de pesquisa entre diversas disciplinas, mas é recente, das décadas de 1980 e 1990, a aglutinação delas sob a denominação "pesquisa qualitativa" (DENZIN; LINCOLN, 2000, p. 1-29).

Mesmo em linhas muito grosseiras, essa poderia ser dita a "proto-história" da "metodologia qualitativa", sob a égide da unidade da ciência. Mas a unidade da ciência, que sempre foi sobretudo ideológica, hoje não passa de um mito, se quiséssemos ir além da pura linguagem de mídia e senso comum para "**a** ciência". Como chegamos a tomar consciência disso? Foi por triplo caminho de tentativa e constatação posterior do erro.

Primeiro, foi quando se procurou, a partir de Kant, fundamento metafísico para a observação (esta, o *a posteriori* da ciência empírica), onde o conhecimento do fenômeno teria uma base "natural" na lógica irrecusável dos "imperativos categóricos" (como, por ex., o da causalidade, os dos primeiros princípios da lógica, e o da própria indução), dados *a priori*, garantindo à razão científica alcance ontológico. O declínio do kantismo – e, com ele, o racionalismo e o cientificismo – começou já nas Lições de Jena, de Hegel, e se completou com os impasses do empirismo lógico (Ayer, Hempel, Carnap, Nagel), praticamente abandonado na segunda metade do século XX.

Segundo, quando se insistiu em dar à filosofia e à ciência modernas um sentido de desenvolvimento revelador progressivo, construindo um método e uma certeza. Os estudos históricos (Koyré, Canguilhem, Kuhn, Foucault) da primeira metade do século XX mostraram os contextos tanto de descoberta quanto de justificação em que se formaram, a cada tempo e lugar, as teorias e os próprios métodos científicos. Ficou irrecusável, então, que ao tratar de ciência estávamos, antes de tudo, dando-nos como objeto de reflexão um fenômeno social e histórico, criando-o e recriando-o, e, por isso, a unidade de "ciência" era apenas uma referência facilitadora de comunicação, não havendo, além da própria cultura, interesses e convenções sociais hegemônicos, uma consistência interna às atividades dos chamados "cientistas" que garantisse considerar-lhe uma unidade como base para instituições, procedimentos de pesquisa e juízos sobre o "dentro" e o "fora" da ciência. Embora a reflexão sobre "a ciência" continue identificando características disciplinares circunscritas, ela tem que ser absolutamente aberta, sobretudo em relação à revisão de crenças correntes a seu respeito e reelaborações daquelas características.

Terceiro, quando uma tradição na filosofia se formou, no início do século XX, como linha subsidiária da ciência moderna, a filosofia analítica. Com foco especial na lógica e na linguagem, e grandes contribuições iniciais como a de Gottlob Frege (1848-1925), seu grande motivo era fundamentar uma linguagem para as proposições científicas, já que se propunham verdadeiras (correspondentes à realidade). O empirismo lógico, cuja imagem ficou marcada pelo Círculo de Viena (entre a Primeira e Segunda Guerra Mundial), foi uma expressão inicial mais dura da filosofia analítica, sob a influência do pensamento empírico-positivista do século XIX, e por isso também chamado "positivismo lógico". Não viveu meio século. Uma revisão completa da filosofia analítica empirista aconteceu entre as décadas de 1940 e 1970, surgindo e firmando-se uma filosofia da linguagem em vários focos simultâneos que prosseguem até hoje e foram marcados por nomes como Wittgenstein, Ryle, Austin e Strawson, Quine e Dummett, com ramificação no chamado "neopragmatismo americano" (Rorty, Davidson). Ora, a rota da filosofia analítica à filosofia da linguagem, tendo a segunda fase do pensamento de Wittgenstein como ponto simbólico de inflexão, é precisamente o abandono da crença inicial em uma linguagem segura e uma lógica definitiva para a ciência moderna. Tal não há. Ampliou-se radicalmente o ponto de vista da linguagem ("reviravolta linguística", sobretudo sua dimensão pragmática), **sendo diversas as linguagens das ciências**, entre muitas outras, todas social e culturalmente definidas.

O final dessa história é que a ciência moderna chegou até nós sem conseguir sustentar, para si mesma, o seu próprio conceito de "científico" (conhecimento por um método seguro, idealmente unificador). Não há, teoricamente, linha divisória demonstrável entre ciência e não ciência (LAUDAN, 1996, p. 210-230); metodologicamente, há menos controvérsia em colocar sob o mesmo teto coisas diversas como as neurociências, a arqueologia e a física teórica, e muito mais em fazer o mesmo com geografia humana, história e linguística – mas o campo é, antes de tudo, de controvérsia.

Podemos falar, pois, de **a ciência**, como algo caracterizável, apenas em termos de representação social, precisa em certos elementos, imprecisa em outros, nada mais. Segundo tal representação, por ex., haveria um "núcleo duro" de disciplinas, detentor das grandes qualidades caracterizantes, formado pelas matemáticas, a física, a química e a biologia, e complementado por conjuntos autônomos de outras disciplinas, como as ciências sociais; em torno disso se multiplicariam estruturadamente, no quadro harmônico de currículos, inúmeras ramificações, interseções e aplicações. Entre essas, a administração e os estudos organizacionais vão ter um lugar. Tudo débitos mal saldados da ciência moderna. O uso direto ou indireto do trabalho de uns autores por outros mostraria, no entanto, um quadro de linhas de ligação e inter-relação de complexidade indevassável e sem limites claros entre o científico e o não científico. O grande e bem caracterizado fenômeno internacional hoje é a academia como profissão socialmente estruturada (SCHWARTZMAN, 1994, 1997). Ainda, na representação social da ciência dentro da própria academia seria oportuno aqui referir-se ao autoposicionamento de teorias e práticas metodológicas de tradições mais recentes como uma espécie de estágio mais avançado, incorporando o que precedeu e enriquecendo-o. Esse perfil cumulativo e linear da ciência, descredenciado, há 50 anos, desde os trabalhos de Kuhn e outros estudos históricos acima aludidos, pode estar presente a muitos (e ingênuos) praticantes da "pesquisa qualitativa".

Desvendado o mito da unidade da ciência, pode-se então entender toda a criatividade metodológica nas ciências sociais no século XX, especificamente em relação ao positivismo, como fatos reais de um itinerário de libertação progressiva das marcas do século XIX. Resta prosseguir com a remoção de hibridismos metodológicos sem sentido e levar esse movimento liberador até ao plano da justificação epistemológica.

III

O leitor deve, a esta altura do presente texto, estar intrigado com o fato de encontrar sempre a grafia "pesquisa qualitativa" (entre aspas). Agora vou esclarecer este meu "truque retórico", uma maneira que encontrei de introduzir, sutilmente, uma convicção que passo a expressar. A unidade conceitual de "pesquisa qualitativa" é o que de menos importante ela tem; é viciada de artificialidade e pouco mais que convencionalismo para tornar mais práticos certos tratamentos metodológicos. O que vejo de mais significativo no epíteto "qualitativo" é justamente o fato que tentei demonstrar acima: pode representar **um** movimento, o de afastamento – na verdade uma difração liberatória – em relação à pretensão do método da ciência moderna. A ideia de unidade da pesquisa qualitativa é, neste sentido, funcionalmente válida (cumpre função útil), nada mais. E se, em algum momento divagatório e imaginativo, olhássemos, com Karen Knorr-Cetina (1982) o grande campo das ciências sociais como uma "arena transepistêmica" (onde a disputa já não se dá pelo conhecimento) em que grupos, redes e tradições disputam espaço e prestígio, o instituto "pesquisa qualitativa" apareceria como um astuto golpe de apropriação, por denominação unificadora inconsistente em si (MERRIAN, 1998, p. 5), de tradições metodológicas independentes, riquíssimas e anteriores. Não estaria aí a inspiração da sociologia instrumental americana, o positivismo instrumental de que fala Bryant (1985), já que o foco transversal que gerou "pesquisa qualitativa" parece estar nos procedimentos formais de pesquisa?

De fato, a fenomenologia de Edmund Husserl tem consistência própria, não foi concebida como um não empirismo. A etnografia já de muito consolidou-se como tradição original de pesquisa de antropólogos e não precisa do regaço da metodologia qualitativa para prosseguir. Os procedimentos de pesquisa compatíveis com a busca da compreensão do significado das ações e relações humanas, a *Verstehen* da sociologia weberiana, expressavam uma concepção anterior, que o grande sociólogo alemão tomou da pesquisa hermenêutica de Dilthey, ainda no século XIX. A pesquisa-ação é algo *sui generis*, surgido de intenções práticas, e que se põe no limite das intenções descritivo-explicativas da ciência. A pesquisa histórica precisa ser completamente livre no seu desenho e na escolha de procedimentos, e nada ganha com preferências pelo não quantitativo. O estudo de caso, como unidade de pesquisa monográfica, é quase um patrimônio universal que atravessa séculos incorporando variedade ilimitada de procedimentos, inclusive geradores de números. A estruturação que lhe deram autores recorrentes na pesquisa qualitativa como Robert Blake ou Robert Yin é quase acidental, sendo o método em essência preexistente.

Assim, diante dessa denominação quase *a posteriori*, pode-se perguntar: o que "pesquisa qualitativa" acrescenta ou reelabora nessas tradições, de modo a fazer jus **a instituir nova identidade metodológica** para práticas de pesquisa bem anteriores, agora criadas como conjunto? O que ganhamos com a "unificação", além da aglutinação na cruzada antipositivista, perpetuando o já aludido maniqueísmo metodológico? E por que não incorporar à competência ordinária dos nossos pesquisadores o potencial esclarecedor do *survey*, lá onde o problema construído envolve contextos socioeconômicos espacialmente diversificados? Como desvincular boa parte da pesquisa acadêmica em administração de decisões e da elaboração de políticas que precisam produzir e apoiar-se em números? Forçoso, pois, sugerir que o estudo e a editoração trabalhem diretamente com a variedade de concepções de pesquisa, jogando livremente com procedimentos – **tudo chamado simplesmente "metodologia de pesquisa"**, porque "pesquisa qualitativa" só divide e atrapalha. Assim se valorizaria o pluralismo metodológico, hoje tese de amplo respaldo epistemológico (ROTH, 1987).

Encaminhemo-nos, pois, celeremente para a superação desse estágio no processo de libertação da pesquisa social em relação à ciência natural empírica! Isso pode fazer-se pelo desenvolvimento direto de métodos – sua variedade é ilimitada e suas explicações epistemológicas podem ser independentes – sem necessidade de conceitos guarda-chuva, ou "selos" de identificação para consumo interno da academia.

REFERÊNCIAS

BRYANT, C. **Positivism in social theory and research.** London: MacMilan, 1985.

DENZIN, N. K.; LINCOLN, Y. S. (Ed.). **Handbook of qualitative research.** 2. ed. London: Sage, 2000.

KNORR-CETINA, K. Scientific communities or transepistemic arenas of research? A critique of quasi-economic model of science. **Social Studies of Science**, v. 12, nº 1, p. 101-130, 1982.

KUMAR, K. **Da sociedade pós-industrial à pós-moderna**: novas teorias sobre o mundo contemporâneo. 2. ed. Rio de Janeiro: Zahar, 2006.

LAUDAN, L. **Beyond positivism and relativism**: theory, method and evidence. Oxford: Westview Press, 1996.

MERRIAM, S. B. **Qualitative research and case study applications in education**. 2. ed., rev. e ampl. San Francisco: Jossey-Bass, 1998.

MITZMAN, A. **The iron cage**: an historical interpretation of Max Weber. 2. ed. New Brunswick, N. J: Transaction Publishers, 2002.

ROTH, P. A. **Meaning and method in the social sciences**: a case for methodological pluralism. N. Y: Cornell University Press, 1987.

SCHWARTZMAN, S.; BALBACHEVSKY, E. The academic profession in Brazil. In: ALTBACH, P. G. (Ed.). **The International Academic Profession**: Portraits from 14 Countries. Princeton, NY: Carnegie Foundation for the Advancement of Teaching, 1997.

_____. Academics as a profession: What does it mean? Does it matter? **Higher Education Policy**, v. 7, nº 2, p. 24-26, 1994.

_____. **Ciências sociais, ciências naturais e as humanidades.** Disponível em: <http://www.schwartzman.org.br>. Acesso em: 31 ago. 2008.

Formato	17 x 24 cm
Tipografia	Charter 10/12
Papel	Alta Alvura 75 g/m² (miolo)
	Supremo 250 g/m² (capa)
Número de páginas	392

Pré-impressão, impressão e acabamento

grafica@editorasantuario.com.br
www.editorasantuario.com.br

Aparecida-SP